# 施工组织设计

## （2016—2017年度论文集）

水利水电工程施工组织设计信息网
中水东北勘测设计研究有限责任公司 编



中国水利水电出版社
www.waterpub.com.cn
·北京·

## 内 容 提 要

本论文集共收录论文52篇，围绕水利工程施工组织设计这个主题，内容涵盖专题论述、经验交流、研究探讨等三个方面内容。展示近年来我国水利基础设施、水利新技术应用等方面的最新创新成果，汇集水利工程建设的新思路、新方法和新措施，为加快科技成果转化，提升水利科技在基础设施建设中的引领作用，全力推进经济社会平稳快速发展提供支持。本书内容丰富、实用性强，适合从事水利工程的科研、设计、施工和管理工作的人员阅读和参考。

**图书在版编目（CIP）数据**

施工组织设计. 2016-2017年度论文集 / 水利水电工程施工组织设计信息网，中水东北勘测设计研究有限责任公司编. -- 北京 : 中国水利水电出版社，2018.9
ISBN 978-7-5170-7003-0

Ⅰ. ①施… Ⅱ. ①水… ②中… Ⅲ. ①建筑工程－施工组织－设计－文集 Ⅳ. ①TU721-53

中国版本图书馆CIP数据核字(2018)第227308号

| | |
|---|---|
| 书　　名 | 施工组织设计（2016—2017年度论文集）<br>SHIGONG ZUZHI SHEJI (2016—2017 NIANDU LUNWENJI) |
| 作　　者 | 水利水电工程施工组织设计信息网<br>中水东北勘测设计研究有限责任公司　编 |
| 出版发行 | 中国水利水电出版社<br>（北京市海淀区玉渊潭南路1号D座　100038）<br>网址：www.waterpub.com.cn<br>E-mail：sales@waterpub.com.cn<br>电话：(010) 68367658（营销中心） |
| 经　　售 | 北京科水图书销售中心（零售）<br>电话：(010) 88383994、63202643、68545874<br>全国各地新华书店和相关出版物销售网点 |
| 排　　版 | 中国水利水电出版社微机排版中心 |
| 印　　刷 | 北京市密东印刷有限公司 |
| 规　　格 | 184mm×260mm　16开本　19.75印张　468千字 |
| 版　　次 | 2018年9月第1版　2018年9月第1次印刷 |
| 印　　数 | 0001—1500册 |
| 定　　价 | **59.00**元 |

# 前言

施工组织设计，就是对拟建工程的施工提出全面的规划、部署、组织、计划的一种技术经济文件，作为施工准备和指导施工的依据。它在每项工程中都具有重要的规划作用、组织作用、指导作用。通过编制施工组织设计，可以全面考虑拟建工程的具体施工条件、施工方案、技术经济指标。在人力和物力、时间和空间、技术和组织上，做出一个全面而合理符合好快省安全要求的计划安排，为施工的顺利进行做充分的准备，为施工单位切实的实施进度计划提供坚实可靠的基础。合理的编制施工组织设计，能准确反映施工现场实际，节约各种资源，在满足建设法规规范和建设单位要求的前提下，有效地提高施工企业的经济效益。

本论文共收录论文52篇，围绕水利工程施工组织设计这个主题，内容涵盖专题论述、经验交流、研究探讨等三个方面，展示近年来我国水利基础设施、水利新技术应用等方面的最新创新成果，汇集水利工程建设的新思路、新方法和新措施，为加快科技成果转化，提升水利科技在基础设施建设中的引领作用，全力推进经济社会平稳快速发展提供支持。

由于文稿数量多，工作量大，时间紧，且编者水平有限，本书若有不当之处。敬请读者指正。

本书编委会

2018年5月

# 目录

前言

## 专 题 论 述

苗尾水电站施工总布置规划及实施 …… 任金明　陈永红　钟伟斌　魏　芳　王凤军（3）
苗尾水电站大江截流规划……………………… 钟伟斌　任金明　陈永红　魏　芳（10）
石拉渊拦河闸除险加固工程施工导流方案………………… 张　超　黄　钢　栗瑞娟（16）
导流隧洞封堵混凝土内放水洞爆破开挖控制爆破技术……………… 韩可林　赵银超（21）
河崖吉利河特大桥水中墩施工钢栈桥设计与施工…………………… 王晓伟　韩可林（27）
武穴砂石加工系统长距离胶带机结构设计…………………………… 杨承志　季土荣（33）
华能福州电厂循环水泵房大型沉井下沉施工技术…………………… 王晓伟　文自立（37）
金乡县金马河综合整治及水系连通工程导流方案………… 张　超　栗瑞娟　姜言亮（42）
丰满泄洪兼导流洞进口 2×2500kN 固定卷扬启闭机三维可视化设计
…………………………………………………… 臧海燕　周　兵　马会全　师小小（47）
浅谈句容抽水蓄能电站通风洞穿溶洞段开挖支护施工技术
………………………………………………………………… 翟忠保　边志国　胡云鹤（51）
浅谈国外电站项目出口设备运杂费的计算……………………………………… 周小丽（58）
丰满重建工程发电厂房尾水扩散段顶板模板及支撑体系设计与施工………… 胡云鹤（62）
双沟大坝面板混凝土滑模施工技术………………………………… 赵宝华　张云山（67）
成简快速路山区地形大桥涵比公路工程施工总平面布置
………………………………………………………………… 邹经纬　赵军峰　孙广义（74）

## 经 验 交 流

苗尾水电站高土石围堰设计………………………………… 王永明　任金明　魏　芳（83）
苗尾水电站导流隧洞封堵设计……………………… 魏　芳　任金明　钟伟斌　郑　南（90）
白鹤滩水电站导流隧洞灌浆设计与优化
……………………………… 张志鹏　李　军　陈炜旻　蔡建国　朱少华　杨伟程（97）

千岛湖配水工程分水江穿江隧洞施工 …………………… 房敦敏　陈永红　周垂一（105）
贵州省镇宁县龙井湾水库工程施工导流设计 …………… 娄西国　李先熙　吴敬峰（115）
蓝筹电站调压井加固改造设计 ……………………………………… 付　欣　谭志军（123）
白鹤滩水电站导流隧洞柱状节理发育洞段动态支护设计
…………………………………………………… 朱少华　李　军　张志鹏　蒋浩江（126）
丰满泄洪兼导流洞出口弧形闸门设计 …………………… 袁　伟　师小小　马建军（132）
丰满重建工程泄洪兼导流洞进口事故闸门设计 ………………………………… 马会全（136）
丰满发电厂房钢屋架整体滑移施工技术 ………………… 袁　博　张大伟　张晏恺（139）
北三家拦河闸除险加固设计 ………………………………………… 谭志军　姜　军（152）
丰满进水口检修闸门设计 …………………………… 谢振峰　马会全　师小小（155）
马前寨拦河闸除险加固设计 ……………………………… 谭志军　张　鹏　姜　军（158）
辽宁省抚顺市清原县下寨子拦河闸除险加固设计
…………………………………………………… 张　仲　傅　迪　于月鹏　闫　涵（161）
松树嘴拦河闸除险加固设计 ……………………………… 谭志军　姜　军　张　鹏（166）
云峰发电厂2号机组发电机改造方案 ………… 李冬阳　何香凝　李　鹏　徐志军（169）
发电厂房蜗壳弹性垫层优化计算 …………………………………………… 夏智翼（175）
白山发电厂二期电站5号机组水轮机锥管里衬改造设计 ……… 付　欣　谭志军（184）
双层三维植被网护坡施工技术 ……………………………………………… 邢彦波（188）
预应力盖梁施工技术在夏家沟3号大桥中的施工应用
………………………………………………………… 李亚胜　赵军峰　尚崇伟（192）

## 研究探讨

水电站前期工程劣质骨料应用关键技术研究 ……………………… 李新宇　任金明（199）
高密度建成区雨污分流系统施工交通疏解研究分析
…………………………………… 杨伟程　任金明　邓　渊　邬　志　张志鹏（205）
白鹤滩水电站右岸边坡开挖工程施工技术管理综述 …………… 申莉萍　张建清（211）
白鹤滩水电站导流隧洞进出口围堰稳定性分析
……………………… 张志鹏　蔡建国　邓　渊　李　军　杨伟程　朱少华（216）
藤子沟水电站泄洪建筑物布置研究 ……………………………… 付　欣　郑　军（223）
苗尾水电站抗冲磨混凝土性能与温控防裂设计研究
…………………………………………………… 李新宇　谢国帅　朱振泱　任金明（227）
尼泊尔上马相迪A水电站厂房吊车梁施工技术研究与应用 ………………… 陈雪湘（236）
水电工程施工分包管理现状分析及对策研究 …………… 胡云鹤　付　旭　张治洲（246）
水电站混凝土工程质量通病及防治措施分析 ………………………………… 夏智翼（251）
浅析EPC总承包项目设计阶段的工程造价控制 ………………………………… 周小丽（255）

浅谈丰满水电站发电厂房蜗壳二期混凝土施工技术
…………………………………………………… 张大伟　王　须　巩寅魁　程　弓（259）
浅谈丰满发电厂房清水混凝土施工技术 ……… 黄　聪　范骐震　郭　伟　贾　庚（273）
DFIG2.75MW－120型风力发电机组吊装施工技术 ………………………… 赵军峰（280）
白莲河抽水蓄能电站工程隧洞贯通误差的分析 ………………………… 王瑞瑛（285）
浅析混凝土二次振捣工艺在丰满水电站厂房工程清水混凝土施工过程中
　的应用 ……………………………………………………………………………… 王　须（292）
三角闸门设计制造安装关键问题研究 …………………………………………………
　…………………………………… 刘　浩　李昱蓉　胡艳玲　师小小　张春丰（295）
关于施工项目亏损的原因、解决的途径及对策的探讨 …………… 袁　振　霍福山（300）
浅析如何做好项目经营策划和提高经济效益 ………………………………… 霍福山（304）

# 专题论述

# 苗尾水电站施工总布置规划及实施

任金明　陈永红　钟伟斌　魏　芳　王凤军

（中国电建集团华东勘测设计研究院有限公司，浙江杭州，311122）

【摘　要】苗尾水电站施工总布置规划紧紧围绕与地方共赢发展的主线，并充分贯彻合理、节约利用土地的方针，场内交通规划与地方交通规划紧密结合。经规划专题研究，施工总布置确定了以右岸为主、偏重下游的布置格局。实施过程中的施工总布置格局与规划基本相同，场内交通、主要施工工厂、施工营地及存弃渣场等均未作原则性的调整。

【关键词】施工总布置　共赢发展　节约用地　苗尾水电站

## 1　工程概况

苗尾水电站位于云南省大理白族自治州云龙县苗尾乡境内的澜沧江河段上，是澜沧江上游河段一库七级开发方案中的最下游一级电站，上接大华桥水电站，下邻澜沧江中下游河段最上游一级电站——功果桥水电站。电站坝址距大理、昆明公路里程分别为207km、544km。电站为一等工程，开发任务以发电为主，兼顾灌溉供水，促进地方经济发展与移民脱贫致富。电站正常蓄水位1408.00m，相应库容6.60亿$m^3$，电站装机容量1400MW，多年平均发电量65.56亿kW·h，保证出力424.2MW。电站枢纽建筑物主要由砾质土心墙堆石坝、溢洪道、冲沙兼放空洞、引水系统、发电厂房等组成。

工程建设总体计划为：2008年5月工程开始筹建；2009年11月导流隧洞开工；2012年11月河床截流；2013年10月坝体开始填筑；2016年汛后导流隧洞下闸封堵，水库开始蓄水；2016年12月首台机组投产发电，2018年4月工程完工。

## 2　施工特点

（1）受地形、地质条件限制，本工程枢纽建筑物布置十分紧凑，导流隧洞、溢洪道、冲沙兼放空洞、引水系统和发电厂房集中布置在左岸，施工中存在较大干扰，必须合理组织、妥善安排。大坝堆石料部分利用溢洪道开挖料，为减少有用料的中转，溢洪道的开挖需与大坝填筑在进度上相协调。

（2）工程区岩体倾倒变形强烈，左岸极强倾倒水平发育深度104m，右岸极强倾倒水平发育深度44m，施工期边坡稳定问题突出。由于本工程地质条件差，隧洞开挖及地基处理（如帷幕灌浆）施工难度较大，施工速度较慢。

（3）本工程开挖、填筑量大，中转、弃渣量大。本工程料源具有需求种类多（除混凝土骨料以外，还包括坝体各类填筑料)，供料点多（工程各部位开挖料，窝戛沟前期混凝土骨料料场，丹坞堑石料场)，弃料场多（湾坝河，下水井，苗尾寨，坝前、坝后，丹坞堑等弃渣场）等特点，开挖、填筑量大，合理规划堆存场地，充分利用开挖料对节省投资影响较大。

(4) 场内几处冲沟存在人为形成泥石流的可能，汛期安全隐患多。每年6—9月降水量大于0.5mm的月平均天数均接近20d，大坝心墙砾质土料填筑存在季节性停工问题。

(5) 混凝土人工骨料料源不甚理想，工程开挖料由于质量原因不宜作为工程混凝土骨料，石料场存在诸如具有碱硅酸反应活性、剥采比大、运距远等问题。

## 3 施工总布置规划

### 3.1 施工总布置格局

苗尾水电站建设涉及淹没云龙县苗尾集镇，规划苗尾集镇结合部分农村移民，在电站坝址下游约2km的鲁羌场地择址新建。根据集镇迁建总体方案，苗尾集镇新址规划人口规模2061人，规划建设用地面积20.6$hm^2$。苗尾水电站建设之初，就确立了与地方共赢发展的思路，以电站建设带动地方发展，以地方发展促进电站建设。根据上述总体思路，施工总布置规划遵循以下原则：

(1) 兼顾地方集镇发展，施工总布置规划与地方集镇规划相结合。

(2) 贯彻合理、节约利用土地的方针，注重环境保护及水土保持，为地方发展留出空间。苗尾乡为云龙县主要产粮区，施工布置应适当紧凑，尽可能利用荒坡地、水库淹没区；分析各施工临建设施的使用时段，尽可能重复利用场地。

(3) 本工程与下游功果桥水电站项目业主相同，建设工期基本衔接，应充分利用功果桥水电站已建的施工临建设施。

(4) 弃渣场的布置与土地再造相结合。

(5) 本工程坝址两岸岩体倾倒变形发育，场内道路布置在满足功能要求的条件下尽可能精简。

经施工总布置规划专题研究，推荐的施工总布置确定了以右岸为主、偏重下游的布置格局。具体为：主渣场位于坝址右岸下游丹坞堑沟；堆石料存料场、土料存料场及表土料堆存场在上下游分别设置；主体工程砂石加工系统布置于丹坞堑沟左岸；施工工厂及仓库布置以左岸下游沿江缓坡地和鲁羌村缓坡地为主；大坝及溢洪道工程承包商营地布置于鲁羌村缓坡地，厂房及引水工程承包商营地布置于左岸下游沿江缓坡地。施工总布置规划示意图如图1所示。

### 3.2 场内交通规划

苗尾水电站场内交通主要采用公路运输，根据施工总平面布置和施工总进度要求，结合物料流向、运输强度以及地方交通规划，按照现行规程规范及技术标准的要求，左、右岸各布置4条干线道路，分别为左岸高线道路、左岸中线道路、左岸低线道路，至左岸下游施工区道路；右岸沿江道路、右岸过境改线公路、右岸进厂公路，至丹坞堑石料场道路，路面宽度7.5～9.5m。为沟通两岸，在坝址上游1.5km处设置两座索道桥，在坝址

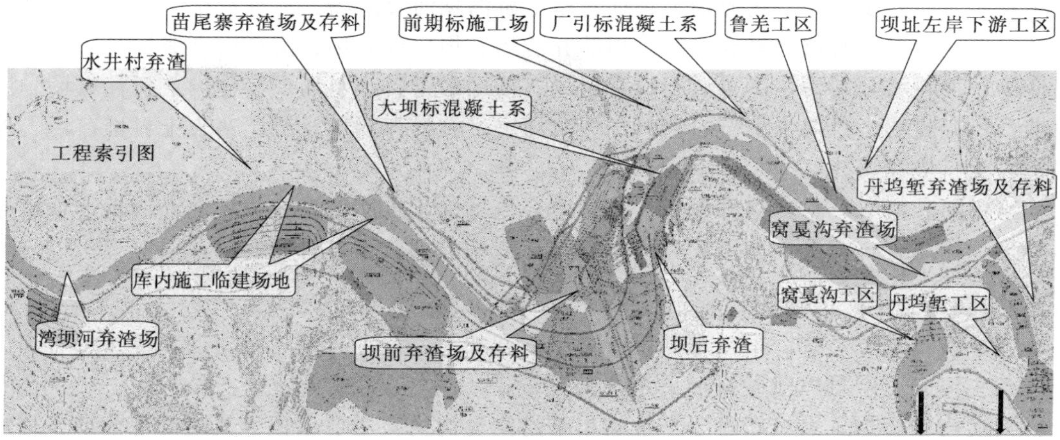


图 1　苗尾水电站施工总布置规划示意图

下游 2km 处设置一座交通桥，从而使整个场内交通形成一个环形交通网。

场内交通规划与地方交通规划紧密结合，至左岸下游施工区道路、右岸过境改线公路、至丹坞堑石料场道路、下游交通桥均考虑后期作为地方主干交通网。至左岸下游施工区道路、下游交通桥作为苗尾集镇至云龙县县道的一部分，右岸过境改线公路作为苗尾集镇至德钦县三级公路的一部分，至丹坞堑石料场道路作为苗尾集镇内部的市政道路，线路布置及设计标准按满足电站建设和地方交通要求进行，下游交通桥桥型由最初满足电站建设的索道桥调整为后期满足地方交通的混凝土连续刚构桥。

### 3.3　施工布置分区规划

施工布置按公共生产设施、承包商管理人员营地和各标段生产、生活设施进行规划。公共生产设施主要有砂石加工系统、施工中心变电站、机电设备库等，为节约用地、降低工程投资，本工程未设置炸药库、油库、垃圾填埋场、转轮拼装场，均考虑利用功果桥水电站的相关设施。本工程施工分区规划如下：

（1）本工程施工场地主要分 4 个区，分别为坝址左岸下游工区、鲁羌工区、窝戛沟工区及丹坞堑沟工区。左岸下游工区土地性质为林地，鲁羌工区土地性质为特殊营地（坟地迁移）。

（2）坝址左岸下游工区位于坝址左岸下游 1.8～3km 处，主要布置有厂引标的生产、生活设施。

（3）鲁羌工区位于坝址右岸下游约 2.5km 处，布置有施工中心变电站、机电设备库、钢管加工厂、承包商管理人员营地、大坝标生产及生活设施、机电标生产及生活设施，为本工程主要施工布置区。

（4）窝戛沟工区布置有窝戛沟砂石加工系统；丹坞堑沟工区布置有丹坞堑砂石加工系统。

### 3.4　存弃渣场规划

根据土石方平衡及存渣、弃渣场规划分析成果，本工程可行性研究阶段共布置 7 个弃渣场及8个存料场，弃渣场分别为坝址右岸上游湾坝河弃渣场、坝址右岸上游下水井村弃渣场、坝址右岸上游苗尾寨弃渣场、坝前弃渣场、坝后弃渣场、窝戛沟弃渣场及丹坞堑沟弃渣场；存料场分别为左岸上游土料存料场、苗尾寨土料存料场、窝戛沟土料存料场、坝前堆石料存料场、丹坞堑堆石料存料场、苗尾寨过渡料存料场及苗尾寨表土料堆存场、丹坞堑表土料堆存场。

湾坝河弃渣场、水井村弃渣场、苗尾寨弃渣场位于水库淹没区，坝前弃渣场、坝后弃渣场与坝体结合，窝戛沟弃渣场和丹坞堑沟弃渣场分别位于各自冲沟内。

## 3.5 主要施工工厂设施

（1）砂石加工系统。本工程共设置2座砂石加工系统，分别为筹建期窝戛沟砂石加工系统和主体施工期丹坞堑砂石加工系统。

窝戛沟砂石加工系统布置于坝址右岸下游窝戛沟内，主要承担导流隧洞等前期工程混凝土骨料生产任务，按满足混凝土高峰时段浇筑强度3.6万$m^3$/月设计，毛料处理能力300t/h，成品料生产能力255t/h。

丹坞堑砂石加工系统初碎车间布置于丹坞堑石料场附近，其余部分布置于丹坞堑沟左岸高程1650.00～1720.00m的缓坡平台上，主要承担大坝标、厂引标等主体工程混凝土骨料及坝体反滤料生产任务，按满足混凝土高峰时段浇筑强度13万$m^3$/月设计，毛料处理能力1100t/h，成品料生产能力870t/h。

为节约用地，丹坞堑砂石加工系统布置区与丹坞堑土料场范围部分重合，土料预先开采、堆存，后期中转上坝。

（2）混凝土生产系统。本工程主要设置2座混凝土生产系统，分别为大坝混凝土生产系统和厂房混凝土生产系统。

大坝混凝土生产系统布置于鲁羌沟左侧缓坡地，右岸进厂公路旁，距坝址约600m，布置高程1325.00～1355.00m。系统主要承担大坝标约60万$m^3$混凝土的生产任务，按满足混凝土高峰月浇筑强度4.7万$m^3$/月设计，选用HL240－4F3000LB混凝土搅拌楼（配有制冷楼）一座，系统生产常温混凝土时的生产能力为240$m^3$/h，生产12℃低温混凝土时的生产能力为180$m^3$/h。

厂房混凝土生产系统布置于下游永久交通桥上游侧的右岸沿江公路与进厂公路之间的坡地，距厂址约1km，布置高程1320.00～1350.00m。系统前期作为导流工程混凝土生产系统，后期承担厂引系统约110万$m^3$混凝土的生产任务，按满足混凝土高峰月浇筑强度5.5万$m^3$/月设计，选用HL240－4F3000LB混凝土搅拌楼（配有制冷楼）一座，系统生产常温混凝土时的生产能力为240$m^3$/h，生产12℃低温混凝土时的生产能力为180$m^3$/h。

## 3.6 施工营地

业主营地布置于坝址下游功果桥镇，紧邻对外交通公路，距坝址约19km，建筑面积13900$m^2$，占地面积43000$m^2$。业主营地与功果桥水电站共用，供两电站建设管理局、电厂、设计等单位人员使用，规划入住人数220人。

承包商营地分为管理人员营地和工人营地，项目业主负责建设管理人员营地，各标承包商按统一标准负责建设各自的工人营地。为避免重复建设，促进地方发展，经与地方政府沟通，管理人员营地与苗尾乡初级中学合并规划，电站施工期作为管理人员营地使用，后期改造为苗尾乡初级中学。

管理人员营地包括1幢办公楼、8幢宿舍楼和1幢职工食堂，建筑面积31520$m^2$，占地面积31150.9$m^2$。办公楼改造为教学楼，楼层的布局按满足教学要求设置；4幢宿舍楼改造为教师和学生宿舍楼，另4幢宿舍楼改造为党政机关人员宿舍楼；食堂保留其功能。另后期将管理人员营地下游侧的大坝标生产及生活场地改造为学校的运动场地，包括1个周长300m足球场、3个标准篮球场和3个标准羽毛球场。

# 4 实施阶段动态优化和调整

## 4.1 土石方平衡及存弃渣场调整

根据苗尾工程动态土石方平衡及存弃渣规划，苗尾水电站堆石料中转量约110万$m^3$，弃渣总量约1400万$m^3$。

丹坞堑弃渣场位于坝址右岸下游丹坞堑沟内，堆渣容量980万$m^3$，堆渣高程1340.00～1530.00m，综合堆渣坡比大于1∶3。丹坞堑弃渣场堆填至设计高程后将形成多个缓坡平台，可为苗尾集镇提供约20万$m^2$的平缓土地，同时改造后的排水系统可提供水源保证。

招标设计阶段，优化取消了窝戛沟弃渣场。2011年年初，大坝标承包人进点，工程建设全面铺开，苗尾寨弃渣场、丹坞堑弃渣场受征地移民制约无法正常投入使用，为使工程建设不因弃渣问题受阻，被迫临时启用窝戛沟弃渣场。窝戛沟常年流水，且为泥石流沟，为解决沟水及泥石流的问题，窝戛沟沟水处重点研究了右岸排水洞方案、右岸排水明渠方案、沟口溢流坝方案、左岸渡槽方案、搬渣方案等。经评审后最终确定将窝戛沟作为临时弃渣场，后期搬渣转存于丹坞堑沟弃渣场。根据弃渣搬运规划，窝戛沟内弃渣搬运总量约103万$m^3$，于2013年6月前完成搬渣。

施工图阶段存渣、弃渣场堆存规划参见表1。

**表1　　存渣、弃渣场堆存规划表**

| 存渣、弃渣场名称 | 存渣、弃渣场位置 | 容渣量/万$m^3$ | 堆渣量/万$m^3$ | 备　注 |
|---|---|---|---|---|
| 苗尾寨堆石料存料场 | 苗尾寨弃渣场顶部 | 82 | 81.61 | 水库淹没区 |
| 丹坞堑堆石料存料场 | 丹坞堑弃渣场平台 1340.00～1400.00m | 30 | 30 | |
| 湾坝河弃渣场 | 坝址上游左岸 | 130 | 91.76 | 水库淹没区 |
| 水井村弃渣场 | 坝址上游左岸 | 240 | 62.87 | 水库淹没区 |
| 苗尾寨弃渣场 | 坝址上游左岸 | 115 | 100 | 水库淹没区 |
| 坝前弃渣场 | 坝前 | 175 | 173.7 | 水库淹没区 |
| 坝后弃渣场 | 坝后 | 200 | 196.97 | |
| 丹坞堑弃渣场 | 坝址右岸下游丹坞堑沟 | 980 | 842.62 | |

### 4.2 施工场地沟水处理及泥石流防治

丹坞堑沟沟水处理采用50年一遇洪水设计，200年一遇洪水校核，拦护设施和排水设施为4级永久建筑物。丹坞堑弃渣场采取了必要的防御超标准泥石流措施，如合理规划堆渣体型、对渣场表面进行防护等，减轻极端条件下发生人工弃渣泥石流的风险。丹坞堑沟泥石流防治采用上游拦蓄、下游停淤的综合防治措施。防治工程安全等级为二级，防治标准仍采用50年一遇泥石流，一次泥石流固体物质总量为0.6万$m^3$。

由于丹坞堑沟沟水汇入窝戛沟后改变了窝戛沟的洪水流量和泄洪条件，因此窝戛沟沟道须满足两沟汇流后的行洪要求，并符合环境保护与水土保持的要求，另外还需对当地村民进行警示，防止可能在窝戛沟内及附近修建建筑物。窝戛沟砂石加工系统拆除及临时弃渣场搬运后，上游的泥石流拦挡坝失去了主要保护对象，不再考虑修建上游的泥石流拦挡坝。但鉴于丹坞堑排水洞出口位于窝戛沟内，对排水洞出口、跨窝戛沟涵洞及桥梁等采取了必要的泥石流防护措施。

### 4.3 施工供水系统大江补水措施

本工程施工区域内除澜沧江可提供足够的水源外，工程区附近沿江两岸分布着诸多支沟。根据水文统计资料，汛期内各支沟水量相对充裕，除了满足附近居民生活及灌溉用水之外，还有部分剩余水量可供施工用水需要，但在枯水期和农田灌溉期，除了左岸的三棵枪河水量基本满足本工程施工用水需要外，其他支沟水量均不足或偏小。本工程选用石沙场沟和三棵枪河联合供水，石沙场沟距离用水区域较近，枯水期来水量较小，但汛期来水量较大，引水较易，故先期建设，作为筹建期石沙场沟供水系统供水水源，主体工程施工期则作为主要供水水源之一和三棵枪河联合供水。本工程供水管道最大设计供水规模25500$m^3$/d。

实际施工过程中，由于三棵枪河枯水期灌溉用水的截流，导致供水不足，2014年施工供水系统采取了大江补水措施补充。

## 5 结语

(1) 苗尾水电站施工总布置规划紧紧围绕与地方共赢发展的主线进行，电站部分场内主干道将作为地方交通网予以保留，承包商管理营地改造成为苗尾乡初级中学，丹坞堑弃渣场形成后可提供大量土地。这种以电站建设带动地方发展，以地方发展促进电站建设的模式可供类似工程借鉴。

(2) 按《大中型水利水电工程建设征地补偿和移民安置条例》(国务院令第471号)，施工总布置在满足工程建设的前提下，应本着合理、节约利用土地的方针进行规划。苗尾工程充分利用功果桥已建施工临建设施，同时利用时间差考虑土地的重复利用，共节约用地约28万$m^2$。

(3) 苗尾水电站的施工总布置合理、可行，工程开工后，现场实际的施工总布置与规划的成果基本一致。场内交通、主要施工工厂、施工营地及存弃渣场等均未作原则性的调整。

(4) 本工程具有料源需求种类多、供料点多、弃料场多等特点，开挖、填筑量大，做好土石方调配规划，不仅可确保充分利用开挖料，体现当地材料坝筑坝的优势，而且对确保工程顺利实施也是至关重要的。

（5）苗尾集镇地理位置优越，公路交通网路发达，地方可以靠电站发展特色旅游。

## 参考文献


［1］ 任金明，陈永红，钟伟斌，等. 苗尾水电站施工组织设计综述［C］//施工组织设计. 北京：中国水利水电出版社，2014.

［2］ 陈义军，任金明. 龙开口水电站施工总布置规划及实施［J］. 水利技术监督，2015（2）：67-70.


**【作者简介】**


任金明（1963—　），男，辽宁北票人，教授级高级工程师，主要从事水利水电工程施工组织设计与研究工作。

# 苗尾水电站大江截流规划

钟伟斌　任金明　陈永红　魏　芳

（华东勘测设计研究院有限公司，浙江杭州，310014）

【摘　要】苗尾水电站位于云南省大理白族自治州云龙县苗尾乡境内的澜沧江河段上，澜沧江原始河床纵坡大、水流急，覆盖层深厚，规划采用单洞截流方案，截流难度较大。本文简要介绍了苗尾水电站大江截流规划方案，对类似工程大江截流具有参考意义。

【关键词】苗尾水电站　截流规划　戗堤布置　水力学指标

## 1　工程概况

苗尾水电站位于云南省大理白族自治州云龙县苗尾乡境内的澜沧江河段上，电站开发任务以发电为主，装机容量为1400MW，多年平均发电量为65.56亿kW·h。电站枢纽建筑物主要由砾质土心墙堆石坝、左岸溢洪道、冲沙兼放空洞、引水系统及发电厂房等组成，砾质土心墙堆石坝坝顶高程1414.80m，最大坝高131.30m。

施工导流采用围堰一次拦断河床、隧洞导流的方式。导流隧洞共两条，布置在左岸，1号导流洞长1175.09m，2号导流洞长1069.82m，中心线间距50m，进口高程1302.00m，出口高程1300.00m，两条导流洞均采用城门洞型断面，全断面混凝土衬砌，净断面尺寸13m×15m（宽×高）。

苗尾水电站2008年12月开始筹建，2009年11月导流隧洞工程开工，根据施工进度安排，2011年10月2号导流隧洞过流，2011年11月大江截流，2012年4月1号导流隧洞过流。

## 2　截流标准及时段选择

根据《水电工程施工组织设计规范》（DL/T 5397—2007）规定，截流标准可采用截流时段5～10年重现期的月或旬平均流量。苗尾水电站工程规模较大，河床截流时间制约第一台机组发电时间。因此，截流标准采用10年一遇的旬平均流量。

坝址区属亚热带季风气候区，洪水主要由暴雨形成，洪枯流量相差悬殊，每年6—10月为汛期，11月至次年5月为枯水期。上游围堰为土工膜斜墙围堰，最大堰高64.00m，堰体填筑量大、施工工期紧。根据水文条件，结合上游围堰进度分析，河床截流宜安排在11月上旬至下旬进行。各工况截流水力学计算成果见表1。

**表 1** **截流水力学计算成果表**

| 截流指标 | 下游功果桥水电站蓄水至正常蓄水位 | | | 下游功果桥水电站蓄水至死水位 | | |
|---|---|---|---|---|---|---|
| | 11 月上旬 | 11 月中旬 | 11 月下旬 | 11 月上旬 | 11 月中旬 | 11 月下旬 |
| 截流流量/($m^3$/s) | 901 | 722 | 611 | 901 | 722 | 611 |
| 龙口最大落差/m | 7.03 | 5.54 | 4.53 | 10.19 | 8.75 | 7.79 |
| 龙口最大平均流速/(m/s) | 5.88 | 5.49 | 4.83 | 6.54 | 6.08 | 6.00 |
| 龙口最大单宽功率/[t·m/(s·m)] | 142.47 | 94.88 | 58.12 | 256.11 | 192.41 | 153.31 |

按功果桥蓄水至死水位计算成果，11 月上旬截流指标较大，11 月中旬、下旬截流指标较为合理；按功果桥蓄水至正常蓄水位计算成果，11 月上旬、中旬、下旬截流指标均可行。为确保截流顺利实施，按最不利工况进行规划，即功果桥蓄水至死水位工况，截流时段选择在 11 月中旬，截流设计流量为 722$m^3$/s。

## 3 截流方式选择

截流方式主要有立堵和平堵两种，立堵又可分为单戗立堵和双戗立堵。立堵截流是我国水电水利工程中传统的截流方式，我国大型水电工程，如葛洲坝、李家峡、大朝山、金安桥、小浪底等工程均采用立堵截流，它具有施工简单、快速经济等优点，因此本工程推荐采用立堵截流。

苗尾水电站上下游围堰相距较远，根据坝址和尾水出口的水位-流量关系曲线对比可以看出，同样流量下在上下游戗堤附近的水位相差 1.00m 左右。这就意味着总截流落差加大，双戗堤优势被大大削弱，下游戗堤要对上游戗堤产生影响，难度较大，需要的截流戗堤高度很高，这对需要短时间完成的截流工作而言，非常困难，同时在较小高度的下游围堰中布置高截流戗堤，势必会使下游围堰断面加大，从而导致投资增加。

单戗堤方案截流水力学指标中截流流量、最大流速、单宽功率、最大落差等各项指标，与国内同类工程相比，均属可行；且单戗堤方案较双戗堤方案物料组织协调难度小，按期截流保证率高，投资小，同时对上游围堰施工也较为有利。综合分析，选择单戗立堵截流方式。

## 4 戗堤及龙口位置、断面选择

### 4.1 戗堤位置及断面选择

截流戗堤布置在上游围堰，为防止截流时戗堤大粒径抛投料流失进入防渗墙槽孔部位导致防渗墙施工难度增加，避免形成集中渗流通道而影响围堰安全运行，截流戗堤布置于防渗墙下游侧，截流戗堤中心线位于大坝上游围堰轴线上游约 44m 处。

根据水力学计算成果，截流闭气后堰前水位为 1313.30m，考虑到安全超高等因素确定戗堤顶高程为 1315.00m。截流戗堤按梯形断面设计，上游设计坡比为 1∶1.5，下游设计坡比为 1∶1.5，端头设计坡比为 1∶1.3。截流戗堤顶宽初拟为 30.00m。

### 4.2 龙口位置及断面选择

上游围堰河床左侧为古河槽，覆盖层深厚，主要为冲洪积砂卵石；河床中部及右侧覆盖层浅薄，厚度2～8m，基岩为石英砂岩及砂质绢云板岩。为避免龙口合龙过程中覆盖层冲刷，引起截流戗堤塌滑失事，龙口位置选择在河床中部偏右。此外，考虑到左岸备料条件及交通条件均相对较好，采用左岸为主，右岸为辅的进占方式。

为使龙口合龙工程量尽量小、历时尽可能短，同时避免龙口处河床和两侧堤头受到较大冲刷，抗冲流速按3m/s左右考虑。经水力学计算，当龙口宽度为60m时，龙口平均流速为3.12m/s；当龙口宽度为55m时，龙口平均流速为3.96m/s。因此，龙口宽度拟定为60m。

## 5 截流计算

截流设计流量在截流过程中分为四个部分。考虑截流时水位低、库容小，计算时上游水库调蓄流量及截流戗堤渗流量忽略不计：

$$Q = Q_g + Q_d + Q_r + Q_s$$

式中 $Q$——截流设计流量，722m³/s；

$Q_g$——龙口泄流量，m³/s；

$Q_d$——分流建筑物泄流量，m³/s；

$Q_r$——上游水库调蓄流量，m³/s；

$Q_s$——截流戗堤渗流量，m³/s。

龙口泄流量按下式进行计算：

$$Q_g = \sigma m B \sqrt{2g} H^{1.5}$$

式中 $\sigma$——淹没系数，查表选取；

$m$——考虑收缩在内的流量系数，取0.32；

$B$——龙口平均水面宽度，m；

$H$——龙口上游水深，m。

分流建筑物泄流量按下式进行计算：

$$Q_d = m B \sqrt{2g} H^{1.5}$$

式中 $m$——考虑收缩在内的流量系数，取0.33；

$B$——矩形隧洞过水断面宽度，m；

$H$——以隧洞进口断面底板高程起算的上游总水头，m。

分别对龙口宽度60m、50m、40m、30m、20m、10m时进行水力学计算，不同龙口宽度水力学特征曲线见图1，龙口最大落差为8.75m，最大平均流速为6.08m/s，最大单宽功率为192.41t·m/(s·m)。

## 6 截流备料

### 6.1 龙口抛投材料粒径

截流戗堤龙口段进占抛投体粒径和抛投体重量采用下述经验公式估算，计算结果见表2。

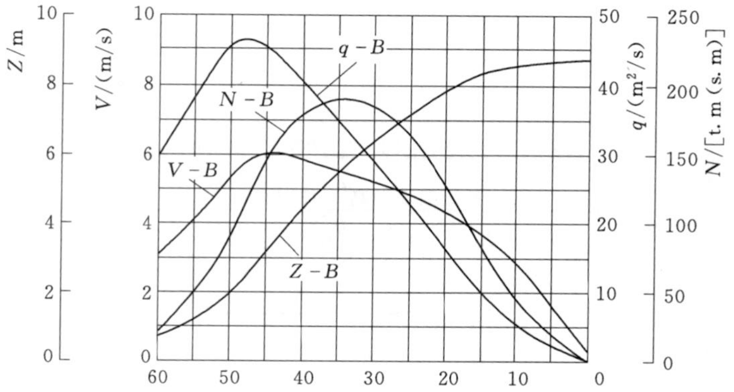


图 1　龙口水力学特征曲线

抛投体粒径：

$$d=\left(\frac{v_{\max}}{k\sqrt{2g\frac{r_m-r}{r}}}\right)^2$$

抛投体重量：

$$W=\frac{\pi}{6}d^3 r_m$$

式中　$d$——折算成圆球体的直径，m；

$v_{\max}$——最大流速，计算时取龙口轴线平均流速，m/s；

$r$——水容重，取 1.0t/m³；

$r_m$——抛投体容重，块石取 2.6t/m³，混凝土块取 2.4t/m³；

$k$——综合稳定系数，参照有关手册选取。

**表 2**　　**不同龙口宽度抛投体粒径及重量计算表**

| 龙口宽度 B/m | 60 | 50 | 45 | 40 | 35 | 30 | 25 | 20 | 15 | 10 |
|---|---|---|---|---|---|---|---|---|---|---|
| 平均流速/(m/s) | 2.49 | 3.49 | 4.27 | 5.55 | 5.82 | 5.45 | 4.98 | 4.4 | 3.77 | 2.94 |
| 抛投粒径/m | 0.24 | 0.48 | 0.72 | 1.21 | 1.33 | 1.17 | 0.98 | 0.76 | 0.56 | 0.34 |
| 抛投体重量/t | 0.02 | 0.15 | 0.5 | 2.43 | 3.23 | 2.18 | 1.27 | 0.6 | 0.24 | 0.05 |

## 6.2　龙口进占分区抛投量

根据合龙过程中不同宽度龙口的流速、落差及单宽功率等水力学指标，本工程龙口段进占共划分为 4 个区，以便于施工时控制抛投材料及采用适当的抛投技术。截流进占分区示意见图 2，截流进占分区抛投工程量见表 3。

**表 3**　　**截流进占分区抛投计划工程量表**

| 区段 | 龙口宽/m | 抛投材料/万 m³ | | | | |
|---|---|---|---|---|---|---|
| | | 石渣 | 中石 | 大石 | 钢筋石笼 | 合计 |
| Ⅰ区 | 50～60 | 0.417 | 0.365 | 0.208 | 0.052 | 1.042 |
| Ⅱ区 | 30～50 | 0.262 | 0.348 | 0.784 | 0.348 | 1.742 |
| Ⅲ区 | 20～30 | 0.191 | 0.163 | 0.109 | 0.082 | 0.545 |
| Ⅳ区 | 0～20 | 0.175 | 0.153 | 0.087 | 0.022 | 0.437 |
| 龙口抛料小计 | | 1.045 | 1.029 | 1.188 | 0.504 | 3.766 |
| 龙口材料备料 | | 1.568 | 1.5435 | 1.782 | 0.756 | 5.649 |

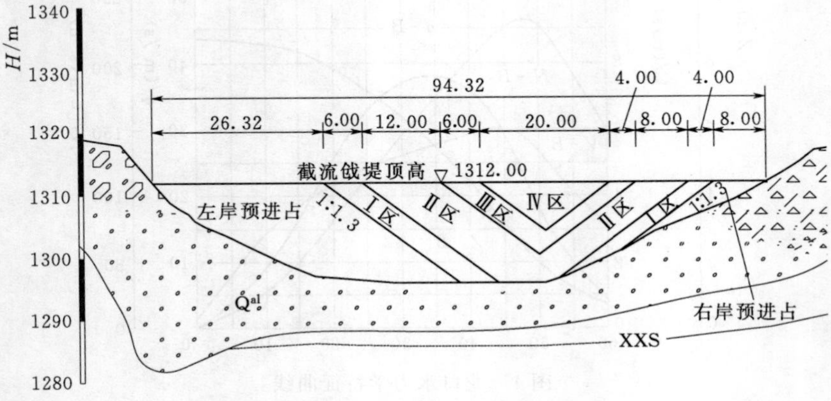


图 2　截流戗堤进占分区示意图（单位：m）

**6.2.1**　龙口Ⅰ区

龙口从左右岸双向进占，龙口宽度由 60m 进占至 50m。进占物料总量约为 1.04 万 $m^3$，其中石渣料约占 40%，中石约占 35%，大石约占 20%，钢筋石笼约占 5%。

**6.2.2**　龙口Ⅱ区

龙口从左右岸双向进占，龙口宽度由 50m 进占至 30m，合龙进占进入最困难段。进占物料总量约为 1.74 万 $m^3$，其中石渣料约占 15%，中石约占 20%，大石约占 45%，钢筋石笼约占 20%。

在龙口宽度接近 45m 时，流速最大，水流对两岸裹头冲刷强烈，此时可根据实际情况，抛投一定数量的钢筋石笼或钢筋石笼串，以保证戗堤两岸端头的稳定。

**6.2.3**　龙口Ⅲ区

龙口从左右岸双向进占，龙口宽度由 30m 进占至 20m。进占物料总量约为 0.55 万 $m^3$，其中石渣料约占 35%，中石约占 30%，大石约占 20%，钢筋石笼约占 15%。

**6.2.4**　龙口Ⅳ区

龙口从左右岸双向进占，龙口宽度由 20m 进占至合龙。进占物料总量约为 0.44 万 $m^3$，其中石渣料约占 40%，中石约占 35%，大石约占 20%，钢筋石笼约占 5%。

## 7　截流模型试验

本工程截流难度较大，为进一步复核截流指标，进行了截流动床模型试验，以下为主要成果：

（1）导流隧洞分流能力：导流隧洞进口水头随龙口宽度的减小而增大，分流流量及分流比也相应增加。预进占结束时，导流隧洞平均分流比为 26.6%，合龙结束时，导流隧洞平均分流比为 94.0%。

（2）截流戗堤稳定性：龙口宽度从 60m 向 40m 推进时，受下游冲坑影响，龙口下游段坡降、流速大，中石、石渣料等流失严重，采用钢筋石笼护坡后，基本保持稳定。龙口宽度从 40m 向 20m 推进时，龙口段坡降、流速极大，必须采用“上角突出、先护上、后下推”的方式，通过集中抛投 4～6 连串钢筋石笼串，大石、中石、石渣料跟进的方法，基本可实现堤头稳定。

（3）截流关键区：龙口宽度从40m到20m进占是整个截流工程的重点与难点，进占料物必须以钢筋石笼串（3～4连串）为主，平均抛投强度约为1442$m^3$/h。

（4）截流水力学指标：进口围堰2m残埂工况，最大落差为7.96m，最大平均流速为6.37m/s，最大单宽功率为124.18t·m/(s·m)，模型试验值略小于计算值。

## 8 小结

根据澜沧江水文特点、截流水力学计算成果，并考虑截流后上游围堰的施工要求，苗尾水电站截流时段选择11月中旬，截流标准采用11月中旬10年一遇旬平均流量，截流方式采用双向进占的单戗立堵截流方式；龙口位置选择在河床中部偏右，龙口宽度拟定为60m，戗堤顶宽确定为30m。

受外部环境条件制约，2011年工程未截流，实际截流时间为2012年11月27日，截流时2条导流隧洞均具备过流条件，截流难度小于规划方案。

**【作者简介】**

钟伟斌（1981—　），男，浙江湖州人，高级工程师，主要从事水电水利工程施工组织设计与研究工作。

# 石拉渊拦河闸除险加固工程施工导流方案

张 超[1] 黄 钢[1] 栗瑞娟[2]

(1. 山东省水利勘测设计院，山东济南，250013；
2. 山东水务招标有限公司，山东济南，250014)

【摘 要】 石拉渊拦河闸除险加固工程的施工导流方案决定着工程主体施工的成败，文中从影响施工导流方案的导流条件、导流标准、导流方式、导流建筑物设计等方面进行了分析，并结合场区周围的实际情况，合理地确定了施工导流方案，对工程的顺利实施起到了关键作用。

【关键词】 导流条件 导流标准 导流方式

## 1 工程概况

### 1.1 工程位置及交通条件

石拉渊拦河闸位于临沂市河东区刘店子乡境内沭河干流上，控制流域面积 3332km$^2$，是石拉渊灌区取水口处的壅水建筑物，是以灌溉为主的水利工程。石拉渊灌区设计灌溉面积 16 万亩，共涉及 6 个乡镇，162 个行政村，16 万人口。

工程区附近交通条件便利，兖石铁路横穿东西，胶新铁路纵贯南北，205、206、327 国道及 342 省道纵横交错，县乡公路四通八达，其中紧靠工程区的 342 省道通过各级县乡公路可直接与工程区连接。

### 1.2 主要建设内容

(1) 拦河闸：拆除原拦河闸，新建 3 孔橡胶坝，单孔净宽为 75m，总净宽为 225m，该闸（坝）轴线位于原闸址下游距离老闸轴线约 42m 处，主要由上游连接段、橡胶坝段、下游连接段、裹头等组成；新建 3 孔调节闸，单孔净宽为 6m，总净宽为 18m，布设于右岸滩地内，主要由上游连接段、闸室段、下游连接段等组成，同时为了防止调节闸下泄水流，对岸坡冲蚀破坏，对下游右岸进行修整；新建充水泵房及桥头堡等工程。

(2) 渠首引水闸：保留引水闸的引水涵洞，拆除重建洞前引水闸，新建闸前引水渠及挡墙，新建机房与大堤之间的引桥等。

## 2 导流条件

### 2.1 地形地貌

场区位于淮河流域沭河中游段，其地貌单元属山间平原区（Ⅳ）—冲积洪积平原亚区

（Ⅳ3），区内地势较平坦，总体地势北高南低。属河谷地貌类型，河床两岸有人工筑堤，河谷宽阔。河谷地貌主要由河床、漫滩及一级阶地等组成。

### 2.2 水文气象

沭河流域属温带季风气候区，夏季炎热多雨，冬季寒冷干燥。气温年内差别较大，年平均气温 12～13℃，7 月气温最高，多年平均为 25.6～27.2℃；最低气温发生在 1 月，多年平均为－3～－2℃。无霜期 200～300d。

沭河流域毗邻黄海，受较强的海洋性气候影响，年际间易发生连旱连涝，年内也有旱涝交替出现，易春旱秋涝。流域内多年平均降雨量为 853mm，降雨时间分布不均匀，主要集中在 6—9 月，约占全年的 75%，洪水期以 7—8 月为主，暴雨多，强度大，极易造成洪涝灾害，一次暴雨径流系数可达 0.7～0.9，因此易形成洪峰暴涨暴落。

根据水文气象描述及工程施工进度安排，拦河闸、渠首引水闸工程等主体工程安排在非汛期施工。

### 2.3 工程设计

根据工程设计要求，石拉渊拦河闸除险加固工程需要拆除原拦河闸、新建 3 孔橡胶坝、拆除重建渠首引水闸的洞前段、新建闸前引水渠及挡墙等，为了保证除险加固工程的顺利实施，需解决施工期内河道上游来水的下泄问题，因此合理地确定导流方式，是确保工程成功的关键。

## 3 导流标准

石拉渊拦河闸枢纽工程设计规模为大型，工程等别为Ⅰ等。橡胶坝、调节闸主要建筑物级别为 3 级，渠首引水闸、穿堤涵洞等建筑物级别为 3 级。

根据水利部《水利水电工程施工组织设计规范》（SL 303—2004）规定，按所保护的对象、失事后果、导流建筑物使用年限和围堰工程规模等因素，经综合分析，确定工程导流建筑物级别为 5 级。鉴于工程区附近的水文资料比较齐全，围堰结构形式为常用的土石围堰，且施工期间基坑破坏后对工程的影响相对较小，据此确定导流建筑物的洪水重现期为 5 年。

## 4 导流时段及流量选择

根据水文气象资料及主要设计内容可知，工程规模及工程量较大，一个非汛期难以完成，为避免汛期增加河道阻水障碍，尽量减少洪水对堤外村庄的影响，缓解本来就十分艰巨的防汛压力，汛期及汛前汛后的过渡期内不宜安排主体工程施工，因此将工程的导流时段定为 11 月初至次年 4 月底。

经水文计算：每年的 11 月至次年的 4 月 5 年一遇的最大导流流量为 $45m^3/s$。

## 5 导流方式选择

本着有利于缩短工期、保证施工安全、节约投资的原则，并结合施工场区周围的水文特性及地形、地质条件，拟定两个施工导流方案进行比选，一是全断面导流方案，二是分期导流方案。

(1) 全断面导流方案：在主河槽一侧开挖导流明渠，河床上下游填筑围堰。鉴于工程区所在附近的沭河河道两侧滩地较窄，其中顺水流方向上游的右侧滩地宽约为36m，左侧滩地宽约为44m，且左岸淤积比较严重。现状堤防为沭河大堤，堤外多为耕地、树木和房屋，导流明渠需破堤开挖，且拦河闸的主体工程在一个非汛期内难以完成，不仅需考虑度汛问题，还增加了拦河闸处河道的防汛压力，影响堤外耕地、树木和房屋的安全，投资大且难于实施，社会稳定风险系数大。

(2) 分期导流方案：拦河闸所处河道断面较宽，约为250m，河道底部较为平缓，具备采用分期施工的有利条件，便于实施，社会稳定风险系数较小，因此工程导流方式采用分期导流方案。

拦河闸的主体工程采用分期导流方式，分左、右两段进行施工。第一个非汛期内先施工右岸的拦河闸段、渠首引水闸及生产桥工程，利用左侧的河床进行导流，第二个非汛期内利用已建成的拦河闸和渠首引水闸导流，施工剩余的拦河闸段及生产桥工程。导流建筑物布置见图1。

## 6 导流建筑物设计

第一期围堰工程围封主河槽的右岸，河床束窄率约为44%，河水从被束窄后的左岸河床通过，由于现状左岸河床淤积严重，存在严重的阻水问题，需对阻水严重的部位进行清淤，清淤方量约为2200$m^3$，采用1$m^3$挖掘机配8t自卸车挖运至沭河大堤坡脚处工程管理范围内弃置，运距约为0.5km；第二期围堰工程围封主河槽的左岸河床束窄率约为64%，河水从已完建的右岸拦河闸段通过，如上游来水较大，可同时利用渠首引水闸泄水。每期围堰均包括上游围堰、下游围堰和纵向围堰。

每期河槽束窄后河槽内的水深根据导流明渠水力计算公式确定，围堰顶高程按下式确定：

$$H=h+h_w+\delta$$

式中 $H$——围堰堰顶高程，m；

$h$——围堰堰前水位，m；

$h_w$——波浪高度，m，按《碾压式土石坝设计规范》中的莆田试验站公式计算；

$\delta$——围堰的安全超高，m。根据《水利水电工程施工组织设计规范》(SL 303—2004) 规定。

围堰采用当地土石围堰，结构形式为：顶宽为4m，边坡为1∶2.5，共计填筑8749$m^3$。围堰填筑土料全部取自河道上下游滩地，根据地勘资料描述，工程区内土质类别以砾质粗砂、壤土为主，抗冲、防渗性能较差，因此在围堰迎水面采用复合土工膜防渗，共计4576$m^2$，其上采用编织袋装土护砌，共计2095$m^3$。

每期围堰填筑所需土方均采用1$m^3$挖掘机配8t自卸车就近自沭河滩地内挖运，运距约为0.5km，每期主体工程完成后，再采用1$m^3$挖掘机配8t自卸车回运至取土滩地。

## 7 施工期度汛

根据石拉渊拦河闸除险加固工程的实际情况和总进度安排，主体工程需跨一个汛期施

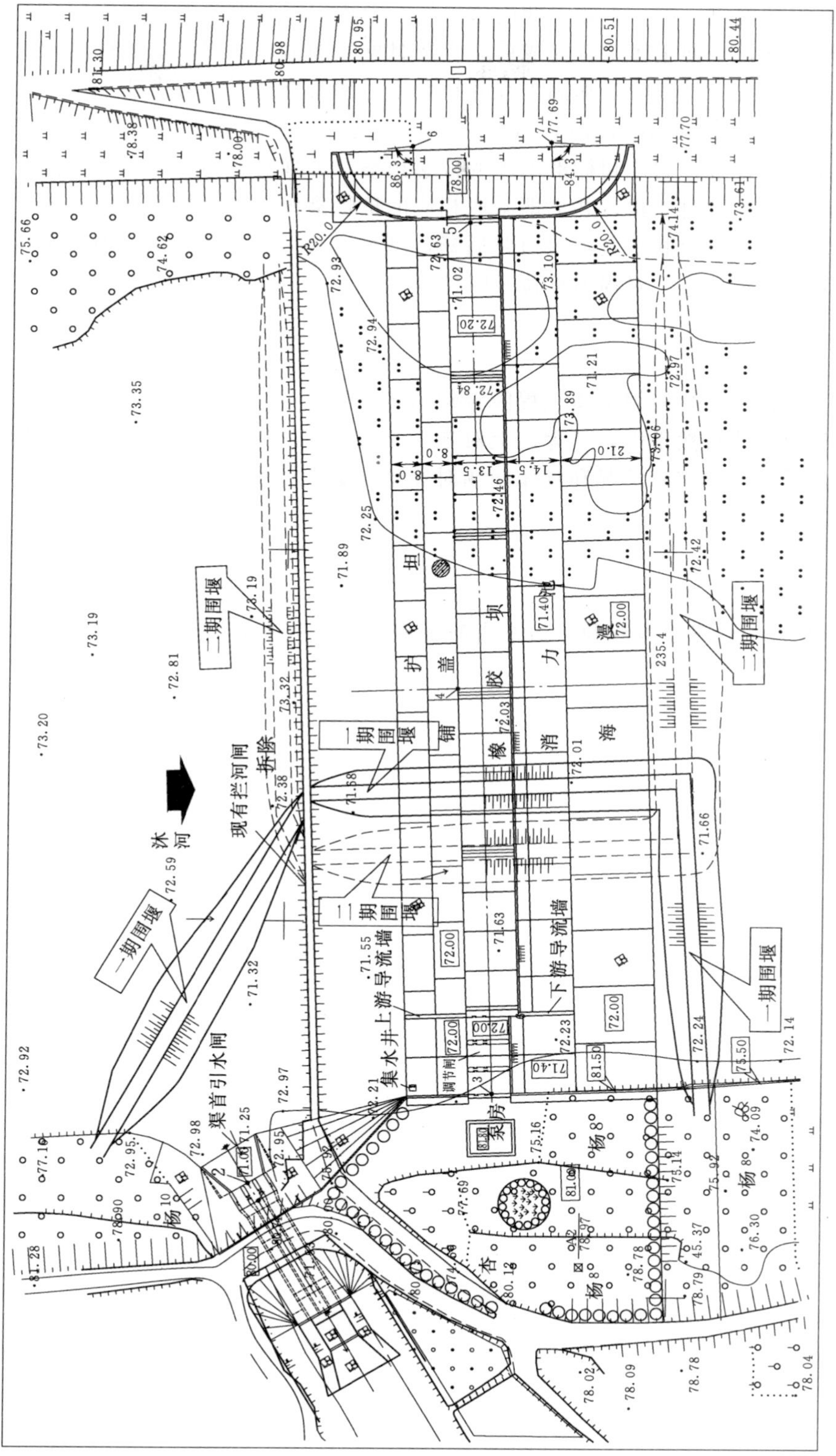
沭河
现有拦河闸拆除
一期围堰
二期围堰
渠首引水闸
集水井
上游导流墙
下游导流墙
护坦
铺盖
橡胶坝
消力池
海漫
泵房
调节闸
R20.0
235.4

图 1　导流建筑物布置

工，必须考虑施工期度汛，第一个非汛期内施工的右岸拦河闸和渠首引水闸工程必须在汛前能够达到泄洪功能，一期主体工程完成后，应及时拆除围堰，确保河道的行洪要求。

同时为了确保石拉渊拦河除险加固工程的顺利施工和安全度汛，各参建单位应健全防汛组织机构，严格按照度汛标准设防，做好防旱汛、防大汛的准备，度汛期间应加强雨情、水情监测和洪水预报，制定超标准洪水的应急预案，加强对各防汛度汛关键部位的巡视检查。遇防汛险情要及时上报，并立即采取相应的抢险措施，备足抢险物资、器材，落实好人员、设备，保证通信联络及抢险道路通畅，洪水退去后，立即组织人力、机械清理工地，对过水部位进行检查，对损毁部位及时修复。

## 8 结束语

施工导流方案是决定拦河闸主体工程能否顺利实施的关键，文中充分考虑了拦河闸所处河道的特点和周围的自然条件，从理论上对施工导流方案的选择、设计进行了分析，实施过程中还结合了工程的实际情况和具体问题对导流方案进行了优化，确保了拦河闸工程的顺利实施。

**【作者简介】**

张超（1982—　），男，工程师，山东省高密市人，现从事施工组织设计及概预算专业工作。

# 导流隧洞封堵混凝土内放水洞爆破开挖控制爆破技术

韩可林　赵银超

（中国水利水电第八工程局有限公司，湖南长沙，410004）

【摘　要】某工程因工程需要，需在原导流隧洞内原已施工完成的封堵混凝土重新开挖放水洞，放水洞断面为城门洞型，过水断面尺寸 8.5m×7.5m（宽×高）。本文主要研究复杂环境下堵头 C20 混凝土爆破开挖控制爆破技术，安全振速控制在设计要求范围之内，保证周边建筑的安全，确保开挖快速进行，满足工程工期要求，可为类似工程提供参考依据。
【关键词】导流隧洞　封堵混凝土　爆破　控制爆破技术

## 1　概述

某工程因工程需要，需在原导流隧洞内原已施工完成的封堵混凝土重新开挖放水洞，改建放水洞段由进口平段、中间斜坡段及出口渐变段三段构成。

（1）进口平段（导 0＋222.00～导 0＋232.00）。进口平段长 10m，位于导流洞临时堵头 A 段内，底板高程 1135.00m，断面为城门洞型，过水断面尺寸为 8.5m×7.5m（宽×高），开挖尺寸为 8.8m×7.9m。

（2）中间斜坡段（导 0＋232.00～导 0＋276.00）。中间斜坡段长 44m，位于临时堵头 A 下游、临时堵头 B 段及永久堵头第一段上游，进出口底板高程分别为 1135.00m、1132.72m，坡度 7.61%。断面为城门洞型，过水断面尺寸为 8.5m×7.5m（宽×高），开挖尺寸为 8.8m×7.9m。

（3）出口渐变段（导 0＋276.00～导 0＋286.00）。出口渐变段长 10m，位于永久堵头第一段下游，由城门洞型断面（8.5m×7.5m）渐变为方形断面（8.5m×6.18m）接弧门闸室段。进出口底板高程分别为 1132.72m、1131.30m，上游长 4.6m 段底坡为 7.61%，下游长 5.4m 段底坡为 0。顶板采用 1：6 压坡过渡。

## 2　开挖程序及控制标准

### 2.1　开挖程序

堵头段开挖分三段进行：

（1）首先开挖永久堵头第一段（导 0＋262.00～导 0＋286.00）。

（2）临时堵头B全段及临时堵头A下游5m段（导0＋232.00～导0＋262.00）。宜在闸室混凝土浇筑完成后进行堵头内混凝土洞挖。

（3）临时堵头A预留10m段（导0＋222.00～导0＋232.00）。应在弧门安装、调试完成并具备挡水条件后方可开始实施洞挖作业。该段洞挖分两期开挖，一期先开挖4m，应在水库水位降低至1175m以下后开始；二期开挖最后6m，应在堵头前导流洞内积水水位低于放水洞进口底板高程后进行。预留段开挖前，组织各方对堵头前导流洞衬砌结构的安全状况、堵头前水位状况进行安全评估，安全评估意见认为堵头前衬砌结构安全，具备预留段开挖条件后，方可进行预留段开挖工作。

预留段最小长度采用《水工隧洞设计规范》（DL/T 5195—2004）中推荐的封堵体抗滑稳定计算公式计算，在不同水位情况预留段最小长度计算成果见表1。

**表1　　不同水位情况预留段最小长度成果表**

| 序　号 | 水　位/m | 堵头最小长度/m |
|---|---|---|
| 1 | 1223 | 9.65 |
| 2 | 1212 | 8.41 |
| 3 | 1180 | 5.85 |
| 4 | 1175 | 5.16 |
| 5 | 1160 | 3.97 |

注：放水洞开挖断面较大，并采用爆破开挖，考虑前段爆破震动对预留段的不利影响（裂缝、松弛等），从安全角度出发，预留段长度不小于6m。

（4）开挖后，先将开挖面上外露的脚手架钢管用砂浆回填密实；边墙、顶拱开挖面应适时采用喷10cm厚C25钢纤维混凝土进行支护；第一、第二段开挖完成后，进行已开挖段底板20cm厚C25找平混凝土浇筑，再全断面涂抹5cm厚环氧砂浆。

### 2.2　爆破标准

放水洞在封堵混凝土内开挖施工是导流洞改建的难点，施工中应确保导流洞堵头、洞身衬砌结构、放水洞弧门闸室结构、放水洞弧门、防渗帷幕、地下厂房及引水发电洞等周边建筑物、设备的稳定安全运行。

按照《爆破安全规程》（GB 6722—2011）及《水工建筑物岩石基础开挖工程施工技术规范》（DL/T 5389—2007）等规范规定，并参照国内有关控制爆破工程的实践经验，确定邻近建筑物爆破质点振动速度安全控制标准如下：

（1）新浇混凝土安全允许振速：初凝～3d：2cm/s；3～7d：3cm/s；7～28d：7cm/s；28d以上：10cm/s。

（2）堵头段新老混凝土接合面安全允许振速：7cm/s。

（3）灌浆区安全允许振速：3d内不能受振；3～7d：0.5cm/s；7～28d：2～5cm/s；28d以上，5cm/s。

（4）电站进水口：闸门系统允许振速：5cm/s，混凝土允许振速：10cm/s。

（5）引水道允许振速：10cm/s。

(6) 电站中心控制室设备的安全允许振速：0.9cm/s（运行）、2.5cm/s（停机）。

(7) 主变室的安全允许振速：0.9cm/s。

(8) 预应力锚索及锚杆允许振速：3d：1.0cm/s；3～7d：1.5cm/s；7～28d：5～7cm/s；28d以上，7cm/s。

(9) 喷混凝土安全允许振速：1～3d：1.0cm/s；3～7d：2cm/s；7～28d，5～10cm/s；28d以上：10cm/s。

上述控制点为被保护建筑物或设备距离爆破区最近的点。

## 3 开挖爆破控制施工技术

### 3.1 工程难点

放水洞开挖是在导流洞混凝土堵头内进行，环境复杂，控制要求高，施工难度大。

(1) 环境复杂：附近有大坝防渗帷幕、地下厂房、引水发电洞等。

(2) 爆破安全控制要求严：必须确保爆破不会对上述建筑物产生影响；同时还要采取有效措施，尽可能减少对导流洞堵头混凝土本身强度以及洞身衬砌结构的影响；新浇混凝土结构的影响。

(3) 施工干扰大：改建工程空间狭小，施工通道仅一条，爆破开挖、混凝土浇筑、闸门安装等存在施工交叉，相互干扰。

(4) 堵头内存在施工钢管：据了解，临时堵头A、B段混凝土内有2m×2m钢管排架，永久堵头内也有少量的钢管，这对放水洞成型不利，极有可能对保留混凝土产生拉裂破坏。

### 3.2 爆破试验

#### 3.2.1 爆破试验的目的

通过爆破试验，达到以下目的：

(1) 优化混凝土内隧洞开挖爆破参数。

(2) 提高炮孔有效利用率，增加爆破单循环进尺。

(3) 提高炸药能量利用率，降低炸药单耗。

(4) 改善光面爆破效果，减少超欠挖。

(5) 通过爆破震动监测，对爆破施工进行反馈控制，确保周围建筑物安全。

#### 3.2.2 爆破试验方法

结合施工，分别进行2～3组爆破试验。

试验内容包括：掏槽形式、掏槽孔的布置，辅助孔、周边孔的爆破参数优化，雷管段别的选择及起爆网路优化等。

(1) 对掏槽形式进行试验研究：炮孔有效利用率低，大多数情况下与掏槽爆破的效果有关，如掏槽深度没有达到设计进尺，就会影响后续辅助孔、周边孔的爆破进尺。因此，对掏槽形式、起爆顺序、起爆时差进行优化，使先爆孔能为后爆孔创造有利的瞬间临空面，改善后爆孔的爆破效果。

(2) 优化炮孔布置：对炮孔布置进行优化，使炸药能量均匀分布，减少炸药能量浪费。

（3）优化光面爆破的装药结构：光面爆破质量的好坏，主要取决于钻孔质量、装药结构、起爆方式。

（4）爆破试验时，进行爆破震动监测，得到爆破震动传播规律，对爆破施工进行反馈分析，确保周围建筑物的安全。

## 3.3 爆破方案

### 3.3.1 总体方案

采用手风钻浅孔、中心掏槽、周边光面爆破、短进尺、多循环的总体施工方案。

按设计要求，放水洞开挖分以下 3 个阶段进行。

（1）第 1 阶段：永久堵塞段开挖，该段长 24m，其中 14m 有 3m×3.5m 灌浆廊道，爆破时可利用该廊道作为临空面，周边布置光面爆破孔爆破方案；其余 10m 需采用中心掏槽、周边布置光面爆破孔爆破方案。

（2）第 2 阶段：临时堵塞段 B 及临时堵塞段 A5m，该段总长为 30m，爆破时需采用中心掏槽、周边布置光面爆破孔爆破方案。

（3）第 3 阶段：临时堵塞段 A，预留段长为 10m，爆破时需采用中心掏槽、周边布置光面爆破孔爆破方案。

### 3.3.2 爆破方案

为确保安全和成型效果，施工初期的循环按 1.5m 进行，通过试验，再逐步提高至 2.0m、2.5m。

设计的放水洞开挖断面形状有矩形、城门洞型及过渡段。

开挖主要爆破参数有：

（1）钻孔直径：手风钻钻孔，钻孔直径为 40mm。

（2）主爆孔：一般主爆孔的孔距、排距 0.7m，孔深 1.5m，连续装药长度 0.8m，堵塞长度 0.7m；主爆孔加强装药，其孔距、排距均为 0.7m，孔深 1.8m，连续装药长度 1.2m，堵塞长度 0.6m。

（3）缓冲孔：紧邻预裂孔的一圈炮孔作为缓冲孔，一般缓冲孔距离光爆孔 0.6m，孔距 0.7m，孔深 1.5m，连续装药长度 0.7m，堵塞长度 0.8m。主缓冲孔孔距适当加密并加强装药，孔深 1.8m，连续装药长度 1m，堵塞长度 0.8m。

（4）预裂爆破孔：孔距 0.4m，孔深 1.8m，左右边墙和拱顶的预裂孔线装药密度 250g/m，堵塞长度 0.6m。

底板预裂孔线装药密度 550g/m，堵塞长度 0.6m。所有的预裂孔底部均装 1 节炸药，剩余的炸药沿炮孔装药段均匀分布。采用不耦合不连续装药方式，用竹片绑扎导爆索和药卷送入孔底。

主爆孔和缓冲孔连续装药，必须用炮棍捣实并确保装药到孔底，孔内用非电导爆管雷管延时微差起爆。预裂孔采用导爆索联网并进孔起爆。

（5）起爆网络：采用预裂爆破方式，即周边的预裂孔先于其他炮孔起爆。主爆孔、缓冲孔孔内采用单发雷管，预裂孔在导爆索两端各用一发雷管起爆。孔内导爆索与网路导爆索之间采用水手结或十字搭接，导爆索应该牢固连接，不能松散。导爆管联网时就近“一把抓”式并联联结，距离较远处导爆管长度不够时，用 MS1 段雷管加长。

炮孔布置左右对称，在 4 个角处适当加密并加强装药，所有的炮孔直径均为 42mm，采用黏土堵塞。炮孔布置见图 1。

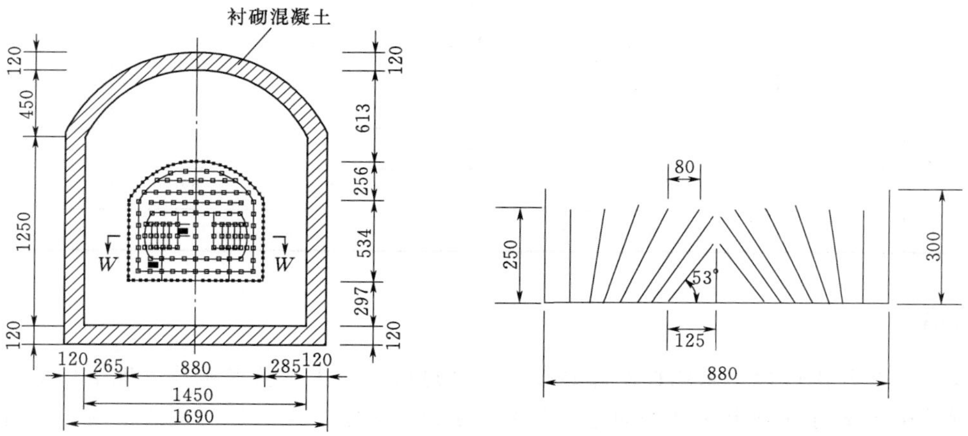


(a) 改建放水洞开挖典型断面图　　(b) W-W 断面图

图 1　爆破典型断面图（单位：cm）

最大单响药量 22.7kg，一次爆破总药量 132.8kg，一次爆破方量 86.9$m^3$，平均炸药单耗 1.53$kg/m^3$。

（6）掏槽形式：一般采用楔形或直线形掏槽。楔形掏槽效果好，但施工角度控制难度大，孔深根据钻孔角度进行调整；直线形掏槽效果不及楔形掏槽，但施工简单。

（7）炸药类型：由于导流洞内有渗水，需采用塑料卷状乳化炸药，炸药直径为 32mm。

（8）起爆网路：采用塑料导爆管雷管孔内延时起爆网路。为减少爆破振动，应尽可能减少单段药量，因此，MS1～MS15 段雷管都用上。

## 4　开挖施工爆破检测成果

### 4.1　测点位置

（1）厂房 2 号机组旁边墙，为 1 号测点。

（2）中控室地面，为 2 号测点。

（3）1182 灌浆廊道 25 号坝段，为 3 号测点。

（4）引水洞堵头旁边，为 4 号测点。

（5）导流洞与进导流洞交通洞交叉部位，为 5 号测点。

均监测水平切向、铅垂向以及水平径向质点振动速度。

### 4.2　检测成果

爆破振动监测成果见表 2。

表 2　　　　　　　　　　　　　**爆破监测成果表**

| 工程部位 | 编号 | 仪器编号 | 监测结果 | | | 安全标准 /(cm/s) |
|---|---|---|---|---|---|---|
| | | | 水平切向峰振速 /(cm/s) | 竖直向峰振速 /(cm/s) | 水平径向峰振速 /(cm/s) | |
| 导流洞改建放水洞 | 1 | 23 | <0.1 | <0.1 | <0.1 | |
| | 2 | 29 | 0.07 | 0.05 | 0.05 | 0.9 |
| | 3 | 31 | 0.92 | 0.66 | 0.74 | 2～5 |
| | 4 | 21 | 0.31 | 0.18 | 0.02 | 10 |
| | 5 | 169 | <0.1 | <0.1 | <0.1 | |

## 5　结语

放水洞在开挖过程中采用控制爆破技术，经过检测，大坝防渗帷幕、地下厂房、引水发电洞及堵头本身混凝土安全震动速度全部满足设计要求，爆破后对周边混凝土没有产生影响，确保电站安全运行。另外，开挖过程中严格控制开挖质量，开挖爆破孔残留率89%，表面局部不平整度小于 8cm，最大起伏差不超过 10cm，断面测量成果表明无局部欠挖，平均超挖 5cm，最大超挖 10cm。开挖总时间由原来的 50d 缩减为 42d，提前完成开挖任务，为后期其他项目施工争取宝贵的时间。

**【作者简介】**

韩可林（1971— ），男，高级工程师，安徽太湖县人，主要从事水利水电及铁路工程施工技术。

# 河崖吉利河特大桥水中墩施工钢栈桥设计与施工

王晓伟　韩可林

（中国水利水电第八工程局有限公司，湖南长沙，410004）

【摘　要】 青连铁路河崖吉利河特大桥桥址位于青岛市白马河、吉利河二级水源保护地水域。施工难度较大，工期紧，环保要求高。针对桥梁施工工期紧，水上作业工作量大，为解决水中墩水上施工期间水平运输的需求，需在河两岸修建钢栈桥。本文从钢栈桥设计和施工两方面进行了详细论述，可为类似工程提供参考依据。

【关键词】 青连铁路　水中墩　钢栈桥

## 1　概述

青连铁路河崖吉利河特大桥全长3849.11m，双线桥，跨越白马河、吉利河。桥梁孔跨布置为双线（3×24m）+（108×32m）预应力混凝土简支T梁+2×（32+48+32）m预应力混凝土连续梁。桥墩采用双线圆端型桥墩，双线T台，用明挖、挖井及钻孔桩基础。本桥共有桩基597根，桩径有1m、1.25m、1.5m，最大桩长26m；有圆端型实体墩身110个，单圆柱墩身6个，T字形桥台2个。桥址处白马河、吉利河二级水源保护地。水域施工难度较大，工期紧，环保要求高，主跨连续梁采用挂篮悬浇施工，质量控制要求严格，本桥处于铺架径路上，制约奎山至董家口段铺架，桩基多，地质状况复杂，安全、质量控制要求严格，为本工程的重点工程。该桥分别跨越白马河和吉利河。白马河水中墩为84号、85号、86号、87号、88号、89号，采用（5-32m简支T梁）跨越；吉利河水中墩为110号、111号、112号、113号，采用（3-32m简支T梁）跨越。

白马河设计水位$H_{1\%}=5.8$m，流速$V_p=1.60$m/s，流向从北至南，线路法线与水流方向夹角为131°。设计施工水位为4.5m，经现场量测84～89号墩位置河床面平均标高分别为2.1m、2.05m、2.33m、0.62m、0.45m、0.07m。青岛侧83号墩岸边标高为6.08m，连云港侧90号墩岸边标高为5.91m。吉利河设计施工水位为4.45m，经现场量测110～113号墩位置河床面平均标高分别为1.05m、0.21m、−3.16m、−2.75m。青岛侧109号墩岸边标高为5.21m，连云港侧114号墩岸边标高5.06m。由于该桥施工工期紧，水上作业工作量大，为解决水中墩水上施工期间水平运输的需求，提出在河两岸修建钢栈桥的施工方案。

## 2　设计与施工依据

（1）《铁路桥涵工程施工质量验收标准》（TB 10415—2003）。

(2)《铁路桥梁钢结构设计规范》(TB 10002.2—2005)。

(3)《铁路桥涵地基和基础设计规范》(TB 10002.5—2005)。

(4)《铁路桥涵施工规范》(TB 10203—2002)。

(5)《公路桥涵地基与基础设计规范》(JTJ 024—85)。

(6)《公路桥涵施工技术规范》(JTJ 041—2000)。

(7)《公路桥涵钢结构及木结构设计规范》(JTJ 025—8)。

(8) 新建铁路青岛至连云港铁路工程施工图《河崖吉利河特大桥》(青连施桥-31)。

公路相关规范主要为钢栈桥和施工平台设计提供参考用。

## 3 钢栈桥设计

本桥梁钢栈桥设计荷载为:挂车-80级。设计时速:10km/h。

白马河钢栈桥中心线与铁路桥梁的中心线相距12.75m。栈桥总长207m,桩号为DK108+682.86+181~DK108+889.86,即以河崖吉利河特大桥83号墩作为钢栈桥起点,共设计20跨,其中第1跨为6m跨径,其余16跨为12m跨径,桥面标准宽度6m,栈桥桥面高程8.43m。

吉利河钢栈桥中心线与铁路桥梁的中心线相距12.75m。栈桥总长150m,桩号为DK109+536.88~DK109+686.88,即以河崖吉利河特大桥109号墩作为钢栈桥起点,共设计15跨,标准跨跨径为12m,桥面标准宽度4.5m,栈桥桥面高程8.43m。

(1) 基础及下部构造。采用$\phi$630×8钢管桩作为桩基和墩柱,白马河采用单排3根桩,钢管桩按横向中心间距2.25m布置;吉利河采用单排2根桩,中心间距为3.0m。在距钢管顶面2m范围内设2根[20b槽钢剪刀撑和1根横联,以增加侧向刚度。钢管桩顶面剖口设置2根I45b工字钢作为分配梁,1.4cm厚钢板加强。基础施工采用冲击钻钻孔浇筑水下混凝土并预埋钢管桩和50t履带吊车插打钢管桩相结合。

(2) 主梁。采用上承式6片单层贝雷架作为承重主梁。

(3) 桥面系。采用I20b作为分配梁,间距35cm,使用8mm厚花纹钢板做桥面板,桥面槽钢两侧每隔1.5m设置一道U形螺栓与贝雷梁连接。

(4) 护栏。护栏高度为120cm,立柱和扶手采用$\phi$48×3钢管。立柱按纵向间距1.5m设置。

钢栈桥立面布置见图1~图3。

## 4 钢栈桥施工

首先,利用冲击钻机或者履带吊配合振动锤插打钢管桩作为桩基和墩柱,钢管桩之间焊接平联槽钢连成整体;其次,安装桩顶横梁、贝雷梁,铺设横向分配梁并焊接牢固形成桥面;最后,设置栏杆,设置安全防护设施。根据本工程的结构特点,利用50T履带吊,采用“钓鱼法”工艺进行该栈桥的施工。

### 4.1 钢栈桥的施工工艺流程

钢栈桥的施工工艺流程详见图4。

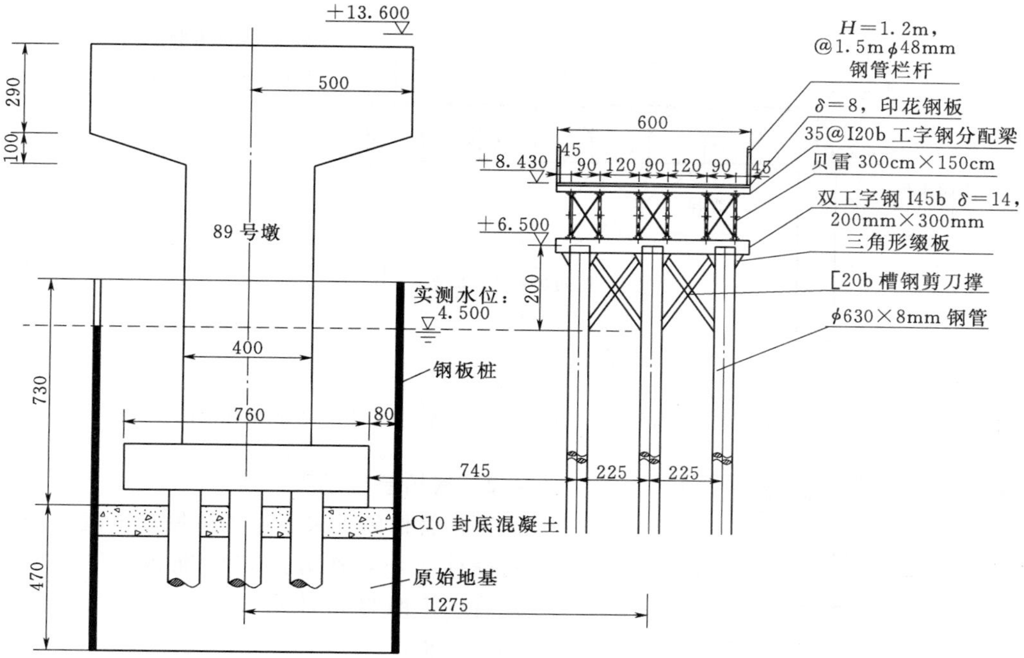


图 1　白马河栈桥横断面图（图中水位、高程以 m 计，尺寸以 cm 计）

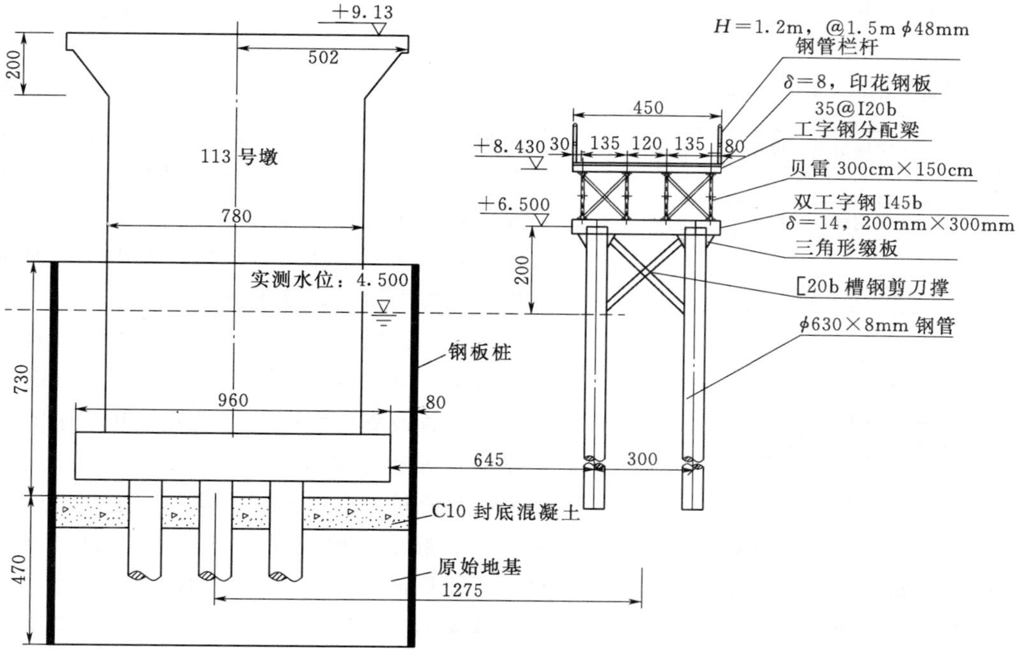


图 2　吉利河栈桥横断面图（图中水位、高程以 m 计，尺寸以 cm 计）

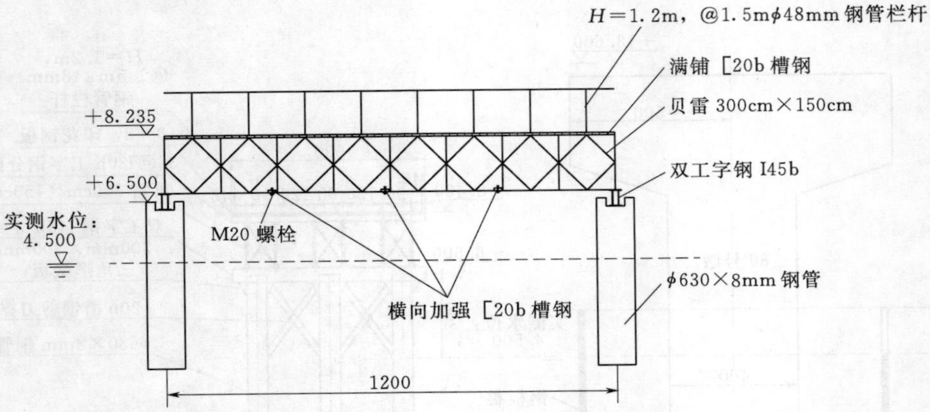


图3　栈桥单跨侧面图（图中水位、高程以m计，尺寸以cm计）

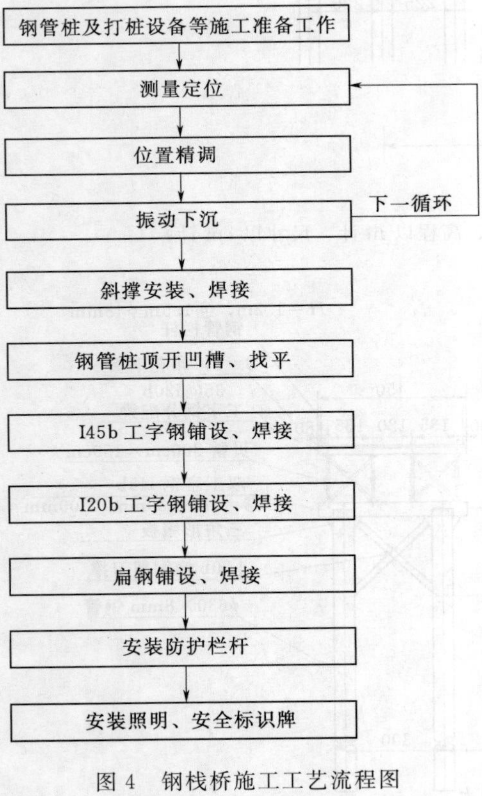


图4　钢栈桥施工工艺流程图

## 4.2　栈桥基础施工

钢管桩施工采用振动锤振动下沉。所有材料提前进场，作好施工前准备。ϕ630×8mm钢管桩按照材料计划在市场上购买，长度为12m一根。

（1）履带吊插打钢管桩基础。钢管桩插打采用50t履带吊吊振动锤振动打入法，履带吊就位后，考虑到水的深度，钢管桩长度由实际结构计算而定。

（2）钢管桩焊接。钢管桩的接长焊接质量控制是关键环节。应首先将钢管对接处接口预作45°的坡口处理，接长采用等长环型焊接，焊缝余高不小于2mm。对接错边尺寸不大于3mm，对于对接错边较大的，采用外包加强钢板并施焊周边角焊缝进行加强处理。

（3）钢管桩的插打从栈桥的1号墩向2号墩推进。钢管桩下沉采用悬打法施工。钢管桩平面位置及垂直度调整完成后，开始压锤，依靠钢管桩及打桩锤的重量将其压入花岗岩层，测量复测桩位和倾斜度，偏差满足要求后，开始锤击。用50t履带吊车配合振动锤施打钢管桩；履带吊停放在已施工完成的栈桥桥面，打入栈桥基础钢管桩，测量组确定桩位与桩的垂直度满足要求后，开动振动锤振动。在振动过程中要不断地检测桩位与桩的垂直度，发现偏差要及时纠正。桩顶铺设好贝雷梁及桥面板后，50t履带吊前移，进行插打下一跨钢管桩。按此方法，循序渐进地施工。

（4）钢管桩的最终入土深度采用桩底设计标高和最终贯入度双控的办法来确定并保证

钢管桩埋置深度不小于3.5m。在钢管桩尚未达到桩底设计标高，但最终贯入度达到3～5cm/min时，可停止打桩。

### 4.3 钢管桩间剪刀撑、桩顶横梁施工

待每个墩钢管桩插打完成后，即可进行钢管桩桩间横联、桩顶横梁施工。按照已经插打完成的钢管桩的间距和设计的横梁长度确定槽钢和工字钢的下料长度。桩间横联和桩顶横梁的安装采用人工在操作平台上操作。

操作平台在钢管柱处采用3根长度为1m的22b工字钢，在工字钢上铺设5cm厚木板形成行走平台，栏杆采用$\phi48\times3$的钢管焊接成$1m\times1.5m\times5m$的立方体平台。整个平台利用2台3t的手动葫芦悬挂于桩顶。履带吊车配合安装，桩间横联和桩顶横梁安装完成后，便利用履带吊车移除操作平台，以备下一墩柱处使用。

桩间横联和剪刀撑必须与钢管桩身满焊连接，焊接完成后，提升操作平台至合适高度，用气割枪沿测量确定的桩头标高割除多余的钢管桩，并在钢管桩的管口预留出桩顶横梁的缺口，以便于将桩顶横梁工字钢与钢管桩的焊接。

钢平台工字钢接长时用$\delta$为10mm的钢板双面帮接焊，帮接焊长度不小于15cm，焊接焊缝必须符合要求。

所有结构的焊缝均要求焊缝金属表面饱满、平整、连续，不得有孔洞、裂纹，焊渣必须敲除干净。对接焊缝应有不小于2mm的表面余高，角焊缝的焊脚高度应满足$h_f\geqslant8mm$的要求。

### 4.4 贝雷梁的拼装和架设

白马河栈桥采用上承式6片单层贝雷梁作为栈桥的主梁，吉利河采用上承式4片单层贝雷梁作为栈桥的主梁。

（1）贝雷梁的拼装。贝雷主梁在河滩拼装，下面垫枕木，将安装的贝雷梁抬起，放在已装好的贝雷梁后面，并与其成一直线，两人用木棍穿过节点板将贝雷梁前端抬起，下弦销孔对准后，插入销栓，然后再抬起贝雷梁后端，插入上弦销栓并设保险插销。用支撑架螺栓将竖向支撑架、水平上下支撑架和贝雷梁连成整体，每节贝雷接头位置安装各类支撑架各一片。为保证梁的刚度，贝雷、加强弦杆和水平支撑架之间采用接头错位连接，这样可减少由于桁架接头变形产生的主梁位移。贝雷拼装按组进行，每次拼装一组贝雷（横向两排），每组贝雷长12m，贝雷片间用连接片连接好。

（2）贝雷梁的架设。结合50t履带吊车起重量，故单跨2排贝雷梁作为一组进行架设。

1）在下部结构顶横梁上进行测量放样，定出贝雷架的准确位置。

2）将拼装好的一组贝雷主桁片运至履带吊车后面。

3）贝雷梁两片分为一组，50t履带吊车首先安装一组贝雷，准确就位后先牢固捆绑在横梁上，然后焊接限位器，再安装另一组贝雷，同时与安装好的一组贝雷用贝雷片剪刀撑进行连接。依此类推，完成整跨贝雷梁的安装。

4）每跨底部设2道抗风拉杆，并在竖平面内设2道剪刀撑，增加主梁平面内的刚度。

### 4.5 栈桥桥面系施工

当纵向贝雷梁、限位挡块和压板等都施工完毕，检测无误，在贝雷架纵梁完成后，铺

设分配梁 I20b 工字钢，间距 35cm，上部使用 8mm 厚花纹钢板作为桥面。

钢栈桥栏杆高 1.2m，横截面位置为从栈桥外往内 10cm。竖向采用 $\phi48$ 钢管，横向每 60cm 一道共两道 $\phi48$ 钢管，外挂防落网。栏杆要做到横平竖直，焊接符合要求。防落网材料满足规范要求。

## 5 结语

河崖吉利河特大桥水中墩钢栈桥 2015 年 2 月开始施工，3 月完工，2015 年 12 月水中墩及墩柱浇筑完成拆除。

【作者简介】

王晓伟（1977—），男，高级工程师，陕西岐山县人，主要从事铁路工程及水利水电施工技术。

# 武穴砂石加工系统长距离胶带机结构设计

杨承志　季土荣

（中国水利水电第八工程局有限公司，湖南长沙，410004）

【摘　要】 本胶带机作为武穴砂石加工系统生产骨料运往长江码头的主动脉，由于其运行环境复杂、转弯数量多、运输距离长、运行时间长、施工工期紧，采用具有造型美观的管状装配式钢结构。管状装配式钢结构安全环保、施工成本低、工期短、质量可靠；胶带机机头部位地质条件差，采用了分体结构，经过工程实践表明，结构设计经济合理，可为类似工程提供借鉴。

【关键词】 长距离胶带机　装配式钢结构　地基处理

## 1　工程概述

武穴长距离胶带机位于湖北武穴市大法寺镇，单机长约为5.8km，具有8个拐弯点（最大拐角36.4°）、倾角变化大（−10°～12°）、高带速（4m/s）、大运量（1500t/h）的技术特点，运行阻力大。为有效地减小胶带机沿线各点的胶带张力，采用“头部双驱动＋尾部单驱动（带制动）”驱动结构。本胶带机除尾部段采用隧洞落地结构外，其余段均采用装配式架空结构；同时针对机头段不良地质条件，采取了分体式结构指导地基处理，造型美观，实现了与环境的友好发展。

## 2　装配式钢结构设计

本长距离胶带机除尾部段设置在隧洞内，其余段均采用架空结构，为提高结构的美观度及耐久度，本结构采用工厂制作现场组装的装配式结构，分为钢桁架和钢立柱。

### 2.1　桁架

（1）荷载。本结构主要荷载有桁架、胶带机、支撑、检修走道板、栏杆等构件的自重，以及胶带机运送的骨料荷载、走道上人行荷载、检修荷载、积灰荷载、风荷载、雪荷载、地震荷载等活荷载。

（2）结构选型。采用桁架梁与胶带机一体化设计。一体化桁架在跨度不大、风载大的情况下较合理。其可以节约胶带机支承构架；特别是有防雨罩的情况下，可以明显减少风合力作用点到桁架形心的距离，减少风力对桁架产生的扭矩；同时可以节省建筑空间。为便于胶带安装及运行维护，局部曲线段采用了上承式桁架。

（3）结构分析计算及截面选择。本结构桁架全部采用工厂制作现场组装的装配式结构，标准跨度为18m；为满足跨路、跨河段需要，非标段最大跨度达57m。桁架截面设计时优先选用矩（方）形管截面，其截面刚度较合理，构造及加工较简便。与传统的角钢桁架相比具有以下特点：

1）截面材料绕中和轴较均匀分布，使截面具有更好的抗压、抗弯扭承载能力及较大的刚度，从而降低构件用钢量。

2）杆件在节点处可直接连接，构造简单，节约用材。

3）杆件截面具有较大的侧向刚度，更有利于构件的运输和安装，降低施工费用。

4）管截面为封闭截面，不仅耐锈蚀性能良好，且节省防腐涂料，便于维护。

5）管结构杆件外形美观，便于造型并有一定的装饰效果。

6）管截面桁架对加工及组装中存在的误差及缺陷较敏感，对焊接、装配等有较严格的要求。

7）材料价格稍高，但在合理的设计条件下，可使构件总造价降低。

结合PKPM、Midas等专业软件建模确定杆件内力，并通过人工复核确定杆件截面，经分析，本结构桁架主要技术参数见表1。

**表1　　桁架主要技术参数表**

| 序号 | 跨度/m | 高度/mm | 截面型号 | | | | |
|---|---|---|---|---|---|---|---|
| | | | 上弦杆 | 下弦杆 | 斜腹杆 | 竖腹杆 | 端腹杆 |
| 1 | 18（直线） | 1110 | $\phi$120×80×5 | $\phi$100×60×5 | $\phi$40×4 | $\phi$50×4 | $\phi$50×4 |
| 2 | 18（曲线） | 1230 | $\phi$120×80×5 | $\phi$100×60×5 | $\phi$40×4 | $\phi$50×4 | $\phi$50×4 |
| 3 | 27 | 3000 | $\phi$200×12 | $\phi$200×12 | $\phi$180×10 | $\phi$180×10 | $\phi$200×12 |
| 4 | 36 | 3000 | $\phi$200×12 | $\phi$200×12 | $\phi$180×10 | $\phi$180×10 | $\phi$200×12 |
| 5 | 48 | 3300 | $\phi$220×20 | $\phi$200×12 | $\phi$200×12 | $\phi$200×12 | $\phi$220×20 |
| 6 | 57 | 3600 | $\phi$250×24 | $\phi$250×24 | $\phi$220×20 | $\phi$220×20 | $\phi$250×24 |

## 2.2　立柱

（1）荷载。本结构主要荷载有桁架、立柱、胶带机、支撑、检修走道板、栏杆等构件的自重，以及胶带机运送的骨料荷载、走道上人行荷载、检修荷载、积灰荷载、风荷载、雪荷载、地震荷载等活荷载。

（2）结构选型。立柱优先采用双肢钢管柱（摇摆柱），在结构体系需要或柱子高度较大的情况下，采用四肢柱或带斜撑的固定柱。

（3）结构分析计算及截面选择。本结构立柱全部采用工厂制作现场组装的装配式结构，截面采用圆钢管，为了便于工厂制作，结构设计时拟采用相同的相贯线，即保持立柱与缀条的夹角不变。

经分析计算，摇摆柱采用双肢钢管柱，对于4.5m以下的柱采用等截面柱，4.5m以上的采用八字形柱，固定柱设计采用在摇摆柱的基础上增加斜撑或者两榀组合成四肢格构柱形式，柱高度0.3～17m不等，分5类制作，分肢采用$\phi$159×5、$\phi$219×6、$\phi$325×7等型钢，缀条采用$\phi$60×3、$\phi$83×3等型钢。

### 2.3 构造措施

根据胶带机支撑结构设计的成功经验，结构构造的合理性对承载能力及正常使用状况影响巨大。本文主要分以下四个方面介绍构造措施。

（1）设置桁架垂直支撑。垂直支撑的作用是保证桁架整体稳定性，提高和增加桁架在水平风荷载作用下的自身刚度和抗侧变能力。普通型垂直支撑设置间距宜不超过 8m，对采用加强型垂直支撑的结构，根据本工程经验，设置间距可达 21m。垂直支撑见图 1。

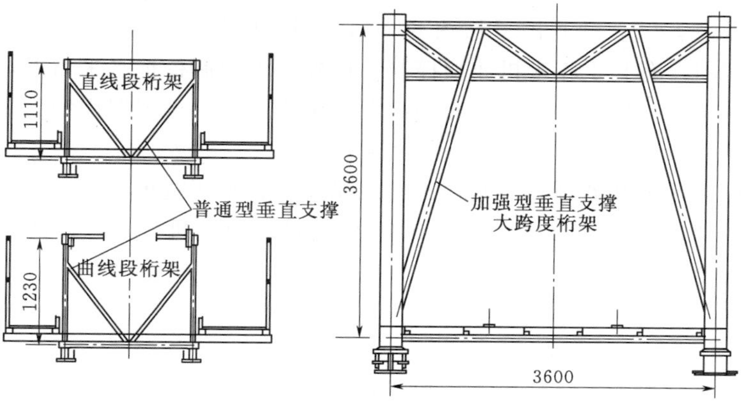


图 1　桁架垂直支撑示意图（单位：mm）

（2）桁架的起拱。所有桁架梁上下弦同时起拱，一般起拱度为跨度的 1/500。较大跨度的桁架梁预起拱数值在施工图设计时确定。

（3）检修走道。采用 G203/50/100 及 G203/50/100 钢格板。

（4）伸缩缝。本长距离胶带机全长达 5.8km，由于季节性的温度变化会使桁架产生纵向伸缩变形，故需要设置伸缩缝以降低温度应力，在本工程中按不超过 200m 设置伸缩缝，桁架的固定支座设置在相邻两条伸缩缝的中间部位，伸缩缝宽度满足自由变形要求，经计算确定。伸缩缝布置见图 2。

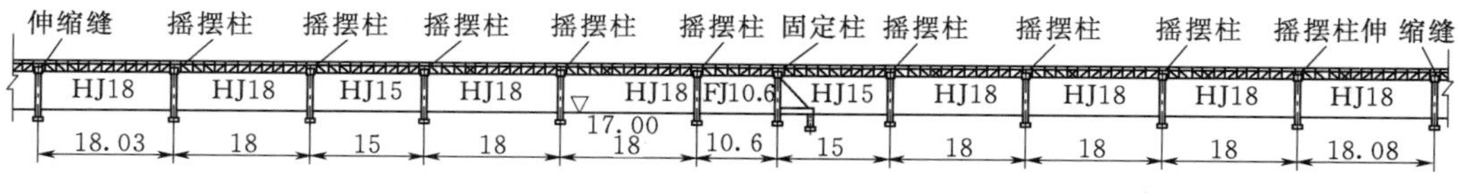


图 2　伸缩缝布置示意图（单位：m）

## 3　地基处理

根据本工程地质资料显示，除胶带机机头附近地质情况较差外，其余部位均可满足地基承载力要求。根据工艺对变形的要求，分别对转运站和普通桁架区不良地质部分进行处理。

（1）转运站地基处理。根据附近公路地质勘察资料显示，该部位地质情况较差，回填土较深，经挖机试挖，出露部位仍为杂填土，且地下水位较高，与地面相齐，地基承载力低，沉降量大。工艺设计在机头部位布置有两台大功率驱动设备，该设备对地基变形敏感。在方案编制过程中，考虑了以下两种方案：

1）驱动设备后移方案。选取适当的地形，将设备后移，规避不良地质条件可能导致的机械设备损坏问题。但是带来了驱动设备离居民区近，运行时噪声和粉尘影响居民生活，此外需新增几个变向滚筒。经初步估算，该方案新增费用达 100 万元。

2）分体式结构方案。针对机头部位地质情况差，地基沉降量大的问题，拟采用桩基方案，同时为方便施工，采用预制桩方案，经现场调查，武穴附近桩基施工队伍多，附近预制桩最小桩径为 $\phi400$，预制桩总长约 800m，估算新增费用 30 万元，采用该方案能解决胶带机沉降问题，有利于胶带机线型控制。此外，因预制桩抗水平力差，为抵消胶带机机头较大的水平拉力（$F=380\text{kN}$），采用素混凝土止动板，该项费用约为 10 万元。

经方案比较分析，选取了方案 2）作为施工方案。

（2）普通桁架区地基处理。对其他不良地质段，在不拓宽现有施工便道的情况下，推荐采用预制桩基础，局部采用 6m 长 $\phi219\times6$ 钢管桩，由挖机打入，以解决地基不均匀沉降，保证结构安全。

## 4　结论

武穴长距离胶带机运行环境复杂，单机长度大，拐弯点多，运量大，带速高，通过对装配式结构、特殊地基处理等关键技术的研究，实现了本胶带机工程安全、优质、高效地施工。2015 年 8 月 16 日，本工程开始胶带机金结安装，到 2015 年 12 月 30 日正式投产，从安装到调试仅用了 4 个多月的时间，其中包括线形优化、结构调整等。工程实践表明，本长距离胶带机施工速度快、造价合理，运行平稳；设计中采用的装配式结构及其选型，不良地质段地基处理尤其是分体式结构的使用等技术手段是安全可靠的，施工中共用钢约 1200t，保证了质量，降低了成本，确保了进度，可为类似工程提供借鉴。

**【作者简介】**

杨承志（1982—　），男，高级工程师，湖南涟源人，现从事水利水电施工专业工作。

# 华能福州电厂循环水泵房大型沉井下沉施工技术

王晓伟　文自立

（中国水利水电第八工程局有限公司，湖南长沙，410004）

【摘　要】通过对循环水泵房大型沉井复杂条件下的施工技术研究，可解决沉井四周帷幕止水及防护相邻的一期循环水泵房施工安全、沉井下沉穿越复杂地层时防偏防扭防突沉、大跨度侧墙防裂、防淤泥质土层中突沉、循环水泵房基底以下的地基处理等一系列施工技术问题，可弥补完善国内在火电厂施工中经常会遇到但又尚待完善的这一课题，同时也为铁路工程、公路工程中桥梁基础施工提供参考。

【关键词】循环水泵房　大型沉井　施工技术

## 1　概述

本工程为华能福州电厂三期（2×660MW）工程循环水系统建筑工程中的循环水泵房沉井，坐落于闽江右岸岸边。沉井平面尺寸为46.70m×30.30m，沉井下沉制作高度为17.50m，沉井下沉后刃脚设计踏面高程为－14.00m，下沉前沉井刃脚踏面高程为2.80m。自然地面平均高程为5.00m。实际下沉为16.80m。下沉采用排水下沉，水力机械出土。

建筑场地岩土主要为：①层人工回填素填土；③2层淤泥质土；其下部为④层粉质黏土、⑥层花岗闪长岩及细晶岩的残积土，⑦1～⑦2风化层及⑦3层中等风化花岗闪长岩及细晶岩。

①层人工回填素填土，为一期水泵房施工时回填的碎石、块石混砂，块石含量较高，粒径不等，最大粒径超过50cm。该层极其不均，局部地段为一期建构筑物的地基基础和人工换填层，碎块石排列有序且较为密实。总体而言，上部黏性土混碎石、块石为主，中部以块石为主，下部以砾、砂混黏性土为主。该层已回填近二十余年，为稍密～中密状态。在沉井施工中，由于①层人工回填素填土的不均匀性，应特别注意块石掏挖的均匀控制，以防沉井倾斜。

③2层淤泥质土，在一期水泵房施工时，上部抛填的块石，对该层有一定的挤密作用，③2层淤泥质土中局部含薄层砂，在沉井施工中，也将增大其摩擦力。

由于场地地下水位埋深浅，且紧临江边，沉井施工时应考虑江水渗流的影响，采取合理的降排水措施。

## 2 施工工艺

打设深井及降水→高压水泵供水→高压水枪冲土成泥浆→泥浆泵吸泥→泥浆排至沉淀池→土方外运。

水力机械出土流程：高压水枪破土化为泥浆，由泥浆泵将泥浆抽送至设在底梁面上的泥浆箱内，再由接力泥浆泵将箱内泥浆输送至井外中转泥浆池内，再抽至大泥浆池，泥浆池的泥浆经过加外加剂沉淀后再输送外运，随着沉井内土石降低，沉井逐步下沉至设计高程－14.00m。

## 3 沉井下沉施工

### 3.1 施工准备

（1）沉井内外的工作。

1）沉井内外模拆除。

2）内外拉杆螺栓割除水泥砂浆盖面。

3）井内外杂物清除干净，沉井顶部设置人行通道栏杆。

4）沉井外井壁四角编号，并自刃脚底始到顶面用红白线标示，以cm为单位的刻度线供沉井测量高差用，沉井四角均应标示。

5）内外脚手架拆除，同时安装沉井上下内外钢管楼梯。

6）自流引水管及输水管穿墙套管封堵（脚手架拆前完）。

7）修建好履带吊工作平台。

（2）下沉设备布置就位。在临闽江岸边塔设取水平台，其上安装高压泵（15kW）12台，供射水水枪用，在沉井底梁24格中合理布置泥浆泵（15kW）12台，抽至底梁面上合理布置的2座泥浆箱内，泥浆箱内布置4台（22kW）泥浆泵，将箱内泥浆抽井外中转泥浆池，中转泥浆池内配置3台（22kW）泥浆泵，配6英寸泥浆管道输送泥浆管至主泥浆池。配电箱开关控制柜设在纵隔墙二顶面。井外配履带和塔吊作垂直运输。

（3）设置测量控制点和沉降观测点。

（4）设置泥浆池。在沉井进场一侧挖一中转泥浆池，然后在内河旁一、二、三期排水箱涵的顶部挖三个泥浆池，存浆、沉淀、出泥交替轮换使用。

### 3.2 沉井下沉

#### 3.2.1 下沉条件

沉井验收合格，最后一节混凝土达到设计强度70%即可进行沉井下沉。

沉井取土下沉前，应先行拆除刃脚及底梁下的砖胎模素混凝土垫层并吊运出井。

砖胎模拆除前应进行安全技术交底，防止在拆除中沉井发生过量倾斜或局部受力不合理，产生负弯矩引起井墙裂纹，必须统一指挥，按照编组对称地堆成和均匀拆除。

#### 3.2.2 块石的吊运

对于回填土层的施工，采用水力机械出砂，不能冲击抽排的块石和石渣计划采用2～3台35t的履带吊出土。原填筑砂岛的粗砂排出后就近推放，以便重复利用。

冲孔灌注桩施工时的$\phi$25 预留吊筋下沉过程中应分段及时割除，注意切割长度以 1～1.5m 为宜，并就近几根绑扎在一起，以防伤人。注浆时未拔出的套管在开挖过程中注意及时发现，自我防护，有必要则可采取割除措施。

**3.2.3** 四周的回填

拉森钢板桩距离沉井井壁 6～8m，钢板桩与沉井之间的土层会随沉井下沉产生下陷现象，为保证沉井下沉的摩阻力以及防止周边土的塌陷，应及时回填下陷土并夯实，回填高度可略高于原地面，回填料可考虑沉井底部开挖出的粗砂。

**3.2.4** 取土下沉

沉井初始下沉阶段，下沉系数大，井内出土不均匀极易引起倾斜，须及时纠偏，在沉井重心接近地面时应保持沉井面平壁垂直，形成一个好的轨道，这是沉井下沉质量的奠基阶段。

沉井出土顺序由内向外，分层取土，由中心向四周扩展，土层面的高差控制，由初沉到终沉逐渐变化，即初沉 30cm 到中沉 100cm 到终沉 20～10cm，必要时可形成反锅底。

初沉阶段四周格内不出土少出土，当形成平锅底时，再去四周格内平均对称分层取土。严禁水枪冲切刃脚斜面下土体，保持沉井受力合理，下沉平稳。

沉井下沉首先清除砂垫层，该层可回收利用，由泥浆泵抽出后在中转泥浆泥内沉积，用挖掘机配 5t 自卸汽车转运至指定地点。

清除砂垫层，必须按上述出土原则操作，同时加强对下沉量、四角高差、偏位进行测量，及时掌握下沉速度和偏差发展趋势，严格按照“下沉中纠偏，纠偏中下沉”的施工原则。

初始阶段须加密测量次数，每 60min 测量一次，当沉井倾斜达到允许偏差值的 1/2 时，测量人员应及时报告值班长和项目工程师，以便采取纠偏措施，确保沉井初始阶段形成良好的下沉垂直轨道。

砂垫层以下的下卧层仍为素填土层，以混碎石、块石为主，中部以块石为主，下部以砾、砂混黏性土为主，该层的出土方法应以人工为主，水力机械辅助，块石、碎石杂物人工搬运装入特制的铁质吊筐中，履带吊垂直吊运至井外。

对底梁和刃脚下的块石，应先清底梁，后清刃脚下的块石，在接近③2 层淤泥质土时，对无法挖出的刃脚及底梁下的块石，应以出土下沉为主，少量块石会挤压井外或随着下沉嵌入泥中。

人工素填层，根据钻探资料揭示，该层分布层厚高差较大，由于不同土层承载力相差较大，沉井极易倾斜。下沉时应有意识地让该层厚的沉井一侧保持刃脚踏面标高低一些，在即将穿越素填土层时，再一次性纠偏。

在③2 层淤泥质土层下沉时，因该层承载力差、沉井重、下沉系数较大，刃脚和底梁均嵌入泥层，下沉时应先进行中间格取土，沉井如正常下沉四周格内土体升至接近底梁面时，再分层取土一部分。往而复始，取土下沉。

**3.2.5** 初沉阶段的控制

根据本沉井的结构特点，为确保沉井结构的安全，合理安排出土顺序是下沉的关键，下沉过程中始终保持均匀下沉，沉井不能出现较大的高差；取砂时，首先要将中间的砂垫层掏深，然后向四周扩展取砂，使整个沉井形成较大的锅底，如沉井下面土质松软让井挤土下沉；如土质较硬让井大梁下面悬空，使沉井的支力点位于井的下壁，锅底控制在1m左右，高差控制在20cm以内。

因沉井内回填土层较厚，井内分布不均匀，取土时应先取土层厚的一面，使整个沉井的硬土层基本均匀时扫刃脚，这样可确保沉井位移和高差的控制。

为了工期的顺利进行，沉井下沉至3m左右时，基本进入轨道可加大取土量，锅底适当加深，井中间锅底可控制在2m左右，但需确保机械正常施工，如遇机械设备故障应立刻维修或更换，如1h不能排除，其他相应设备应停止施工，以防发生位移及较大高差，应使整个高差控制在30cm以内。

**3.2.6** 终沉前的控制措施

沉井下沉离设计标高2m左右，应放慢下沉速度，停止6h以备观察，掌握下沉速度，锅底逐渐减小，基本以纠偏为主，测标下沉趋势和自沉惯量，2h测量一次，高差控制在10～15cm，随着沉井继续下沉，沉井应逐渐形成挤土下沉，待沉井离设计标高50cm时需再停止，观察6h，一般在大梁基本接近土层时，测量数据应重新核准，以1cm/h左右的速度将沉井慢慢进入设计标高，确保沉井平稳。不超沉，高差控制在7cm以内，沉井进入设计标高后需继续观察，待沉井8h下沉量控制在10mm方可封底，以免出现超沉现象。

**3.2.7** 地下水过多及管涌补救措施

如沉井下沉到一定深度时，地下水过多，应视情况而定：①井外增加深井；②深井泵功力加大；③井内增加排水设备；如遇管涌，则于管涌部位可增设钢板桩封闭止水。

**3.2.8** 灌注桩的控制

因本次沉井内有灌注桩，为了保证桩基不断，下沉取土是控制桩基的关键，在沉井下沉到桩顶部标高位置，应调整取土位置，原取土以中间形成锅底，向四周扩展，这样可能形成四周土方向中间涌挤，造成桩基挤断。根据本沉井的下沉速度及桩基的标高，应在沉井下沉至10m时调整取土位置，由中间取土调整为四周边格取土，让沉井中间格子里面保留土塞，根据我公司施工经验可保留6～8m，这样取土可确保灌注桩不至于发生挤歪、甚至挤断的现象。

**3.2.9** 下沉纠偏

在沉井下沉过程中应做到刃脚标高每2h测量一次，轴线每天测量一次，沉井初始阶段1h测量一次，必要时连续观测，及时纠偏，终沉阶段每1h测量一次，当沉井下沉接近设计标高时增加观测密度。

本沉井下沉系数较大。施工时必须慎重。初沉时易偏易纠，要做到即偏即纠，确保井壁入土轨道垂直良好。

下沉中沉阶段，做到纠偏中下沉，下沉中纠偏。严控超规范倾斜，大起大落纠偏，放置对土体扰动大。引起沉井过量移位。

沉井终沉阶段，应以纠偏为主。沉井下沉至设计标高上游一半时，应纠正平直，再谨慎下沉，微偏微纠，不允许超规范倾斜偏差，直至下沉到设计标高。

## 4 机械设备

机械设备清单见表1。

表1 机械设备表

| 序号 | 机械名称 | 型　　号 | 单位 | 数量 | 备　　注 |
|---|---|---|---|---|---|
| 1 | 履带式吊车 | 35t | 台 | 1 | 打拉森钢板桩 |
| 2 | 振动锤 | DZ45型～DZ60型 | 台 | 1 | 振动打桩 |
| 3 | 履带式吊车 | KH180（50t） | 台 | 2 | 出碴 |
| 4 | 塔吊 | QTZ80A（5610） | 台 | 1 | 设备吊运及辅出碴 |
| 5 | 装载机 | ZL50E | 台 | 1 | 推料、装料 |
| 6 | 挖掘机 | 日立200 | 台 | 1 | 换填 |
| 7 | 自卸汽车 | | 台 | 5 | 换填 |
| 8 | 交流电焊机 | BX3－500 | 台 | 2 | 钢桩加工 |
| 9 | 高压泵 | 3B57 | 台 | 18 | 其中6台备用 |
| 10 | 泥浆泵 | NL100－16 | 台 | 20 | 其中8台备用 |
| 11 | 泥浆泵 | NL150－15 | 台 | 11 | 其中8台备用 |

【作者简介】

王晓伟（1977—　），男，高级工程师，陕西岐山县人，主要从事铁路工程及水利水电施工技术。

# 金乡县金马河综合整治及水系连通工程导流方案

张　超[1]　栗瑞娟[2]　姜言亮[1]

（1. 山东省水利勘测设计院，山东济南，250013；
2. 山东水务招标有限公司，山东济南，250014）

【摘　要】文中充分考虑了金马河周边的水文特性和周围的自然条件，结合本工程设计的主要内容从理论上对各单项工程的施工导流方式进行了选择和分析，合理地确定了各单项工程的导流方案，为金马河综合整治及水系连通工程的顺利实施提供了基本的理论依据。

【关键词】导流时段　流量选择　导流建筑设计与施工

## 1　工程概况

### 1.1　工程位置及交通条件

金马河位于金乡县城南部，所在区域隶属淮河流域南四湖湖西地区，为平原河道。金马河始于金乡县马庙镇，向东流入莱河，全长12.575km，总流域面积54.95km$^2$，是金乡县境内重要的防洪、排涝河道。本工程区河道治理总长度约14.224km，其中金马河长度约6.95km、5条支沟总长约7.274km，全部位于金乡街道辖区内。

工程区位于济宁市金乡县金乡街道辖区内，交通条件便利，菏枣环省高速、济徐高速穿境而过，可直接与京沪、京福、日东高速公路相连，105国道、252省道、346省道、348省道自金乡县境内穿过，县乡公路四通八达，其中紧靠工程区的105国道、346省道通过各级县乡公路可直接与工程区连接，对外交通条件十分便利，因此工程施工所需施工设备、砂石料、生活物资和其他建筑材料，均可由以上交通道路运至工程区附近。

### 1.2　主要建设内容

河道清淤，河道清障，水系连通，岸坡整治，生态修复及景观工程等；维修及改建配套建筑物4座，主要为交通桥1座、电灌站1座、管涵2座等。

## 2　导流条件

### 2.1　地形地貌

金乡县地势平坦，由西南向东北逐渐变低，海拔高程变化一般在34.00～39.00m间，地面坡降 0.1‰～0.2‰。地貌单元属黄河冲积平原区—冲积平原亚区和冲积湖积平原亚区交接带处，以冲积平原为主。

### 2.2 水文气象

金乡县属暖温带大陆性季风气候区，四季分明，雨量集中。年平均气温 13.8℃，日照时数 2360.8h，多年平均降雨量 684.4mm，其中 3—5 月多年平均降雨量 108.3mm，占全年降雨量的 15.7%，6—8 月降雨量 413.9mm，占全年降雨量的 60.2%，10 月至次年 2 月降雨量 165.5mm，占全年降雨量的 24%，形成“春旱、秋涝、晚秋又旱”的特点。平均水面蒸发量 1201.6mm，无霜期 227d。

根据水文气象资料及工程进度安排，河道清淤、河道清障、岸坡整治及配套建筑物等工程的主体工程宜安排在非汛期施工。

### 2.3 工程设计

为了确保河道清淤、河道清障、岸坡整治及配套建筑物等工程的干地施工技术要求，减少南四湖上级湖湖水对主体工程施工的影响，同时调蓄施工期间河道上游来水，因此采取合理的导流方式是确保工程顺利实施的关键。

## 3 导流标准

金乡县金乡街道金马河第一工程区治理工程的等别为Ⅳ等，工程规模为小（1）型，主要建筑物级别为 4 级。

根据水利部《水利水电工程施工组织设计规范》（SL 303—2017）规定，按所保护的对象、失事后果、导流建筑物使用年限和工程规模等因素，经综合分析，确定本工程的导流建筑物级别为 5 级，相应施工导流洪水标准为 10～5 年重现期洪水。鉴于导流建筑物即临时挡水围堰为当地土石围堰，规模不大，结构形式简单，施工期间基坑破坏后对工程的影响相对较小，因此，本工程围堰的挡水标准采用 5 年一遇重现期洪水。

## 4 导流时段

根据工程区内水文气象资料的描述，考虑到本工程的规模相对较小，工程量不大，各部分的施工工序互相干扰性小，一个非汛期内基本可以完成主体工程内容。为避免汛期增加河道阻水障碍，缓解防汛任务，汛期 6—9 月基本不安排主体工程施工，只在非汛期内安排施工，同时考虑到降低导流建筑物规模，加快施工进度，节约临时工程投资，因此将本工程的导流时段定为 11 月初至次年 4 月底。

## 5 流量选择

根据当地的降雨资料和河道的流量资料，经水文计算，金乡街道金马河第一工程区河道 11 月至次年 4 月 5 年一遇设计洪水流量，见表 1；大沙河与金马河交汇处的大沙河河道 11 月至次年 4 月 5 年一遇设计洪水流量，见表 2。

表 1　　金乡街道金马河第一工程区各断面施工期洪水成果表

| 断　　面 | 流域面积/$km^2$ | 5 年一遇/($m^3/s$) |
|---|---|---|
| 大沙河 6+950 | 16.19 | 1.8 |
| 新华路 4+398 | 11.25 | 1.3 |
| 金济河 1+596 | 23.61 | 2.2 |
| 河口 0+000 | 7.02 | 0.9 |

表 2　　大沙河河道断面施工期洪水成果表

| 河道名称 | 与金马河交汇处金马河断面桩号 | 流域面积/$km^2$ | 5 年一遇/($m^3/s$) |
|---|---|---|---|
| 大沙河 | 6+950 | 357.9 | 12.4 |

# 6　导流方式选择

根据本工程所在河道的水文情况及地形、地质条件，为满足工程顺利施工，确定采取如下施工导流措施。

## 6.1　河道工程

### 6.1.1　金马河河道工程

金马河位于淮河流域南四湖湖西地区，是新万福河的支流，主要承担防洪排涝功能，属平原河道，河道落差小。非汛期河道内水位相对较低，且地下水位埋深相对较深，为了保证河道汛期的行洪安全及河道治理期间的岸坡稳定和施工安全，因此河道治理工程安排在非汛期内施工，汛期内不安排施工。

根据设计要求，桩号 0+000～3+562 段金马河以河道清淤工程为主，现状该段河道两岸已按当地景观要求建成了生态景观带，结合当地政府部门的要求，本工程施工期间不能破坏河道两岸的生态景观带；金马河河道水位受南四湖上级湖水位影响较大，在河道上游无来水的情况下，河道水位基本与南四湖上级湖水位持平，同时为了满足该段河道以及区间内的千寿湖和金鱼湖的景观水位 35.00m 的用水要求，还需利用金济河上修建的橡胶坝引水，以及桩号 3+562 附近金马河河道内修建的临时挡水堰挡水；因此该段河道清淤工程主要采用水下施工方式结合路上运输方式施工，不再采取导流措施。

桩号 3+562～6+950 段金马河河道水位受南四湖上级湖水位影响较大，在河道上游无来水的情况下，河道水位基本与南四湖上级湖水位持平，同时该段河道施工期间河道内的水位还受大沙河河道内水位的影响，因此，为了保证该段河道清淤、清障、水系连通、岸坡整治等工程的干地施工，同时防止大沙河河道内的水流倒灌至金马河河道内，需分别在桩号 3+562 处的金马河上和桩号 6+950 处的金马河与大沙河交汇处修筑临时围堰，区间的支沟来水可通过连通的各条支沟相互调蓄。

### 6.1.2　支流河道工程

现状支沟河道河底高程大多均高于非汛期内南四湖上级湖水位，基本不受非汛期内南四湖水位的影响，同时考虑到支沟河道主要工程内容以清淤疏浚为主，为了保证其干地施工可在支沟河槽内开挖子槽，让河道内的上游来水汇入子槽，排至下游河道，一旦支沟来水量较大，支沟内的水位较高时，可暂时停工，待较大来水时段过去后，重新修整工作面继续施工，不再考虑其他导流措施。

### 6.2 建筑物工程

建筑物工程可与河道工程同步施工，充分利用河道低水位时段和现有的导流方式，施工期间只需作好日常的排水工作，即可满足干地施工的要求，不再新修导流建筑物。

## 7 导流建筑物设计与施工

为了保证桩号 3+562～6+950 段金马河河道清淤、清障、水系连通、岸坡整治及建筑物等工程的干地施工，同时防止大沙河河道内的水流倒灌至金马河河道内，需分别在桩号 3+562 处的金马河上和桩号 6+950 处的金马河与大沙河交汇处修筑临时挡水围堰。现状为了满足桩号 0+000～3+562 段金马河以及该河段内千寿湖和金鱼湖的景观用水要求，已在桩号 3+562 处的金马河上修建了 1 座临时挡水堰，该堰可作为桩号 3+562～6+950 段河道施工期间金马河河道内的临时挡水围堰，不再重新修筑；现状桩号 6+950 处已建的崔口涵闸经过多年运行，漏水严重，为了确保桩号 3+562～6+950 段金马河河道清淤、清障、水系连通、岸坡整治及建筑物等工程的干地施工，需在桩号 6+950 处的金马河与大沙河交汇处修筑临时挡水围堰。

由于金马河、大沙河河道水位受南四湖上级湖水位影响较大，在各条河道上游无来水的情况下，河道水位基本与南四湖上级湖水位持平，现状南四湖上级湖非汛期内多年平均正常蓄水位为 34.00m，即金马河、大沙河河道内水位在上游无来水的情况下均为 34.00m。以金马河、大沙河河道内水位（34.00m）为起调水位，根据金马河、大沙河与金马河交汇处的大沙河河道 11 月至次年 4 月 5 年一遇的河道洪水水文计算成果，并结合明渠均匀流计算公式分别计算金马河及大沙河河道内的最高水位，详见表 3。

**表 3　　金马河、大沙河河道内的最高水位　　单位：m**

| 工程名称 | 河道最大水深 | 河道最高水位 |
|---|---|---|
| 桩号 6+950 处金马河 | 0.60 | 34.60 |
| 桩号 6+950 处大沙河 | 1.20 | 35.20 |

通过桩号 6+950 处金马河与大沙河河道内的水位比较，确定围堰顶高程按大沙河河道内最高水位+安全超高（0.5m）+波浪爬高及壅高（0.5m）确定，即堰顶高程为 36.20m，围堰结构形式采用当地土石围堰，断面尺寸为顶宽 4m，边坡 1∶2，堰长约 30m，共计围堰填筑 1519$m^3$。根据工程勘探资料，工程区内土质类别以砂壤土和黏土为主，抗冲、防渗性能较差，因此在围堰迎水面采用复合土工膜防渗，共计 354$m^2$，其上采用编织袋装土护砌（0.5m），共计 169$m^3$。

围堰填筑土料全部自上下游河道内取土解决，采用挖掘机开挖，推土机推运，运距 40m，待主体工程完成后，采用挖掘机拆除，推土机回运至上下游河道内回填，运距 40m。围堰填筑土料采用推土机压实。

## 8 结束语

金马河综合整治及水系连通工程施工期间不仅受金马河自身来水的影响，还受到南四湖上级湖湖水和大沙河河内水位的影响，充分考虑了金马河周边的水文特性和周围的自然条件，结合本工程设计的主要内容从理论上对各单项工程的施工导流方式进行了选择和分析，为金马河综合整治及水系连通工程的顺利实施提供了基本的理论依据，实施过程中施工单位基本采用了相同的导流方式，仅对围堰断面进行了局部优化。

**【作者简介】**

张超（1982— ），男，工程师，山东潍坊人，现主要从事水利水电工程施工组织设计工作。

# 丰满泄洪兼导流洞进口 2×2500kN 固定卷扬启闭机三维可视化设计

臧海燕　周　兵　马会全　师小小

（中水东北勘测设计研究有限责任公司，吉林长春，130021）

【摘　要】 本文介绍了丰满重建工程泄洪兼导流洞进口 2×2500kN 固定卷扬启闭机的三维设计情况，着重阐述了固定卷扬启闭机运用三维设计的优越性。

【关键词】 三维可视化设计　固定卷扬启闭机　协同设计　碰撞检查

## 1　概述

泄洪兼导流洞布置在左岸山体内，进口位于丰满水电站库区内，出口位于丰满三期厂区平台端部下游附近，为深孔有压洞。洞长 846.02m，由进口明渠段、进口有压段、竖井式闸门井段、有压洞身段、出口闸室段、出口消能防冲段等部分组成。进口闸门井设有检修闸门、事故闸门，事故闸门由 2×2500kN 固定卷扬式启闭机启闭。

2×2500kN 固定卷扬式启闭机布置在泄洪兼导流洞进口 296.50m 高程的启闭机房内，用于操作泄洪兼导流洞进口事故闸门。启闭机额定启闭容量 2×2500kN，起升高度 60m，工作级别为 $Q_3$—中。本启闭机扬程高、容量大，属大型卷扬启闭机。

2×2500kN 固定卷扬启闭机由起升机构、机架、电力拖动和控制设备，以及必要的附属设备组成。起升机构双吊点对称布置，采用双联卷筒全封闭式传动，由卷筒装置、减速器、电动机、液压推杆制动器、盘式制动器、联轴器、动滑轮组、定滑轮组、平衡滑轮装置、钢丝绳、荷载限制器、高度指示及行程限制装置等组成。起升机构采用交流变频调速，起升速度 1.55～2.16m/min。卷筒形式为莱伯斯卷筒，钢丝绳在卷筒上 3 层缠绕。

## 2　三维可视化设计

该卷扬启闭机的设计采用三维可视化设计，采用的三维设计软件 Solidworks 为尺寸驱动全参数化建模软件，零件设计、装配设计和工程图之间为全相关设计，并且软件集成了三维有限元分析模块，使得设计与计算可交叉进行，且模型结果共享，大大降低了设计、计算、修改的工作量，为产品的标准化、系列化提供了保障。三维可视化设计过程中，设计者只需要关注设计对象的模型，模型是信息的载体，只要模型是正确的，从模型自动输出的设计成果（二维图纸、工程量及明细表等）也必然是正确的，从而使设计者的主要工作集中到“设计”上来，有效提高了设计效率。基于协同的三维设计模式，多设计者并行工作，多设计者通过装配模型进行模型内部碰撞检查及方案优化，尽早发现并解决问题，最大限度地减少了配合工作量并提高了设计质量。2×2500kN 固定卷扬启闭机三维设计模型见图 1。

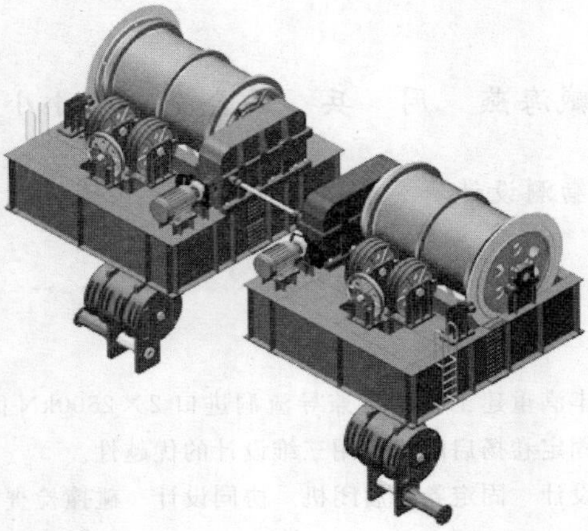

图 1　2×2500kN 固定卷扬式启闭机三维模型

## 3　三维设计的优越性

2×2500kN 固定卷扬式启闭机采用三维设计的优越性具体主要体现在以下几个方面：

（1）基于特征的尺寸驱动全参数化建模技术，大大提高了设计质量和设计效率。本次三维设计中启闭机的零件模型、装配体模型及由此生成的二维工程图纸及材料明细表数据均由模型尺寸驱动，产品的设计、校审、修改、优化均主要针对模型展开，模型尺寸的修改，可直接驱动装配体和对应的工程图纸的修改，大大降低了修改的工作量和错误概率。在 2×2500kN 固定卷扬启闭机的三维设计中，运用了自顶向下的设计方法，即在装配环境下进行相关子部件的设计，不仅做到尺寸参数全相关，而且实现几何形状、零部件之间的全自动完全相关。例如，装配在一起的轴零件与相应零件的孔尺寸相关，一旦改变其中轴或孔的尺寸，其他与之相关的模型、尺寸等自动更新，不需要人工参与，保证了相关尺寸的一致性。

（2）以模型为对象的三维可视化设计，使复杂的 LEBUS 卷筒垫环设计更简单直观。2×2500kN 固定卷扬启闭机卷筒采用 LEBUS 卷筒（折线卷筒）三层缠绕，其卷筒装置垫环结构的设计将直接影响到钢丝绳的缠绕效果，折线卷筒的垫环是非常复杂的空间结构，传统的二维设计需要将复杂抽象的空间曲面结构转换成二维图纸表达出来，运用三维设计技术，只需针对三维模型进行设计，所见即所得，利用设计好的模型直接生成二维工程图，省去了二维与三维之间的反复转化，使得垫环的设计更简单直观。垫环三维模型图及所生成的二维工程图见图 2 和图3。

（3）自动生成材料明细表、工程量等，避免了复杂、繁重的计算统计工作。启闭机的零部件比较多，装配图的材料明细表统计是一项复杂繁琐的机械劳动，尤其对于结构件，

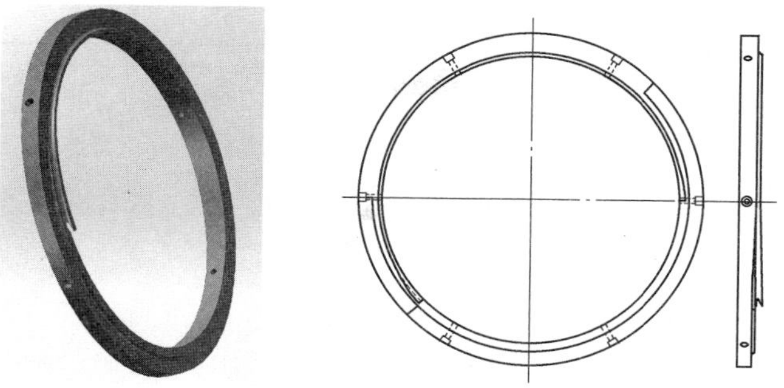

图 2　左垫环三维模型及生成的二维工程图

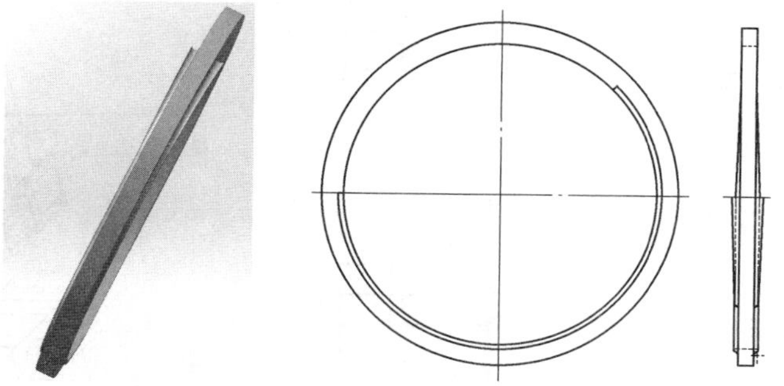

图 3　中垫环三维模型及生成的二维工程图

钢板的数量和规格繁杂，人工统计容易出错。2×2500kN 卷扬启闭机采用三维设计，材料明细表数据和重量等均可通过模型数据自动生成，节省了人力资源，提高了设计效率和质量，缩短设计周期约 30%。2×2500kN 卷扬启闭机机架图见图 4。

（4）三维设计的碰撞检查，尽早发现设计问题，最大限度地减少经济损失。多设计者通过装配模型进行模型内部碰撞检查及方案优化，尽早发现并解决问题，三维模型可代替产品样机，节省大量投资，最大限度地减少了制造过程中的设计变更并提高了设计质量。

## 4　结语

2×2500kN 卷扬启闭机三维设计成功应用于丰满重建工程泄洪兼导流洞工程，该泄洪兼导流洞已于 2015 年 6 月正式通水泄流。本次 2×2500kN 卷扬启闭机设计所采用的三维设计技术代表了最新的设计理念和先进的设计水平，是提高工程设计效率和质量，改善设计流程的有效方法。为水利行业启闭机三维设计提供了宝贵经验。

**【作者简介】**

臧海燕（1979—　），女，高级工程师，内蒙古赤峰人，现从事水利水电工程金属结构设计与研究工作。

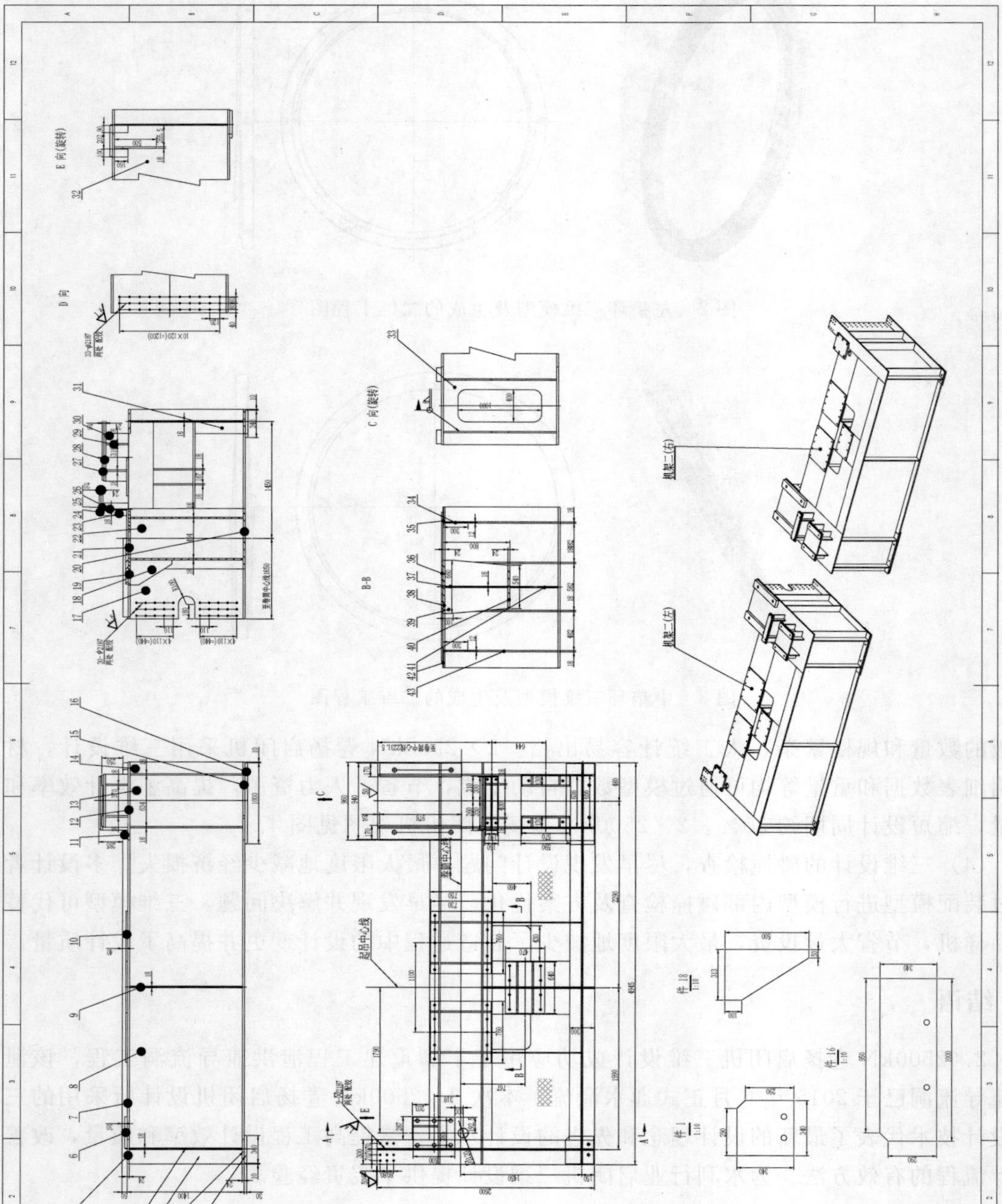


图 4　机架工程图纸及自动生成的材料明细表

# 浅谈句容抽水蓄能电站通风洞穿溶洞段开挖支护施工技术

翟忠保[1]　边志国[1]　胡云鹤[2]

（1. 中国水利水电第六工程局有限公司，辽宁沈阳，110179；
2. 丰满大坝重建工程建设局，吉林，132108）

【摘　要】 本文主要介绍句容抽水蓄能电站通风兼安全洞TF0＋110～TF0＋112段溶洞处理方案及实施效果，针对溶洞处理提出了符合现场实际操作、安全可靠、简便快捷的通过溶洞危险地质段的施工技术，并对各部位洞室开挖遇见溶洞处理提供宝贵经验。

【关键词】 隧道　溶洞处理　开挖　支护

## 1　概述

### 1.1　工程简述

江苏句容抽水蓄能电站位于江苏省句容市境内，距南京市65km、镇江市36km、句容市26km。为一等大（1）型工程，其主要建筑物按1级建筑物设计。电站装机容量6×225MW，日蓄能量607.5kW·h。

本工程主要建筑物包括进厂交通洞及附属洞室、通风兼安全洞及附属洞室、主变进风洞、主变排风洞、地下厂房顶层排水廊道及灌浆廊道、场内主要道路、业主营地、中控楼场地平整、上库弃渣场挡排、施工供水系统、进厂交通洞洞口生产废水处理设施。

通风兼安全洞净断面尺寸为7.0m×6.5m（宽×高），总长438.217m，平均坡度约9.7%。位于下水库进/出水口左侧约485m处下水库岸旁，从副厂房端部进入厂房。

主变排风洞开挖断面为城门洞形，净断面尺寸7.0m×6.5m（宽×高），洞长178.387m，平均坡度11.2%。从通风兼安全洞0＋282.352m桩号岔入，从左端接入主变洞。

### 1.2　地质条件

（1）进口段和明挖段。地面高程87～106m，地势较缓，明挖段自然山坡坡度为1°～15°，进口段为12°～15°，两侧各分布一近SN向宽缓冲沟，沟浅源短，为季节性干沟；洞身段上覆岩体厚度桩号81.5（进洞口）～120m为12～25m、桩号120～380m为25～73m、桩号380～520m为73～130m，地形上陡下缓，高程130.00m以上地形坡度为25°～30°，基岩裸露，高程130.00m以下地形坡度为15°～20°，地表均为覆盖层，沿线植被茂密，无滑坡、崩塌、泥石流等不良物理地质现象。

沿洞线地层为震旦系灯影组（$Z_2dn$）、三叠系龙潭组（$P_2l$）及闪长玢岩脉和第四系残坡积层。其中：灯影组（$Z_2dn$）岩性主要为内碎屑白云岩，灰～浅灰色，厚层状，呈弱～微风化，分布于桩号184～536m的洞段，为洞内主要地层；龙潭组（$P_2l$）岩性以泥岩、炭质泥岩、页岩、不纯灰岩为主，灰～深灰色，薄层状，呈强～弱风化，分布于洞口段和明挖段（桩号－60～82m）；闪长玢岩脉呈浅黄绿色，易蚀变，以NWW走向陡倾角为主，主要分布于桩号674～678m洞段；第四系残坡积层为含碎石黏土，黄～棕黄色，可塑～硬塑，厚3.3～9.8m，沿线均有分布。

沿线断层发育，分布有$F_{12\text{-}1}$、$\delta\mu_{68}$、$F_{45}$等断层（岩脉）三条，其中$F_{12\text{-}1}$为NWW向陡倾角断层，规模较大，分布于明挖段。

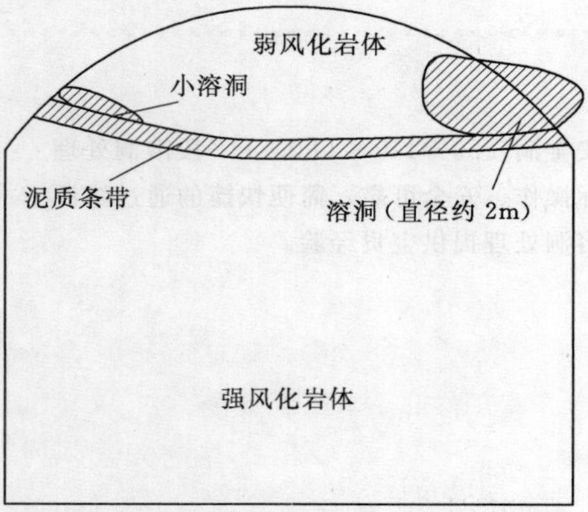

图1　通风兼安全洞桩号TF0＋110～TF0＋112段掌子面典型地质素描图

（2）洞身段。白云岩类岩层属均匀型纯碳酸盐岩岩组，岩溶发育强度弱～中等水文地质单元，洞身段均位于地下水位以下，地下水仅接受大气降水的补给，经溶蚀裂隙、溶洞、岩溶管道、裂隙总体向南东和北东侧排泄，分布有溶洞、溶蚀裂隙，透水性好。

（3）溶洞段。桩号TF0＋110～TF0＋112为溶洞段，开挖面围岩为灰质白云岩，在两侧拱肩上部约1m部位分布泥质条带，宽约20～30cm，带内主要充填棕黄色泥质，泥质条带上部岩体呈弱风化，下部以强风化为主，局部弱风化。节理裂隙发育，岩体多夹黄色泥质。开挖面总共发育2个溶洞，其中一个位于开挖面右侧拱肩部位，直径约2m，近椭圆形，深约2m，但从外侧看溶洞内有裂缝，缝内还有空腔，预计溶洞实际深度更大，洞内主要为红色黏土，另一个小溶洞位于左侧拱肩附近，直径20～40cm，呈长条状，充填红色黏土，深度不明。洞室局部可见滴水，围岩类别为Ⅳ类。通风兼安全洞桩号TF0＋110～TF0＋112段掌子面典型地质素描图见图1。

## 2　穿溶洞段开挖支护方案

### 2.1　不良地质段开挖

Ⅳ、Ⅴ类围岩为保证施工安全，一次开挖进尺控制在0.75～1.1m。在开挖过程中根据围岩类别适当调整开挖进尺。

通风兼安全洞及其附属洞室工程开挖主要工艺流程见图2。

### 2.2　爆破设计

（1）钻孔及药卷规格。钻孔直径$\phi42$、$\phi32$的乳化炸药，其初选爆破参数见表1。在实际施工时，爆破参数根据岩石情况、开挖断面，并结合类似工程的施工经验，采用经验

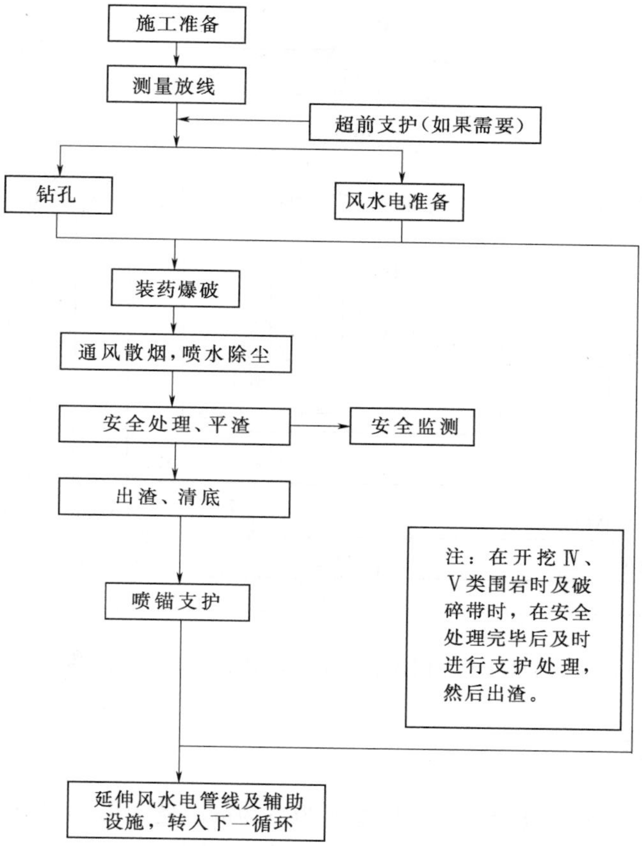


图 2　洞身开挖施工工艺框图

公式进行选取，经现场爆破试验后确定。

**表 1**　　**洞身爆破设计参数表**

| 钻孔名称 | 钻孔参数 | | | | | 装药参数 | | | 备注 |
|---|---|---|---|---|---|---|---|---|---|
| | 孔径/mm | 孔深/cm | 孔距/cm | 孔数/个 | 最小抵抗线/cm | 药径/mm | 单孔药量/kg | 单响药量/kg | |
| 掏槽孔 | 42 | 82 | 80 | 4 | 60 | 32 | 0.8 | 3.2 | 连续装药 |
| | 42 | 116 | 80 | 6 | 60 | 32 | 1.0 | 6.0 | 连续装药 |
| 崩落孔 | 42 | 110 | 70 | 78 | 75 | 32 | 0.3 | 23.4 | 连续装药 |
| 光爆孔 | 42 | 110 | 50 | 38 | 60 | 25 | 0.3 | 11.4 | 间隔装药 |
| 底孔 | 42 | 110 | 60 | 13 | 60 | 32 | 0.6 | 7.8 | 连续装药 |

（2）火工材料。炸药采用乳化炸药，非电毫秒雷管、微差起爆。光爆孔采用导爆索传爆。

（3）爆破参数。通风兼安全洞开挖爆破设计见图 3。

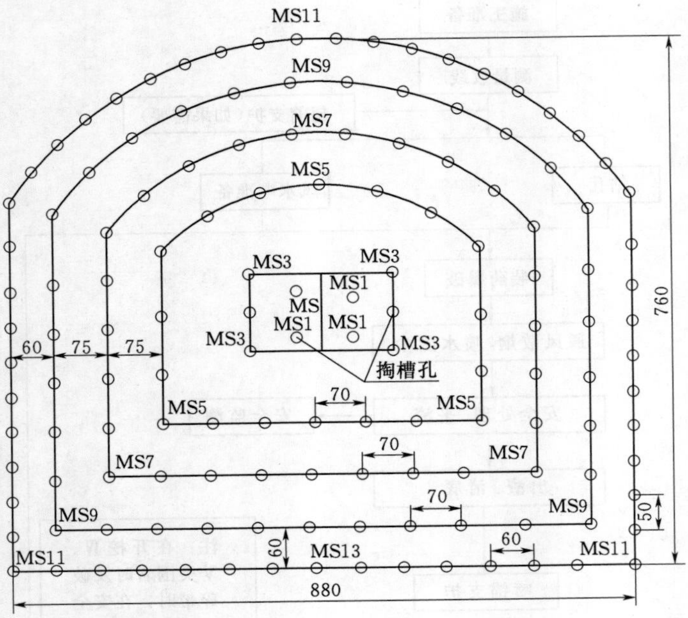


图 3　通风兼安全洞Ⅳ、Ⅴ类围岩爆破设计图（单位：cm）

## 2.3　溶洞支护处理

### 2.3.1　支护平台

通风兼安全洞开挖支护台车最大高度为 5.9m，最大宽度为 6.8m；台车过车净宽为 4m，净高为 4.16m；台车长度为 5m。台车骨架采用 I16 的工字钢进行焊接制作，平台采用 ϕ8@5cm×5cm 钢筋网与钢骨架焊接牢固作为操作平台；台车具体尺寸详见图 4。

溶洞处理流程：清除溶洞内的黏土→渗水点安装软式透水管→溶洞表面素喷 C30 混凝土→安装 I20 钢拱架→挂钢筋网→安设锚杆→预埋回填混凝土注入管和通气管→喷混凝土→溶洞回填混凝土处理→布设排水孔→布设收敛监测点。

溶洞处理结果见图 5。

考虑到开挖面右侧拱肩部位溶洞规模较大，须对右侧溶洞进行回填处理，典型处理图（图 5）和 *A*－*A* 剖面图（图 6），附加钢筋网（图 7）施工顺序如下。

（1）人工将溶洞内的黏土等清理干净，溶洞内有明显渗水点处，采用 ϕ50 软式透水管引出。

（2）采用 TK－961 型混凝土湿喷机对溶洞表面进行喷素混凝土封闭处理，初喷 C30 素混凝土，厚度 10cm。

（3）采用支护台车人工安装 I20 钢拱架，溶洞范围内钢拱架间距调整为 50cm。

（4）沿洞轴线方向布置钢筋 ϕ20@200mm，与钢拱架焊牢固，两端超出溶洞洞口 840mm；洞室环向布置钢筋 ϕ20@500mm，布置于两榀钢拱架中间，两端超出溶洞洞口 840mm。

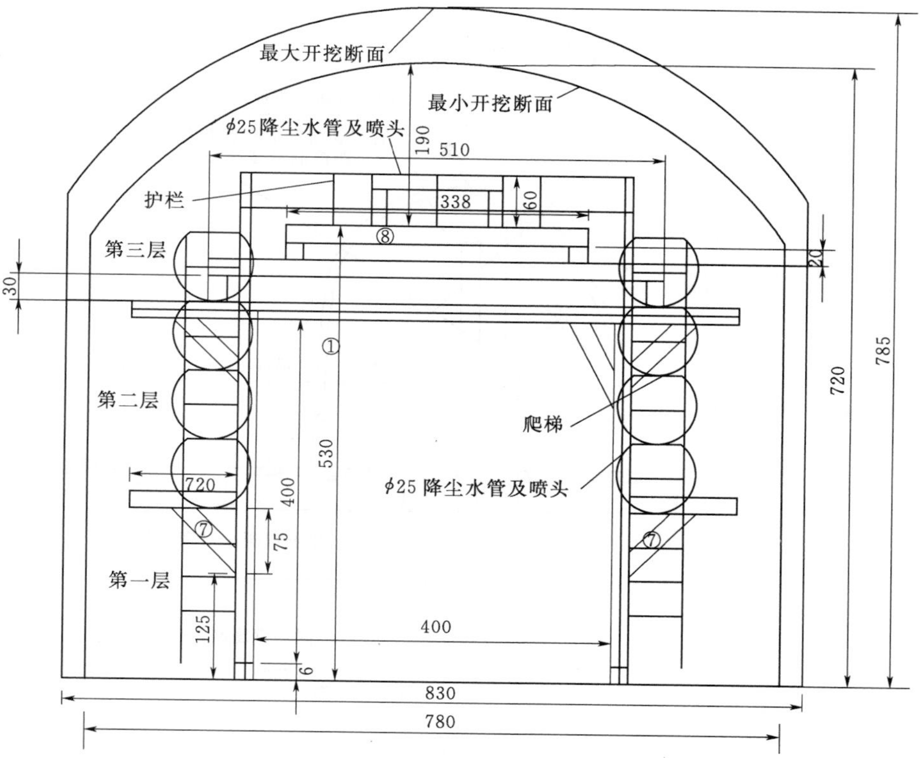


图 4　通风兼安全洞开挖支护台车（单位：cm）

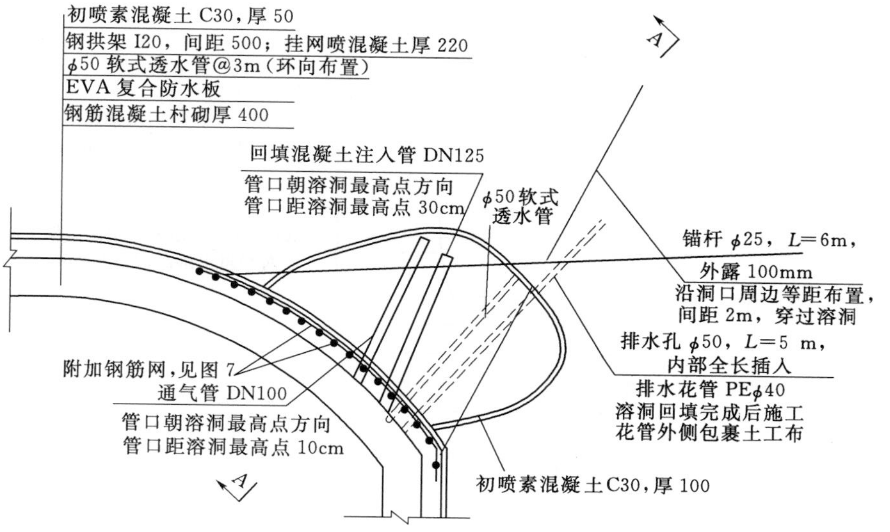


图 5　溶洞典型处理图（详见图 6、图 7）

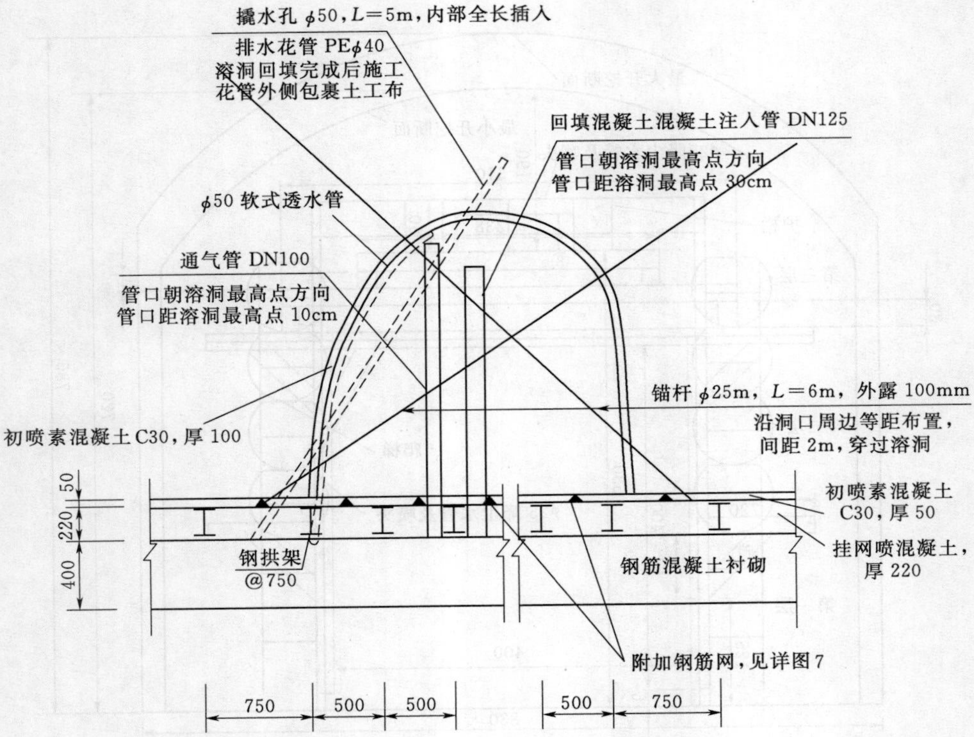

撬水孔 φ50，L=5m，内部全长插入
排水花管 PEφ40
溶洞回填完成后施工
花管外侧包裹土工布
回填混凝土混凝土注入管 DN125
管口朝溶洞最高点方向
管口距溶洞最高点 30cm
φ50 软式透水管
通气管 DN100
管口朝溶洞最高点方向
管口距溶洞最高点 10cm
锚杆 φ25m，L=6m，外露 100mm
沿洞口周边等距布置，
间距 2m，穿过溶洞
初喷素混凝土 C30，厚 100
初喷素混凝土
C30，厚 50
挂网喷混凝土，
厚 220
钢拱架
@750
钢筋混凝土衬砌
附加钢筋网，见详图 7
50
220
400
750
500
500
500
750

图 6　A-A 剖面图（单位：mm）

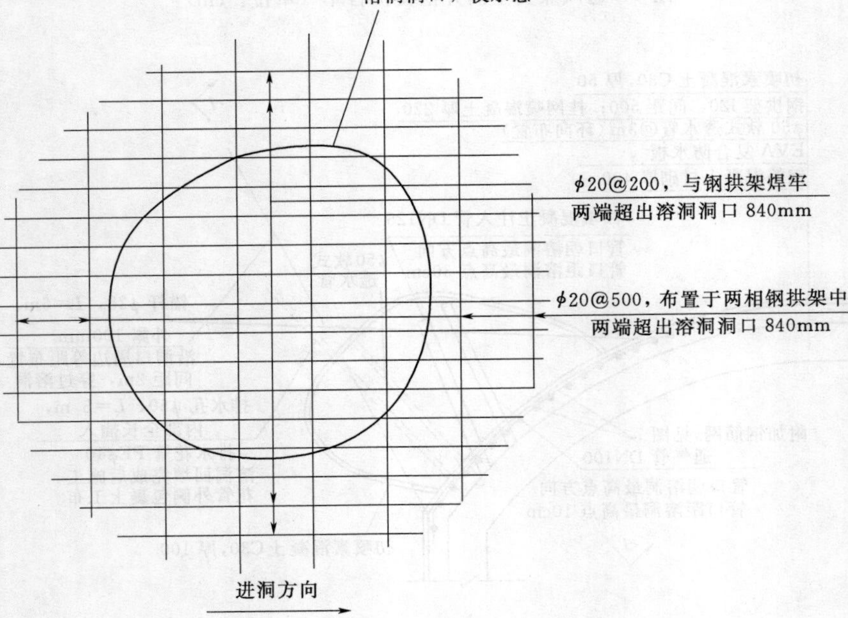

溶洞洞口，仅示意
φ20@200，与钢拱架焊牢
两端超出溶洞洞口 840mm
φ20@500，布置于两相钢拱架中间
两端超出溶洞洞口 840mm
进洞方向

图 7　附加钢筋网

（5）采用 YT－28 手风钻打设锚杆孔，人工安插锚杆。首先做好钢拱架锁脚及锁腰锚杆 $\phi25$，$L=4.5$m，并与钢拱架牢固连接；在溶洞周边等距布置锚杆 $\phi25$，$L=6$m，间距 2m，锚杆需穿过溶洞空腔，以防止回填体下坠。

（6）预埋回填混凝土注入管 DN125，管口朝向溶洞最高点方向，管口距离溶洞最高点 30cm；预埋通气管 DN100，管口朝向溶洞最高点方向，管口距离溶洞最高点 10cm；预埋管与钢拱架焊接牢固。

（7）钢拱架安装完成，钢筋网片与钢拱架焊接牢固后，喷 C30 混凝土封闭洞口。

（8）待挂网喷混凝土达到设计强度后，利用 HB60 型混凝土泵通过回填混凝土注入管（DN125）对溶洞进行回填处理，采用 C25 混凝土回填密实，分次回填，分次回填需注意防止回填管堵塞。

（9）溶洞回填施工完成后，根据溶洞内渗水情况布置排水孔，排水孔穿过溶洞。排水孔 $\phi50$，$L=5$m；内部全长插入排水花管 PE$\phi40$，花管外侧包裹土工布。

（10）监控量测在洞身开挖施工过程中，每 5m 设一组监测点，在溶洞处理完成后主要监测拱顶下沉和周边收敛，密切监视隧道支护结构的变形情况并及时反馈，指导下一步施工。

目前通风兼安全洞溶洞段已安全通过，渗水经过排水管妥善引排。变形位移值均属正常范围，且位移时态曲线均已收敛、趋于稳定，说明采用的处理方案、施工措施合理可靠。

## 3 结束语

$\phi25$，$L=6$m 砂浆锚杆的运用，相对于超前小导管支护，降低了施工难度和工程造价，有利于加快施工进度。特制 $\phi20$ 钢筋网的运用，使接触面积增大，能更好地与喷射混凝土粘贴，溶洞处理质量得以保证。

通过本段溶洞的处理经验，相应处理了其他溶洞，通过监控量测，均在标准规范允许范围内，且无渗水、开裂，得到上级公司的肯定，经验在全线范围内推广。

### 参考文献


［1］ David Sceppa. 梁超．译．ADO. NET 技术内幕［M］．北京：清华大学出版社，2003.

［2］ 张延．隧道岩溶处理面面谈［J］．现代隧道技术，2001（1）60.

［3］ 王红峡，李留柱．不良地质条件隧洞施工技术［J］．水科学与工程技术，2010（2）62.



**【作者简介】**

翟忠保（1982—　），男，高级工程师，辽宁辽阳人，主要从事水电建设施工管理工作。

边志国（1992—　），男，河南新乡人，主要从事水电建设施工管理工作。

# 浅谈国外电站项目出口设备运杂费的计算

周小丽

（上海勘测设计研究院有限公司，上海，200434）

【摘　要】随着中国“一带一路”战略的推进和中国设备制造能力的提高，越来越多的国外水电工程项目采用中国制造的设备。设备费是水电工程投资中的重要组成部分之一，而设备运杂费又是设备费的组成部分；加之，国外水电工程项目的设备运输环节较多，距离较远，费用高而杂。因此，全面准确地计算设备运杂费是编制国外水电工程项目概算中的一项关键性工作，应该引起重视。本文结合巴基斯坦玛尔水电站项目机电设备投资计算实例，介绍了出口机电设备运杂费的组成内容和计算方法等，以供工程造价人员相互学习和业务交流。

【关键词】国外电站项目　运输方案　设备运杂费的计算

## 1　引言

近年来，我国投资海外的电站项目越来越多，与国内电站项目相比，其工作环节多，可变因素也多，为投资方更好地分析投资项目的盈利能力，提高投资效益，要求设计人员准确计算国外电站项目的投资。以巴基斯坦玛尔水电站项目为例，本工程安装3台机组，总装机容量640MW，电站坝址位于玛尔河和吉拉姆河交汇处上游约5km处，距离卡拉奇港约1685km。该工程总投资约100亿元，工程静态投资约77亿元，其中机电设备投资占总投资的15%以上，占静态投资的20%，对整个工程投资影响较大。由于巴基斯坦国内铁路设施较差，基本处于停运状态，且吉拉姆河不具备通航条件，玛尔水电站对外交通运输采用公路运输方式。

## 2　运输方案

巴基斯坦玛尔水电站项目的机电设备基本都从中国进口，经水路运至巴基斯坦卡拉奇港后转巴基斯坦国内公路运输，运输线路为：厂家→上海港→卡拉奇港→拉合尔→拉瓦特→伊斯兰堡→穆里→科哈拉大桥→坝址。其中，上海港至卡拉奇港海运约10000km；卡拉奇港至伊斯兰堡运输线路为国家N5干道和Islamabad Highway道路，全长约1547km；伊斯兰堡至电站坝址运输线路为：伊斯兰堡→穆里→科哈拉大桥→坝址，全长约138km。

## 3　主要设备运杂费

在项目可行性研究阶段，一般对水轮发电机组、桥机、主变等一些对设备投资影响较大的设备详细计算和分析设备运杂费，并换算出其对应的运杂费率，其他设备则参照主要设备运杂费费率确定一个综合运杂费率。

巴基斯坦玛尔水电站项目设备运杂费主要包括国内段运杂费、国内港口杂费、海运费、国外港口杂费、相关税费、国外段运杂费等。为确定上述运输环节的相关费用，全面收集了设备运杂费计算方面的基础资料，包括国内水轮发电机组、桥机、主变等一些主要设备的厂家资料；国内公路或铁路运输费用；国内运输保险费用；上海港港口的港口杂费；国际船运的运输费用和保险费用；卡拉奇港口的港口杂费以及其他税费如关税等；从卡拉奇港口运至项目工地现场的运输费用和保险费用等。

### 3.1 国内段运杂费

国内段运杂费是设备厂家到指定出发港的运输费用和杂费。玛尔水电站项目的设备从国内生产厂家通过公路或铁路运至上海港。本段运杂费用根据调研收集的国内公路和铁路运输费用计费标准，参考国内水电行业相关费用编制规定计算，同时考虑相应的运输保险费用等。

### 3.2 国内港口杂费

国内港口杂费主要是指设备在国内出发港发生的一些港口杂费。根据对一些国际海运物流公司进行电话、走访等，收集上海港港口杂费的相关资料，包括港建费、理货费、订舱费、报关费、绑扎费等，并结合国内海关对于出口设备的相关费用收取规定等，计算出设备每计费吨的港口杂费。

### 3.3 海运费

海运费主要是国际海洋运输费用，即国内出发港至国外到达港的船舶运输费用。根据在国际海运物流公司获取的海运运费资料，结合设备特性和需求，综合分析比较，确定设备每计费吨的海运费，同时考虑相应的海运保险费用。

### 3.4 国外港口杂费

国外港口杂费主要是设备在国外到达港发生的港口杂费。本段费用主要根据收集到的以往类似工程项目的港口杂费资料，经综合分析后，确定卡拉奇港口杂费费率。

### 3.5 相关税费

相关税费有关税、销售税、增值税等，不同国家的税收政策各有不同。玛尔水电站项目的设备税费，主要通过查询中国驻巴基斯坦大使馆官网发布的相关税收计费费率，结合以往类似工程项目的税费计算资料，计取关税、工程所在地政府要求收取的信德省地方税及增值税等。需要说明的是，相关税费一般包含在设备原价中，但玛尔水电站项目中，相关税费计入了设备综合运杂费率，以减少概算表的列项条目。

相关税费的计取是本次设备运杂费计算中的一个难点，这些税费除通过收集工程所在国政府官网发布的信息资料来确定外，还要综合已实施工程征收相关税费的实例来进行分析。如巴基斯坦还有预扣税的规定，参考以往工程项目，对于签离岸合同价的设备不收取预扣税，玛尔水电站项目的设备按签离岸设备合同价考虑，因此不计取预扣税；另外，关税也有后期退税的规定，在项目的后期实施中，应考虑一定的退税抵扣等。

### 3.6 国外段运杂费

国外段运杂费是指从国外到达港运输至工地指定堆放点的运输费用。玛尔水电站项目的本段运杂费主要参照以往类似工程项目的巴基斯坦陆运费计算资料，按照 t·km 计算设备国外段运杂费，并考虑国外段的运输保险费用。

### 3.7 二次倒运费

根据巴基斯坦公路运输限制条件的特点，玛尔水电站项目水轮机转轮分件分瓣运至现场，在设定的转轮加工厂房内组焊、加工成整体，然后经由拖车运输至安装间，因此需考虑此段运输的费用，即水轮机二次倒运费。二次倒运费率根据以往类似工程的测算数据确定。

## 4 计算实例

以巴基斯坦玛尔水电站项目水轮机综合运杂费率计算为例，具体计算过程和各个环节的费用标准详见表 1。发电机、桥机以及主变的设备运杂费计算过程类似。经计算，发电机、桥机以及主变的综合运杂费率分别为 22.55%、29.61%、21.81%，其他设备综合运杂费率按照 25% 考虑。

表 1　水轮机综合运杂费率计算表

| 序号 | 名称 | 单位 | 折算系数 | 数量 | 单价 | | 合价 | | 合计/元（人民币） |
|---|---|---|---|---|---|---|---|---|---|
| | | | | | 元 | 美元 | 元 | 美元 | |
| | 水轮机出厂价（1690t/台） | t | | 1690 | 48000 | | 81120000 | | 81120000 |
| （一） | CFR 价（出港） | | | | | | | | 87589462 |
| 1 | 设备出厂价 | 元 | | | | | | | 81120000 |
| 2 | 国内运杂费 | % | | 5.0 | 81120000 | | 4056000 | | 4056000 |
| 3 | 国内港杂费 | $t(m^3)$ | 3 | 5070 | 45 | | 228150 | | 228150 |
| 4 | 海运费（上海港—卡拉奇） | | | | | | | | 2185312 |
| | 散货 | $t(m^3)$ | 3 | 5070 | | 65 | | 329550 | 2185312 |
| （二） | CIF 价（到岸） | | | | | | | | 87852230 |
| 1 | CFR 价 | 元 | | | | | | | 87589462 |
| 2 | 海运保险费 | % | | 0.3 | 87589462 | | 262768 | | 262768 |
| （三） | 巴国港杂费 | % | | 1 | 87852230 | | 878522 | | 878522 |
| （四） | 税费 | | | | | | | | 7862775 |
| 1 | 巴基斯坦关税 CD | % | | 5 | 87852230 | | 4392612 | | 4392612 |
| 2 | 信德省地方税 Excise | % | | 0.95 | 87852230 | | 834596 | | 834596 |
| 3 | 增值税 VAT | % | | 3 | 87852230 | | 2635567 | | 2635567 |
| （五） | 出关价（卡拉奇） | 元 | | | | | | | 96593527 |
| （六） | 工地运费卡拉奇 | 元/(t·km) | | 2873000 | 0.7 | | 2011100 | | 2011100 |

续表

| 序号 | 名称 | 单位 | 折算系数 | 数量 | 单价 | | 合价 | | 合计/元（人民币） |
|---|---|---|---|---|---|---|---|---|---|
| | | | | | 元 | 美元 | 元 | 美元 | |
| （七） | 运输保险费 | % | | 0.5 | 98604627 | | 493023 | | 493023 |
| （八） | 二次倒运费 | % | | 0.3 | 99097650 | | 297293 | | 297293 |
| （九） | 水轮机总价 | | | | | | | | 99394943 |
| | 折合每吨单价 | 元 | | | | | | | 58814 |
| | 折合运杂费率 | % | | | | | | | 22.53% |

**注**：人民币外汇汇率 1U $ =6.6312RMB Yuan。

## 5 结语

通过巴基斯坦玛尔水电站项目设备运杂费的分析和计算，主要体会有以下两点：第一点，主要设备运输方案决定设备运杂费的各项构成；第二点，与设备运输环节相关的各种运输费、杂费、税费等资料必不可少。因此，作为工程造价人员，一方面，要熟悉了解设备运输方案，清晰分析设备运杂费的构成，不要漏算、漏计或重复计算运杂费项目，保证设备运杂费构成的完整性；另一方面，要通过多渠道调研收集资料并不断积累，同时注意结合以往工程实例进行综合分析，从而准确计算国外水电项目出口设备的运杂费用。

本文结合巴基斯坦玛尔水电站项目对国外水电项目出口设备运杂费的计算进行了一些浅谈和分析，供工程造价人员相互学习和业务交流，希望能起到抛砖引玉之效果。

## 参考文献


[1] 国家能源局. 水电工程设计概算编制规定（2013 年版）[S]. 北京：中国电力出版社，2014.

[2] 全国造价工程师职业资格考试培训教材编审委员会. 建设工程计价 [M]. 北京：中国计划出版社，2013.

[3] 上海勘测设计研究有限公司. 巴基斯坦玛尔水电站可行性研究报告 [R]. 北京：上海勘测设计研究院有限公司，2016.



**【作者简介】**

周小丽（1985— ），女，湖北安陆人，工程师，现从事工程造价工作。

# 丰满重建工程发电厂房尾水扩散段顶板模板及支撑体系设计与施工

胡云鹤

（丰满大坝重建工程建设局，吉林省吉林市，132108）

【摘　要】尾水扩散段是发电厂房的重要结构，施工过程中保证尾水扩散段顶板模板及支撑体系的稳定至关重要。本文以丰满重建工程为例，详细介绍了尾水扩散段顶板模板及支撑体系设计形式、配置参数、安装工艺流程与检查验收流程，可为其他水电站同类部位施工提供借鉴。

【关键词】发电厂房　尾水扩散段　模板　支撑体系

## 1　工程概况

丰满重建工程发电厂房为坝后式地面厂房，布置在右岸坝后，厂内布置6台单机容量200MW的水轮发电机组。机组纵轴线与新建坝轴线平行，桩号为坝下0＋089.8。厂坝之间设变形缝，厂坝分缝桩号坝0＋74.30。厂区建筑物主要由主厂房、安装间、上游副厂房、尾水副厂房、中控楼、尾水渠以及500kV开关站组成，厂房总长度239.40m，宽63.62m。

尾水管层为发电厂房最低层，尾水管为不规则形，分为直锥段、弯肘段和扩散段三部分，扩散段设2个中墩，中墩宽2.06m，以减小顶板跨度与尾水闸门宽度，尾水管采用整体钢筋混凝土结构。尾水管扩散段出口总宽21.52m。

对排架的受力情况分析，发电厂房尾水扩散段段顶板为14.42°的斜坡面，尾水扩散段底板为5.10°的斜坡面，因此除受向下的压力外，还有向下游的推力。为了满足排架立杆的抗压稳定和排架的整体稳定性，并且对施工中不确定因素的充分估计，排架的立杆间距为0.6m×0.6m，最大步距1.0m，搭设最大高度7.75m，立杆顶端伸出段长0.1m，左、右方向的横杆两端顶紧中墩及边墙混凝土壁面。顺流向除了纵杆之外，在排架上端设斜撑支承向排架整体向上游的滑力，立柱之间设置扫地杆，通过扣件将立柱连成整体。为增大安全系数，计算书按照一次浇筑0.8～1m计算，本部位实际一次浇筑混凝土厚度不超过0.6m，实际施工总载荷为14.4kN/m$^2$，集中载荷作用下的均布载荷为18.35kN/m$^2$。

## 2 工程特点及风险因素分析

### 2.1 工程特点

（1）规模较大、工期紧。本工程为现浇混凝土结构，主机间长 170m，最大机组 1 号宽 30.49m，分 6 个流水段施工，工程规模较大。采用 6 个机组 3 个作业队，每个作业队内采取每 2 台机组交替错层浇筑的方式合理加快施工进度，并采取相应措施，确保工期、质量、安全要求。尾水扩散段混凝土体型较复杂，边墙处含渐变段圆弧形，需采用模板进行拼装，安装难度大；尾水扩散段孔宽度和高度较大，且采用现浇混凝土施工方式，采用满堂脚手架进行支撑，脚手架施工量大，且底板和顶板为斜坡面，施工难度大，安全要求高；尾水扩散段的钢筋较多，备仓时间较长，且施工工艺比较复杂，影响混凝土浇筑施工效率。尾水扩散段为过流面混凝土，需分多层进行施工，混凝土质量要求高。

（2）周边环境复杂，施工控制要求高。在基坑内，各种埋件、管路分布较多，上游为机电安装项目肘管施工区，本部位另有机电安装其他项目施工，周边施工环境复杂，模板安装过程中需周密组织，合理安排施工，确保模板吊装倒运、人员通行、交叉作业的安全施工。现场交通情况对材料运输、混凝土浇筑非常不利。

（3）顶板厚，施工难度大，结构的跨度大，支撑难度大。顶板一次浇筑厚度 0.6m，最大跨度为 5.8m。对结构的模板、支撑体系的强度及刚度的要求都很高，如何确保支撑以及模板的刚度和稳定性对施工质量的好坏甚至施工成败都至关重要。

### 2.2 施工风险因素分析

根据本年度的施工进度要求，对模板施工风险因素进行分析。模板工程主要风险包括：模板及支撑体系构件安装、拆除吊运过程中存在碰撞或坠落风险；模板及支撑体系安装施工及混凝土浇筑过程中模板支撑体系变形、坍塌风险等。

## 3 设计方案与施工工艺

### 3.1 模板及支撑设计形式

根据年度厂房施工安全、质量、进度要求以及工程经验，扩散段顶板模板及支撑有关数据：面板选用 15mm 厚 1220mm×2440mm 清水板密排；次楞为 90mm×90mm 方木，间距 200mm；主楞为 90mm×90mm 方木，间距 600mm；满堂红脚手架为 600mm×600mm×1000mm（横向×纵向×竖向），计算均以最不利情况进行荷载验算。

### 3.2 模板及支撑配置技术参数

#### 3.2.1 台阶模板

（1）模板体系。由于尾水顶板为 14.42°斜坡面，在混凝土浇筑振捣过程中可能发生混凝土下滑，导致混凝土堆积，对底部满堂红脚手架的稳定性造成影响，因此浇筑过程中混凝土顶部采用台阶浇筑，保证混凝土振捣密实，并且消除混凝土堆积现象。台阶挡板模板采用 P3015 散钢模板，沿宽度方向使用 $\phi 48$ 钢管背楞，每台机组制作 10 块，间距 1.5m 布置。模板形式见图 1。

（2）支撑体系。为了不增加底部满堂红脚手架支撑的总体载荷，台阶挡板模板支撑采

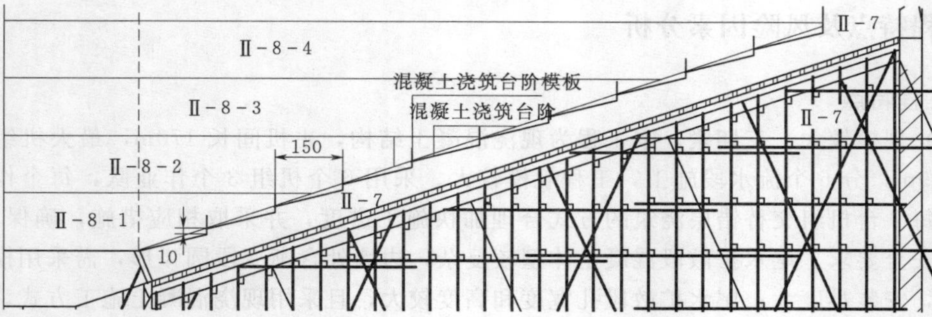


图1　顶板混凝土浇筑台阶示意图（单位：mm）

用在闸墩钢筋上固定的方式。在浇筑混凝土前，先将挡板模板安装完成，并将钢管固定在闸墩钢筋上，在闸墩混凝土位置对模板进行架立。

**3.2.2**　尾水顶板

(1) 模板体系。大面积平面面板采用15mm厚覆膜胶合板；90mm×90mm木方做次楞，间距200mm；90mm×90mm木方做主楞，间距600mm，覆膜胶合板现场拼装，布置方向为横向×纵向＝2440mm×1220mm，模板次楞沿横向布置，主楞沿纵向布置，所有覆膜胶合板拼缝均布置在次楞上，所有次楞接头均布置在主楞上，以满足受力要求，模板结构见图2。

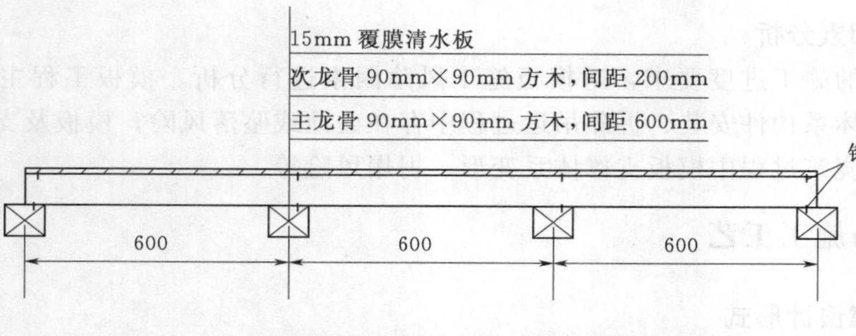


图2　扩散段顶板模板构造图（单位：mm）

(2) 支撑体系。依据分层分块，为保证首层顶板的顺利浇筑，首层顶板浇筑厚度为0.6m，模板采用扣件式满堂红脚手架支撑，立杆最大间距为600mm×600mm×1000mm（横向×纵向×竖向）；立杆底部采用50mm×100mm方木沿水流方向进行铺垫，间距600mm，在方木上游侧采用地锚的方式将方木固定，防止方木下滑，底部用可调丝托，由于是斜坡面，因此使用楔形垫块进行塞紧，并与底部方木使用铁钉固定，可调丝托的杆件一定与立杆的内径相吻合，不得出现大的活动量，丝托的伸出架管的长度不得超过200mm；顶部可调丝托支撑方式与底部相同；横杆竖向距1000mm，底部扫地杆距地面200mm；横向、纵向均设置剪刀撑；横向支撑使用U托与已施工完侧墙结构间隔支顶牢固，并与闸墩墙体拉条进行螺栓固定，防止支撑体系整体侧倾；在上游斜坡起始处设置斜撑，支撑排架整体下滑力，斜撑在每纵排第一根立杆上设置，底部固定在肘管二期混凝土施工部位；下游侧在每纵排最后一根立杆上设置斜撑，支撑混凝土浇筑中向下游侧的推力，斜撑角度为 45°～60°。排架大横杆与斜撑使用扣件连接固定。另根据现场施工条件，可在下游侧闸门槽位置使用拉筋与排架底部进行连接，抵抗排架下滑力，支撑体系见图 3。

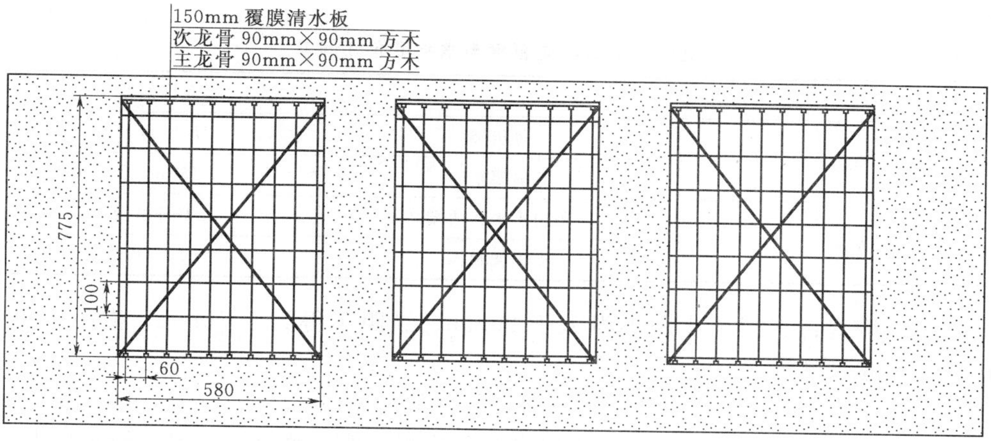


图 3　扩散段顶板支撑示意图

### 3.3　安装工艺流程

（1）模板安装工艺流程。成品保护→支架安装→安装主楞→安装次楞→调整板下皮标高→铺设面板→检查模板上皮标高、平整度→验收。为避免支模架对底板混凝土造成损害，使用 50mm×100mm 方木对支架底部进行铺垫，其余部位使用闭孔泡沫板或废旧模板进行覆盖。

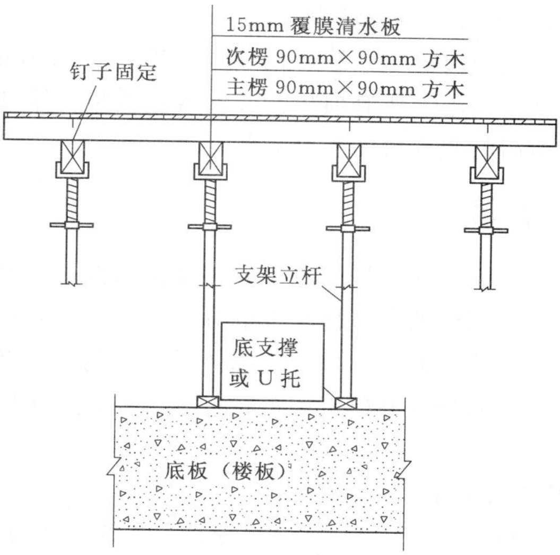


图 4　板模支撑示意图

（2）支撑体系安装工艺流程。支撑体系采用扣件式满堂红支撑体系，架体搭设前根据设计图纸测量放线，底部铺设垫木，垫木固定完成后开始架体搭设，从跨的一侧开始安装第一排立柱，临时固定再安装第二排立柱，依次逐排安装。立柱要垂直，确保上下层立柱在同一竖向中心线上，立柱上端均采用 U 型托槽，上方支撑在顶模板主楞上，使用楔形垫块打紧，下方采用倒 U 托。板模支撑的具体做法见图 4。

## 4　支撑体系及模板检查和验收要求

### 4.1　支撑体系检查及验收

（1）支撑架使用中，应定期检查的内容：检查底座是否松动，立杆是否悬空；检查扣件螺栓是否松动；扣件式脚手架立杆上扣件必须可靠锁紧；安全防护措施是否符合要求。

（2）支撑架验收。模板支模架投入使用前，必须进行验收；查看基础表面坚实平整，表面是否积水，垫板是否晃动。检查方法：观察。支模架搭设的垂直度与水平度允许偏差见表1。

**表1　　支模架搭设的垂直度与水平度允许偏差**

| 项目 | | 允许偏差/mm |
|---|---|---|
| 垂直度 | 每步架 | $H/1000$ 及 $\pm 2.0$ |
| | 支模架整体 | $H/600$ 及 $\pm 50$ |
| 水平度 | 一跨距内水平架两端高差 | $\pm L/600$ 及 $\pm 3.0$ |
| | 支模架整体 | $\pm L/600$ 及 $\pm 50$ |

1）间距检查：支模架步距不得大于20mm、纵距不得大于50mm、横距不得大于20mm，用钢卷尺测量。

2）扣件安装：同步立杆上两个相隔对接扣件的高差应大于500mm，用钢卷尺测量；扣件螺栓拧紧扭力矩40～50N·m，用扭力扳手检测；剪刀撑斜杆与地面的倾角为45°～60°，用角尺检测。

### 4.2　模板检查及验收

模板接缝不漏浆，接缝宽度不大于1.5mm。模板与混凝土接触表面清理干净并采取防黏结措施。所有模板安装前放好模板位置线，安装时必须拉通线。模板安装和预埋件、预留洞的允许偏差符合规范要求。

## 5　结语

丰满重建工程发电厂房尾水扩散段模板及支撑体系设计与施工过程中，虽然不属于超过一定规模的危险性较大的分部分项工程，但本着“安全第一，保证施工质量”的施工原则，参建各方在模板及支撑体系方案的设计及施工过程中，严格按照超过一定规模的危险性较大的分部分项工程进行过程管控，圆满完成了该项施工任务。

【作者简介】

胡云鹤（1985—　），男，工程师，河南商丘人，主要从事水电建设施工管理工作。

# 双沟大坝面板混凝土滑模施工技术

赵宝华　张云山

（中国水利水电第一工程局有限公司，吉林长春，130062）

【摘　要】 双沟水电站混凝土面板堆石坝高 110m，面板混凝土采用一次滑模的施工方法，对加快大坝的整体施工进度，降低工程成本是有利的，也可以避免面板分期施工而形成的薄弱环节。但却加大了施工质量控制及施工作业的难度。面板混凝土长距离滑模施工所采取的工艺措施，为类似工程施工积累了经验。对于寒冷地区面板混凝土越冬保温问题，提供了借鉴。

【关键词】 双沟水电站　混凝土面板堆石坝　面板混凝土　长距离滑模施工

## 1　工程概况

双沟水电站位于吉林省抚松县境内，是松江河梯级电站开发的第二级电站，也是最大的一级。电站以发电为主，兼顾下游防洪。水库正常蓄水位 585m，总库容 3.85 亿 $m^3$。电站总装机容量 280MW。

双沟水电站枢纽由混凝土面板堆石坝、溢洪道、发电引水系统、地面厂房组成。混凝土面板堆石坝最大坝高为 110m，坝顶宽度为 10m，坝顶长为 294m。上游坝坡 1∶1.4，下游平均坝坡 1∶1.52。大坝面板共计 29 块。中部面板为受压区，每块面板宽度为 14m，共计 12 块。两岸为受拉区，每块面板宽度为 7m，左、右岸受拉区面板共计 17 块。大坝面板混凝土死水位以上采用 C30F300W8；死水位以下采用 C25F200W10。大坝面板厚度 $t=0.3+0.0033H$(m)，$H$ 为计算断面至面板顶部（586.00m 高程）的高度。面板总面积为 36850$m^2$，面板混凝土浇筑总量为 1.6 万 $m^3$，钢筋制安 1700t。

双沟水电站主体工程 2005 年 1 月全面开工建设，计划于 2009 年 7 月末下闸蓄水，2010 年 4 月末并网发电。

## 2　工程特点

（1）双沟大坝坝高 110m，是目前东北地区最高的混凝土面板堆石坝。大坝设计采用一次性滑模施工，最大面板滑模长度达到 180.56m，在国内仅次于公伯峡大坝的面板滑模长度。

（2）面板基础面（垫层料上游坡面）采用了翻模固坡施工工艺。

（3）双沟水电站地处吉林省东部山区，坝址处冬季漫长而严寒，多年平均气温为

4.3℃，极端最低气温为−37.7℃，属于寒冷地区的面板堆石坝施工。

（4）面板混凝土施工结束后的第一个冬季，因特定原因面板未采取越冬保温措施。

## 3　面板混凝土基础面处理

### 3.1　大坝上游坡面变形情况

面板堆石坝翻模固坡技术依托双沟水电站大坝工程进行试验研究，并最终成功应用于大坝工程施工。大坝工程2005年7月开始进行填筑，至2007年9月填筑结束。在经过了6.5个月的沉降期后，于2008年4月中旬进行了大坝上游坡面检查，结果表明：整个上游坡面的变形趋势符合面板堆石坝一般变形规律，砂浆固坡面变形平顺，无深坑和局部突出，用2m靠尺检查，其平整度可控制在±5cm以内。通过脱空检查表明垫层料与固坡砂浆结合良好，无脱空现象。通过外观检查发现由于坡面变形导致的固坡砂浆表面裂缝数量略有增加，裂缝多分布在1/3坝高范围内。裂缝处多为层叠状，分析原因是由于坝体沉降后，上游坡面长度缩短，加之坝坡下部凸出设计边线的变形趋势综合作用形成的。

### 3.2　面板基础面的处理

针对大坝上游坡面平整度较好、变形平顺的实际情况，结合国内大型高坝的施工经验，由建设、设计、监理单位联合确定：坝体沉降已趋于稳定，对上游固坡砂浆面直接进行喷乳化沥青撒砂施工，以此作为面板混凝土基础。但要对固坡砂浆裂缝进行处理，处理方法是：将裂缝层叠部位的上层凿除，用同标号砂浆回填缝隙。

### 3.3　喷乳化沥青撒砂施工

喷乳化沥青进行坡面保护，最初是在垫层料上直接使用，后在挤压边墙表面喷乳化沥青作为隔离层，使其能够充填挤压边墙表面孔洞，形成表面相对光滑、与混凝土面板异质的柔性隔离层，以减少对面板混凝土的约束。双沟大坝所采用的翻模固坡技术是一项全新的工艺，采用该技术形成的砂浆固坡表面平顺、光滑，所以是否必须采用还是在表面裂缝部位局部采用喷乳化沥青撒砂防护，能否保证乳化沥青与砂浆坡面的粘结效果，各方也有争议。最后设计方为慎重起见，要求采用“二油二砂一碾”的喷涂工艺，即：在固坡表面先喷洒一层乳化沥青，然后立即撒布一层细砂；在此面上再喷洒第二遍乳化沥青，再撒上第二层细砂；最后用专用碾轮碾压一遍，形成沥青胶砂柔性薄层。

双沟大坝喷乳化沥青撒砂施工实践表明，经贵州华电工程技术有限公司改性后的乳化沥青与固坡砂浆表面黏结良好，按“二油二砂”标准成形的沥青胶砂层基本能够保证不小于3mm的厚度，满足了设计要求。由于固坡砂浆表面光滑、平整，所以乳化沥青用量较挤压墙可节省30%左右。

## 4　面板混凝土配合比的选择

（1）碎石级配的选择。碎石级配比例采用最大容重法确定为：中石∶小石＝0.55∶0.45，以此进行混凝土配合比试验分析。

（2）砂率的选择。双沟面板混凝土要采用溜槽进行长距离运输至浇筑仓面，所以在砂率选择上，要保证混凝土有较好的流动性。按照大坝上游坡面的坡度（1∶1.4）进行简易的混凝土流动性试验，面板混凝土砂率选定为37%。施工实践证明此砂率是合适的。

（3）粉煤灰掺量的选择。在面板混凝土内掺入粉煤灰，主要是考虑在满足混凝土强度及耐久性指标的同时，最大限度地降低水化热，减缓水泥的水化速度，改善混凝土的和易性。根据以往的施工经验，参照其他工程实例，分别按掺量15%、12%和10%进行试配试验。结果表明：三种掺量的混凝土配合比均可以满足设计强度要求。但考虑到工程地处高寒山区，对混凝土耐久性能要求较高，面板长距离滑模施工难度大，不确定因素较多，所以粉煤灰掺量选定为10%更稳妥些。

（4）坍落度选择。根据设计要求混凝土入仓坍落度控制为4～6cm，混凝土出机口坍落度根据坍落度损失情况进行调整。

（5）混凝土配合比见表1。

**表1　　双沟大坝面板混凝土配合比**

| 混凝土标号 | 水泥 | 外加剂（KDH－L）/(kg/m³) | 水/(kg/m³) | 粉煤灰（k=1.0）/(kg/m³) | 砂/(kg/m³) | 碎石/(kg/m³) | | 水灰比 | 砂率/% | 坍落度/mm | 水泥用量/(kg/m³) |
|---|---|---|---|---|---|---|---|---|---|---|---|
| | | | | | | 2～4cm | 0.5～2cm | | | | |
| C25F200W10 | 抚顺中热硅酸盐42.5级 | 5.7 | 160 | 38.1 | 694 | 673 | 550 | 0.42 | 37 | 40～60 | 343 |
| C30F300W8 | | 6.2 | 160 | 49 | 686 | 664 | 544 | 0.39 | 37 | 40～60 | 361 |

## 5　面板混凝土滑模施工设施

### 5.1　侧模

侧模采用钢木组合模板。侧模尺寸根据面板的渐变厚度及斜坡面长度分为三种型式：Ⅰ型模板长度为90m，宽度为250mm；Ⅱ型模板长度为45m，宽度为200mm；Ⅲ型模板长度为45m，宽度为14mm。侧模渐变部分采用木模。侧模用钢结构立架支撑，立架用翻模固坡施工时外露的拉筋连接固定。侧模结构形式见图1。

共制作Ⅰ型侧模2套，Ⅱ型侧模3套，Ⅲ型侧模3套，可同时满足两块压性面板和一块拉性面板的滑模施工需要。

### 5.2　滑模模体

滑模模体采用自制钢结构模体。拉性块模体总长7.5m，模体重4.37t。压性块模体由两块拉性块模体组合而成，总长15m，模体重8.75t。模体结构形式见图2。

共制作压性块模体2套，拉性块模体1套。后期将1套压性块模体解体为两套拉性块模体。

### 5.3　溜槽

由于混凝土斜坡输送距离较长，所以在溜槽设计时，适当加大了溜槽的深度，这样可以在一定程度上起到增加摩阻力、控制溜料速度、防止骨料分离的作用。溜槽用2.5mm厚钢板卷制而成，圆弧半径300mm，槽深459mm，每节长2m、重67.24kg。压性块滑模施工布置2套溜槽，拉性块布置1套溜槽，溜槽首端设置封闭的受料斗，溜槽尾端设置布料机。

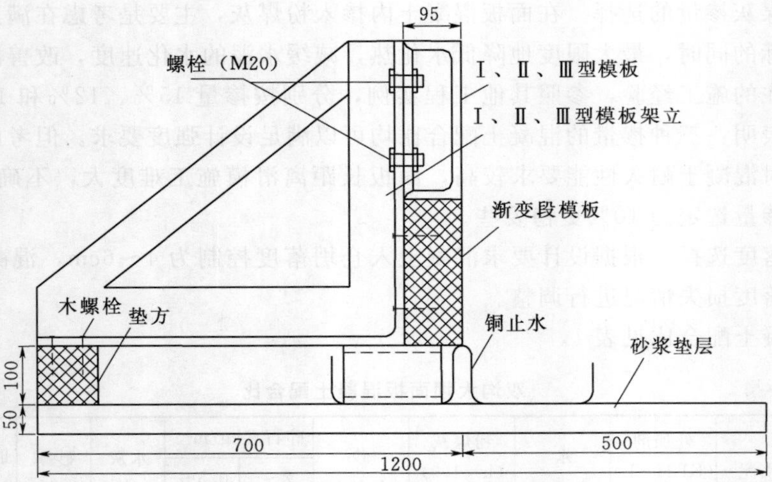


说明：1. 图中尺寸以 mm 计。
2. 本图为面板滑模施工侧模结构图。

图 1　侧模结构图

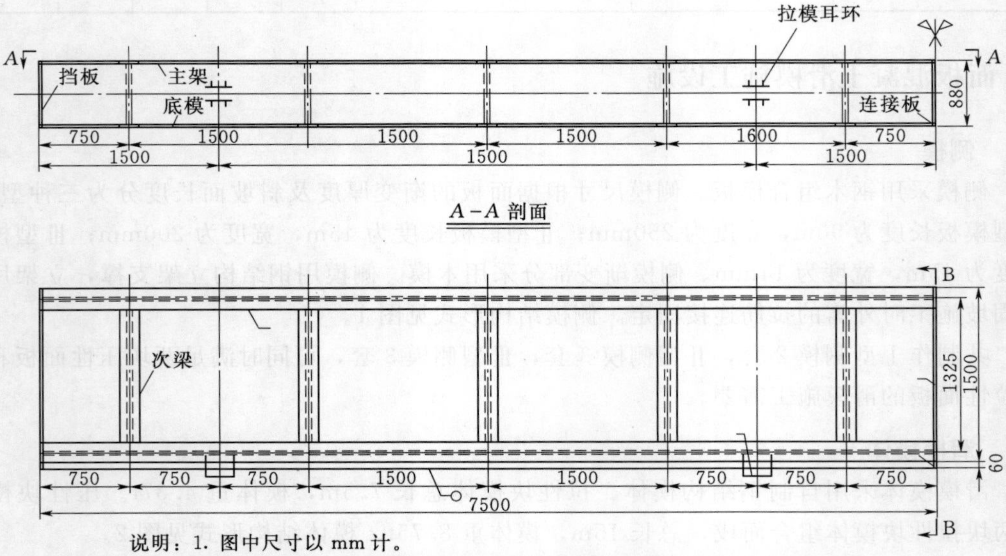


说明：1. 图中尺寸以 mm 计。
2. 本图为拉性块滑模模体结构图，压性块模体由两拉性块模体组合而成。

图 2　滑模模体结构图

## 5.4　运输台车

长距离的滑模施工作业，钢筋、模板、板间缝砂浆、工器具等都要通过上游坝坡面运输，劳动强度高，作业难度大，不安全因素多。双沟大坝滑模施工制作了形式多样、轻便快捷的台车十余套，为长距离滑模作业的顺利进行提供了保障。

# 6 面板混凝土滑模施工控制要点

## 6.1 混凝土和易性控制

面板混凝土长距离滑模施工时，混凝土在水平运输、溜槽输送、平仓浇筑等各个环节，都要求有良好的和易性。所以要在施工过程中不断优化设计配合比，保证混凝土的拌和质量。在满足设计强度及耐久性指标的同时，尽量添加掺和料，最大限度地改善混凝土和易性，以便于各个施工工序的操作，切实保证面板混凝土的施工质量。

## 6.2 混凝土坍落度控制

严格控制混凝土坍落度，是保证混凝土浇筑质量的关键环节。双沟混凝土拌和系统本着就近的原则，布置在左岸上坝路路口处，距坝顶的平均运距约为500m，可大大减少混凝土运输过程中的坍落度损失。同时在施工现场还采取了用厚10mm的EP板对溜槽覆盖遮阳，在滑模体前沿设置塑料顶棚对仓面遮阳等措施。根据施工过程中的检测数据：正常施工时，混凝土出机坍落度5～7cm，混凝土采用小型自卸汽车运至坝顶直接卸料至溜槽受料斗，经溜槽溜至仓面后再经人工平仓浇筑，坍落度损失约为1～1.5cm。高温施工时段，混凝土出机坍落度6～8cm，出机至入仓坍落度损失约为1.5～1.8cm。混凝土入仓坍落度可以基本控制在4～6cm，能够满足设计及施工要求。

## 6.3 钢筋施工质量控制

双沟面板混凝土钢筋设计总量1700t，混凝土含筋量达到100kg/m$^3$。钢筋施工时，架立钢筋无需钉入坡面，可充分利用翻模固坡施工时外露的拉筋焊接固定。在溜槽安装位置的下部要专门设置架立钢筋，禁止将溜槽直接固定在钢筋网上。面板滑模施工过程中，随着模体滑升，逐步沿坡面切断架立钢筋，以减少连接筋对混凝土变形的约束。架立筋切割略超前于滑模模体，一般控制在模体前沿2m范围以内，否则由于混凝土的浮托作用会导致钢筋网上浮，影响施工质量。

## 6.4 溜槽内混凝土溜料速度的控制

采用溜槽长距离输送混凝土，如果滑溜速度过快，势必造成骨料分离，甚至会冲击模体。在中途采取阻料措施达不到预期效果。控制溜料速度要在控制坍落度的同时，控制溜槽受料斗的出料速度，而控制出料速度应以控制出料口尺寸为主。受料斗处要设专人看护，人工配合送料至出料口。出料口阻滞时，及时进行疏通。

## 6.5 混凝土浇筑温度控制

双沟坝址处昼夜温差大，夜间温度较低。通过对面板混凝土的施工温度检测，5月中旬至6月末和8月中旬至9月末两个施工时段的混凝土施工温度基本一致，检测到的最高温度为：水温14.5℃；粗细骨料温度13.5℃；混凝土出机温度16℃；混凝土入仓温度15℃。7月至8月中旬为高温时段，检测到的最高温度为：水温17℃；粗细骨料温度18.5℃；混凝土出机温度19℃；混凝土入仓温度20℃。根据检测数据统计分析，面板混凝土浇筑温度基本可以控制在18℃以内。施工时混凝土拌和用水直接抽取河水，对成品骨料仓采用加大堆料高度的措施，取料时在表层适当洒水降温。在仓面作业过程中，采取了用厚 10mm 的 EP 板覆盖溜槽，在滑模体上设置塑料顶棚遮阳，浇筑间歇期间用苫布覆盖仓面等措施，也起到了降低混凝土浇筑温度的作用。

### 6.6 混凝土养护

由于长块面板滑模一般需要施工 5～7d，为此，加强面板混凝土初期养护极为重要。首先，在面板混凝土滑模施工时，在模体后部拖挂 5～8m 长的塑料薄膜，防止面板混凝土出模后表面水分过分蒸发损失。随着模体的滑升，对初凝后的混凝土表面，及时用养护毯覆盖，临时布置可移动水管洒水养护。整块面板施工结束后，在面板顶部及中部设置两道固定水管洒水养护。洒水量应使养护毯表面养生水经常处于流动状态。由于养生水直接从河道抽取，水温相对较低，所以流动水对混凝土可以起到降温作用。双沟面板混凝土施工结束后，当年未蓄水，所以面板混凝土养护根据自然界温度情况于 2008 年 10 月 20 日（冰冻前）结束，面板混凝土最短养护期为 33d，最长养护期达到 138d。

## 7 施工进度分析

面板混凝土施工于 2008 年 4 月中旬开始进行施工准备，5 月 26 日正式开始施工，至 2008 年 9 月 17 日全部施工结束，历时 114d。共制作了 3 套滑模模体，完成面板滑模面积 36850m$^2$，平均每套模体每月滑升约 3875m$^2$，低于国内每套模体每月滑升 5000m$^2$ 的平均水平。对于斜长 180.56m 的单块面板，滑升时间最长为 7d，最短为 5.5d，平均滑升速度为（1.3～1.5)m/h。

根据进度分析，面板混凝土长距离滑模由于施工难度大，施工影响因素较多，给施工进度带来一定影响。与以往滑模施工作业相比，生产效率会折减 10%～15%。

## 8 面板混凝土裂缝检查及处理

面板施工结束后，于 2008 年 9 月末进行了面板裂缝检查，测得面板裂缝共计 70 条，全部为水平裂缝。其中：527.00m 高程（辅助防渗体填筑顶高程）以下部位测得裂缝 33 条，裂缝宽度不小于 0.15mm 的裂缝 5 条（其中不小于 0.2mm 的裂缝 3 条），最大裂缝宽度 0.45mm；527.00m 高程以上部位测得裂缝 37 条，裂缝宽度不小于 0.15mm 的裂缝 8 条（其中不小于 0.2mm 的裂缝 4 条），最大裂缝宽度 0.25mm。2008 年 10 月初根据设计要求对 527.00m 高程以下部位宽度不小于 0.15mm 的裂缝进行了处理，并于年底前完成了辅助防渗体填筑。

经过 2008—2009 年的冬季，2009 年 5 月对 527.00m 高程以上未进行越冬防护保温的面板再次进行裂缝检查，与 2008 年入冬前裂缝检查数据对应比较，裂缝宽度未见明显变化，但裂缝数量增加了 27 条。裂缝数量增加的原因分析如下：

（1）单块面板混凝土长度较长（最长达 180.56m），面板混凝土收缩变形较大，在基础约束作用下，易产生裂缝。

（2）坝址区昼夜温差大，夜间温度较低，导致混凝土表面温度变化明显，混凝土内外温差较大，易产生裂缝。

（3）面板混凝土所用水泥为甲供材料，水泥供应紧张时，出厂后无法进行充分冷却便运至施工现场，其使用温度可达到 40℃以上，导致混凝土浇筑温度增高，且此种温升情况随机性较强，施工现场难于控制。

（4）面板混凝土施工结束后，当年水库未蓄水，面板混凝土养护只能持续到入冬以前，养护时间不够长。

（5）面板越冬未进行防护保温，当气温骤变时，混凝土内外温差较大，易产生裂缝。

## 9 结语

双沟大坝面板混凝土采用一次性滑模施工，对加快大坝的整体施工进度，降低工程成本是有利的，也可以避免因面板分期施工形成的接缝这一薄弱环节。但却加大了施工质量控制及施工作业的难度。双沟大坝面板长距离滑模施工根据施工现场的实际情况所采取的工艺措施，满足了各项设计指标要求，切实保证了面板混凝土的施工质量，为类似工程施工积累了经验。但对于寒冷地区面板混凝土的越冬防护保温问题，还有待进一步探讨研究。

**【作者简介】**

赵宝华（1969—　），男，吉林长春人，高级工程师，从事水利水电工程施工管理工作。

# 成简快速路山区地形大桥涵比公路工程施工总平面布置


邹经纬　赵军峰　孙广义

（中国水利水电第一工程局有限公司，吉林长春，130062）



【摘　要】通过对四川省成（都）简（阳）快速路第三标段山区地形大桥涵比公路工程施工总平面布置的论述，总结其总平面布置的经验和不足，为今后同类工程提供借鉴。



【关键词】山区地形　大桥　施工　平面布置


## 1　工程概况

成（都）简（阳）快速路（成都段）工程第三标段，起讫桩号为 K7＋000～K12＋050，主线全长共 5.05km，道路等级一级。本标段路基全长 2.1km，采用双向四车道设计，整体式路基全宽 24.5m；共有桥涵构造物 13 座，其中中桥 1 座，大桥 7 座，钢筋混凝土盖板涵 5 座，桥梁面积为 61896$m^2$，桥涵占标段总长的 59%。成简快速路第三标段桥梁情况见表 1。桥梁全部为双柱式墩、桩基础，上部为装配式预应力混凝土箱梁，孔跨以 20m、25m、30m 为主，桥台采用重力式及桩柱式、挡土式和肋板式等轻型桥台。

表 1　　成简快速路第三标段桥梁概况表

| 序号 | 名　称 | 桥长/m | 桥址处地形情况 |
|---|---|---|---|
| 1 | 红花村中桥 | 85 | 本桥跨越一山区季节性沟，地形起伏大，沟的百年设计流量 $Q=4.86m^3/s$ |
| 2 | 夏家沟 1 号大桥 | 645 | 本桥跨越一山区季节性沟，地形起伏大，沟的百年设计流量 $Q=7.09m^3/s$ |
| 3 | 夏家沟 2 号大桥 | 366 | 本桥跨越一山区季节性沟，地形起伏大，沟的百年设计流量 $Q=13.19m^3/s$ |
| 4 | 夏家沟 3 号大桥 | 466 | 本桥跨越一山区季节性沟（夏家沟河），地形起伏大，沟的百年设计流量 $Q=121.57m^3/s$ |
| 5 | 夏家沟 4 号大桥 | 404 | 本桥跨越一山区季节性沟，地形起伏大，沟的百年设计流量 $Q=3.44m^3/s$ |
| 6 | 双林村大桥 | 585 | 本桥跨越一 U 形和山区季节性沟，地形起伏大，沟的百年设计流量 $Q=145.09m^3/s$，于 K10＋257.6 处跨一宽 3m 的乡村公路，交角 94° |

续表

| 序号 | 名称 | 桥长/m | 桥址处地形情况 |
| --- | --- | --- | --- |
| 7 | 曾家大桥 | 176 | 本桥跨越一U形和山区季节性沟，地形起伏大，沟的百年设计流量 $Q=158.35m^3/s$，于K11+078处跨一宽3m的乡村公路，交角110° |
| 8 | 汤家河大桥 | 336 | 本桥跨越一U形和山区季节性沟，宽约8m，深2m，沟的百年设计流量 $Q=364.31m^3/s$，于K11+946.2处跨318国道，交角104° |

路线通过处两侧斜坡陡倾，横向V形沟谷发育，地形起伏较大，属剥蚀低山及河谷地貌，海拔490～660m。夏家沟沟谷深切，两岸横向支沟发育，局部由于差异风化形成陡崖。

路线所在区域属亚热带湿温季风气候，春早夏热，秋多绵雨日照少，冬无严寒时间长且多雾、霜雪少，四季分明，雨量充沛、气候温和。多年平均气温25.8℃，年平均降水量887.8mm，主要集中在5—9月。路线跨越多处山区季节性沟，所跨河流为夏家沟河和汤家河。沿线沟谷水量受大气降水及地下水补给，水量较小。

砂石骨料分布于简阳养马河一带，质量达标，储量丰富，建有砂石骨料场，可供工程使用。本标段挖方大于填方，路基填料不需外运。施工区域内跨两条河流，可供施工用水，地方输电线路临近施工区域，可接入施工电力。本标段路线于汤家河处与G318国道交叉，沿线有泥质路面乡村路与G318国道连接。

## 2 与施工总平面布置相关的工程特点

针对工程施工总平面布置的要求，将与施工平面布置相关的工程特点总结如下：

（1）工程处于山区地形，高差大、起伏大，沿线区域狭长，平阔场地少。

（2）工程所在地地表多为黏性土覆盖，年降水量较大，场内施工道路易受降水影响。

（3）标段内桥涵比较大，需多点建设钢筋、混凝土加工供应站。

（4）八座桥梁全部采用装配式预应力混凝土箱梁，箱梁工程量大，需建较大规模的预制梁场。

（5）路基挖方工程量大于填方工程量，弃土量大且路分段分散，沿线可选为大方量弃土的渣场选址较难。

## 3 施工总平面布置的原则

综合考虑工程特点，结合同类路桥施工中总平面布置的经验，拟定成简快速路第三标段山区地形施工总平面布置原则如下：

（1）遵循系统工程理念，科学规划布局。

（2）在保证施工进度的前提下，充分利用原有地形、地物，因地制宜，尽量于征地红线内布局，减少临时用地，降低施工成本。

（3）充分考虑气象水文等自然条件，保护现场及自然生态环境。

（4）场区规划必须合理，应以生产流程为依据，有利于生产的连续性。

（5）场内外交通运输线路布置避免多余运距，避免二次倒运。

（6）所有设施布局需满足施工进度和工艺流程、满足施工组织需要。

（7）符合安全生产和文明施工要求。

## 4 施工场区规划

全线划分为三个生产工区，内含两个箱梁预制厂，四个混凝土拌和站和钢筋加工厂。工区划分见表2。

表2　　　　生产工区划分情况表

| 序号 | 工区 | 工　区　范　围 | 内设场（厂）站 | 备注 |
| --- | --- | --- | --- | --- |
| 1 | 一工区 | 三标段起点至夏家沟4号大桥桥头。施工对象：红花村中桥、夏家沟1～3号大桥、ZK7＋461涵洞、区间内路基及相关附属工程 | 箱梁预制场一处、混凝土拌和站和钢筋加工厂各两处 | |
| 2 | 二工区 | 夏家沟4号大桥桥头至曾家大桥桥头。施工对象：夏家沟4号大桥、双林村大桥、K10＋513涵洞、K10＋640涵洞、K10＋880涵洞、区间内路基及相关附属工程 | 混凝土拌和站和钢筋加工厂各一处 | |
| 3 | 三工区 | 曾家大桥桥头至三标段终点。施工对象：曾家大桥、汤家河大桥，K11＋560涵洞、区间内路基及相关附属工程 | 箱梁预制厂一处、混凝土拌和站和钢筋加工厂各一处 | |

### 4.1 箱梁预制场布置

成简快速路第三标段各桥箱梁统计情况见表3。

表3　　　　成简快速路第三标段各桥箱梁统计表

| 箱梁<br>桥梁 | 20m/片 | 25m/片 | 30m/片 | 合计 |
| --- | --- | --- | --- | --- |
| 红花村中桥 | 28 | | | 28 |
| 夏家沟1号大桥 | 140 | 64 | | 204 |
| 夏家沟2号大桥 | 48 | 64 | | 112 |
| 夏家沟3号大桥 | 96 | | 48 | 144 |
| 夏家沟4号大桥 | | 120 | | 120 |
| 双林村大桥 | | 72 | 88 | 160 |
| 曾家大桥 | | 16 | 32 | 48 |
| 汤家河大桥 | | | 88 | 88 |
| 合计 | 312 | 336 | 256 | 904 |

由于山区地形起伏大，狭长不开阔，同时考虑箱梁运输等环节，设置箱梁预制场两处，分别编号为1号、2号梁场。

（1）1号梁场。布置于YK7＋250～K7＋550段路基上，占地6600$m^2$，其中K7＋350～K7＋550段为产梁区，占地4400$m^2$；YK7＋250～K7＋350段为存梁区，占地2200$m^2$。

1号梁场负责红花村中桥、夏家沟1～3号大桥的箱梁生产，产量总数为488片，其中20m箱梁312片；25m箱梁128片；30m箱梁48片。产梁区布置7排台座，每排平行排列台座4个，自大桩号起20m台座4排；25m台座2排；30m台座1排。

梁场靠近路堑边坡侧，于路堤侧预留 3m 宽路基作为梁场施工便道。

(2) 2 号梁场。布置于 K11＋250～K11＋680 段路基上，占地面积 9460m$^2$，其中 K11＋420～K11＋680 段为产梁区，占地面积 5720m$^2$；K11＋250～K11＋420 段为存梁区，占地面积 3740m$^2$。

2 号梁场负责夏家沟 4 号大桥、双林村大桥、曾家大桥和汤家河大桥的箱梁生产，产量总数为 416 片，其中 25m 箱梁 208 片；30m 箱梁 208 片。产梁区布置 8 排台座，每排平行排列台座 4 个，自大桩号起 30m 台座 4 排；25m 台座 4 排。

梁场靠近路堤边坡侧，于路堑侧预留 2.5m 宽路基作为梁场施工便道。

### 4.2 混凝土拌和站及料仓布置

考虑交通、用水、场地及混凝土供应条件，全线设混凝土拌和站及相应料仓 4 处，顺序编号为 1～4 号拌和站，各拌和站供料对象见表 4。

表 4　　成简快速路第三标段混凝土拌和站布置表

| 序号 | 拌和站 | 供料对象 | 拌和站型号 | 备注 |
|---|---|---|---|---|
| 1 | 1 号拌和站 | 1 号梁场、夏家沟 1 号大桥、ZK7＋461 涵洞、区间内相关附属混凝土工程 | 川路广 JI1000 | |
| 2 | 2 号拌和站 | 夏家沟 2 号、3 号大桥、区间内相关附属混凝土工程 | 川建工 JS500 | |
| 3 | 3 号拌和站 | 夏家沟 4 号大桥、双林村大桥、K10＋513 涵洞、K10＋640 涵洞、K10＋880 涵洞、区间内相关附属混凝土工程 | 川路广 JI1000 | |
| 4 | 4 号拌和站 | 2 号梁场、曾家大桥、汤家河大桥、区间内相关附属混凝土工程 | | |

(1) 1 号拌和站。布置于夏家沟 1 号大桥 K8＋000 左侧山体下夏家沟河右岸，1 号弃土场平整后形成的场地上。周围布置水泥仓库 100m$^2$；砂石骨料仓 200m$^2$。按日浇筑混凝土高峰强度 200m$^3$ 设计。

(2) 2 号拌和站。布置于夏家沟 3 号大桥下 K8＋956～K9＋076 段夏家沟河左岸。周围布置水泥仓库 60m$^2$；砂石骨料仓 150m$^2$。按日浇筑混凝土高峰强度 150m$^3$ 设计。

(3) 3 号拌和站。布置于双林村大桥下 K10＋173～K10＋233 左侧夏家沟河右岸。周围布置水泥仓库 60m$^2$；砂石骨料仓 120m$^2$。按日浇筑混凝土高峰强度 200m$^3$ 设计。

(4) 4 号拌和站。挖除 K11＋500～K11＋650 左侧路低堑山体形成场地，拌和站布置于 K11＋520 处。周围布置水泥仓库 100m$^2$；砂石骨料仓 200m$^2$。按日浇筑混凝土高峰强度 200m$^3$ 设计。

### 4.3 钢筋加工厂

钢筋加工厂 4 处，编号及供料对象与混凝土拌和站相同，2 号、4 号钢筋加工厂与拌和站相邻，面积分别为 80m$^2$ 和 200m$^2$。1 号钢筋加工厂布置于 ZK7＋245～ZK7＋280 路基左侧，占地面积 260m$^2$。3 号钢筋加工场布置于双林村大桥 K9＋993 左侧山体下平台处，占地面积 100m$^2$。

## 5 弃土场

本标段挖方大于填方，沿线两侧多横向沟谷，在弃土场的选址上，综合考虑了工程弃土需要、施工交通的布置、地质安全、弃土场占地及与地方的协调关系等。本标段设置弃土场4处，分别为1号拌和站弃土场、K8＋300弃土场、K9＋630弃土场、K10＋700弃土场。

（1）1号拌和站弃土场。布置于K8＋000路线左侧，于夏家沟河道内埋设双排直径2.0m涵管，M7.5浆砌片石对河道和弃土场形成防护。该弃土场的设置主要功能为承担本标段起点至夏家沟1号大桥桥尾段的施工弃土、弃土场形成后平整连接夏家沟河左岸乡村公路与场内施工路连接、设置拌和站和现场生产生活区，占地面积17333.3m²。

（2）K8＋300弃土场。布置于夏家沟2号大桥桥头右侧、横向山体冲沟左侧缓坡，承担夏家沟1号大桥桥尾至夏家沟3号大桥桥尾间施工弃土，占地面积15330m²。

（3）K9＋630弃土场。布置于K9＋630主线左侧山体缓坡处，承担夏家沟3号大桥桥尾至双林村大桥桥尾施工弃土，占地面积15571.5m²。

（4）K10＋700弃土场。布置于K10＋700主线左侧缓坡处，承担双林村桥尾至标段终点间施工弃土，占地面积12142m²。

## 6 施工交通布置

标段外部交通条件较为便利，于汤家河大桥处与G318国道交叉，沿线经过当地茶店镇、贾家镇、山泉镇所属村落，与当地3m宽泥结石村路交叉并行，场外交通系统基本完善。

场内交通以施工过程中所形成的路基和沿各桥中心线形成便道与场外交通交叉连通，便道形成基本在征地红线范围内，因地形情况和施工要求合理布置。具体布置如下：

汤家河桥下左侧原有村路硬化，直接连通2号梁厂施工便道；K11＋078处沿曾家大桥中心线布置施工便道与村路交叉连通；K10＋257.6处沿双林村大桥中心线布置施工便道与村路交叉连通，两侧延伸；沿夏家沟4号大桥中心线布置施工便道，于K9＋450处与村路连接；夏家沟2号、3号大桥下布置施工便道通过两桥间路基连通，于K9＋105处与村路连通；1号弃土场连通村路至夏家沟河右岸工区，于夏家沟1号大桥左侧分别连通桥下施工便道和1号梁厂施工便道。整个施工交通体系形成。

## 7 施工用电

沿线设置三处变压供电站，分别位于1号梁厂、双林村大桥、2号梁厂，变压器功率均为500kW，辐射全线。为提高施工供电质量，使功率因子不小于0.9，在每个变压器低压侧配置并联补偿装置。变压器均配置跌落式熔断器，以防短路损坏设备。

## 8 结语

成简快速路第三标段的山区地形施工总平面布置经过施工检验，是合理可行的。但山区地形的复杂性和大桥涵比施工之间的矛盾不可能完全消除，值得工程人员在今后的施工中展开研究。总结如下：

（1）箱梁预制场占地面积大，交通条件要求高，但山区地形中很难提供大面积的平缓场地，故梁场选择布置于主线路基上，满足了箱梁生产，但其缺点是梁场建设受路基施工进度节制，箱梁生产运输的大部分过程在占用主线工作面，交叉施工影响大。

（2）因当地表层地质特点多为黏性土，且降雨量较大，交通线路未在进场之初采取硬化措施，或硬化程度不够，路面易破坏，在一定程度上增加了交通线路的维护成本并对施工进度产生了一定程度的影响。

（3）山区地形狭长起伏，各场（站）因地制宜，布局紧凑，施工布置上是成功的。

（4）弃土场尽量选择沿线附近的缓坡、影响小、分布及功能设置合理，交通运输便利。

（5）施工用电的变配电布局合理，辐射全线，供电量满足施工要求。

**【作者简介】**

邹经纬（1983—　），男，工程师，中国水利水电第一工程局有限公司技术管理工作。

# 经验交流

# 苗尾水电站高土石围堰设计

王永明　任金明　魏　芳

（中国电建集团华东勘测设计研究院，浙江杭州，311122）

【摘　要】 苗尾水电站大坝上游土工膜心墙土石围堰高达65m，为保证该高土石围堰的结构安全，对围堰布置、围堰结构形式、堰体防渗及堰基防渗体系进行了细致的设计与论证。设计过程中进行了非线性有限元分析，获取了堰体及防渗墙力学性态、渗流性态，揭示了施工期及正常蓄水条件下围堰的力学演化过程，为围堰设计提供了理论支撑，在此基础上论述了围堰设计及相关施工情况。

【关键词】 苗尾　土工膜　高土石围堰　力学特性　渗流　有限元　设计

## 1　工程概况

苗尾水电站[1,2]位于云南省大理白族自治州云龙县旧州镇境内的澜沧江河段上，是澜沧江上游河段一库七级开发方案中的最下游一级电站，电站开发任务以发电为主，电站正常蓄水位1408.00m，相应库容6.60亿$m^3$；电站总装机容量1400MW，多年平均发电量65.56亿kW·h，保证出力424.2MW。枢纽建筑物主要由砾质土心墙堆石坝、溢洪道、冲沙兼放空洞、引水系统、发电厂房等组成。大坝、厂房施工导流采用全年断流围堰、隧洞过流的导流方式。大坝上、下游围堰和导流隧洞为3级临时建筑物。

## 2　工程条件

苗尾水电站坝址区属中高山深切河谷地貌，山脉总体呈北北西走向，澜沧江由北向南流经坝址后，急转为东西向，再转为近南北向流向下游，平面形态呈横S形展布。坝址处河谷为不对称的U形谷，河床高程1300.00～1290.00m。上游围堰位于坝轴线上游约450m处，河床覆盖层为冲积砂卵石，厚度5～15m，属强透水性；基岩为弱风化的砂板岩，岩层陡立，弱风化上段岩体透水率大于30Lu。

## 3　围堰设计

### 3.1　堰体型式选择

上游围堰最大堰高65m，堰体填筑、基础防渗工程量大，施工工期紧。对于堰体结构形式，拟定了复合土工膜斜墙、复合土工膜心墙、砾石土斜墙、砾石土心墙四个方案进行比选。采用砾质土料作为防渗材料，对当地生态环境及水土保持不利，砾质土料填筑受气象条件的影响较大，对确保围堰的填筑强度及施工进度不利。采用复合土工膜作为防渗材料，具有造价低、环境影响小、施工不受天气影响等优点，采用复合土工膜作为防渗材料。同时，心墙方案防渗体系较短，防渗保证性相对较高，选定土工膜心墙方案具有较大的优势。

## 3.2 上游围堰平面布置

根据地形地质条件、枢纽建筑物布置，上游围堰轴线可在坝轴线上游200～450m范围内选择，衍生出上游围堰独立布置方案及上游围堰与坝体结合方案。

上游围堰独立布置方案能确保弃渣与坝体结合部位填筑质量，可减少坝前弃渣场防护投资，有利于堆石料存料场的布置，且在可比投资方面有较大的优势，故推荐采用围堰独立布置方案，即上游围堰独立布置于坝轴线上游约450m处。

## 3.3 围堰断面设计

### 3.3.1 堰顶高程及防渗体顶高程确定

参照《水电工程施工组织设计规范》，上游围堰堰顶高程：设计洪水的静水位（1357.99m）＋波浪高度（1.10m）＋安全超高（0.70m）＝1359.79m，考虑竣工后的沉降超高，取1360.00m；上游围堰防渗体顶高程：设计洪水的静水位（1357.99m）＋安全超高（0.60m）＝1358.59m，考虑竣工后的沉降超高，取1359.50m。参照堰体有限元位移计算成果见图1。

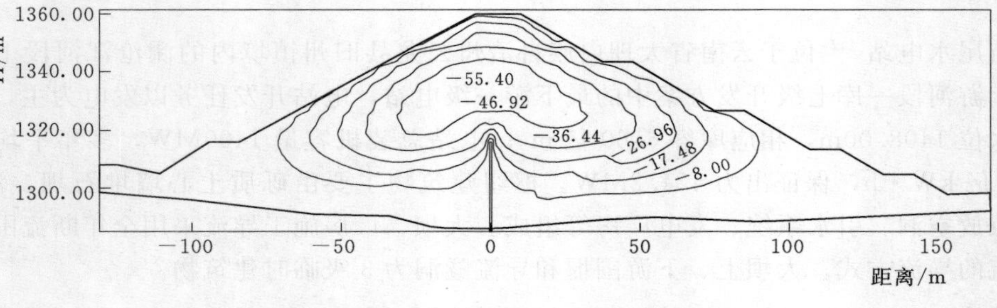


图1 上游围堰蓄水期堰体垂直位移等值线图（单位：cm）

### 3.3.2 堰顶宽度确定

参照《水电水利工程围堰设计导则》，考虑到本工程上游围堰施工强度较大、使用时段较长，为了维系上游左右岸交通（上游临时桥在2013年汛前拆除），且有利于围堰加高（超标准洪水预案），上游围堰的堰顶宽度取值为15.0m。

### 3.3.3 堰坡坡度拟定

围堰边坡坡度应根据边坡稳定计算成果并参考类似工程确定，初拟上游围堰上游坡1∶1.8～1∶1.5，下游坡面布置下基坑道路，综合坡度按1∶1.8控制，布置道路后边坡坡度1∶1.65。

参考《碾压式土石坝设计规范》对上游围堰施工期（包括竣工时）、稳定渗流期、水库水位降落期和正常运用遇地震四种工况进行抗滑稳定计算，各工况下的最危险滑弧的安全系数均大于规范要求，堰坡是稳定和安全的。边坡稳定计算安全系数及滑弧分布见图2。

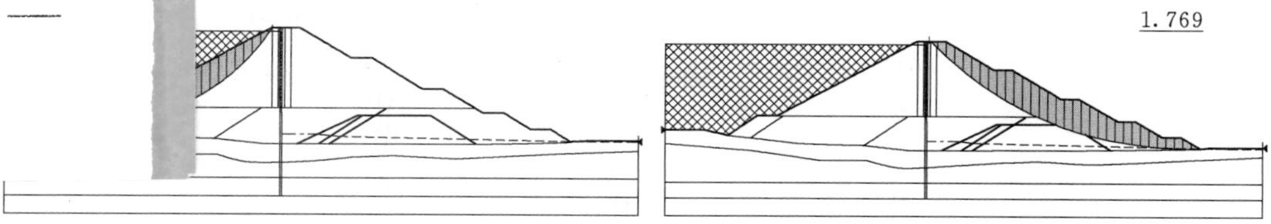


图 2　稳定渗流期上游围堰迎水坡整体滑裂面

**3.3.4**　围堰防渗设计

根据类似工程使用情况，防渗土工膜采用复合土工膜（两布一膜），规格为350g/0.8mmHDPE/350g。参照《水电工程施工组织设计规范》：“围堰堰体采用土工膜防渗时，考虑材质不均匀性、施工期的强度损失、黏结缝强度的老化等因素，综合强度安全系数为5.0。”。本次设计采用顾淦臣薄膜理论公式对土工膜的拉力进行计算：抗拉强度安全系数为17.4，满足规范要求。土工膜除与堰肩及防渗墙接头处及地形突变处设置伸缩节外，围堰轴线方向每隔50.0m需设置一道伸缩节以适应变形，局部适当加密。

**3.3.5**　基础防渗设计

（1）防渗形式的选择。根据围堰堰基处的地质条件，混凝土防渗墙施工速度较慢，但防渗效果较好，国内有比较成熟的施工经验，适用于各种地质条件。本工程堰基处卵砾石含量高，同时考虑上游围堰挡水水头高，推荐采用混凝土防渗墙。为减少围堰的渗水量，确保渗透稳定，对围堰岸坡进行帷幕灌浆处理，并设置墙下幕。

（2）混凝土防渗墙设计。

参考类似工程经验，为便于施工，上、下游围堰混凝土防渗墙厚度统一确定为0.8m，混凝土设计指标为：抗渗等级≥W8，28d抗压强度 $R_{28}\geqslant 20$MPa，渗透系数 $K\leqslant 1\times 10^{-7}$ cm/s，28d破坏渗透比降 $J\geqslant 200$，同时要求墙体嵌入基岩1.0m。

围堰防渗墙有限元[6]位移及应力计算成果见图3及图4。

在以上分析结果中，在围堰挡水水位1357.99m高程时，混凝土防渗墙底部一个单元的大主应力较大，其数值超过了C20混凝土的轴心抗压强度，但混凝土防渗墙实际处于三维受压应力状态，其三向应力强度应大于轴心抗压强度，防渗墙不会形成贯穿防渗墙的连续裂缝。不影响防渗墙整体防渗效果，本工程大坝上游围堰混凝土防渗墙采用C20标号是较为合适且安全的。

（3）帷幕灌浆设计。

本工程相对不透水层埋深较深，帷幕灌浆工程量较大，考虑到围堰为临时工程，施工工期紧，遭遇设计标准洪水的概率较低，且一定量的渗水可采用抽排水措施解决。为降低工程投资，同时考虑不同部位的重要性，上游围堰帷幕灌浆设计标准为：防渗墙墙下幕＋右岸堰肩＋左岸堰肩盖板1338.00m高程以下范围设计标准为10Lu；左岸堰头（1360.00m高程）设计标准为30Lu；左岸堰肩盖板高程1338.00～1360.00m范围帷幕灌浆深度渐变过渡，并保证不低于相应堰高的2/3。

上游围堰右岸岩体倾倒变形发育，透水性强；河床及左岸倾倒变形不发育，透水性相对较弱。根据围堰处地质条件、帷幕灌浆试验成果，并考虑堰肩及堰基的不同的防渗标准

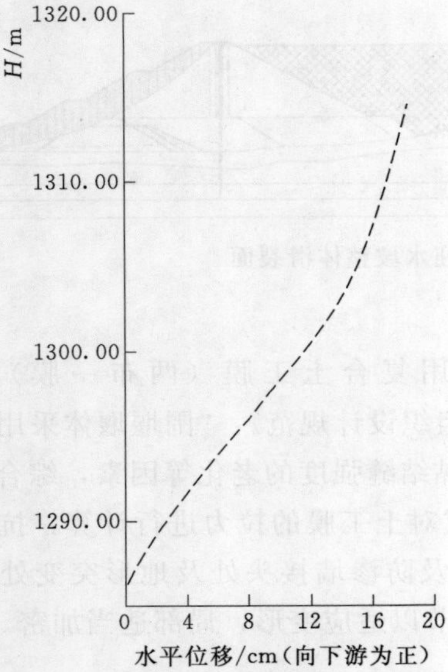


图 3　满蓄期防渗墙变形情况

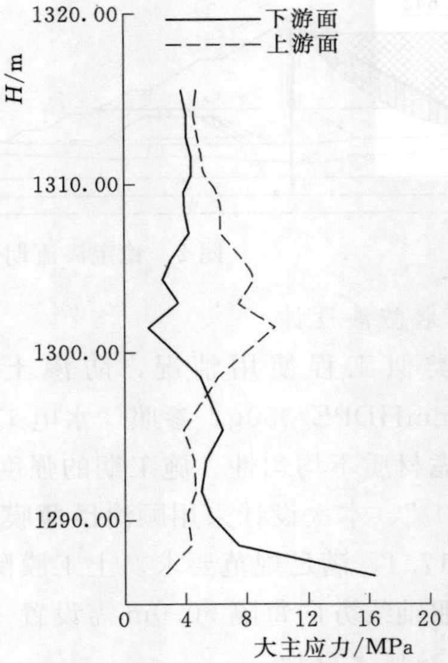


图 4　满蓄期防渗墙大主应力

要求，上游围堰堰肩采用双排帷幕灌浆，排距 1.0m，孔距 2.0m；防渗墙下采用单排帷幕灌浆，孔距 1.5m。围堰三维渗流有限元计算水头等势线分布见图 5 及图 6，设计状况下总渗流量为 16539.7$m^3$/d。

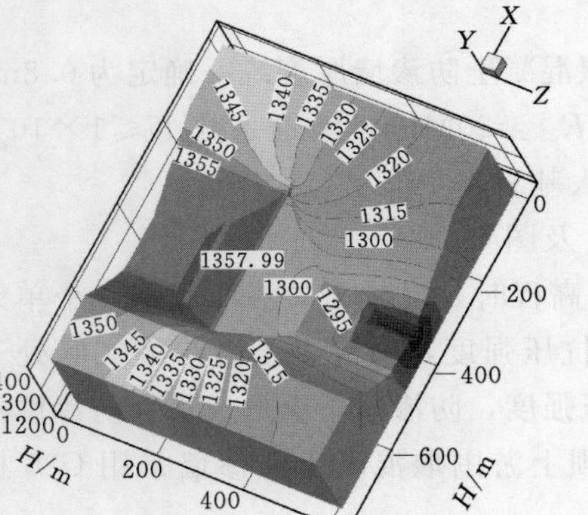


图 5　围堰及基坑区域整体

渗流场水头等势线

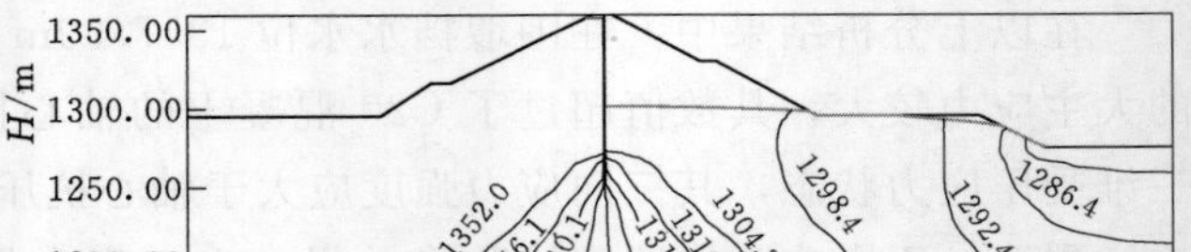

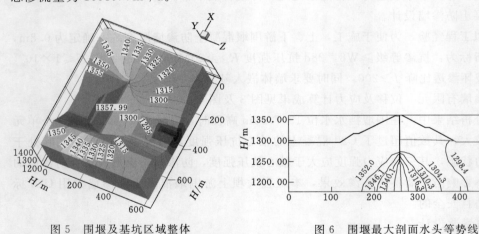

图 6　围堰最大剖面水头等势线

## 4　围堰施工简况

苗尾水电站大坝上、下游围堰于 2012 年 11 月 27 日截流开工，其中，上游围堰填筑总量 110.91 万 $m^3$，施工高峰期集中在 2013 年 3 月中旬至 5 月底，高峰月平均填筑强度 33.43 万 $m^3$；混凝土防渗墙总量 0.64 万 $m^2$，施工主要集中在 2012 年 11 月至 2013 年 1 月底，月平均施工强度 0.256 万 $m^2$；基岩帷幕灌浆钻孔总量 8860m，施工主要集中在 2013 年 2 月初至 3 月中旬，月平均施工强度 5906m。围堰施工照片见图 7，围堰完工后的照片见图 8。

图 7　土工膜心墙施工

图 8　围堰完工后全貌

## 5　围堰设计小结

上游围堰堰顶高程 1360.00m，最大堰高 65.00m，堰顶宽 15.0m，堰顶轴线长 338.57m。上游边坡在 1316.00m 高程以上为 1∶1.8，在 1316.00m 高程以下为 1∶1.5，下游边坡坡度 1∶1.65。

混凝土防渗墙施工平台高程为 1316.00m，1316.00m 高程以上堰体采用土工膜心墙防渗，防渗体顶高程 1359.50m，防渗体高度 43.50m。心墙土工膜两侧分别设置 2.0m 厚的垫层及 3.0m 厚的过渡层防护。1316.00m 高程以下堰体及基础采用 C20 混凝土防渗墙防渗，防渗墙厚 0.8m，最大墙深 38.0m，防渗墙下接帷幕灌浆，灌浆深度至 10Lu 线。截流戗堤顶宽 30.0m，戗堤轴线位于围堰轴线下游约 64.0m。上游围堰典型断面详见图 9。

围堰已经完成历史使命，且经历了多个洪水期考验，安全监测结果表明围堰运行安全稳定，围堰单位工程质量等级被评定为优良。

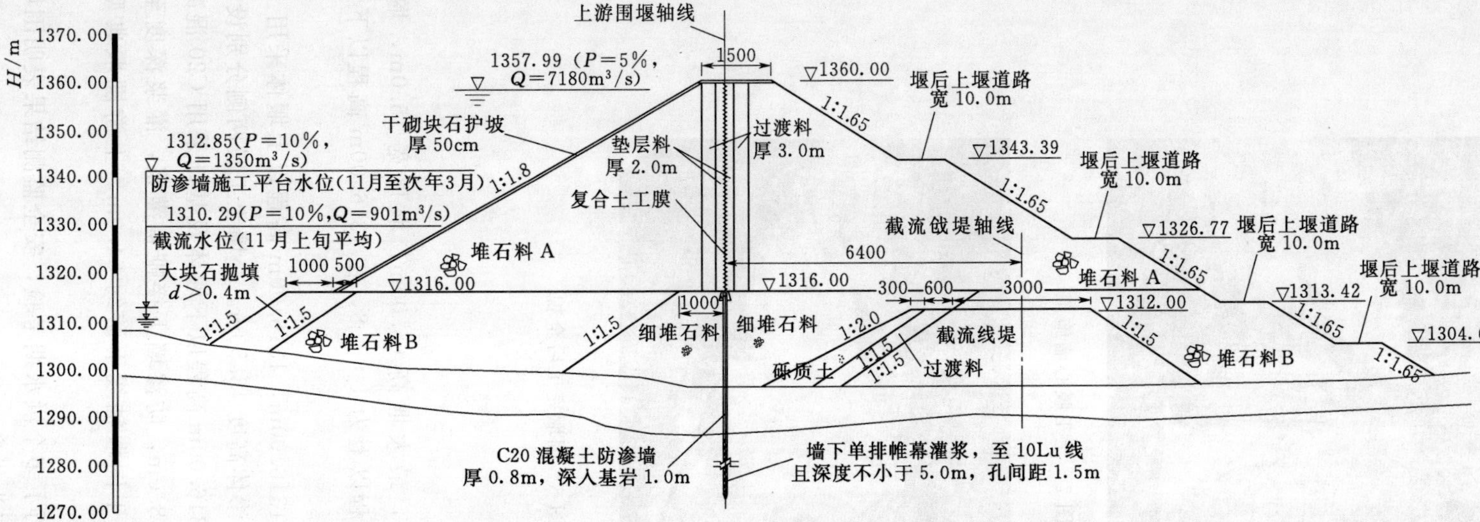


图 9　上游围堰典型剖面图（高程以 m 计，尺寸以 cm 计）

## 参考文献


［1］ 中国水电顾问集团华东勘测设计研究院．云南省澜沧江苗尾水电站可行性研究报告［R］．中国水电顾问集团华东勘测设计研究院，2012，1.

［2］ 中国水电顾问集团华东勘测设计研究院．云南省澜沧江苗尾水电站大坝上、下游围堰设计报告（审定本）［R］．2012.

［3］ 中华人民共和国电力行业标准．水电工程施工组织设计规范（DL/T 5397—2007）［S］．北京：中国电力出版社，2007.

［4］ 国家能源局．水电水利工程围堰设计导则（NB/T 35006—2013）［S］．北京：中国电力出版社，2013.

［5］ 中华人民共和国电力行业标准．碾压式土石坝设计规范（DL/T 5395—2007）［S］．北京：中国电力出版社，2008.

［6］ 钱家欢．土工原理与计算［M］．2版．北京：中国水利水电出版社，1996.


**【作者简介】**


王永明（1983—　），男，2010年于河海大学水工结构工程专业获博士学位，现任高级工程师，主要从事土石坝等水工岩土与环境方面的研究工作。

# 苗尾水电站导流隧洞封堵设计

魏　芳　任金明　钟伟斌　郑　南

（中国电建集团华东勘测设计研究院有限公司，浙江杭州，311122）

**【摘　要】** 苗尾水电站导流隧洞封堵具有封堵水头高、洞室断面大、地质条件差等特点，导流隧洞封堵结构及施工安全具有较大的挑战。本文分析介绍了电站导流隧洞封堵规划及堵头结构设计，可为类似工程提供一定的借鉴和参考。

**【关键词】** 苗尾　导流隧洞　封堵规划　结构设计

## 1　工程概况

苗尾水电站位于云南省大理白族自治州云龙县苗尾乡境内的澜沧江河段上，是澜沧江上游河段一库七级开发方案中的最下游一级电站。电站装机容量1400MW（4×350MW），枢纽建筑物主要由砾质土心墙堆石坝、左岸溢洪道、冲沙兼放空洞、引水系统及地面厂房等组成。

本工程采用全年围堰、隧洞导流的导流方式，导流隧洞共2条，均布置于坝址左岸，1号导流隧洞全长1157.59m，2号导流隧洞全长1052.82m，两条导流隧洞均采用城门洞型断面，净断面尺寸13.00m×15.00m（宽×高），进口高程1302.00m，出口高程1300.00m。导流隧洞平面布置见图1。

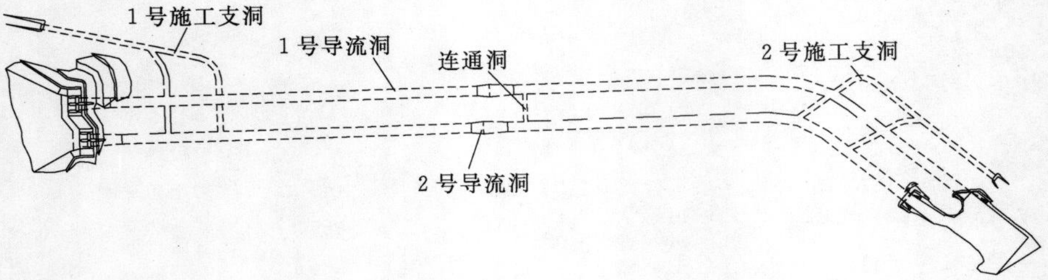


图1　导流隧洞平面布置示意图

导流隧洞洞身初期支护采用锚喷支护为主，永久支护采用混凝土衬砌，衬砌厚1.0～3.0m，洞身衬砌分段长度一般为12.0m，堵头段为15.0m。为提高围岩的受力和防渗性能，导流隧洞进出口段、堵头段及部分Ⅳ、Ⅴ类洞身段进行固结灌浆。为降低外水压力，导流隧洞堵头前部分洞身段边顶拱设置排水孔。

# 2 水文、地质条件

## 2.1 水文气象条件

### 2.1.1 水文条件

苗尾水电站坝址区控制流域面积约 9.39 万 $km^2$，多年平均年径流量 303 亿 $m^3$，多年平均流量 960$m^3/s$。洪水主要由暴雨形成，洪枯流量相差悬殊，6—10 月为汛期，11 月至次年 5 月为枯水期，实测最大洪峰流量为 7100$m^3/s$（1991 年），调查历史最大流量为 9130$m^3/s$（1905 年）。

### 2.1.2 气象条件

坝址区属亚热带季风气候区，多年平均气温 15.6℃，极端最高气温 35.4℃，极端最低温度－6.6℃，多年平均相对湿度 69%，多年平均蒸发量 933.3mm，多年平均风速 1.9m/s，主风向为东南风。坝址区多年平均降水量 870.7mm，实测最大年降水量 1148.6mm，实测最小年降水量 504.6mm。6—10 月为汛期，降水量占全年降水量的 79.5%；11 月至次年 5 月为枯水期，降水量占全年降水量的 20.5%。

## 2.2 导流隧洞基本地质条件

导流隧洞洞身穿回槽子沟，沿线地形起伏，高差约 250m，进口段 1440.00m 高程以下地表坡度 35°～40°，1440.00m 高程以上地表坡度 20°～30°。回槽子沟上游侧坡度 35°～40°，下游侧坡度 25°～30°，回石山梁下游侧地表坡度 45°～50°。沿线覆盖层浅薄，仅明挖段与回槽子沟处覆盖层深厚，约 20m～35m。地层岩性为砂质绢云板岩及变质石英砂岩，强风化岩体厚约 5～30m，以下为弱～微风化岩体。通过导流隧洞主要断层及破碎带有 F122、F109、F125、F124、F139、F135、F151、F127、F126、F156、F153、F155。隧洞沿线围岩条件较差，围岩分类为Ⅲ～Ⅴ类，Ⅲ类围岩洞段约占 50%，剩余洞段均为Ⅳ、Ⅴ类围岩洞段。地下水位埋藏较深，岩体中等～弱透水性。

# 3 导流隧洞下闸封堵规划

导流隧洞作为导流泄水建筑物，其功能为施工期排泄河道来水，保证主体建筑物干地施工条件，导流隧洞下闸封堵规划需满足以下原则：

（1）大坝、溢洪道、引水发电系统、冲沙兼放空洞等主体工程的施工基本完成，导流隧洞完成使命后方可下闸。

（2）导流隧洞开始下闸封堵时间的选择受制于导流隧洞封堵闸门及启闭机容量等现有条件的限制。

（3）导流隧洞下闸时间及程序需满足工程首机发电节点目标及工程施工期向下游供水要求。

（4）下闸封堵期间应确保导流隧洞封堵闸门工作正常、导流隧洞堵头前衬砌结构安全。

（5）为减少安全风险和施工难度，导流隧洞下闸封堵时间应尽可能避免在主汛期。

根据对导流隧洞可下闸封堵时段的分析，同时考虑安全风险和施工难度等因素，提出三个相对合理的导流隧洞下闸封堵方案进行比选分析。

(1) 同时下闸方案——2016 年 11 月初两条隧洞同时下闸封堵，水库开始蓄水。

(2) 错时下闸方案——2016 年 10 月 11 日下闸一条导流隧洞，待该条导流隧洞临时堵头施工完成后，2016 年 11 月 5 日下闸另一条导流隧洞，水库开始蓄水。

(3) 控泄下闸方案——2016 年 10 月 11 日两条导流隧洞同时下闸封堵，水库开始蓄水，蓄至 1362.00m 高程后由冲沙兼放空洞及溢洪道控泄水库水位，待两条导流隧洞临时堵头施工完成后，水库进行进一步蓄水。

针对三个方案，从下闸可靠性、出口封堵围堰施工难度、堵头施工难度及工程安全风险、蓄水保证性等多个方面进行综合比较分析，具体见表 1。

**表 1　各下闸封堵方案综合比较分析表**

| 项目 | 同时下闸方案 | 错时下闸方案 | 控泄下闸方案 |
| --- | --- | --- | --- |
| 下闸可靠性 | 启闭机允许的最大下闸操作水头为 15.4m。设计工况下，2 条导流隧洞下闸操作水头均为 10.56m，下闸可靠性相对较好 | 启闭机允许的最大下闸操作水头为 15.4m。设计工况下，2 号导流隧洞下闸操作水头为 13.2m，1 号导流隧洞下闸操作水头为 15.37m，下闸可靠性相对较差 | 启闭机允许的最大下闸水头为 15.4m。设计工况下，2 条导流隧洞下闸操作水头均为 15.06m，下闸可靠性相对较差 |
| 出口封堵围堰施工难度 | 出口封堵围堰施工期间，冲沙兼放空洞向下游泄流；2 号导流隧洞出口封堵围堰布置在导流隧洞出口，受泄洪影响，施工难度相对较大；1 号导流隧洞出口封堵围堰布置于导流隧洞洞内，不受泄洪影响，施工难度相对较小 | 2 号导流隧洞出口封堵围堰施工期间，1 号导流隧洞向下游泄流，2 号导流隧洞出口仅受回流影响，流速相对较小，施工难度相对较小；1 号导流隧洞出口封堵围堰布置于导流隧洞洞内，不受泄洪影响，施工难度相对较小 | 出口封堵围堰施工期间，冲沙兼放空洞向下游泄流；2 号导流隧洞出口封堵围堰布置在导流隧洞出口，受泄洪影响，施工难度相对较大；1 号导流隧洞出口封堵围堰布置于导流隧洞洞内，不受泄洪影响，施工难度相对较小 |
| 堵头施工难度及工程安全风险 | 两条导流隧洞堵头前衬砌结构均需承受约 96m 的高外水压力，临时堵头均需承受约 106m 的高外水压力。<br>两条导流隧洞均在高水头下封堵，高水头作用下隧洞渗水量较大、堵头前衬砌安全风险较高，堵头施工难度及工程安全风险较高 | 2 号导流隧洞衬砌前结构需承受 19.92m 高的外水压力，1 号导流隧洞堵头前衬砌结构需承受约 96m 高的外水压力；两条导流隧洞临时堵头均需承受约 106m 高的外水压力。针对封堵风险较大的 2 号导流隧洞通过调整水头完成临时堵头施工，大大降低了其施工难度与安全风险。且通过 2 号导流隧洞探明条件、总结经验，对 1 号导流隧洞的顺利封堵提供保证 | 两条导流隧洞衬砌前结构均需承受约 87.07m 高的外水压力，临时堵头均需承受约 106m 高的高外水压力。<br>两条导流隧洞下闸后，通过控泄水库水位一定程度上降低了导流隧洞前期封堵外水水头，堵头施工难度及工程安全风险相对于同时下闸方案略低。<br>方案堵头施工难度及工程安全风险一般 |
| 蓄水保证性 | 按 85% 蓄水保证率，可满足水库蓄水要求及 2016 年底首台机组发电要求 | 按 85% 蓄水保证率，可满足水库蓄水要求及 2016 年底首台机组发电要求 | 按 85% 蓄水保证率，可满足水库蓄水要求及 2016 年底首台机组发电要求 |

分析表明，三个方案均可满足 2016 年年底首台机组发电的节点目标，“同时下闸方案”下闸可靠性较高，但工程安全风险较大，出口封堵围堰施工难度较大；“错时下闸方

案”工程安全风险较小，大幅降低了靠河床侧2号导流隧洞的安全风险，且出口封堵围堰施工难度较小，不足的是2号导流隧洞在后汛期下闸可靠性相对略低；“控泄下闸方案”小幅降低了2条导流隧洞的安全风险，存在下闸可靠性相对较低、出口封堵围堰施工难度较大等缺点。

综合考虑本工程导流隧洞断面尺寸大、地质条件差，进口段节理裂隙、倾倒变形发育，岩层走向和洞轴线大角度相交，蓄水后库水渗径较短，特别是2号导流隧洞上覆岩体较薄，为尽可能降低下闸封堵安全风险，工程最终采用设计推荐的“错时下闸方案”：2016年10月中旬2号导流隧洞下闸，开始进行封堵；2号导流隧洞临时堵头施工完成后下闸封堵1号导流隧洞。

# 4 导流隧洞封堵布置及结构设计

## 4.1 堵头设计标准

本工程为一等大（1）型工程，导流隧洞永久堵头为1级建筑物，结构安全级别为Ⅰ级。导流隧洞永久堵头挡水标准与大坝相同，即采用1000年一遇洪水设计，设计水位1408.00m；10000年一遇洪水校核，校核水位1411.36m。坝址场地地震基本烈度为Ⅶ度，永久堵头抗震设防类别为甲类，抗震设计标准取基准期100年超越概率2%，相应的基岩水平地震动峰加速度为257.8gal。

## 4.2 堵头平面布置

大坝坝基帷幕灌浆轴线与1号导流隧洞轴线交于1号导＋504.05m桩号，与2号导流隧洞轴线交于2号导0＋487.70桩号，导流隧洞在大坝帷幕灌浆轴线位置洞室处于不透水层，坝基帷幕灌浆未与导流隧洞搭接。根据大坝防渗帷幕布置及导流隧洞开挖揭露的围岩条件，参考国内类似工程，1号导流隧洞永久堵头布置桩号为1号导0＋494.00～1号导0＋534.00，2号导流隧洞永久堵头布置桩号为2号导0＋472.00～2号导0＋512.00，堵头段长度初拟为40.00m，其围岩类别为Ⅲ类。

导流隧洞下闸后，永久堵头施工时间较长，在高外水压力作用下，封堵闸门门槽及堵头前衬砌结构破坏及漏水的风险随着时间的增加而增大，设置临时堵头可大幅降低上述风险，特别是2号导流隧洞可实现低水头下封堵，对降低永久堵头施工难度及确保工程安全有较大好处。因此，综合考虑本工程条件，两条导流隧洞均布置临时堵头。临时堵头紧邻永久堵头前端布置，根据永久堵头施工时段上游水位确定临时堵头挡水水位为1398.00m高程，根据经验公式初算，临时堵头长度初拟为15.00m。

## 4.3 堵头结构设计

（1）临时堵头。临时堵头长度为15.00m，按一段施工，混凝土设计强度等级为C20，混凝土中掺入速凝剂以保证有足够的早期强度。临时堵头顶拱全长进行回填灌浆。

（2）永久堵头。永久堵头长度为40.00m，分两段，每段长度20.00m，混凝土设计强度等级为C25W8F100。

永久堵头部位在导流隧洞施工时已开挖成楔形，最大开挖深度3.00m。在导流隧洞施工时，开挖楔形体范围已浇筑衬砌混凝土，本次封堵施工不再开挖原衬砌混凝土。混凝土浇筑前，应对原衬砌混凝土面进行打毛处理。

导流隧洞永久堵头顶拱进行回填灌浆；顺导流隧洞轴线方向全长进行固结灌浆，固结灌浆入岩深度 8.0m；永久堵头混凝土分缝位置及与导流隧洞衬砌混凝土间设接缝灌浆；永久堵头端部设置两排深孔固结灌浆，孔深 15.00m。灌浆施工顺序：深孔固结灌浆→回填灌浆→固结灌浆→接缝灌浆；深孔固结灌浆在导流隧洞堵头未施工前在隧洞衬砌表面施灌；回填灌浆应在堵头混凝土强度达 70%设计强度后进行；固结灌浆宜在该部位的回填灌浆结束 7d 后进行；接缝灌浆应在堵头二期通水冷却结束，即堵头混凝土冷却至稳定温度后进行。

为便于永久封堵体洞段的灌浆施工，在堵头的中部设置灌浆廊道。灌浆廊道断面尺寸为 5.00m×4.50m，城门洞型。灌浆廊道开口于下游侧，上游端距永久堵头上游面的距离为 10.00m。

### 4.4 堵头抗滑稳定复核

根据拟定下闸封堵规划下的永久堵头和临时堵头挡水水头，结合导流隧洞堵头布置及结构设计，对堵头抗滑稳定进行计算，复核堵头长度及布置的合理性。堵头的抗滑稳定计算中需要考虑原衬砌混凝土与围岩、原衬砌混凝土与新浇堵头混凝土之间两种界面的抗滑稳定情况。堵头抗滑稳定计算按《水工隧洞设计规范》（DL/T 5195—2004）中推荐的封堵体抗滑稳定计算公式：

$$\gamma_0 \psi S(\cdot) \leqslant R(\cdot)/\gamma_d$$

作用效用函数

$$S(\cdot)=\sum P_R$$

抗力函数

$$R(\cdot)=f_R\sum W_R+C_R A_R$$

式中 $\sum P_R$——滑动面上封堵体承受的全部切向作用之和，kN；

$\sum W_R$——滑动面上封堵体全部法向作用之和，向下为正，kN；

$\gamma_0$——结构重要性系数，永久堵头取 1.1，临时堵头取 1.0；

$\psi$——设计状况系数，持久状况取 1.0，短暂状况取 0.95，偶然状况取 0.85；

$\gamma_d$——结构系数，永久堵头取 1.5，临时堵头取 1.2；

$f_R$——堵头新老混凝土接触面（堵头混凝土与围岩）抗剪断摩擦系数；

$C_R$——堵头新老混凝土接触面（堵头混凝土与围岩）抗剪断黏聚力；

$A_R$——堵头新老混凝土接触面（堵头混凝土与围岩）的接触面积，$m^2$。

设计计算工况分以下 3 种情况：

（1）基本组合。永久堵头按正常蓄水位 1408.00m 设计，临时堵头按死水位 1398.00m 设计。

（2）偶然组合 1。永久堵头计算中考虑，校核洪水位 1411.36m。

（3）基本组合＋地震。永久堵头计算中考虑，正常蓄水位＋地震作用力。

导流隧洞堵头计算截面不考虑楔形体体型，根据《施工组织设计手册》、《水工设计手册》（第 8 卷　水电站建筑物），考虑到施工及混凝土收缩等因素，边、顶接触面质量不易保证，对接触面积予以折减，顶拱折减 100%，两侧边墙各折减 30%，底部不折减。各工况下导流隧洞堵头稳定计算复核成果见表 2。计算结果表明，既定条件下，导流隧洞临时堵头（长 15.00m）及永久堵头（长 40.00m）均满足抗滑稳定要求。

**表 2　　导流隧洞永久堵头抗滑稳定计算成果表**　　单位：kN

| 项　目 | 荷载组合 | 堵头混凝土～原衬砌混凝土 | | 原衬砌混凝土～围岩 | |
|---|---|---|---|---|---|
| | | $\gamma_0\psi S(\cdot)$ | $R(\cdot)/\gamma_d$ | $\gamma_0\psi S(\cdot)$ | $R(\cdot)/\gamma_d$ |
| 1 号导流隧洞永久堵头 | 基本组合 | 212515 | 706407 | 212515 | 439212 |
| | 偶然组合 | 186318 | 706407 | 186318 | 439212 |
| | 基本组合＋地震 | 198174 | 706407 | 239383 | 439212 |
| 1 号导流隧洞临时堵头 | 基本组合 | 166427 | 195192 | 184898 | 181228 |

### 4.5　堵头应力应变分析

本工程导流隧洞堵头承受高外水压力，根据《水工隧洞设计规范》（DL/T 5195—2004）的规定，本报告采用三维有限元法对永久堵头的应力应变进行分析。计算采用通用有限元软件 ABAQUS 进行，计算模型见图 2。计算成果表明：永久堵头沿洞轴线顺水流方向变形最大，变形量分别约为 0.56mm、0.58mm；永久堵头整体结构应力水平较低，基本处于线弹性阶段，满足承载力要求。

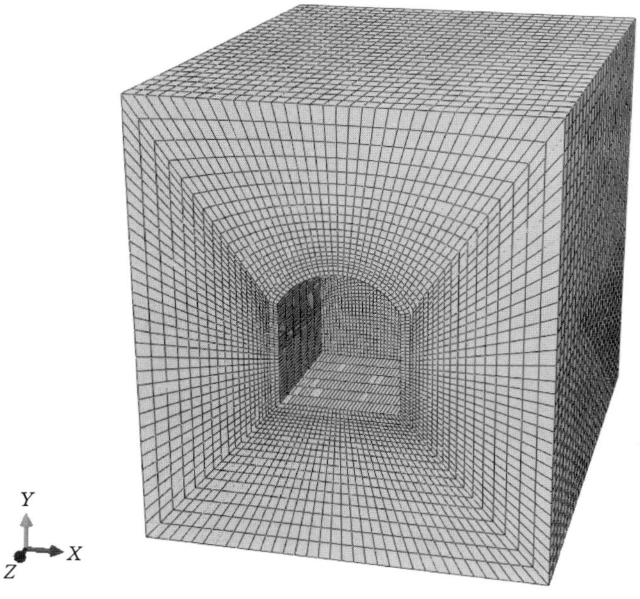


图 2　导流隧洞堵头有限元计算模型

## 5　结语

苗尾水电站导流隧洞于 2016 年枯水期按下闸封堵规划开始封堵，2017 年汛前按设计要求完成堵头结构混凝土浇筑、固结灌浆及回填灌浆等施工。2017 年 7 月苗尾水电站水库蓄水至死水位高程以上，监测数据显示，导流隧洞堵头渗压、变形均较小，导流隧洞堵头在高水头作用下总体处于安全稳定状态。2017年汛后枯水期将对堵头进行接缝灌浆施工，进一步提升堵头稳定性与安全性。

【作者简介】

魏芳（1986— ），男，浙江衢州人，工程师，主要从事水电水利施工组织设计与研究工作。

# 白鹤滩水电站导流隧洞灌浆设计与优化

张志鹏　李　军　陈炜旻　蔡建国　朱少华　杨伟程

（中国电建集团华东勘测设计研究院有限公司，浙江杭州，311122）

【摘　要】 本文简要介绍了白鹤滩水电站导流隧洞工程的灌浆设计，通过对导流隧洞不利地质洞段的围岩灌浆质量检查，确定优化的灌浆方案，为类似工程的灌浆设计与优化提供了可参考借鉴的案例。

【关键词】 导流隧洞　灌浆设计　优化

## 1　导流隧洞概况

白鹤滩水电站工程施工导流采用全年挡水围堰、隧洞导流方式。本工程共布置5条导流隧洞，左岸布置3条，右岸布置2条，从左岸至右岸依次为1～5号导流隧洞，隧洞总长为8980.26m，导流隧洞下游段均与尾水隧洞相结合。

## 2　导流隧洞地质条件

白鹤滩水电站导流隧洞沿线为单斜岩层，出露二叠系上统峨眉山组玄武岩，岩体致密、坚硬完整，构造变形微弱，成洞条件较好。岩性主要有杏仁状玄武岩、隐晶质玄武岩、斜斑玄武岩、柱状节理玄武岩、角砾熔岩及凝灰岩等，受褶皱运动及后期改造的影响，沿凝灰岩层形成层间错动带。岩流层产状总体为N40°～50°E，SE∠15°～25°。洞身段发育的断层走向主要为NW向，陡倾角为主，断层带宽度一般为0.5～2.0m；主要断层内物质为构造角砾岩、角砾化构造岩、劈理化构造岩、碎裂岩及少量断层泥，工程类型为岩屑夹泥或泥夹岩屑型。断层影响带岩体破碎，多呈碎裂结构。裂隙较发育，裂隙面多新鲜闭合，多起伏粗糙，结合紧密，少数为钙质薄膜充填。[1]

## 3　灌浆设计

### 3.1　导流隧洞非结合段洞身灌浆设计

（1）回填灌浆。为保证顶拱衬砌与围岩面的紧密结合，导流隧洞非结合段全长顶拱进行回填灌浆，对于有固结灌浆洞段，顶拱部分固结灌浆孔兼做回填灌浆孔；对于无固结灌浆洞段在顶拱90°范围内布置回填灌浆孔，排距3m，每排7孔，灌浆压力0.3MPa。回填灌浆在衬砌混凝土达到70%设计强度后进行。

（2）固结灌浆。导流隧洞在封堵期将承受高达117m的外水水头，根据计算分析，为衬砌控制工况，并经外水压力折减对衬砌应力影响敏感性分析，外水压力对衬砌应力影响较大，外水水头折减，对改善衬砌结构应力状态作用较大，因此隧洞有必要设置固结灌浆，以减少作用于衬砌上的外水压力以及增加围岩的稳定性，改善衬砌结构应力。固结灌浆应在该部位的回填灌浆结束7d后进行，固结灌浆采用强度等级42.5的普通硅酸盐水泥。

1号和5号导流隧洞为第一批封堵隧洞，封堵期承受最大外水水头约为29.3m，考虑到外水水头较小，对导流隧洞进口洞段、Ⅳ类围岩洞段、柱状节理发育玄武岩段及堵头段进行全断面系统固结灌浆。

2～4号导流隧洞为第二批封堵隧洞，在封堵期将承受高达117m的外水水头，对导流隧洞堵头上游洞段、堵头段、堵头下游Ⅳ类围岩、柱状节理发育洞段进行全断面系统固结灌浆。

固结灌浆根据作用水头及围岩类别不同分为DG1～DG5五种类型，钻孔间排距采用2.5～3m，梅花形布置，入岩孔深：2～4号导流隧洞进口洞段及堵头洞段为9m，其他洞段为6m。固结灌浆压力采用1.0～2.5MPa不等。固结灌浆应在该部位的回填灌浆结束7d后进行，固结灌浆用水泥采用强度等级42.5的普通硅酸盐水泥。

### 3.2 结合段灌浆设计

（1）回填灌浆。导流隧洞结合段全长顶拱进行回填灌浆，对于有固结灌浆洞段，顶拱部分固结灌浆孔兼做回填灌浆孔；对于无固结灌浆洞段在顶拱90°范围内布置回填灌浆孔，排距3m，每排7孔，灌浆压力0.3MPa。回填灌浆应在衬砌混凝土达到70%设计强度后进行，水灰比0.5：1，顶拱脱空较大部位可采用M20砂浆回填。

（2）固结灌浆。为了充分发挥围岩的承载能力，改善衬砌结构的受力条件，对导流隧洞部分结合段进行固结灌浆。固结灌浆应在该部位的回填灌浆结束7d后进行，固结灌浆采用强度等级42.5的普通硅酸盐水泥，浆液水灰比采用2：1、1：1、0.8：1、0.5：1四个比级。当某一比级浆液注入量已达300L以上，或灌注时间已达30min，而灌浆压力和注入率均无显著改变时，应换浓一级水灰比浆液灌注。固结灌浆在规定设计压力下，当注入率不大于1L/min继续灌注30min，灌浆即可结束。

### 3.3 闸门井底板钢衬接触灌浆

左右岸导流隧洞进口闸门井和尾水隧洞检修闸门井闸室段底板表面设置防护钢板部位需进行接触灌浆，保证防护钢板与衬砌混凝土形成整体。

导流隧洞进口闸门井底板钢衬接触灌浆孔孔径75mm，间排距为0.5×1.0m。接触灌浆采用纯水泥浆，浆液水灰比0.8、0.6（或0.5），灌浆压力不大于0.1MPa。

尾水隧洞检修闸门井闸室段底板振捣孔兼做固结灌浆孔，根据钢板下面混凝土脱空情况兼做接触灌浆孔，孔径75mm，顺水流向布置3排，排距为3m、4.075m，每排内孔间距3m。接触灌浆采用纯水泥浆，浆液水灰比0.8、0.6（或0.5），灌浆压力不大于0.1MPa。

### 3.4 尾水出口明渠灌浆设计

根据开挖揭露的地质条件，④号、⑤号尾水出口明渠（分别对应 3 号、4 号导流隧洞出口）局部发育第二类柱状节理玄武岩且岩体存在一定程度卸荷、风化，完整性较差。为了提高柱状节理部位岩体的完整性，充分发挥围岩的承载能力，改善明渠衬砌结构的受力条件，④号、⑤号尾水出口底板和高程 582.00m 以下明渠边墙进行系统固结灌浆，灌浆孔间、排距 4m，孔深入岩 4m，固结灌浆用水泥采用强度等级为 42.5 的普通硅酸盐水泥，最终灌浆压力为 0.8MPa，开灌水灰比为 2∶1。

## 4 固结灌浆设计优化

导流隧洞灌浆施工期间，根据施工进度及现场实际实施情况，对导流隧洞洞身固结灌浆范围、灌浆参数、灌浆工艺、质量检查标准等进行了调整。

### 4.1 固结灌浆压力

进口 A、B 型衬砌段固结灌浆最终压力调整为 1.2MPa；堵头上游段其他部位固结灌浆最终压力 1.0MPa 不变；堵头段固结灌浆最终压力调整为 1.2MPa；堵头下游段固结灌浆最终压力 1.0MPa 不变。

### 4.2 固结灌浆范围

对于不结合段其他原设计灌浆段，取消 1～3 号导流隧洞堵头上游 $P_2\beta_3^2$ 层第二类柱状节理段、角砾熔岩段$Ⅲ_1$类围岩固结灌浆；取消 2 号、3 号、4 号导流隧洞堵头上游非柱状节理段Ⅱ、$Ⅲ_1$类围岩部分固结灌浆。取消固结灌浆部位设置排水孔。

因 3 号导流隧洞导 3 号 0＋751.00～0＋768.00 桩号位置围岩类别根据实际开挖情况，调整为Ⅳ类，考虑左导支 2 号支洞轴线在导 3 号 0＋768.50 桩号位置因素，导 3 号 0＋751.00～0＋778.00 桩号增加 DG3 型固结灌浆。

### 4.3 灌浆钻孔深度

洞内不结合段 C 型衬砌段 DG3、DG4 型灌浆底板及边墙下部 8m 范围内，固结灌浆钻孔入岩深度由 6m 调整为 4.5m，其余灌浆段钻孔深度不调整。

### 4.4 检查标准

灌后压水检查合格标准：要求 85％以上检查孔透水率不大于 3Lu，不合格孔段的透水率值不超过设计规定值的 150％，且不集中。

## 5 灌浆质量检查及评价

为保证顶拱衬砌与围岩面的紧密结合，导流隧洞全洞段顶拱进行回填灌浆，对于有固结灌浆洞段，顶拱部分固结灌浆孔兼做回填灌浆孔。针对导流隧洞高水头段、堵头段、断层、层间错动带、柱状节理玄武岩等不利地质洞段进行了系统固结灌浆，围岩固结灌浆质量检查采用压水试验和声波检测相结合的方式。左右岸导流隧洞进口闸门井、尾水隧洞检修闸门井闸室段底板表面设置防护钢板部位需进行接触灌浆，保证防护钢板与衬砌混凝土形成整体，接触灌浆采用锤击法进行质量检查。

## 5.1　回填灌浆

（1）检查方法及质量标准。

1）回填灌浆质量检查应在该部位灌浆结束7d后进行。检查孔布置在脱空较大、串浆孔集中及灌浆情况异常的部位，检查孔的数量为灌浆孔总数的5%。

2）采用钻孔注浆法进行回填灌浆质量检查，向检查孔内注入水灰比2∶1的浆液，压力与灌浆压力相同，初始10min内注入量不超过10L，即为合格。

3）灌浆孔灌浆和检查孔钻孔注浆结束后，应采用水泥砂浆将钻孔封填密实，并将孔口压抹平整。

（2）灌浆成果。根据实施阶段灌浆成果，左岸1～3号导流隧洞洞身回填灌浆平均单位注入量67.51kg/$m^2$，平均理论脱空5.63cm，右岸4号、5号导流隧洞洞身段回填灌浆平均单位注入量19.61kg/$m^2$，平均理论脱空1.63cm，具体成果见表1。

**表1　　导流隧洞顶拱回填灌浆成果统计表**

| 部位 | 名　称 | 孔数/个 | 灌浆面积/$m^2$ | 总注入量/kg | 平均单位注入量/(kg/$m^2$) | 平均理论脱空/cm |
|---|---|---|---|---|---|---|
| 左岸 | 1号导流隧洞 | 4618 | 48556.89 | 3093596 | 63.71 | 5.31 |
| | 2号导流隧洞 | 4150 | 43757.29 | 2840472 | 64.91 | 5.41 |
| | 3号导流隧洞 | 3441 | 35015.2 | 2661477 | 76.01 | 6.33 |
| | 小计 | 12209 | 127329.38 | 8595545 | 67.51 | 5.63 |
| 右岸 | 4号导流隧洞 | 3820 | 37619.34 | 516605.3 | 14.65 | 1.22 |
| | 5号导流隧洞 | 4514 | 45572.87 | 1114995.8 | 22.23 | 1.85 |
| | 小计 | 8334 | 83192.21 | 1631601.1 | 19.61 | 1.63 |

（3）质量检查及评价。左岸1～3号导流隧洞回填灌浆共138个单元，布置检查孔539个，前10min最大注浆量9.6L，右岸4号、5号导流隧洞回填灌浆共106个单元，布置检查孔424个，前10min最大注浆量9.7L。压浆检查结果见表2。

**表2　　导流隧洞顶拱回填灌浆压浆检查成果统计表**

| 部位 | 名　称 | 总单元数/个 | 完成单元数/个 | 完成检查孔数/个 | 前10min注浆量/L | | 合格率/% |
|---|---|---|---|---|---|---|---|
| | | | | | 最大 | 最小 | |
| 左岸 | 1号导流隧洞 | 52 | 52 | 232 | 9.6 | 0 | 100 |
| | 2号导流隧洞 | 48 | 48 | 208 | 9.0 | 0 | 100 |
| | 3号导流隧洞 | 38 | 20 | 99 | 9.1 | 0 | 100 |
| | 小计 | 138 | 120 | 539 | 9.6 | 0 | 100 |
| 右岸 | 4号导流隧洞 | 49 | 36 | 193 | 9.3 | 0 | 100 |
| | 5号导流隧洞 | 57 | 48 | 231 | 9.7 | 0 | 100 |
| | 小计 | 106 | 84 | 424 | 9.7 | 0 | 100 |
| 合计 | | 244 | 204 | 963 | 9.7 | 0 | 100 |

## 5.2 固结灌浆

（1）检查方法及质量标准。

1）固结灌浆质量检查以采用单点压水试验法为主，结合灌后测定岩体弹性波波速等评定其质量。压水试验检查时间在灌浆完成3d以后进行，检查孔的数量不少于灌浆孔数的5%，检查结束后应进行灌浆和封孔。

2）隧洞固结灌浆质量的压水试验检查合格标准：要求85%以上检查孔透水率不大于3Lu，不合格孔段的透水率值不超过设计规定值的150%，且不集中，灌浆质量可认为合格。

3）基础固结灌浆质量的压水试验检查合格标准：要求85%以上检查孔透水率不大于3Lu，不合格孔段的透水率值不超过设计规定值的150%，且不集中，灌浆质量可认为合格。固结灌浆质量检查采用单点压水试验法，检查时间在灌浆完成7d后进行，其检查孔的数量不少于灌浆孔数的5%。灌浆检查孔要求取芯，取芯孔需绘制钻孔柱状图，检查结束后应进行灌浆和封孔。

（2）灌浆成果。

左岸1～3号导流隧洞固结灌浆平均单位注入量Ⅰ序孔25.24kg/m，Ⅱ序孔17.4kg/m，递减约31.1%，灌前平均透水率Ⅰ序孔11.21Lu，Ⅱ序孔8.18Lu，递减约27%。

右岸4号、5号导流隧洞固结灌浆平均单位注入量Ⅰ序孔25.58kg/m，Ⅱ序孔12.56kg/m，递减约51%，灌前平均透水率Ⅰ序孔11.87Lu，Ⅱ序孔4.89Lu，递减约58.8%。

（3）质量检查及评价。

1）压水检查。1～3号导流隧洞固结灌浆检查63个单元共1101个压水检查孔，最大透水率2.89Lu。4号、5号导流隧洞固结灌浆检查73个单元共1367个压水检查孔，最大透水率2.47Lu。

2）声波测试。1～3号导流隧洞灌前灌后分别完成126个孔检测，测试结果分析显示，经灌浆后波速均有不同程度的提高，最大提高值16.42%。左岸固结灌浆灌前灌后声波测试成果统计见表3。

**表3　左岸导流隧洞固结灌浆声波检查成果汇总表**

| 分部工程名称 | 检测部位 | 固结灌浆前 $V_p$/(m/s) | | 固结灌浆后 $V_p$/(m/s) | | |
|---|---|---|---|---|---|---|
| | | 孔数/个 | 入岩孔深0～9m | 孔数/个 | 入岩孔深0～9m平均值 | 提高/% |
| 1号导流隧洞非结合段 | 导1号1+700 | 27 | 4486 | 27 | 4760 | 6.1 |
| 1号导流隧洞结合段 | | 9 | 3970 | 9 | 4270 | 7.56 |
| 合计 | | 36 | 4360 | 36 | 4640 | 6.42 |

续表

| 分部工程名称 | 检测部位 | 固结灌浆前 $V_p$/(m/s) | | 固结灌浆后 $V_p$/(m/s) | | |
|---|---|---|---|---|---|---|
| | | 孔数/个 | 入岩孔深 0～9m | 孔数/个 | 入岩孔深 0～9m 平均值 | 提高/% |
| 2号导流隧洞非结合段 | 导2号1＋770 | 36 | 4487 | 36 | 4910 | 9.4 |
| 2号导流隧洞结合段 | | 9 | 3920 | 9 | 4300 | 9.69 |
| 合计 | | 45 | 4370 | 45 | 4790 | 9.61 |
| 3号导流隧洞非结合段 | 导3号0＋035 | 9 | 4790 | 9 | 5110 | 8.06 |
| | 导3号0＋320 | 9 | 4820 | 9 | 5180 | 8.07 |
| | 导3号0＋445 | 9 | 4750 | 9 | 5170 | 10.71 |
| | 导3号0＋700 | 9 | 4640 | 9 | 4950 | 8.01 |
| 3号导流隧洞结合段 | 导3号1＋570 | 9 | 3790 | 9 | 4260 | 16.42 |
| 合计 | | 45 | 4558 | 45 | 4934 | 10.25 |

从4号、5号导流隧洞进口段和结合段固结灌浆前后声波测试分析：入岩孔深0～2m范围内平均波速分别提高了15.9％、32.3％、16.45％，入岩孔深2m以下岩石较完整，灌浆对岩体整体性提高效果有限，其中4号导流隧洞进口受钢衬影响灌浆前后声波测试孔不同孔，出现了波速降低的异常现象。右岸固结灌浆灌前灌后声波测试成果统计见表4。

**表4　　右岸导流隧洞固结灌浆声波检查成果汇总表**

| 分部工程名称 | 固结灌浆前 $V_p$/(m/s) | | | 固结灌浆后 $V_p$/(m/s) | | | | |
|---|---|---|---|---|---|---|---|---|
| | 孔数/个 | 入岩深≤2m | 入岩孔深＞2m | 孔数/个 | 入岩孔深≤2m | | 入岩孔深＞2m | |
| | | | | | 平均值 | 提高/% | 平均值 | 提高/% |
| 4号导流隧洞进口 | 1 | 3630 | 4440 | 1 | 4206 | 15.9 | 4187 | －5.7 |
| 4号导流隧洞结合段 | 9 | 3218 | 3954 | 9 | 4256 | 32.3 | 4132 | 4.7 |
| 5号导流隧洞 | 9 | 3725 | 4109 | 9 | 4338 | 16.45 | 4694 | 14.23 |

## 5.3　接触灌浆

（1）检查方法及质量标准。钢衬接触灌浆结束7～14d后采用锤击法进行灌浆质量检查，灌浆后脱空面积不大于0.2$m^2$，灌浆质量可认为合格。

（2）灌浆成果、质量检查及评价。截至2014年3月31日，左、右岸闸室底板钢衬接触灌浆全部施工完成。

灌浆及质量检查成果见表5和表6。

表 5　　左岸导流隧洞闸门钢衬接触灌浆成果汇总表

| 灌区名称 | 部位 | 灌浆面积 /m² | 灌前脱空面积 /m² | 灌后脱空面积/m² | | 总注入量 /kg | 评价 |
|---|---|---|---|---|---|---|---|
| | | | | 点数 | 单点最大 | | |
| 1 号闸门井 | | 141 | 96.93 | 7 | 0.19 | 14740.9 | 合格 |
| 2 号闸门井 | 左侧 | 62 | 39.06 | 13 | 0.16 | 8301.6 | 合格 |
| | 右侧 | 62 | 38.97 | 11 | 0.18 | 4603.3 | 合格 |
| 3 号闸门井 | 左侧 | 62 | 40.3 | 9 | 0.16 | 4712.0 | 合格 |
| | 右侧 | 62 | 39.15 | 8 | 0.18 | 3413.1 | 合格 |
| 2 号尾水闸门井 | | 193.86 | 140 | 14 | 0.2 | 4212.5 | 合格 |
| 3 号尾水闸门井 | | 193.86 | 170 | 13 | 0.19 | 5834.2 | 合格 |
| 4 号尾水闸门井 | | 193.86 | 160 | 15 | 0.19 | 5236.5 | 合格 |

表 6　　右岸导流隧洞闸门钢衬接触灌浆成果汇总表

| 分部工程名称 | 灌区面积 /m² | 灌后总脱空 /m² | 脱空区数量 /个 | 脱空最大值 /m² | 总注入量 /kg | 评价 |
|---|---|---|---|---|---|---|
| 4 号导流隧洞进口 | 84.24 | 1.22 | 12 | 0.19 | 1001.2 | 合格 |
| | 84.24 | 0.4 | 6 | 0.11 | 1992.7 | 合格 |
| 5 号尾水检修闸门室 | 181.19 | 0.84 | 7 | 0.18 | 8313.9 | 合格 |
| 6 号尾水检修闸门室 | 189 | 1.51 | 10 | 0.2 | 2311.6 | 合格 |

左、右岸进口闸室及尾闸室底板钢衬灌后脱空检查最大脱空面积 0.2m²，检查结果满足设计要求。

## 6　结语

本工程对导流隧洞全洞段顶拱进行回填灌浆，对于有固结灌浆洞段，顶拱部分固结灌浆孔兼作回填灌浆孔。针对导流隧洞高水头段、堵头段、断层、层间错动带、柱状节理玄武岩等不利地质洞段进行了系统固结灌浆，围岩固结灌浆质量检查采用压水试验和声波检测相结合的方式。左右岸导流隧洞进口闸门井、尾水隧洞检修闸门井闸室段底板表面设置防护钢板部位需进行接触灌浆，保证防护钢板与衬砌混凝土形成整体，接触灌浆采用锤击法进行质量检查。实施阶段根据工程实际情况，对导流隧洞洞身固结灌浆范围、灌浆参数、灌浆工艺、质量检查标准等进行了优化调整。为类似工程的灌浆设计提供了有益的参考。

## 参考文献

[1]　中国水电顾问集团华东勘测设计研究院．金沙江白鹤滩导流隧洞工程专项安全鉴定——设计单位自检报告［R］．中国水电顾问集团华东勘测设计研究院，2014.

[2] 中国水电顾问集团华东勘测设计研究院. 金沙江白鹤滩水电站导流隧洞工程完工验收设计报告[R]. 中国水电顾问集团华东勘测设计研究院，2014.
[3] 郑如义. 万家寨引黄工程北干线1号隧洞豆砾石灌浆设计与施工[J]. 水利水电技术，2007，38(5)：39-40.

【作者简介】
张志鹏（1983— ），男，山东青岛人，工程师，研究方向为施工组织设计。

# 千岛湖配水工程分水江穿江隧洞施工

房敦敏　陈永红　周垂一

（中国电建集团华东勘测设计研究院有限公司，浙江杭州，311122）

【摘　要】千岛湖配水工程分水江穿江隧洞上覆岩体最薄处仅16m，沿线透水构造发育，同江水连通。穿江隧洞的施工综合采用了超前地质预报先行、超前钻孔取芯和超前探孔跟进、钻灌一体机和常规灌浆手段并举的手段，顺利穿越同江水连通的破碎出水带。过程中未发生不可控突、涌水的情况，最终安全、高效、快速地完成了穿江段施工。

【关键词】穿江隧洞　钻灌一体机　超前预注浆　超前地质预报　超前钻孔

## 1　概述

国内外修建水底隧道过程中发生大流量突涌水的工程案例屡见不鲜[1][2]，一旦发生突涌水，往往会导致人员、设备的重大损失，且会导致建设成本的大幅增加、工期拖延[3][4]，还发生过某些工程被迫改线的情况[5]。

随着新技术、新手段在水底隧道工程中的应用，突涌水风险防范能力得到了显著提高[6][7]，如超前地质预报准确性的提高、钻孔及灌浆设备功能和效率的提高，极大地提高了各种突发情况下的应对能力。

本文介绍了杭州市第二水源千岛湖配水工程分水江穿江隧洞工程施工，穿江隧洞施工过程中通过运用多种超前地质预报手段[8][9]，准确掌握了掌子面前方围岩条件，根据实际情况进行了有针对性的超前预注浆[10]。本工程选用钻灌一体机[11]配合常规灌浆设备进行超前预注浆，顺利完成了穿江段施工，该设备曾成功在厦门翔安海底隧道中完成了海底风化囊槽超前预注浆[12]。

杭州市第二水源千岛湖配水工程输水线路全长112.34km，为Ⅰ等工程。

分水江穿江隧洞段起讫里程为55＋360.500～56＋519.500，洞段长度1159m。穿江隧洞底板结构高程－50.00m，千岛湖正常蓄水位高程108.00m，静水压力高达158.00m，是目前国内内压最高的大直径穿江钢衬输水隧洞。

穿江隧洞河床段约200m范围河床段上覆岩体厚度薄，最薄处仅16m，且断裂构造发育，岩石破碎，围岩类别一般为Ⅳ类，工程地质条件差，存在突水等影响施工安全的地质隐患。特别是左岸山脚揭露有一系列陡倾断裂，影响带宽约50m，地下水补给丰富，透水性好，输水隧洞通过该断层带时施工风险很大。

分水江穿江隧洞纵剖面布置详见图1。

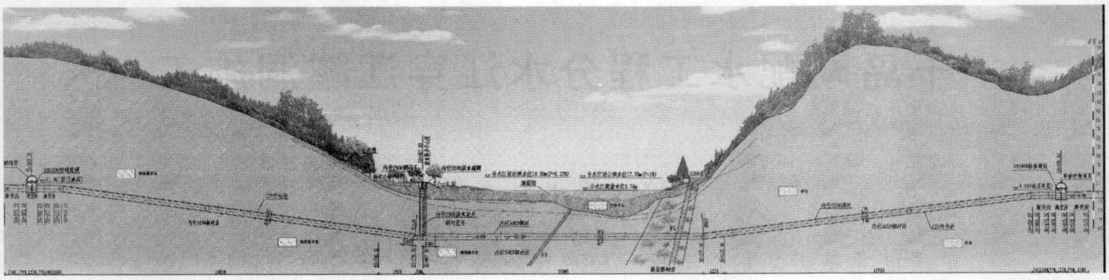

图 1　穿江隧洞纵剖面布置图

## 2　施工布置

施工布置部分重点说明抽排水布置，需确定最大可能涌水量并据此确定抽排布置。

### 2.1　抽排水量

抽排水量的计算分为两部分：一是爆破过程中揭露前期勘探孔或超前钻孔过程中出水，进行单孔最大涌水量计算；二是已开挖支护（实施了超前预注浆）洞段的渗流水量。上述涌水或渗水量的计算未考虑隧洞开挖后揭露大范围突涌水，主要是通过多种超前地质预报手段避免出现上述不可控涌水的情况。

#### 2.1.1　单孔最大涌水量计算

单孔最大涌水量计算主要考虑如下两种情况：

（1）钻灌一体机超前钻孔施工过程中遇断层带，同江水连通，按短管出流计算[13][14]，毛水头取 70m，钻孔孔径 80mm。

根据《水工隧洞设计规范》[15]附录 H，严重股状流水外水压力折减系数取 0.65～1，本工程取 0.8。

根据《水工隧洞设计规范》附录 C，钻孔进口局部水头损失系数取 0.5，钻孔出口局部水头损失系数取 1。钻孔孔壁糙率系数取 0.013，钻孔长 5m。

（2）隧洞开挖过程中遇前期实施的竖向勘探孔，毛水头取 70m，孔深 15m，钻孔孔径 91mm。

本工况中，70m 的总水头压力经过进口、出口的局部水头损失与沿程水头损失的折减达到平衡，以流速为未知量，以总水头等于水头损失之和列出方程：

$$\varepsilon_1 \frac{v^2}{2g}+\varepsilon_2 \frac{v^2}{2g}+L\cdot v^2 \Bigg/ \left\{\left[\frac{1}{n}\cdot\left(\frac{D}{4}\right)^{\frac{1}{6}}\right]^2\cdot\frac{D}{4}\right\}=H$$

根据以上原则，算得两种工况下单孔最大涌水量见表 1。

**表 1　　单孔最大涌水量计算**

| 工　况 | 钻孔 80mm | 钻孔 91mm | 备注 |
|---|---|---|---|
| 压力水头/m | 56 | 70 | |
| 钻孔直径/m | 0.08 | 0.091 | |

续表

| 工　　况 | 钻孔 80mm | 钻孔 91mm | 备注 |
|---|---|---|---|
| 长度 $L$/m | 5 | 15 | |
| 截面积 $A/m^2$ | 0.005 | 0.007 | |
| 水力半径 $R(R=D/4)$/m | 0.02 | 0.023 | |
| 糙率 $n$ | 0.013 | 0.013 | |
| 谢才系数 $C(C=R^{1/6}/n)$ | 40.1 | 40.9 | |
| 局部水头损失系数 $\xi$ | 1.5 | 1.5 | 进口+出口 |
| 流速 $v$/(m/s) | 15.5 | 12.2 | |
| 流量 $Q/(m^3/h)$ | 281 | 285.8 | |

### 2.1.2　灌浆圈渗流计算

为评估已实施预灌浆洞段隧洞开挖后的渗水量，采用 Phase 2 进行渗流计算，灌浆圈渗透系数取为 5Lu，断层带渗透系数 10～100Lu，计算结果详见图 2。

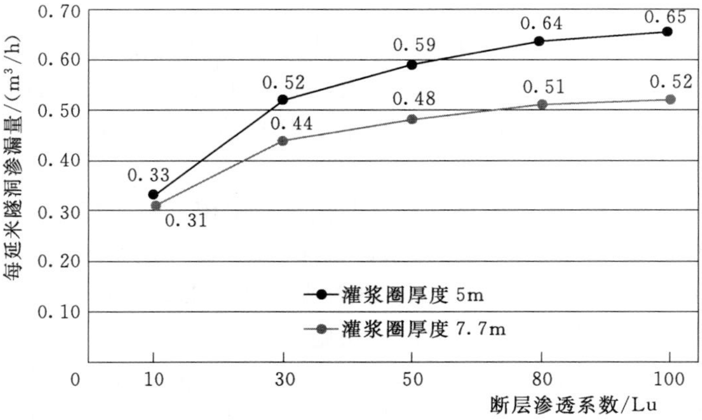


图 2　断层渗透系数与延米隧洞涌水量敏感性分析（5m/7.7m 厚灌浆圈）

根据渗流计算成果，灌浆圈厚 7.7m 的情况下，如断层带渗透系数取为 80Lu，则每延米隧洞灌后渗水量约为 $0.51m^3/h$，考虑断层带及其主要影响带宽度 50m（Ⅴ类围岩），则该 50m 断层带段渗漏量约为 $25.5m^3/h$。

根据 2.2.1 小节和 2.2.2 小节的出水量计算及合同文件约定的排水标准，确定输水隧洞穿分水江段施工排水量控制标准为 $8000m^3/d$，即 $333m^3/h$。

## 2.2　抽排布置

根据上文确定的排水量控制标准，进行抽排布置。

在输水隧洞穿江隧洞江底平坡与两侧斜坡连接处各设置 1 处集水坑，在两侧斜坡段中部各设置 1 处集水坑，在分水江 1 号、2 号支洞交叉口各设置 1 处集水坑。洞内地下水收集后抽排至集水坑，然后通过水泵、抽排水管路抽排至支洞外。抽排水布置见图 3。

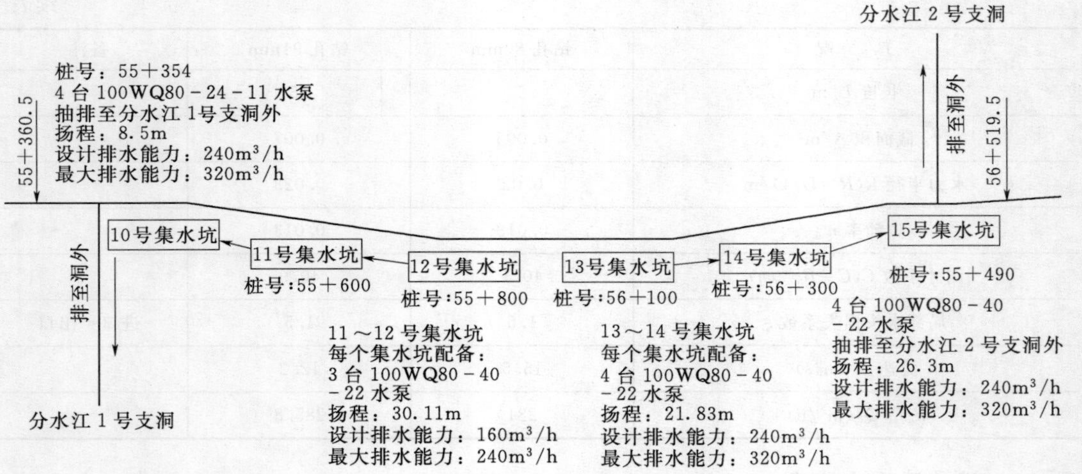


图 3　抽排水布置图

## 3　总体施工方案

考虑到穿江隧洞段上覆岩体厚度薄（最薄处仅 15.9m），且发育一系列断层和导水构造，突涌水、坍塌冒顶同江水联通的风险很大，为确保施工安全，拟订施工方案如下：

江底水平段约 200m 段长范围内全段进行 TSP 超前地质预报、地质雷达、红外探水、水平钻孔取芯。

长大断层破碎带部位采用台阶法开挖，其余洞段采用全断面短进尺法开挖。

每开挖循环布置 5～7 个加深炮孔探水，孔深 6m，每开挖循环进尺控制在 2m 以内。

采用 RPD－150C 钻灌一体机进行超前预注浆，出水量较大时直接灌浆止水，出水量较小时换用常规灌浆设备堵水灌浆，以便加快施工进度。

为确保分水江穿江隧洞段安全、快速掘进，在施工期间成立由参建各方组成的技术小组，在地质超前预报和超前钻孔的基础上根据实际情况，确定前方灌浆及掘进参数。

## 4　超前预注浆设计

### 4.1　灌浆参数

#### 4.1.1　超前注浆加固圈厚度

（1）根据水工隧洞设计规范，固结灌浆深度应根据围岩情况分析确定，可取 0.5 倍隧洞直径（或洞宽），灌浆压力可采用 1～2 倍内水压力。本工程隧洞开挖跨度 7.3m，超前预注浆圈厚度 7.7m，满足规范要求。

（2）水工隧洞封堵体设计中，堵头长度一般按照水力梯度 5～10 控制，本工程防洪度汛标准按照 20 年一遇洪水考虑，相应水位高程 15.8m，隧洞底板高程－50.00m，按照全水头考虑为 65.8m，灌浆圈厚度 7.7m，则水力梯度为 8.5。

#### 4.1.2　浆液类型及灌浆压力

输水隧洞穿江段拟采用普通水泥单液浆、普通水泥-水玻璃双液浆为主要注浆材料。

浆液配合比详见表2。灌浆压力暂定2～3MPa，具体需根据施工情况进行调整。

**表2** **浆液配合比**

| 序号 | 浆液种类 | 配比参数 | | |
|---|---|---|---|---|
| | | 水灰比 | 水泥浆与水玻璃体积比 | 水玻璃浓度/Be′ |
| 1 | 普通水泥单液浆 | 0.6∶1～1∶1 | | |
| 2 | 普通水泥-水玻璃双液浆 | 0.6∶1～1∶1 | 1∶1～1∶1.25 | 35 |

## 4.2 灌浆布置

超前预注浆在地质超前预报和超前钻孔的判定基础上实施，根据分水江穿江段地质条件，分为长距离超前预注浆和短距离超前预注浆两种类型。

(1) 长距离超前预注浆在江底断层影响带（长度约50m）实施，单循环注浆长度30m，开挖24m，预留6m作为下一循环止浆岩盘，直至通过断层影响带。灌浆示意图及灌浆孔布置详见图4。共计88个钻孔，钻孔总长度2218m。

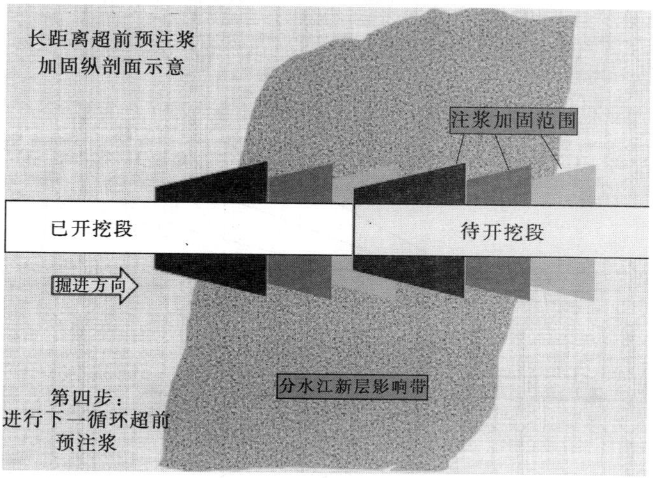


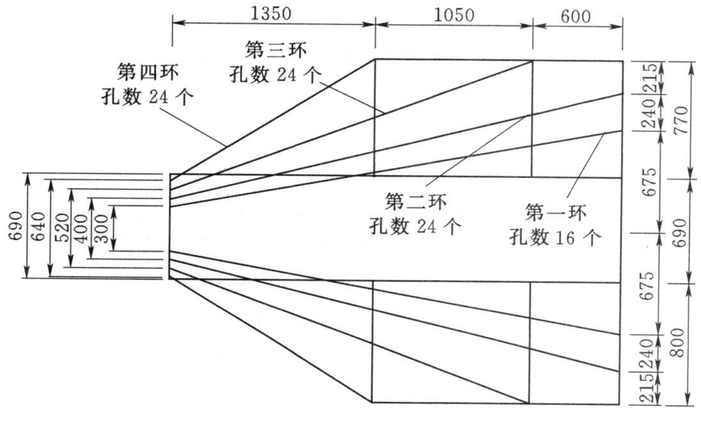


图4 长距离超前预注浆施工示意及布孔设计（单位：cm）

（2）短距离超前预注浆在规模较小的孤立断层实施，单循环注浆长度 13.5m，开挖 10m，预留 3.5m 作为下一循环止浆岩盘，直至通过孤立断层。灌浆示意图及灌浆孔布置详见图 5。共计 52 个钻孔，钻孔总长度 762m。

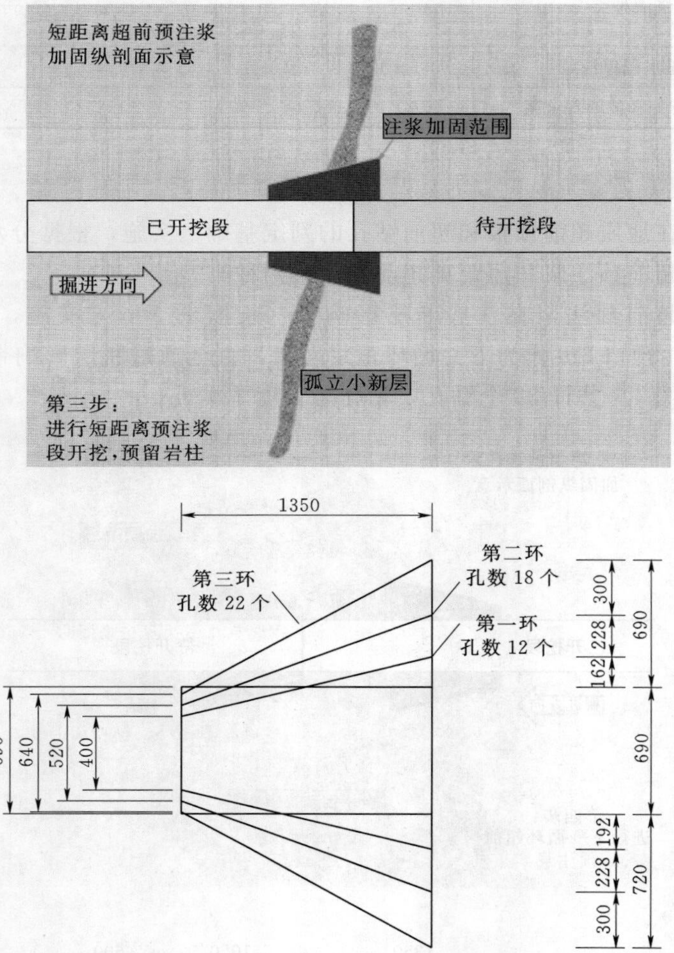


图 5　短距离超前预注浆施工示意及布孔设计（单位：cm）

## 4.3　灌浆进度分析

长距离超前预注浆施工强度见表 3。

表 3　长距离超前预注浆施工强度

| 序号 | 工序名称 | 用时/h | 备　注 |
|---|---|---|---|
| 1 | 第四环钻孔及注浆 | 108 | 第四环孔孔深 15.7m，钻进速度 10m/h，钻孔用时 1.5h，按照 5m 一段注浆，每段注浆 4h，共注浆 3 次，完成单孔钻孔及注浆用时 13.5h。现场 3 个孔同时注浆。<br>第四环孔孔数 24 个，完成全部钻孔及注浆用时 108h |

续表

| 序号 | 工序名称 | 用时/h | 备　注 |
|---|---|---|---|
| 2 | 第三环<br>钻孔及注浆 | 148 | 第三环孔孔深 25.5m，钻进速度 10m/h，钻孔用时 2.5h。按照 5m 一段注浆，分 2 次注浆，每段注浆 4h；与第四环重合部位（16m）按照 8m 一段注浆，分 2 次注浆，每段注浆 4h；完成单孔钻孔及注浆用时 18.5h。现场 3 个孔同时注浆。<br>第三环孔孔数 24 个，完成全部钻孔及注浆用时 148h |
| 3 | 第二环<br>钻孔及注浆 | 152 | 第二环孔孔深 30.8m，钻进速度 10m/h，钻孔用时 3h。超过第三环部位（长 5.1m）注浆 1 次，注浆时间 4h；与第三环重合部位（25.7m）按照 8m 一段注浆，分 3 次注浆，每段注浆 4h；完成单孔钻孔及注浆用时 19h。现场 3 个孔同时注浆。<br>第三环孔孔数 24 个，完成全部钻孔及注浆用时 152h |
| 4 | 第一环<br>钻孔及注浆 | 80 | 第一环孔孔深 30.5m，钻进速度 10m/h，钻孔用时 3h，因与第二环全部重合，单段灌浆长度取 10m，每段注浆 4h，共注浆 3 次，完成单孔钻孔及注浆用时 15h。现场 3 个孔同时注浆。<br>第一环孔孔数 16 个，完成全部钻孔及注浆用时 80h |
| 5 | 总计 | 488 | 完成 30m 洞段超前预注浆用时 488h，约 20.3d，考虑功效影响，取 30d |

短距离超前预注浆施工强度见表 4。

**表 4　　短距离超前预注浆施工强度**

| 序号 | 工序名称 | 用时/h | 备　注 |
|---|---|---|---|
| 1 | 第三环<br>钻孔及注浆 | 99 | 第三环孔孔深 15.34m，钻进速度 10m/h，钻孔用时 1.5h，按照 5m 一段注浆，每段注浆 4h，共注浆 3 次，完成单孔钻孔及注浆用时 13.5h。现场施工按照 3 个孔同时注浆。<br>第三环孔孔数 22 个，完成全部钻孔及注浆用时 99h |
| 2 | 第二环<br>钻孔及注浆 | 57 | 第二环孔孔深 14.36m，钻进速度 10m/h，钻孔用时 1.5h，因与第三环全部重合，单段灌浆长度取 8m，每段注浆 4h，共注浆 2 次计算，完成单孔钻孔及注浆用时 9.5h。现场施工按照 3 个孔同时注浆。<br>第二环孔孔数 18 个，完成全部钻孔及注浆用时 57h |
| 3 | 第一环<br>钻孔及注浆 | 38 | 第一环孔孔深 13.87m，钻进速度 10m/h，钻孔用时 1.5h，因与第二环全部重合，单段灌浆长度取 7m，每段注浆 4h，共注浆 2 次计算，完成单孔钻孔及注浆用时 9.5h。现场 3 个孔同时注浆。<br>第一环孔孔数 12 个，完成全部钻孔及注浆用时 38h |
| 4 | 总计 | 194 | 完成 30m 洞段超前预注浆用时 194h，约 8.1d，考虑功效影响，取 10d |

## 5　现场实施

根据超前地质预报成果，穿江段共实施了 2 次系统超前预注浆。

### 5.1　输水隧洞 56＋026～55＋996 洞段

该段地下水较发育，5 个钻孔（含超前取芯孔、超前探孔、检查孔）内揭露多个水点，最大水量为 65L/min，稳定水压力为 0.51MPa，与江水联通，现场实施了系统超前预注浆。考虑到单个钻孔内出水量较小，水压较低，因此布置一环超前预注浆孔，孔数 24 个，孔深 24m，孔底距离开挖边线约 3m，灌浆孔末端孔距 1.72m，详见图 6、图 7。

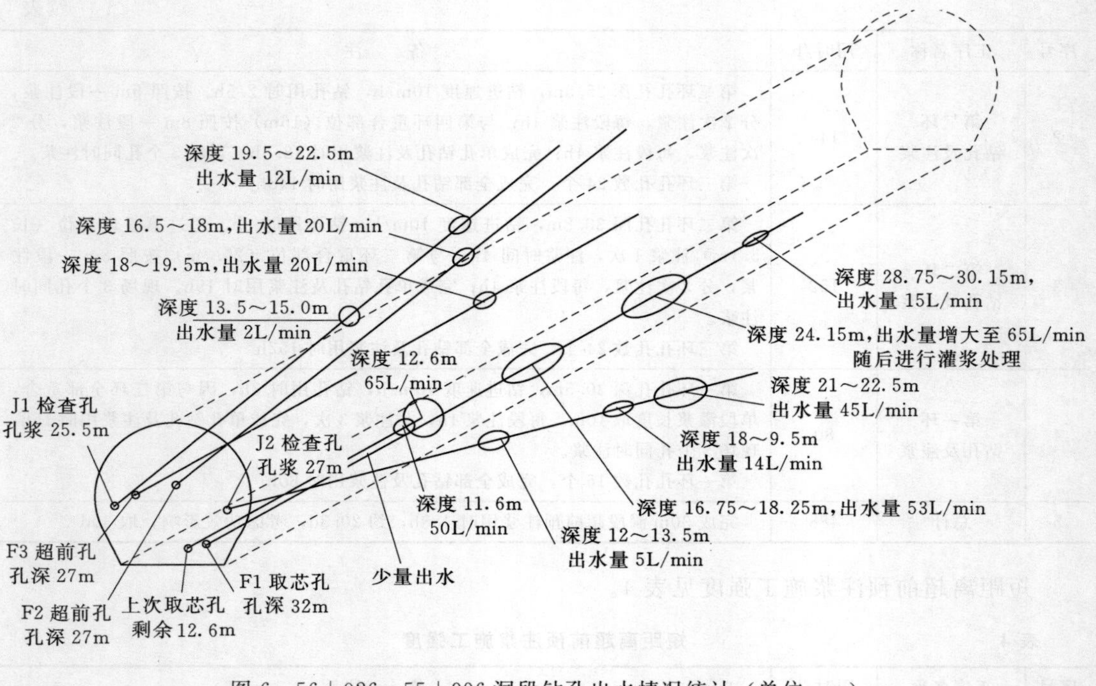


图 6　56＋026～55＋996 洞段钻孔出水情况统计（单位：m）

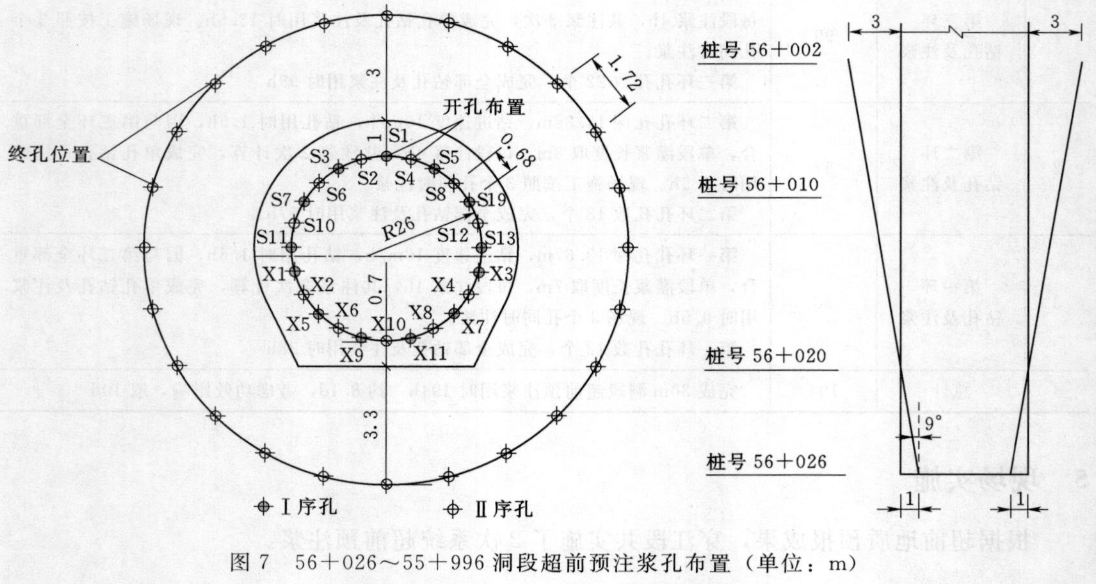


图 7　56＋026～55＋996 洞段超前预注浆孔布置（单位：m）

## 5.2　输水隧洞 55＋987～55＋970 洞段

根据超前地质预报成果，55＋972.5～55＋985.55 段岩体完整性差～破碎，地下水较发育，在 55＋976.85～55＋981.4 洞段钻孔内集中出水水量达 70L/min，压力 0.3MPa，存好较大突涌水风险，需对该段进行全断面超前预注浆。

现场讨论后商定开挖至 K55＋987 后，对 55＋987～K55＋970 段实施超前预注浆施工，超前预注浆孔数为 24 个、孔深 17m。

上述两处出水带经超前预注浆后，开挖过程中洞壁以渗滴水为主，灌浆效果极佳。

## 6 结语

分水江穿江隧洞于 2016 年 12 月 18 日顺利实现贯通，比原计划提前 28d（原计划 2017 年 1 月 15 日贯通），施工期间未发生围岩稳定导致的安全事故，也未出现不可控突涌水的情况。

穿江隧洞施工过程中根据超前地质预报成果对超前预注浆参数进行动态设计，实际超前预注浆费用比按原设计超前预注浆方案费用节约 260 万元，抽排水费用节约 90 万元。

总结穿江段施工，高水平的技术人员、流畅的工作流程、全面的地质预报、合理的灌浆参数、先进的施工设备、谨慎的掘进策略均起到了积极的作用。

（1）施工现场有数名专业的地质工程师和水工结构工程师，另外施工操作人员也都经过专门培训，都有水底隧洞施工经验。

（2）针对穿江隧洞施工而成立的联合技术小组涵盖参建各方，可以根据现场遇到的各种突发情况及时决策，指导现场施工。

（3）现场分层次实施了超前地质预报工作：TSP 超前地质预报、地质雷达、红外探水等物探手段宏观判断；超前地质钻孔取芯验证；超前加深炮孔近距离探查。可以准确掌握掌子面前方围岩情况，合理确定灌浆参数。

（4）灌浆参数是否合理直接影响到工程的安全、进度、成本等各方面，本工程超前预注浆参数经过详细讨论、外部专家评审，根据不同出水构造进行动态设计，选取有针对性的超前预注浆方案，实施效果良好。

（5）本工程超前预注浆实施采用钻灌一体机配合灌浆泵施工的方案，出水量较大时直接用该设备灌浆止水，出水量较小时换用常规灌浆设备堵水灌浆，加快施工进度。

（6）穿江段施工严格践行新奥法的“管超前、严注浆、短开挖、强支护、快封闭、勤量测”原则，施工监测成果表明各项数据均在安全范围内。

## 参考文献

[1] 王梦恕．水下交通隧道发展现状与技术难题——兼论“台湾海峡海底铁路隧道建设方案”[J]．岩石力学与工程学报，2008，27（11）：2161－2172.

[2] 中铁隧道集团有限公司，中铁隧道勘测设计院有限公司，北京交通大学，等．浅埋跨海越江隧道暗挖法设计施工与风险控制技术[R]．2013.

[3] 何川，张志强，肖明清，等．水下隧道[M]．成都：西南交通大学，2011.

[4] LU Ming，E Grv，B Nilsen，K Melby，NORWEGIAN EXPERIENCE IN SUBSEA TUNNELLING [J]，Chinese Journal of Rock Mechanics & Engineering，2005，24（23）：4219－4225.

[5] 关宝树．隧道工程施工要点集[M]．北京：人民交通出版社，2011.

[6] 王梦恕．厦门海底隧道设计、施工、运营安全风险分析[J]．施工技术，2005，(S1)：1－4.

[7] 周书明，潘国栋．水下隧道风险分析与控制[J]，地下空间与工程学报，2012，8（2）：

1828 - 1831.
[8] 李术才，刘斌，等. 隧道施工超前地质预报研究现状及发展趋势 [J]. 岩石力学与工程学报，2014，33 (6)：1090 - 1113.
[9] QIAN Q H. New development of rock engineering and technology in China [C]// Proceedings of 12th ISRM International Congress on Rock Mechanics，Harmonising Rock Engineering and the Environment. Beijing：Taylor and Francis Group，2011：57 - 61.
[10] 孙国庆. 齐岳山隧道 F11 高压富水断层注浆设计与施工技术探讨 [J]. 隧道建设，2010，30 (3)：304 - 308.
[11] 吴旭幸，曾鹏九. 灌浆钻灌一体化工艺实践与探讨 [J]，岩土工程技术，2010，24 (5)：239 - 242.
[12] 李治国，孙振川. 厦门翔安海底服务隧道 F1 风化槽注浆堵水技术 [J]. 岩石力学与工程学报，2007，26 (2)：3842 - 3848.
[13] 李家星，赵振兴. 水力学 [M]. 北京：河海大学出版社，2013.
[14] 李炜，水力计算手册 [M]. 北京：中国水利水电出版社，2006.
[15] 水利部东北勘测设计研究院. 水工隧洞设计规范 [M]. 北京：中国水利水电出版社，2003.

**【作者简介】**

房敦敏（1981— ），男，山东青岛人，毕业于西南交通大学隧道及地下工程专业，高级工程师，现从事水工隧道及地下工程设计。

# 贵州省镇宁县龙井湾水库工程施工导流设计

娄西国　李先熙　吴敬峰

（山东省水利勘测设计院，山东济南，250013）

【摘　要】针对场区河道狭窄、坡陡谷深的实际，通过方案比选确定了一次断流围堰，左岸隧洞导流的导流方案。根据细石混凝土砌毛石重力坝的特点，确定了导流隧洞和坝体预留缺口联合泄流的施工临时度汛方案，确定了汛前坝体砌筑高程和施工度汛控制水位。根据施工导流设计和施工临时度汛设计拟定了导流程序。

【关键词】水库　施工导流　施工临时度汛　导流程序

## 1　施工条件

### 1.1　工程概况

龙井湾水库位于贵州省安顺市镇宁县沙子乡龙井村，工程主要任务是解决设计水平年2020年沙子乡共计8515人、4963头牲畜的饮水安全问题，同时保证下游约2000亩耕地的灌溉问题。

龙井湾水库校核洪水位914.18m，总库容131万$m^3$，最大坝高53m；工程规模为小（1）型，工程等别为Ⅳ等，主要建筑物级别均为4级，主要建设内容包括：细石混凝土砌毛石重力坝、坝顶敞口式溢流堰、坝身式取水兼放空管以及闸阀室、输水管道、提水泵站和蓄水池等。

### 1.2　坝址区地形地质条件

坝址河谷为对称V形横向谷，河床基岩裸露，局部低洼处为冲洪积层覆盖层，主要为残坡积石、砂石、卵石、砾石等，厚约0～0.5m。地层岩性分述如下：

（1）第四系残坡积物及冲洪积物：主要分布于坝址两岸坡上，为黄色黏土、粉砂质黏土夹少量碎石，左岸坡厚0.5～2m，右岸坡厚0～0.5m；冲洪积物分布于河床低洼处，成分主要为砂石、卵石、砾石，粒径一般为5～20cm，最大达50cm，厚度0～0.5m。含孔隙水，水文地质意义不大。

（2）石炭系下统大塘组旧司段：出露于整个坝址区，岩性为深灰色中厚层灰岩，夹燧石灰岩、硅质岩。含溶洞裂隙水，富水性弱，为弱透水层。

### 1.3　水文及气象条件

流域地处贵州省西南部，属亚热带季风气候区。根据镇宁气象站实测资料分析，设计流域多年（水文年）平均降水量1325mm，降水分配不均，雨季为5—10月，一般集中在5—8月。5—10月降水量1117.5mm，占年降水量的84.3%；5—8月降水量914.2mm，占年降水量的69%。暴雨主要集中在5—8月。项目区多年平均气温为15.2℃，多年平均相对湿度为79%，多年平均日照时数为1261.8h，多年平均无霜期为299.3d，多年平均积雪日数5.5d，多年平均最大积雪深度4.8cm，多年平均风速为2.3m/s，多年平均最大风速为10.1m/s，最大风速可达27m/s，全年多为SSE风。坝址处设计洪水、施工期洪水计算成果详见表1、表2。

**表1　坝址设计洪水成果表**

| 设计频率/% | 0.33 | 0.5 | 1 | 2 | 3.33 | 5 | 10 | 20 |
|---|---|---|---|---|---|---|---|---|
| 洪峰流量/($m^3/s$) | 94.4 | 88.9 | 80.4 | 71.8 | 65.2 | 59.9 | 50.8 | 41.2 |
| 洪水总量/万$m^3$ | 94.0 | 87.6 | 76.6 | 65.5 | 57.3 | 50.7 | 39.4 | 27.8 |

**表2　坝址施工期洪水成果表**

| 分　期 | 洪峰/($m^3/s$) | | | 洪量/万$m^3$ | | |
|---|---|---|---|---|---|---|
| | 5% | 10% | 20% | 5% | 10% | 20% |
| 10月至次年3月 | 12.9 | 9.5 | 6.2 | 12.6 | 9.5 | 6.5 |
| 10月至次年4月 | 18.3 | 13.9 | 9.9 | 17.1 | 13.3 | 9.7 |
| 11月至次年3月 | 6.2 | 4.6 | 3.2 | 6.6 | 5.0 | 3.6 |
| 11月至次年4月 | 15.6 | 11.4 | 7.6 | 14.9 | 11.1 | 7.7 |

## 2　导流标准和度汛标准

### 2.1　导流标准

本工程规模为小（1）型，工程等级为Ⅳ等，主要建筑物大坝、提水泵站、输水管道的级别均为4级。根据《水利水电工程施工组织设计规范》（SL 303—2017），导流建筑物级别划分应符合《水利水电工程等级划分及洪水标准》（SL 252—2017）表4.8.1的规定。对照SL 252的规定，导流临时建筑物级别为5级，土石围堰的导流标准可采用10～5年重现期洪水；综合考虑各种因素，采用5年一遇洪水作为导流设计标准。

### 2.2　施工临时度汛标准

根据《水利水电工程施工组织设计规范》（SL 303—2017），当坝体砌筑高度高于围堰后，其临时度汛洪水标准应符合《水利水电工程等级划分及洪水标准》（SL 252—2017）表5.2.9的规定。对照SL 252的规定，浆砌石坝拦洪库容小于0.1亿$m^3$时，临时度汛洪水标准可采用20～10年重现期洪水；综合考虑各种因素，采用10年重现期全年设计洪水，洪峰流量50.8$m^3/s$，洪水总量39.4万$m^3$。

## 3　导流方式

坝址区为对称V形横向谷，河谷狭窄，不适宜采用分期导流。两岸山高坡陡，不宜采用明渠导流方式。综合分析，施工导流方式采用一次断流围堰、隧洞导流。

根据施工进度计划，汛前坝体可砌筑至 888.00m 高程，而溢流坝段设计堰顶高程为 912.00m，高于汛前坝体砌筑高程，汛期无法采用设计溢洪道泄流。大坝为细石混凝土砌毛石重力坝，可考虑预留缺口泄洪，因此汛期导流方式确定为由隧洞和大坝预留缺口联合泄流。

## 4 导流时段和导流流量

根据施工总进度安排，大坝施工位于关键线路，其施工导流时段在枯季选择。根据水文计算，枯期不同时段的 5 年一遇洪峰及洪量见表 3。

**表 3　　枯期不同时段洪峰及洪量表（频率：20%）**

| 时　段 | 洪峰/($m^3/s$) | 洪量/万 $m^3$ |
|---|---|---|
| 10 月至次年 3 月 | 6.2 | 6.5 |
| 10 月至次年 4 月 | 9.9 | 9.7 |
| 11 月至次年 3 月 | 3.2 | 3.6 |
| 11 月至次年 4 月 | 7.6 | 7.7 |

11 月至次年 3 月：历时 5 个月，施工时段最短，为满足坝体度汛要求，大坝施工工期较紧，该时段不考虑。

10 月至次年 3 月和 11 月至次年 4 月：均历时 6 个月，施工时段相同，这两个时段 5 年一遇流量分别为 6.2$m^3/s$、7.6$m^3/s$，经拟定的导流隧洞泄流，导流规模基本相同，两个时段均可考虑。

10 月至次年 4 月：历时 7 个月，与 10 月至次年 3 月和 11 月至次年 4 月相比，施工时段增加 1 个月，可延长大坝填筑工期。10 月至次年 4 月 5 年一遇流量为 9.9$m^3/s$。10 月至次年 4 月的流量较 10 月至次年 3 月的流量大 59.7%；通过拟定导流隧洞泄流，经水力计算，进口水深（围堰规模）相对增大 17.5%，导流工程投资差别不大。

根据施工进度安排，在 10 月至次年 3 月、11 月至次年 4 月、10 月至次年 4 月等时段内，均可将大坝填筑至度汛高程，且坝体填筑强度相差不大。

经以上综合比较，从大坝度汛填筑强度要求，合理安排工期，控制临建工程投资等方面考虑，选择导流时段为 10 月至次年 4 月（7 个月），相应 5 年一遇导流设计流量为 9.9$m^3/s$。

## 5 导流建筑物设计

### 5.1 导流建筑物平面布置

根据地形地质条件，导流隧洞布置在左岸。经平面布置，导流隧洞及进、出口明渠总长约 184.9m。为平顺水流，还需开挖隧洞出口明渠处河道滩地，长约 37.2m。

根据地形条件，并考虑在坝址上游预留施工交通和筑坝材料堆放空间，上游围堰布置在导流隧洞进口的下游，选择河床高程较高、宽度较窄的位置。下游围堰布置在出口明渠的上游。如图1所示。

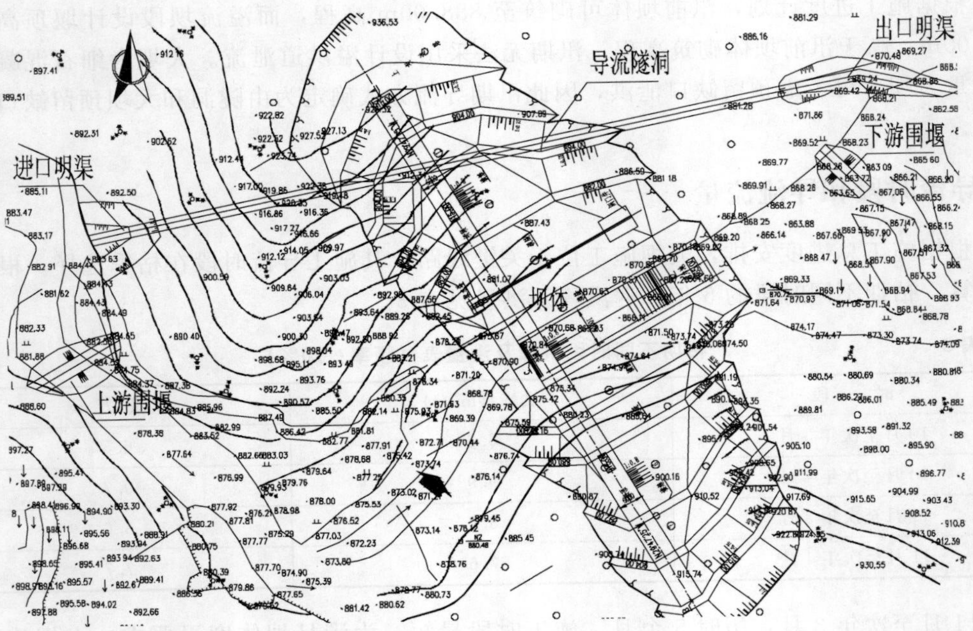


图1　导流建筑物布置平面图

## 5.2　导流隧洞设计

### 5.2.1　导流隧洞和进、出口明渠纵断面

根据导流隧洞轴线地质纵剖面图，结合进、出口河道高程，确定导流隧洞和进、出口明渠的纵断面布置。设计进口明渠为平底，导流隧洞和出口明渠采用直斜式断面。

进口明渠长5m，平底，底高程883.24m；导流隧洞长143.5m，进口底高程883.24m，出口底高程872.09m，底坡7.78%；出口明渠长36.4m，始端底高程872.09m，末端底高程869.24m，底坡7.78%，与隧洞相同。为平顺水流，还需开挖隧洞出口明渠处河道滩地，长约37.2m，与河道平顺连接。

### 5.2.2　导流隧洞横断面

导流隧洞横断面采用城门洞型，该型式断面应用广泛、施工简单，相对于圆形断面枯期泄流能力较大，有利于降低截流难度及围堰高度。断面尺寸设计考虑以下因素：

（1）施工临时度汛采用隧洞和坝体预留缺口联合泄流，导流隧洞断面尺寸满足枯期导流流量过流即可。

（2）度汛期间，在水库调蓄作用下，须保证导流隧洞为有压流状态。

导流隧洞有压流泄流能力基本计算公式为

$$Q=\mu A_d\ \sqrt{2g(H_0+il-h_p)}=\mu A_d\ \sqrt{2gZ_0}$$

有压状态下上游水位：

$$H_0=\frac{Q^2}{2g\mu^2A_d^2}-il+h_p$$

式中　$h_p$——出口底板以上的计算水深，m；

$Z_0$——计入行进流速水头的上、下游计算水位差，m；

$\mu$——流量系数，自由出流或者管道断面沿程不变时：$\mu=\dfrac{1}{\sqrt{1+\sum\xi+\dfrac{2gl}{C_d^2R_d}}}$，管道沿程变化时：$\mu=\dfrac{1}{1+\sum\xi_i\left(\dfrac{A_d}{A_{di}}\right)^2+\sum\dfrac{2gl_i}{C_d^2R_d}\left(\dfrac{A_d}{A_{di}}\right)^2}$；

$l$——隧洞长度，m；

$i$——隧洞底坡；

$l_i$，$A_{di}$——隧洞分段长度和断面面积，$m^2$；

$\sum\xi$——进口及管内局部水头损失之和；

$\xi_i$——某一局部能量损失系数；

$C_d$，$R_d$——谢才系数和水力半径；

$C_{di}$，$R_{di}$——分段的谢才系数和水力半径；

$A_d$——管道出口计算断面面积，$m^2$。

拟定两种断面尺寸：方案①断面尺寸1.5m×1.8m（宽×高），方案②断面尺寸1.8m×2.2m（宽×高），进行水力学计算和调洪演算，见表4。

**表4　导流隧洞横断面尺寸方案比较**

| 项　　目 | | 方案① | 方案② |
|---|---|---|---|
| 导流隧洞相关参数 | 断面尺寸（宽×高）/(m×m) | 1.5×1.8 | 1.8×2.2 |
| | 断面面积/$m^2$ | 2.51 | 3.688 |
| | 进出口高程、长度/m | 883.24、869.24、143.50 | |
| 导流和度汛指标 | 导流设计流量/($m^3$/s) | 9.9 | 9.9 |
| | 进口水位/m | 885.52 | 884.7 |
| | 平均流速/(m/s) | 3.94 | 2.68 |
| | 汛前坝体填筑高度/m | 26 | 25 |

从枯期坝体填筑施工强度分析，方案①>方案②，但填筑强度相差较小；

从导流隧洞流速分析，度汛期间平均流速相差不大，且不超过12m/s；

从导流工程规模比较：因枯期洪水较小，相应的围堰规模较小，导流洞规模为导流工程规模的主要控制因素，方案①<方案②。

综合坝体填筑施工强度、过流流速、导流工程规模、施工难易程度等因素，考虑导流洞断面尺寸采用方案①1.5m×1.8m（宽×高）。

**5.2.3**　导流隧洞设计

（1）选定断面水力计算。由上所述，进口明渠长5m，平底；导流隧洞长143.5m，出口明渠长36.4m，采用直斜式断面，底坡7.78%；隧洞横断面为城门洞型，断面尺寸1.5m×1.8m（宽×高），顶拱中心角120°，断面面积$2.51m^2$。

经水力计算，当通过10月至次年4月5年一遇导流流量$9.9m^3/s$时，进口水深

2.28m，上游水位 885.52m。

（2）隧洞衬砌。

根据地质情况和围岩类别，将隧洞分为进口段、中间段、出口段，长度分别为 10.1m、116.7m、16.6m，采取不同型式进行衬砌加固。

隧洞进口段、出口段围岩均为Ⅳ类，采用复合衬砌加固。边墙和顶拱先用挂网喷锚支护，采用 $\phi 25(L=2.0\text{m})$ 水泥砂浆锚杆，间距、排距均为 1.0m，梅花形布置，挂网钢筋 $\phi 8$@20cm×20cm，喷 C20 混凝土厚 15cm；二次衬砌为全断面 C25 钢筋混凝土衬砌，厚 30cm。

隧洞中间段围岩为Ⅲ类，边墙和顶拱用挂网喷锚支护，采用 $\phi 25(L=2.0\text{m})$ 水泥砂浆锚杆，间距、排距均为 1.0m，梅花形布置，挂网钢筋 $\phi 8$@20cm×20cm，喷 C20 混凝土厚 15cm；底板用 C20 素混凝土找平，厚 20cm。

（3）洞脸支护。

根据地质条件，隧洞进、出口洞脸按 1：0.75 放坡，边坡开挖后进行锚喷支护，采用 $\phi 25(L=5.0\text{m})$ 水泥砂浆锚杆，间距、排距均为 2.0m，梅花形布置，挂网钢筋 $\phi 8$@20cm×20cm。

（4）封堵闸门井。

封堵闸门井布置于隧洞进口，采用 C20 钢筋混凝土浇筑，设置钢筋混凝土叠梁门，用于后期隧洞封堵。

## 5.3 进、出口明渠设计

进口明渠底宽 3.0m，两岸边坡 1：2，平底，底高程 883.24m。因流速较大，过水断面用 M10 浆砌石衬砌，厚 0.2m。

出口明渠底宽 3m，两岸边坡 1：2，底坡 7.78%，始端底高程 872.09m，末端底高程 869.24m。因流速较大，过水断面用 M10 浆砌石衬砌，厚 0.2m。

滩地开挖段底宽 3m，两岸边坡 1：2，底高程与河底高程平顺连接，断面不衬砌。

## 5.4 围堰设计

围堰设计原则：保证其挡水期边坡稳定且防渗性能良好，对渗入堰体的水体具备上堵下排的功能。围堰跨汛期运行，汛期水位大大超过堰顶，待汛期过后需对围堰进行整修，保证第二个枯期正常运行。围堰须在水库蓄水前拆除。

### 5.4.1 上游围堰

（1）横断面设计。

由前所述，导流流量 $9.9\text{m}^3/\text{s}$ 经导流隧洞下泄时，隧洞进口水位为 885.52m。考虑安全超高 0.5m 和波浪爬高后，堰顶高程定为 886.10m。河床底高程 881.00～882.56m，最大堰高约 5.1m，堰顶长度约 30m。

围堰顶宽为 4m，上、下游边坡均为 1：2.5；围堰中心设黏土心墙，顶宽 0.5m，边坡 1：0.5；心墙两侧再用围堰基坑开挖土和滩地土填筑至设计断面。

（2）防渗设计。

根据地勘资料，围堰基础覆盖层为冲洪积砂砾石夹黏土，厚 0～1m，透水率大，不宜做围堰基础；下伏基岩为石炭系下统大塘组旧司段（$C_1d^2$）深灰色中厚层灰岩，夹燧石灰岩、硅质岩，岩体强风化厚2～6.5m，下伏弱风化厚度大。考虑将在围堰黏土心墙底部开挖截水槽，清除砂砾石夹黏土层，并适当清理一定厚度的强风化层，再用黏土回填。

（3）防冲设计。

汛期水位远高于堰顶高程，围堰过水。为减轻过水影响，以利汛后挡枯期来水，对围堰采取必要的防护加固措施。全断面用M10浆砌石防护，堰前和堰后坡脚抛填乱石护脚。

准备度汛前，先做好坝面临时度汛措施，并在基坑内预充水，以减少水流对围堰的冲刷。汛期过后，抽排基坑内明水，按围堰设计断面修补水毁部位，并注意检查黏土心墙完整性。

**5.4.2** 下游围堰

（1）横断面设计。

当导流流量9.9$m^3/s$通过下游河道下泄时，按明渠均匀流进行经水力计算，下游河道水位为863.22m。考虑安全超高0.5m和波浪爬高后，堰顶高程定为863.80m。河床底高程约为862.00m，最大堰高约为1.8m，堰顶长度约为35.5m。

下游围堰断面型式与上游围堰相同，不再赘述。

（2）防渗和防冲设计。

下游围堰防渗和防冲设计与上游围堰类似，不再赘述。

## 6 施工度汛

由前所述，临时度汛洪水标准采用10年一遇全年洪水，施工度汛设计流量50.8$m^3/s$，洪水总量39.1万$m^3$。

根据施工进度安排，考虑坝体设计方案，汛前坝体可砌筑至890.00m高程左右。考虑预留2m安全超高，度汛水位按888.00m控制，汛期来水通过导流隧洞和坝体缺口联合泄流。

坝前水位888.00m时，经导流隧洞有压泄流能力计算，隧洞可下泄流量22.89$m^3/s$，因此坝体缺口需下泄流量27.91$m^3/s$。按糙率0.04，比降1∶200进行水力计算，坝体预留缺口宽6m时，水深为2.23m，流速为2.08m/s；因此预留缺口尺寸为6m×4.43m（宽×高）。

## 7 导流程序

根据施工导流和施工临时度汛设计，结合施工进度安排，拟定导流程序如下：

（1）第一年6月初到9月底，进行导流隧洞、左右岸坝肩常水位以上土石方开挖、取水塔下部等工程施工，原河床过流。

（2）第一年10月初主河道截流，第一年10月初至第二年4月底进行围堰填筑、坝基土石方开挖、固结灌浆、帷幕灌浆、坝体砌筑等。期间由围堰挡水、导流隧洞泄洪，导流标准为枯期5年一遇洪水，流量为9.9$m^3/s$，上游水位为885.52m。

（3）第二年5月初至9月底，由坝体临时断面挡水度汛，汛期来水通过导流隧洞和坝体预留缺口联合泄洪。汛前坝体砌筑至890.00m高程，预留2m安全超高，度汛水位按

888.00m 控制。坝前水位 888.00m 时，隧洞可下泄流量 22.89$m^3/s$；坝体缺口下泄流量 27.91$m^3/s$，预留缺口尺寸为：6.00m×4.43m（宽×高）。

（4）第二年 10 月初至第三年 4 月上旬，进行上游坝面、下游坝面、溢流堰、部分坝顶工程等施工，取水兼放空管道安装、闸门安装等。期间由修复后的围堰挡水、导流隧洞导流，导流标准为枯期 5 年一遇洪水，流量为 9.9$m^3/s$，上游水位为 885.52m。

（5）第三年 4 月中旬至 4 月底，拆除围堰，导流隧洞下闸，开始封堵，封堵期由大坝挡水。封堵洪水标准为 4 月份 5 年一遇月平均流量 0.071$m^3/s$。导流隧洞进口封堵和隧洞堵头施工完成后，工程进入运行期，工程度汛标准按永久运行标准执行，坝体挡水，溢洪道过流。

## 8 结语

本文根据工程水文地质条件及工程需求，对工程施工导流方式、导流标准、导流建筑物设计等进行了方案论证分析，并充分考虑施工期度汛要求进行施工导流方案设计，对指导工程实施具有指导作用，也对类似工程的施工导流设计具有借鉴意义。

**【作者简介】**

娄西国（1979—　），男，山东聊城人，工程师，主要从事水利水电工程施工组织设计工作。

# 蓝筹电站调压井加固改造设计

付　欣　谭志军

（中水东北勘测设计研究有限责任公司，吉林长春，130021）

【摘　要】 蓝筹电站建于伪满时期，运行多年属于超期服役工程。本文根据蓝筹电站调压井存在的主要问题，提出调压井加固改造的合理方案。

【关键词】 蓝筹电站　调压井　加固改造钢衬

## 1　电站基本情况

蓝筹电站位于黑龙江省东南边陲的牡丹江上游宁安市境内，利用牡丹江上游的镜泊湖水发电，兼顾下游工农业和生活用水。

蓝筹电站为引水式电站，总装机容量为36MW，多年平均发电量1.033亿kW·h，年利用小时数2869h。引水发电系统由进水口、引水隧洞、调压井、上蝶阀室、压力钢管和发电厂房组成。发电厂房内布置两台单机容量为18MW的立式混流发电机组，机组额定引用流量为43.3$m^3/s$，发电额定水头为53.0m。工程始建于1939年，1942年6月1号机组开始发电，同年12月2号机组投入运行，1945年日本投降时，电站设备遭到严重破坏。1946年11月1号机组恢复发电，1948年5月2号机组恢复发电。

## 2　调压井基本情况、存在的主要问题及其影响分析

现有调压井中心位于原设计桩号3＋060.00，地面高程为344.00m，为差动式调压井，底板高程为331.80m，顶高程为362.15m，总高度为30.35m。调压井过水断面为圆形，内径为23m，井壁为钢筋混凝土结构，地面以上井壁厚度为0.5～1.0m，地面以下井壁厚度为1.1～1.4m。井壁内侧在高程348.60m以下采用钢板衬砌，由上至下钢板厚度分别为6mm、9mm和12mm。升管过水断面为圆形，内径为4.5m，壁厚为0.55m，升管溢流堰堰顶高程为358.00m，升管底部设有6个圆形阻抗孔，孔径为1m，沿升管周边均匀布置。

蓝筹电站兴建于伪满时期，运行至今已有70余年，属超期服役工程。通过外观、超声波和回弹等多种方式检测，调压井存在井筒混凝土老化、表层混凝土脱落、骨料外露、新老混凝土之间有施工冷缝和井壁内衬钢板向井内鼓出等问题。

调压井外部：表面大部分原有的混凝土层已脱落，露出粗骨料，局部漏水部位钢筋外露，混凝土强度降低。能明显看到几层水平浇筑缝，缝隙已张开；调压井内部：有数处钢

板向塔内鼓出，和外围混凝土脱空。钢板表面局部出现黄色锈泡，较分散，锈蚀严重；调压井混凝土超声波波速值范围在3660～4170m/s之间，波速降低范围为7%～19%，回弹平均值范围为24.8～41.2，碳化深度大于6mm，说明混凝土表面老化严重。

现有调压井存在的井筒混凝土老化、表层混凝土脱落、骨料外露、新老混凝土之间有施工冷缝和井壁内衬钢板向井内鼓出等问题将影响到调压井的安全运行。主要的影响分析如下：

机组负荷突然变化，调压井出现较高涌浪时，内水将沿混凝土之间的裂缝向外渗出，加剧混凝土的破坏；调压井内衬钢板向井内鼓出，钢衬和井壁混凝土之间脱空，造成钢衬传力不均匀而产生应力集中，导致钢衬局部应力过大而破坏，从而影响调压井结构的整体稳定性；调压井距离发电厂房很近，调压井的安全也直接影响到发电厂房的安全。

为了消除安全隐患，需要对调压井进行加固处理。

## 3　调压井涌波和井壁结构复核计算

### 3.1　调压井涌波计算

控制工况下阻抗孔面积计算值为4.77m$^2$，最低涌波水位为333.28m。现有调压井阻抗孔面积为4.71m$^2$，调压井处压力水道顶部高程为331.00m，增效扩容后阻抗孔面积基本能够满足要求。“上游调压室最低涌波水位与调压室处压力引水道顶部之间的安全高度应不小于2m”说明最低涌波水位能够满足增效扩容的要求。

在控制工况下最高涌波水位为362.15m，现有调压井顶高程为360.50m，不能够满足增效扩容的要求，需要对调压井进行加高改造。

### 3.2　调压井井壁结构复核计算

现有调压井为圆形断面，内径为23m，井壁在高程348.60m以下为钢衬钢筋混凝土结构，井壁厚度为1.4～0.8m，由上至下钢衬厚度分别为6mm、9mm和12mm。在高程348.60m以上为钢筋混凝土结构，井壁厚度为0.8～0.5m。

钢衬钢筋混凝土结构为钢衬与钢筋联合受力承受内水压力，钢筋混凝土结构由钢筋承受内水压力，均不考虑混凝土的抗力强度，对增效扩容后调压井井壁结构安全系数进行复核计算。

通过复核计算，在机组正常运行工况下，调压井井壁高程348.60m以下钢衬钢筋混凝土结构和高程348.60m以上钢筋混凝土结构总安全系数均能够满足增效扩容要求，在全部机组丢弃负荷工况下，调压井井壁高程348.60m以下钢衬钢筋混凝土结构总安全系数，均能够满足增效扩容要求，高程348.60m以上钢筋混凝土结构总安全系数均不能够满足增效扩容要求，需要对该部位调压井井壁进行加固处理。

## 4　调压井加固改造设计

经复核计算，增效扩容后调压井最高涌波水位为362.15m，本次加固改造将调压井顶高程加高至363.20m；现有调压井井壁在高程348.60m以上钢筋混凝土结构总安全系数均不能满足增效扩容要求，需要对该部位调压井井壁结构进行加固处理。

考虑到施工方便和尽量减少对电站正常运行的影响，拟在调压井高程 342.00m 以上部分井壁外侧加设钢衬，在现有调压井结构顶部加设钢板混凝土井壁至高程 363.20m；对调压井内现有内衬钢板进行局部修复并对钢衬以上部位井壁内侧喷涂 2mm 厚聚脲进行防渗处理。

### 4.1 调压井内部加固设计

对于向内部鼓起的内部钢衬，用制作好的磨具加千斤顶顶回原状，并用锚栓固定；在钢衬下部 5m 范围内（高程 331.80～336.80m），用锚栓加强钢衬与井壁之间的联系，锚栓采用梅花形布置，间距、排距均为 0.5m；用锤击法进行检查，对钢衬与井壁之间存在脱空部位进行接缝灌浆；对钢衬内表面用环氧沥青防锈漆进行防腐处理，对钢衬以上部位井壁内侧喷涂 2mm 厚聚脲进行防渗处理。

### 4.2 调压井外部加固与顶部加高设计

首先将调压井高程 342.00m 以上部位井壁外部表面混凝土全断面进行凿毛处理，然后紧贴调压井外部轮廓（即为调压井井壁构造柱外边缘）架设一层外钢衬并用锚栓将其固定在调压井井壁上，钢衬顶高程为 363.20m，内径 25m，厚度 10mm，锚栓间排距为 0.5m；在钢衬与现有井壁之间的缝隙中灌注 C20 细石混凝土，使外钢衬与原井壁混凝土紧密结合；在高程 360.50m 以上钢衬内侧加设一层混凝土井壁，井壁顶高程为 363.20m，内径 24m，壁厚 0.5m。用锤击法进行检查，对钢衬与井壁之间存在脱空部位进行接缝灌浆，对钢衬外表面进行喷锌防腐处理。

调压井加高后，现有调压井顶盖仅有 6 个直径 1m 的通气孔与上部相连通，为了改善调压井顶盖在井内出现较高涌波时的受力条件和过流条件，需将现有通气孔周边顶板混凝土进行凿除，使通气孔直径扩大至 2m。

## 5 结语

东北严寒地区，反复的冻胀作用最易使混凝土发生破坏，尤其是老旧的容易渗水的混凝土结构。调压井内部涂刷聚脲、外部加设喷锌钢衬方案，基本能解决混凝土渗水问题和冻胀破坏问题，保证电站正常运行。

**【作者简介】**

付欣（1974—　），男，高级工程师，吉林长春人，主要从事水利水电工程设计工作。

# 白鹤滩水电站导流隧洞柱状节理发育洞段动态支护设计

朱少华　李　军　张志鹏　蒋浩江

（中国电建集团华东勘测设计研究院有限公司，浙江杭州，311122）

【摘　要】 柱状节理是玄武岩特有的构造。柱状节理玄武岩不仅表现出明显的各向异性，而且具有解除围压后易松弛的特点，其在白鹤滩水电站5条导流隧洞中均有出露。根据导流隧洞柱状节理发育段开挖后出现的混凝土喷层开裂、边墙松弛变形的情况，并结合钻孔声波松弛监测、围岩变形监测以及锚杆应力监测成果，及时开展动态支护设计，调整开挖爆破方式和典型支护参数，确保了大开挖跨度情况下导流隧洞柱状节理发育段的洞室围岩稳定。

【关键词】 水工结构　导流隧洞　柱状节理　初期支护　动态设计　白鹤滩水电站

## 1　引言

白鹤滩水电站位于金沙江下游四川省宁南县和云南省巧家县境内，距巧家县城45km。工程枢纽由拦河坝、泄洪消能建筑物和引水发电系统等主要建筑物组成。拦河坝为混凝土双曲拱坝，坝顶高程为834.00m，最大坝高289m，坝下游布置水垫塘和二道坝；左岸布置3条泄洪隧洞，采用无压直洞布置方案；地下厂房系统采用首部开发方案，分别对称布置在左、右两岸，厂房内各安装8台单机容量为1000MW的水轮发电机组，电站装机容量16000MW。

白鹤滩水电站施工导流采用全年断流围堰、隧洞导流的方式，左右岸共布置5条导流隧洞，左岸3条，右岸2条，从左岸至右岸依次为1～5号导流隧洞，隧洞总长为8980.26m，各条导流隧洞特性见表1。

表1　　导流隧洞特性表

| 导流隧洞编号 | 进口高程/m | 出口高程/m | 洞长/m | 有坡段底坡 $i$/% | 断面尺寸/m |
|---|---|---|---|---|---|
| 1号 | 585.00 | 574.00 | 2007.63 | 0.762 | 17.5×22.0 |
| 2号 | 585.00 | 574.00 | 1791.31 | 0.851 | 17.5×22.0 |
| 3号 | 585.00 | 574.00 | 1584.82 | 0.947 | 17.5×22.0 |
| 4号 | 585.00 | 574.00 | 1650.87 | 0.903 | 17.5×22.0 |
| 5号 | 605.00 | 574.00 | 1945.63 | 2.192 | 17.5×22.0 |

导流隧洞沿线为单斜岩层，左岸岩层产状为 N40°～50°E，SE∠15°～20°，右岸岩层产状为 N45°～50°E，SE∠17°～20°，出露二叠系上统峨眉山组玄武岩。自下游至上游依次出露层位为 $P_2\beta_2^3$、$P_2\beta_3$、$P_2\beta_4$ 层，岩性主要有杏仁状玄武岩、隐晶质玄武岩、斜斑玄武岩、柱状节理玄武岩、角砾熔岩及凝灰岩等。

柱状节理是玄武岩特有的构造，它将玄武岩切割成六棱柱或其他形状不规则的棱柱状。导流隧洞柱状节理玄武岩主要指 $P_2\beta_3^2$ 层、$P_2\beta_3^3$ 层柱状节理玄武岩，在左岸 1～3 号导流隧洞和右岸 4 号、5 号导流隧洞中均有出露。左岸 $P_2\beta_3^2$ 层主要为第二类柱状节理玄武岩，柱体直径一般为 25～50cm，倾伏向 N45°～55°W，倾角 70°～80°，导流隧洞右壁为顺倾，左壁为逆倾；$P_2\beta_3^3$ 层主要为第一类柱状节理玄武岩，柱体直径一般为 8～23cm，倾伏向 N40°～50°W，倾角 72°～78°，右壁为顺倾，左壁为逆倾。右岸 $P_2\beta_3^2$、$P_2\beta_3^3$ 层主要为第一类柱状节理玄武岩，柱体直径一般 20cm，柱体长度 1～2m，倾伏向 N30°～50°W，倾角 75°，右壁为顺倾，左壁为逆倾。柱状节理柱面一般附着光滑软弱的绿泥石薄膜，未松弛状态下，柱体紧密镶嵌，柱体内隐微裂隙发育，柱状节理及微裂隙切割后岩体中岩块的直径一般为 10cm 左右。导流隧洞柱状节理玄武岩出露位置桩号见图 1 和表 2。

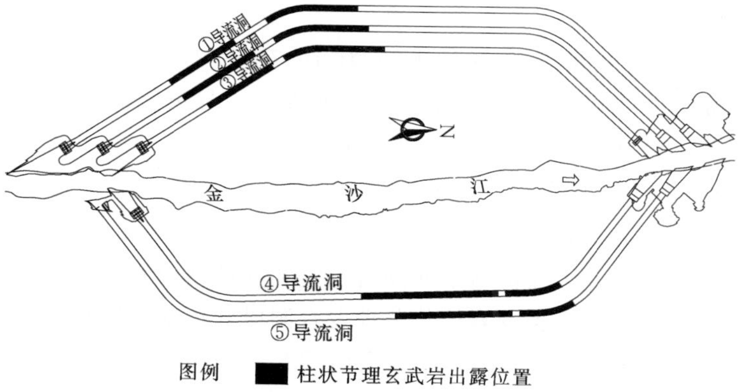


图 1　导流隧洞柱状节理玄武岩出露位置示意图

**表 2　　导流隧洞柱状节理玄武岩出露桩号一览表**

| 导流隧洞编号 | 桩　号/m | 岩 性 特 征 |
|---|---|---|
| 1 号 | K0+370～K0+591 | $P_2\beta_3^3$ 层第一类柱状节理玄武岩 |
| | K0+591～K0+680 | $F_{17}$ 断层带影响带及 $P_2\beta_3^2$ 层角砾熔岩 |
| | K0+680～K0+925 | $P_2\beta_3^2$ 层第二类柱状节理玄武岩 |
| 2 号 | K0+287～K0+530 | $P_2\beta_3^3$ 层第一类柱状节理玄武岩 |
| | K0+530～K0+600 | $F_{17}$ 断层带影响带及 $P_2\beta_3^2$ 层角砾熔岩 |
| | K0+600～K0+848 | $P_2\beta_3^2$ 层第二类柱状节理玄武岩 |
| 3 号 | K0+240～K0+458 | $P_2\beta_3^3$ 层第一类柱状节理玄武岩 |
| | K0+458～K0+500 | $F_{17}$ 断层带影响带及 $P_2\beta_3^2$ 层角砾熔岩 |
| | K0+500～K0+767 | $P_2\beta_3^2$ 层第二类柱状节理玄武岩 |

续表

| 导流隧洞编号 | 桩 号/m | 岩 性 特 征 |
|---|---|---|
| 4号 | K0+756～K1+149 | $P_2\beta_3^3$ 层第一类柱状节理玄武岩 |
| | K1+068～K1+317 | $P_2\beta_3^2$ 层第一类柱状节理玄武岩 |
| 5号 | K1+002～K1+338 | $P_2\beta_3^3$ 层第一类柱状节理玄武岩 |
| | K1+298～K1+510 | $P_2\beta_3^2$ 层第一类柱状节理玄武岩 |

注：柱状节理玄武岩出露桩号指最大分布范围。

柱状节理玄武岩洞段围岩主要为柱状镶嵌结构，围岩类别以Ⅲ$_1$ 类为主，$F_{17}$ 断层、$RS_{334}$层内错动带等部位为Ⅳ类。

根据地质勘探和实验研究，柱状节理玄武岩节理、微裂隙和缓倾角结构面发育，不仅表现出明显的各向异性，而且具有解除围压后易松弛的特点，因此白鹤滩水电站导流隧洞柱状节理发育洞段如何确保在大开挖跨度情况下洞室的围岩稳定，其开挖支护参数及其动态调整过程具有一定的指导和借鉴意义。

## 2 柱状节理发育洞段设计支护参数

### 2.1 导流隧洞开挖分层

白鹤滩水电站导流隧洞典型开挖断面为 19.7m×24.2m，过流断面为 17.5m×22.0m。根据断面尺寸、施工机械性能和施工通道布置，导流隧洞分上、中、下三层开挖支护，其中上层开挖高度为 10.0m，中层开挖高度为 10.5m，下层开挖高度为 3.7m。

### 2.2 设计支护参数

导流隧洞洞身支护分为初期支护和永久支护。

导流隧洞开挖断面大，为保证施工期围岩稳定和支护结构安全，初期支护主要采用喷锚联合支护措施。以典型的Ⅲ类围岩柱状节理发育洞段开挖支护参数为例，初期支护主要采用喷 15cm 厚钢纤维混凝土，C25、$L=4.5$m/C28、$L=6$m 砂浆锚杆@1.2m×1.2m 间隔布置；遇层间、层内错动带等Ⅳ类围岩柱状节理发育洞段，初期支护采用预应力锚杆、刚拱肋和钢拱架等措施加强支护。

永久支护采用钢筋混凝土衬砌，根据地质条件、作用荷载和运行条件的不同，衬砌厚度为 1.0～2.4m 不等。

## 3 动态支护设计

在工程实施阶段，随着导流隧洞柱状节理发育洞段的开挖，隧洞顶拱出现了诸如混凝土喷层裂缝、塌落，边墙岩体松弛、垮塌等现象，根据上述情况，并结合钻孔声波松弛监测、围岩变形监测以及锚杆应力监测成果，及时开展动态支护设计，调整相关开挖支护参数，确保了导流隧洞施工期安全稳定。

### 3.1 岩体松弛与开挖支护时效规律

柱状节理岩体松弛深度与程度具有随洞室分层开挖而逐步发展和渐进劣化的特点。为了获得导流隧洞柱状节理岩体卸荷松弛与开挖支护时效规律特性，进而为设计和施工方案动态调整提供依据，白鹤滩水电站导流隧洞开挖支护过程中针对柱状节理发育洞段采用了钻孔声波测试的手段监测围岩松弛效应。

钻孔声波测试通过在导流隧洞边顶拱钻孔，以钻孔深部原位围岩的声波波速值的变化作为判定松弛的依据，即围岩声波波速明显降低区域为松动圈[2]。根据在4号导流隧洞典型断面的测试，开挖后2d立即测试，岩体松弛深度约为1.0～2.0m；开挖后9d，左右边墙松弛深度明显增大，左边墙为1.5～3.0m，右边墙为2.6～4.0m；开挖后20d测试，左边墙松弛深度为2.0～3.3m，右边墙达到约4.5m，进行锚喷支护后，松弛深度进入平稳收敛状态。

另一方面，在未有效支护的条件下，柱状节理岩体松弛深度会不断向围岩深部发展，导流洞最大松弛深度左岸一般为2～4m，右岸6～7m。

### 3.2 快速支护措施

鉴于柱状节理岩体具有很强的时效松弛特性，为防止开挖后围岩松弛变形不断扩展，首先采取了一系列快速支护措施。

（1）要求柱状节理洞段开挖后支护施工及时跟进，控制爆破后至系统支护完成时间不超过7d，控制系统支护面距开挖掌子面不超过30m。

（2）柱状节理洞段锚杆钻孔易塌孔，层间、层内错动带发育部位更为突出，为保证系统支护的及时性，针对局部锚杆塌孔，经洗孔、灌浆固壁后仍塌孔的洞段，采用自进式锚杆替代原砂浆锚杆。

（3）为确保柱状节理洞段设计的预应力锚杆能及时张拉对围岩施加围压，抑制松弛变形，将柱状节理洞段顶拱原预应力锚杆（C32，$L=9$m，$T=150$kN）调整为胀壳式预应力中空注浆锚杆。

### 3.3 系统支护参数调整

根据柱状节理洞段钻孔声波松弛监测、围岩变形监测以及锚杆应力监测成果，对系统支护参数及时进行调整。

（1）对柱状节理洞段，在中层及下层开挖前，左右边墙各采用2排预应力锚杆（C32，$L=9$m，$T=150$kN）替换原系统锚杆。

（2）将柱状节理洞段中层C28、$L=6$m系统锚杆调整为C28、$L=6$m/C32、$L=9$m锚杆间隔布置。

### 3.4 开挖爆破方式调整

导流隧洞柱状节理洞段中下层开挖原采用两侧预裂爆破、中部梯段爆破的方式进行开挖。根据数值仿真分析，该种开挖方式导致边墙岩体形成3～4m左右的松动圈，诱发边墙柱状节理岩体应力释放与松弛，不利于中、下层开挖边墙围岩的稳定。

现场实际情况也表明该种开挖爆破方式导致边墙松弛破坏较明显，同时也造成锚杆钻孔易塌孔，支护跟进困难，进而加剧了边墙的垮塌。

为保护中下层边墙岩体的质量，及时调整了开挖爆破方式，对于柱状节理玄武岩洞段中下层开挖，边墙严禁采用在无临空面的条件下直接紧贴设计边线预裂爆破的方式，要求采用中部抽槽、两侧边墙光面爆破的施工方式。

## 4 典型洞段实例

除了上述面向柱状节理发育洞段的一般性措施外，针对特殊洞段，设计还采取了一系列针对性的动态支护处理措施。现以5号导流隧洞桩号K1＋120～K1＋195m洞段开挖支护过程为例进行说明。

5号导流隧洞桩号K1＋120～K1＋195m段水平埋深约为300～320m、垂直埋深约为500～515m，岩性为$P_2\beta_3^3$层第一类柱状节理玄武岩，柱体直径一般为20cm，倾伏向N30°～50°W，倾角75°，发育层内错动带等缓倾结构面，洞段潮湿，围岩类别主要为$Ⅲ_1$类。

该洞段于2012年8—9月完成上层开挖支护，10月底至11月初完成中层下卧开挖，由于系统支护滞后，至12月下旬，中层右边墙松弛变形严重，造成部分锚杆孔塌孔，局部边墙塌落形成空腔，最大的空腔尺寸达到4m×2m×1m（长×宽×深）。如图2、图3所示。

图2 5号导流隧洞典型洞段右边墙岩体松弛

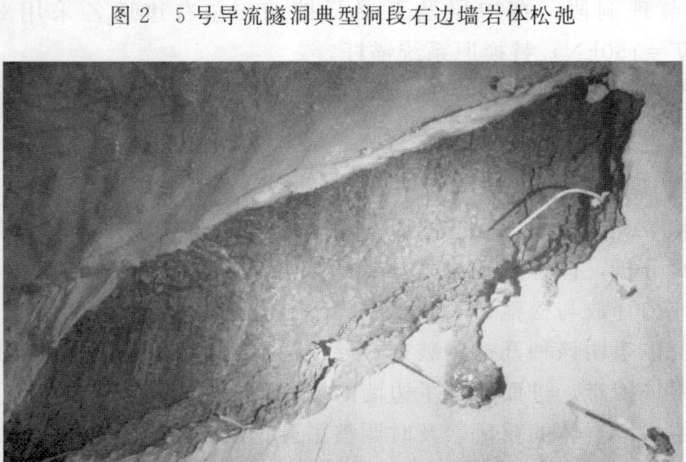

图3 5号导流隧洞典型洞段右边墙塌落空腔

2013 年 1 月初，由于洞室边墙持续松弛变形，设计对支护参数进行了如下调整：

(1) 将该洞段中层边墙所有的普通砂浆锚杆调整为预应力锚杆（C32，$L=9\text{m}$，$T=150\text{kN}$）。

(2) 对该洞段边墙进行系统无压/低压（不大于 0.1MPa）注浆。

(3) 对该洞段增加锚杆应力监测、多点变位计监测和钻孔声波松弛监测。

2013 年 1 月底，根据钻孔声波监测成果，该洞段边墙松动圈深度已达 4.8～7.8m，将该洞段预应力锚杆调整为 C32，$L=12\text{m}$，$T=150\text{kN}$ 预应力锚杆。

后续监测成果显示该洞段围岩变形和松弛深度进入平稳收敛状态，表明上述动态支护设计调整是合理有效的。

## 5 结语

(1) 柱状节理玄武岩具有解除围压后易松弛的特点，其岩体松弛深度与程度具有随洞室分层开挖而逐步发展和渐进劣化的特点。根据在白鹤滩水电站导流隧洞钻孔声波测试的成果，在未有效支护的条件下，导流隧洞围岩最大松弛深度一般可达 2～7m。

(2) 白鹤滩水电站导流隧洞在开挖施工过程中采取动态支护设计，通过调整柱状节理发育洞段开挖爆破方式、控制开挖爆破后系统支护时间、使用自进式锚杆替代普通砂浆锚杆以及使用胀壳式预应力锚杆替代普通预应力锚杆等一系列措施，减少爆破损伤并实现快速支护，有效地防止了松弛变形扩展。

(3) 通过锚杆应力监测、多点变位计监测和钻孔声波松弛监测等手段及时掌握洞室围岩变形规律和状态，从而及时调整锚杆类型和长度、使用预应力锚杆及时施加围压以及采用无压/低压灌浆增强围岩的整体性等措施是确保洞室施工期安全稳定的关键。

## 参考文献


[1] 石安池，唐明发，周其健. 金沙江白鹤滩水电站柱状节理玄武岩岩体变形特性研究 [J]. 岩石力学与工程学，2008，27 (10)：2080 - 2086.

[2] 冯夏庭，李邵军，江权，等. 金沙江白鹤滩水电站开挖强卸荷下导流洞柱状节理玄武岩破坏全过程综合观测实验与反馈分析 [R]. 中国科学院武汉岩土力学研究所，2012.

[3] 金沙江白鹤滩水电站可行性研究报告 [R]. 中国电建集团华东勘测设计研究院有限公司，2013.

[4] 张志鹏，邓渊，蒋浩江，等. 金沙江白鹤滩水电站导流隧洞工程过流专项安全鉴定报告设计自检报告（第二分册）[R]. 中国电建集团华东勘测设计研究院有限公司，2014.

[5] DL/T 5195—2004，水工隧洞设计规范 [S]. 北京：中华人民共和国国家发展和改革委员会，2004.



【作者简介】

朱少华（1987—　），男，陕西宝鸡人，工程师，研究方向为施工组织设计。

# 丰满泄洪兼导流洞出口弧形闸门设计

袁 伟 师小小 马建军

（中水东北勘测设计研究有限责任公司，吉林长春，130021）

【摘 要】 丰满重建工程泄洪兼导流洞出口弧门孔口大，水头高，且有控泄要求，设计难度大。该闸门在设计中对结构进行了优化设计，采用了主纵梁直支臂的框架结构、球型支铰、转铰水封等，并通过流激振动试验和有限元分析对闸门的静动力特性进行了复核验证，最后还进行了闸门原型观测。

【关键词】 弧形闸门 水封 球型支铰 流激振动 有限元 原型观测

## 1 概述

丰满重建工程位于吉林省境内第二松花江干流上的丰满峡谷口，工程开发任务以发电为主，总装机容量 1480MW。该工程金属结构设备主要由泄洪系统（溢流坝）、泄洪兼导流洞系统、引水发电系统及丰满大坝过鱼设施组成。其中泄洪兼导流洞出口 8.8m×8.8m－76m（设计水头）弧形工作闸门因其孔口尺寸大、承压水头高，且具有局部开启要求而成为我公司金属结构设计中综合指标最高、难度最大的一个深孔弧门。

## 2 弧形闸门的主要参数

孔口宽度：8.8m。

孔口高度：8.8m。

设计水头：76.0m。

支铰高度：13m。

面板曲率半径：18.0m。

总水压力：60442kN。

启闭机型式：液压启闭机。

启闭机容量：4000kN/1600kN。

## 3 门型选择及总体布置

泄洪兼导流洞担负着水库泄洪的重要任务，其出口孔口尺寸为 8.8m×8.8m，最大流量为 1933$m^3$/s，最大流速为 25m/s，是大孔口、大流量、高流速的泄水建筑物，因此门型的选择和闸门的布置至关重要。考虑到弧形闸门相比平面闸门孔口侧壁无突变凹槽，过水连续不受干扰，有力地改善了水流条件，且能有效降低启闭设备容量等优点，是目前国内外水电工程中广泛应用的门型之一，特别是对于有局部开启泄流要求的泄洪设施，更是不二选择。经研究确定，泄洪兼导流洞出口采用弧门作为控泄设备。该弧形闸门底槛高程193.00m，弧门半径18.0m，支铰高程206.00m，通过布置在225.50m启闭机平台上的一套4000kN/1600kN液压启闭机操作。如图1所示。

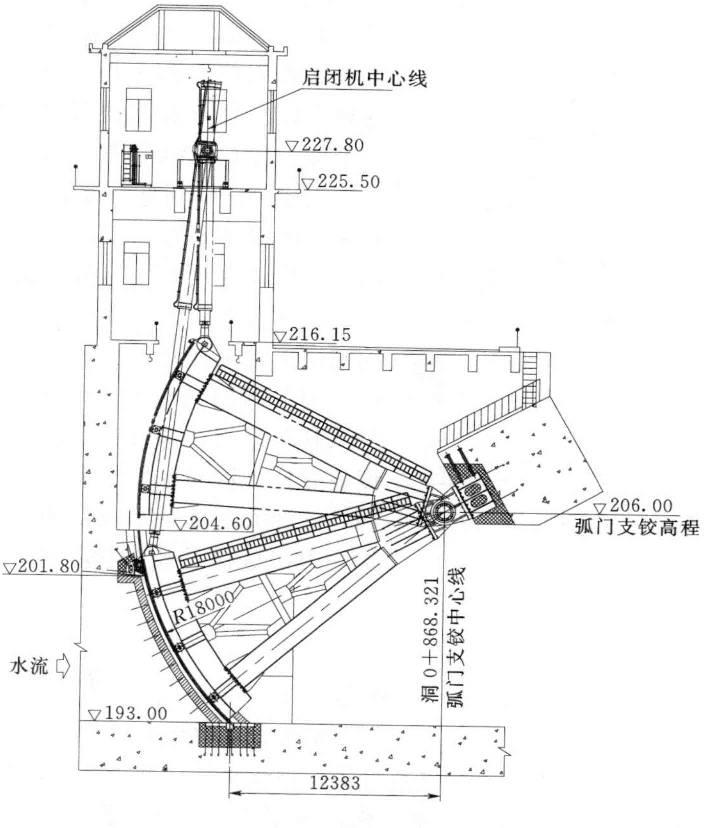


图1　门型选择及闸门布置

## 4　弧形闸门结构设计

为了保证该闸门运行安全可靠以及止水严密，并满足高水头泄水道的运行要求，必须着重研究弧门门体的结构、门槽体型和止水装置设计及布置。并通过模型试验加以论证，满足闸门的强度和刚度要求，满足高速水流的防振减蚀要求，满足闸门的止水要求。

### 4.1　主梁结构设计

从经济性角度考虑，当闸门宽高比大于1时宜采用横主梁结构；而当闸门宽高比小于1时宜采用纵主梁结构。该闸门孔口尺寸为8.8m×8.8m，两种主梁结构均比较经济，但考虑到该闸门运行工况为动水条件，纵主梁的结构布置较横主梁的结构布置整体刚度更大一些，更能适应恶劣的水流条件，因此该闸门在设计时选用了纵主梁框架结构。

### 4.2 支臂结构设计

该闸门孔口大，承受水压力大，宜采用直支臂支撑形式，不仅结构简单、受力明确、抗扭刚度大，而且便于制造及安装。

### 4.3 支铰结构设计

支铰是弧门的关键部件，不仅将整个门叶结构所承受的水压力传递给水工结构，而且闸门的启闭也是通过它的运转来完成的。以往工程深孔弧门大都采用直支臂配合圆柱支铰，这种支铰形式有着结构简单、承载能力强、造价低廉等优点。但考虑到该泄洪兼导流洞出口弧形工作闸门面板曲率半径较大（18m），若支铰同轴度保证不好，其偏差会通过支臂传递给门叶结构，并且放大该偏差值，导致闸门偏转卡阻、支臂平面外弯矩增大，内应力增加，影响闸门正常工作运行。因此，有必要选用具有适当调节闸门制造安装误差功能的球型支铰，虽然其造价相比圆柱支铰贵，但是它能最大限度地避免支铰同轴度控制不好带来的一系列问题，这种关节轴承承载能力也很大，而且免维护，用在这样重要的工程中能使弧门更安全，更能保证工程质量（图2）。

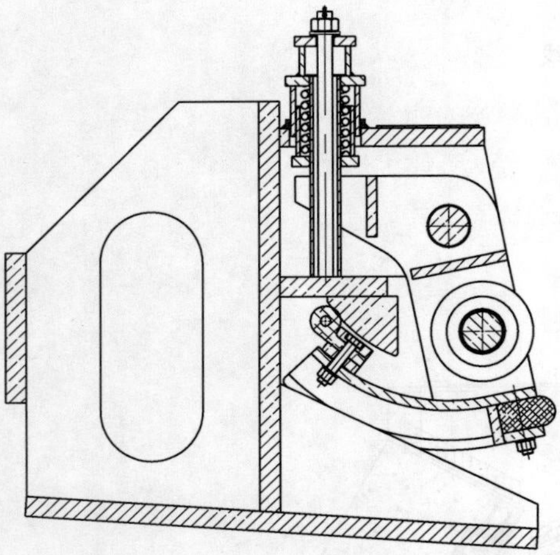

图2　支铰结构设计

### 4.4 止水结构设计

对于高水头闸门来说，水头一高，漏水量就大，止水一旦密封不严将使闸门与埋件产生空蚀和磨损，乃至遭到破坏。国内弧门因顶水封止水效果不好导致闸门漏水严重、封水失效的例子也不在少数，因此设计和选择合理的顶止水结构型式，每每都成为高水头深孔弧形闸门设计的关键。国内外解决高水头弧门的水力学及止水问题，主要采取如下三种型式：

（1）偏心铰闸门，它是利用偏心原理，在闸门支铰部位设置一套偏心操作机构，控制闸门前进或后撤使闸门面板压紧或脱开布置在门槽埋件上的止水元件。

（2）液压伸缩式止水，其工作原理是通过向门槽埋件上的止水橡皮的背腔充压，使止水橡皮外伸顶紧弧门面板，以达到止水目的。这两种止水型式均须采用突扩跌坎式门槽型式，能适应80m以上水头。

（3）滑动转铰式止水，即在闸门孔顶部位设置能适应闸门径向变位的转动顶止水，其优点是结构简单，操作方便，对闸门各项误差的适应能力强，闸门门槽无需突扩，闸后水流流态相对较平顺稳定，多用于50～80m的深孔弧形闸门。

该泄洪兼导流洞出口弧门设计水头是76m，经过对国内常见的几种高压弧形闸门顶水封形式进行了收集和效果比较，在该弧门上采用了类似三峡深孔弧门顶止水的型式，这种顶止水的型式虽然结构复杂但封水效果很好，且全关和开启闸门过程中没有出现射水现象和振动现象。

## 5 弧形闸门流激振动试验研究

该闸门的设计泄水流量较大，有局部开启控泄要求，为避免闸门局部开启时产生强烈振动，须通过试验模态分析获取闸门结构的动力特性数据，通过完全水弹性相似模型流激振动试验进行深入研究闸门结构的振动特性，从试验的角度验证闸门在水压力作用下的动力安全问题，确保闸门结构安全运行。

此外，目前弧形工作闸门的设计假定通常应用平面假定体系，而弧形闸门本身是一个复杂的空间杆件及板壳系统，实际的应力、应变会与通常的计算结果有一定的偏差。而本工程弧形闸门尺寸较大，所以亦有必要根据通常平面假定体系并结合有限元分析进行设计计算和流激振动试验结果，相互验证，力求闸门结构的设计安全、经济合理。

通过试验与有限元分析，对闸门的原有结构采取了相应的优化措施，并提出了相对安全的运行方式，对设计单位、运行管理机构具有重要的指导意义。

## 6 弧形闸门原型观测

为了保证工程安全运行，对于存在振动隐患以及规模大而且没有运行经验的弧形闸门有必要组织进行振动原型观测，根据观测资料评估结构振动的安全性。

该泄洪兼导流洞出口弧门已于2015年8月安装完毕，在当年9月进行了动水启闭试验，并进行了原型观测。限于当时的条件，试验时闸门的工作水头仅为60m左右，没有达到设计水头值，但亦有相当大的参考价值。整个试验过程非常顺利，闸门启闭自如，没有明显的振动，运行相当稳定，闸门的整体应力也保持在比较低的水平。

## 7 结论

该泄洪兼导流洞出口弧门通过理论设计、数模计算、物模试验确定了闸门的最终结构形式及运行方式，再通过原型观测验证了设计，整个设计研究路线是非常正确的。设计中采用的主纵梁结构布置型式、球型支铰以及转铰水封装置均值得以后类似工程借鉴，它的应用对我国大流量、高水头电站的总体设计布置提供了成功范例。

**【作者简介】**

袁伟（1983— ），男，工程师，湖南衡阳人，现从事水利水电工程金属结构设计与研究工作。

# 丰满重建工程泄洪兼导流洞进口事故闸门设计

马会全

（中水东北勘测设计研究有限责任公司，吉林长春，130021）

【摘　要】　本文介绍了丰满重建工程泄洪兼导流洞进口事故闸门的总体布置、事故闸门及埋件的结构设计、正向支承及止水型式等方面的设计。

【关键词】　泄洪兼导流洞　事故闸门　埋件

## 1　概述

丰满重建工程泄洪兼导流洞位于大坝左岸，兼有前期导流及永久性泄洪任务，并可兼作大坝检修放空时使用，金属结构由进口和出口两部分组成。由于隧洞运行工况的复杂性，在隧洞进口处设检修闸门和事故闸门各一道，出口设一道弧形工作闸门。

## 2　事故闸门布置

事故闸门位于泄洪兼导流洞进口，距检修闸门下游 6m 处，闸门型式为平面定轮式，孔口尺寸为 10.5m×10.5m－45m（宽×高－设计水头），底坎高程为 224.00m，闸门结构布置见图 1。动水闭门水头 44.2m，闸门由布置在 296.50m 高程上的高扬程固定卷扬式启闭机操作，闸门的操作条件为利用配重动水闭门，闸门的配重可选择利用水柱和铸铁配重两种方式，考虑利用水柱闭门闸门结构复杂，启闭机容量大，投资相对较高，选用了简便易行的铸铁加重块布置固定在闸门门叶梁格内，用来满足动水闭门的要求。闸门充水平压方式可采用节间充水和小门充水两种方式，考虑闸门孔口尺寸较大，设计水头又高，为避免充水时引起闸门振动，埋下安全隐患，采用了在门体上开小门充水平压方式，当闸门前后水压差达到设定的数值后静水启门，非泄洪期闸门处于挡水状态。

## 3　事故闸门设计

大型平面闸门有定轮闸门、滑动闸门和链轮门三种型式，滑动闸门结构简单、维护方便，对主轨埋件要求不高，但摩擦系数较大，泄洪兼导流洞事故闸门总水压力 45708.4kN，若采用滑动门，闸门自身重量要轻，动水闭门时配重要增加很多，综合起来闸门的启门力大大增加，启闭机容量增大。因此，为有效降低和控制启闭机容量，闸门采用了球面轴承定轮支承。

事故闸门设计计算采用平面体系假定进行分析计算，闸门设计荷载由永久运行工况控

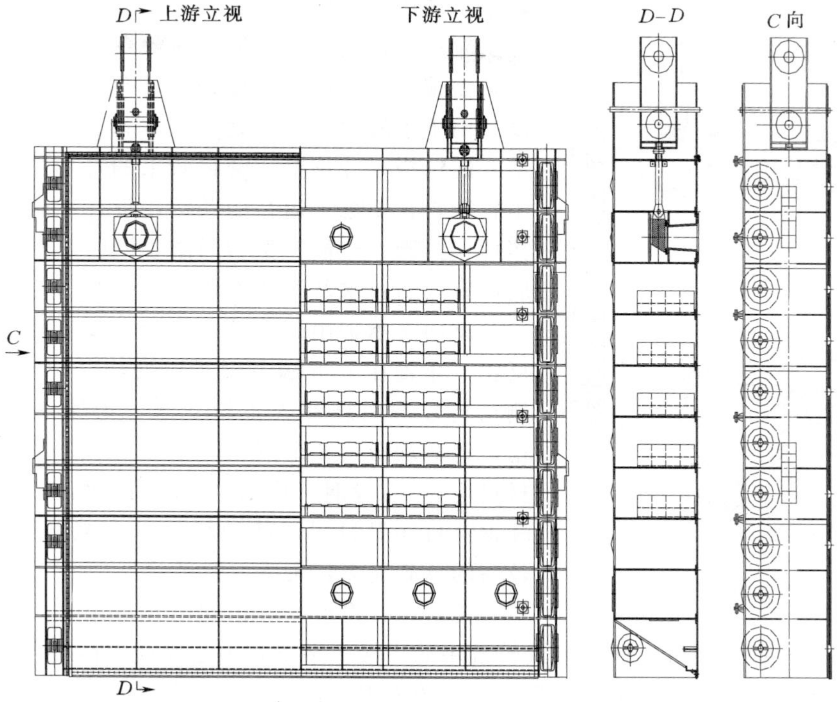


图 1　事故闸门结构布置图

制，闸门面板按四边支撑弹性薄板进行计算，并考虑 2mm 锈蚀余度。承重构件的验算方法采用容许应力法进行计算，小横梁按多跨连续梁计算，主梁按均布荷载简支梁计算。

根据国家运输单元划分标准要求，门叶分 5 节设计、制造及运输，在工地焊接连成整体。主横梁、纵隔板、边梁等均为等高布置的梁系与面板组成了焊接结构，最上节为吊耳结构，上 2 节分别设置 3 根和 2 根主横梁，下 2 节分别设置 3 根主横梁，其中最下节受下游倾角的限制，还设置了底缘水平次梁。边梁为双腹板，期间设置简支式主轮装置，上 2 节门每侧设置 2 套主轮装置，下 2 节门每侧设置 3 套主轮装置。为提高顶节和底节门叶整体抗弯强度及刚度，底节门叶和顶节门叶底部两主横梁均采用了箱型结构。

止水布置在上游面板侧，一是考虑避免闸门长期处于挡水状态而使主轮泡水而发生锈蚀破坏，二是考虑闸门井可作为检修通道，方便闸门支承及水封止水效果的检查。为使闸门止水严密，减少水封的磨阻力，顶、侧止水采用带有预压的 P 型橡塑水封、底止水采用 I 型橡胶水封，为防止启闭过程中止水翻卷，顶止水压板设计为翘头型式。

闸门主轮设计（图 2）主要解决主轮与轨道的接触应力，主轮材料、轴承密封等问题，事故闸门每侧边梁上布置 10 个主轮，主轮直径 900mm，主轮轮压最大受力在考虑 1.1 不均匀系数的情况下为 3164.8kN，因此，选用具有良好机械性能和热处理性能的 35Cr1Mo 合金铸钢件作为主轮材料，为提高其接触强度，主轮采用调质热处理，表面硬度 HB200，深度达 15mm，同时与之对应的轨道表面硬度要比主轮表面硬度更高一些 HB220，为满足主轮踏面的接触应力，采用圆柱面主轮与平面轨道线接触的支承方式，主

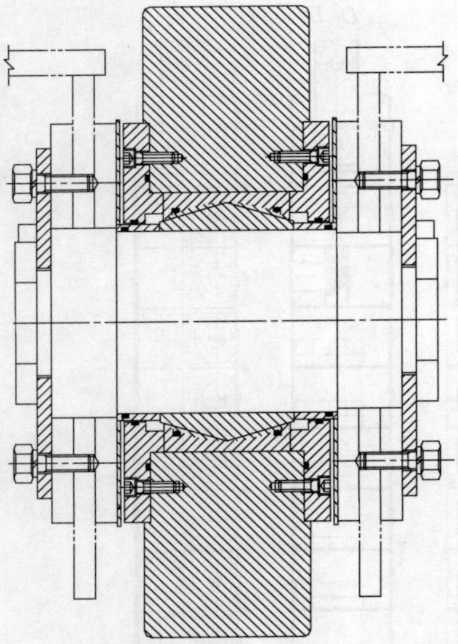

图 2　主轮结构布置图

轮轴承选用了承载能力强的自润滑关节轴承，以便适应主轮处转角。为了降低各主轮受力的不均匀性，主轮轴为偏心式，以便在现场安装时调整各主轮踏面高度。由于事故闸门长期处于挡水状态，主轮轴承密封型式的选择十分重要，密封效果的好坏是直接关系到主轮能否长期稳定运行的关键，设计在轴承两端设置挡环、挡圈、3 道 O 型密封圈，同时，轴承自带润滑脂，有效防止水及泥沙等杂质的浸入。

反向支承采用简支轮式支承，每节闸门设置 4 个反轮，布置在上下端主梁对应处，反轮轮径为 $\phi200$。侧轮装置采用悬臂式主轮支承，为保证闸门入槽平稳，每侧均布置 6 个侧轮，轮径为 $\phi300$。反轮、侧轮材料均为 35 锻钢，轮轴也为 35 锻钢，轴套采用聚甲醛钢背自润滑材料，此种材料具有减磨性、耐磨性、较高的承载能力，轴表面镀硬铬处理。

锁定装置设计，考虑闸门孔口尺寸大，门体自重大，采用如意式锁定装置。此种型式较常用的焊接工字梁式锁定梁锁定挂脱自如，操作方便，避免用人来搬运对准锁定，节省了大量的人力。每孔设置 2 套锁定装置，沿与水平线成 45°角布置，由挂体、卡体、轴、支座等组成，锁定挂体焊在门叶边梁腹板外侧。

## 4　事故闸门门槽设计

由于泄洪兼导流洞门槽处流速高，闸门门槽型式采用Ⅱ型门槽，下游斜坡比为 1∶12，埋件主、反轨孔口段及底坎处采用钢板镶护，用以提高其抗磨蚀能力。

## 5　结语

丰满重建工程泄洪兼导流洞事故闸门设计各项指标满足规范要求，且有一定的安全裕度及静力安全储备。闸门的制造、安装十分顺利，经过静水与动水试验全过程，泄洪兼导流洞已于 2015 年 11 月正式投入运行，目前事故闸门挡水效果良好，各项性能均达到设计要求。

**【作者简介】**

马会全（1965— ），女，高级工程师，吉林东丰人，现从事水利水电工程金属结构设计与研究工作。

# 丰满发电厂房钢屋架整体滑移施工技术

袁 博 张大伟 张晏恺

（中国水利水电第六工程局有限公司，辽宁沈阳，110179）

【摘 要】 丰满水电站全面治理（重建）工程正处于施工阶段，厂房主机间、安装间混凝土已全部浇筑完成，具备安装钢屋架条件，受厂房施工场地的限制，钢屋架施工采用常规现场吊运拼装方案不可行，在安装过程中属于高空作业且与机坑存在上下交叉作业等诸多安全隐患，为了减少厂房与大坝之间的施工干扰，决定采用“分区拼装、累积滑移”的施工方案，保证施工安全的前提下，圆满地完成年底厂房封顶的任务。

【关键词】 丰满水电站 钢屋架 液压同步滑移技术 施工工艺

## 1 工程概况

丰满水电站全面治理（重建）工程位于松花江干流上的丰满峡谷口，上游建有白山、红石等梯级水电站，下游建有永庆反调节水库。电站枢纽建筑物主要由碾压混凝土重力坝、坝身泄洪系统、左岸泄洪兼导流洞、坝后式引水发电系统、过鱼设施及利用的原三期电站组成。新建发电厂房为坝后式地面厂房，布置在右岸坝后，由主机间段及安装间段组成，电站内装机6台，单机容量200MW，总装机容量1200MW。

### 1.1 主机间总体结构

厂房主机间布置于20～25号发电厂房坝段下游侧，与安装间呈一列式布置，主机间顺水流方向，从左到右依次布置1号机组段、2号机组段、3号机组段、4号机组段、5号机组段、6号机组段、安装间段及中控楼，上游侧布置电气副厂房，发电厂房坝段与上游副厂房之间布置有6台主变压器。机组段长度为28m，边机组段长度30.5m，主机间总长170.5m，宽度32m。考虑进厂交通，安装间布置在主机间右端部，与主机间同宽，为32m，安装间段长度为56.5m，中控楼长12.4m，宽32m，与发电厂房宽度相同，整个发电厂钢屋面总长239.4m。

### 1.2 钢屋架结构

厂房屋盖由26榀主桁架及次桁架、檩条、天窗、屋面板、天窗板等构成。厂房屋盖长239.4m，宽30.6m，底面标高+226.95；主桁架弦杆最大截面为$\phi500\times20$，钢结构主要规格有$\phi351\times10$、$\phi254\times16$、$\phi180\times10$、HW300×300×10×15、HN300×150×6.5×9、方钢250×250×10×10等，材质为Q345D，滑移总量约1500t。

## 2 钢结构现场安装总体思路

厂房屋盖采用“分区拼装、累积滑移”的施工方案，首先在安装间（3～5 轴线区域）用脚手架设置高空操作平台，结合利用 1～2 轴端部副厂房顶板共同作为滑移单元的拼装区（图 1）。利用履带吊，将厂房主桁架、次桁架、天窗、檩条、屋面板等构件安装就位，焊接完成，组成滑移单元，向前滑移，再进行下一滑移单元吊装安装工作，继续分区域向前滑移，如此依次施工完成所有结构的安装。

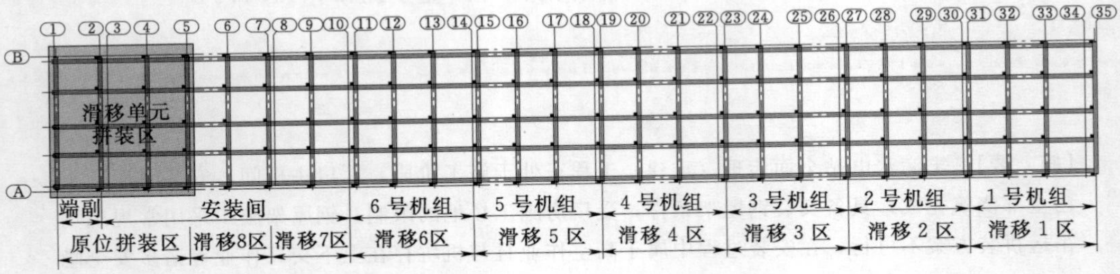


图 1 屋盖钢结构施工分区平面示意图

现场主要构件均需在地面完成拼装，高空只进行少量对接作业，同时，为了不影响 1～6 号机组正常施工，所有焊接、螺栓连接、涂装等操作，都在轴线 1～5 范围内所搭设的操作平台上进行；当滑移分段滑移出轴线 1～5 区域后，除进行最后的支座安装外，不再进行其他施工操作。

## 3 现场施工平面布置

根据现场实际条件及吊装分段划分，本工程各分区采用 400t 履带吊（塔况 36＋36m）进行主桁架、次桁架及部分次结构的安装工作。主桁架整体拼装完成后，总重量为 19t，采用 70t 汽车吊进行装车，用平板车（炮车）运送至 400t 履带吊吊装区域。天窗、檩条等次结构，采用 1 台 XGC130 履带吊（固定副臂 30°：49＋24m）进行辅助安装站位布置如图 2 所示。采用 3 台 25t 汽车吊进行主桁架、次桁架、天窗等构件拼装工作，因拼装场地与安装区域不在同一地方，安排 2 台平板车进行场内构件转运工作。

## 4 钢屋架滑移施工

### 4.1 钢屋架滑移施工工艺流程

轨道梁及轨道安装→滑移单元拼装→现场焊接→滑移设备布置→滑移→下一个拼装循环。

### 4.2 轨道梁及轨道安装

当混凝土柱达到设计强度后，即可进行轨道梁及滑轨安装。在 A、B 轴上采用 H 型钢各设置一条通长轨道梁，规格为 HN800×300×14×26，采用双剪连接＋螺栓栓接的方式进行连接，轨道梁见图 3 和图 4。滑移轨道梁及轨道主要采用现场塔吊进行吊装。

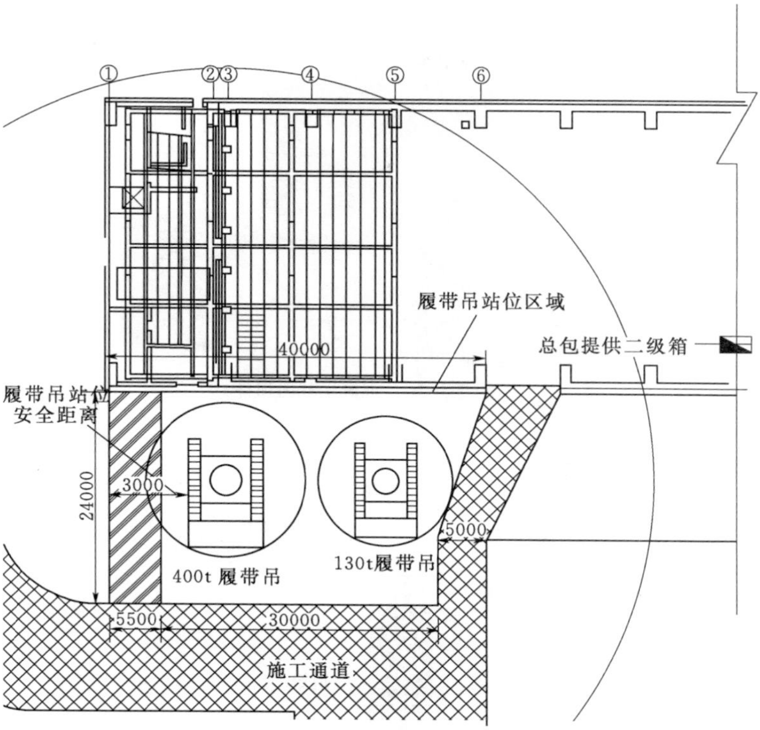


图 2　履带吊站位示意图（单位：cm）

为保证滑移轨道梁侧向稳定，在轨道梁居中设置加劲杆，在相应的墙上预先设置埋件 PL20×200×200，埋件与轨道梁间采用 $\phi$102×6 钢管刚性连接，见图 5。

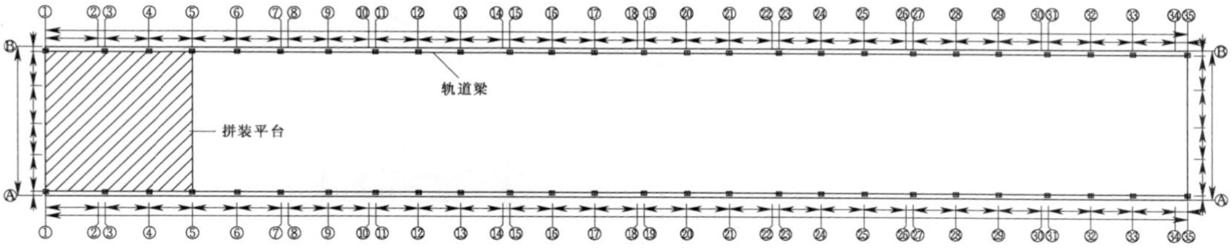


图 3　滑移轨道梁平面布置图

## 4.3　滑移单元拼装

滑移单元的拼装工作主要在 1～5 轴拼装区进行，见图 6。滑移过程中需要的轨道梁、轨道等安装完成后，根据滑移单元分块中主桁架的相对位置，在轨道梁上设置主桁架拼装胎架，见图 7。拼装胎架由轨道两侧两部分组成。拼装胎架设置时考虑避开滑靴、次桁架的位置。内侧胎架采用 L90×10 角铁作为立柱、主柱上方马板为 PL20×200；外侧胎架采用 PL25，高度为轨道梁或混凝土柱顶抗震埋件板至桁架支座底面的间距。

拼装流程：拼装胎架安装→主桁架安装定位，拉设缆风绳→次桁架安装定位→滑靴安装定位→钢梁檩条等屋面钢结构安装→拆除拼装胎架→进入滑移工序。安装滑靴时，重点控制滑靴在主桁架的相对位置及其直线度，见图 8～图 12。

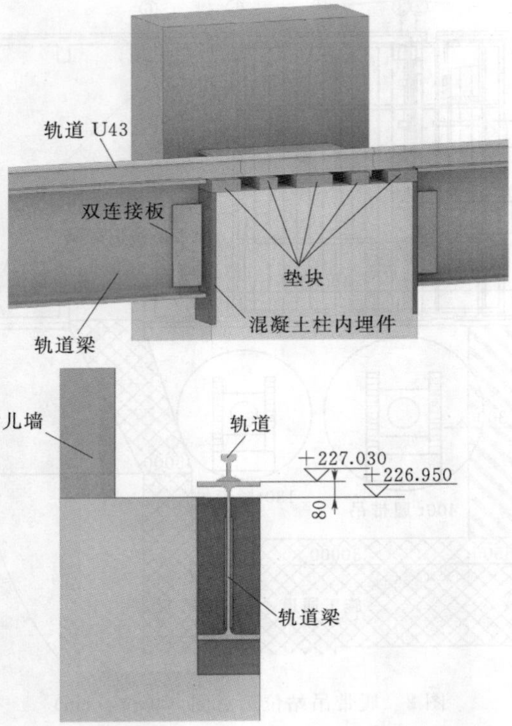


图 4　混凝土柱柱顶轨道加固示意图（高程：m；尺寸：mm）

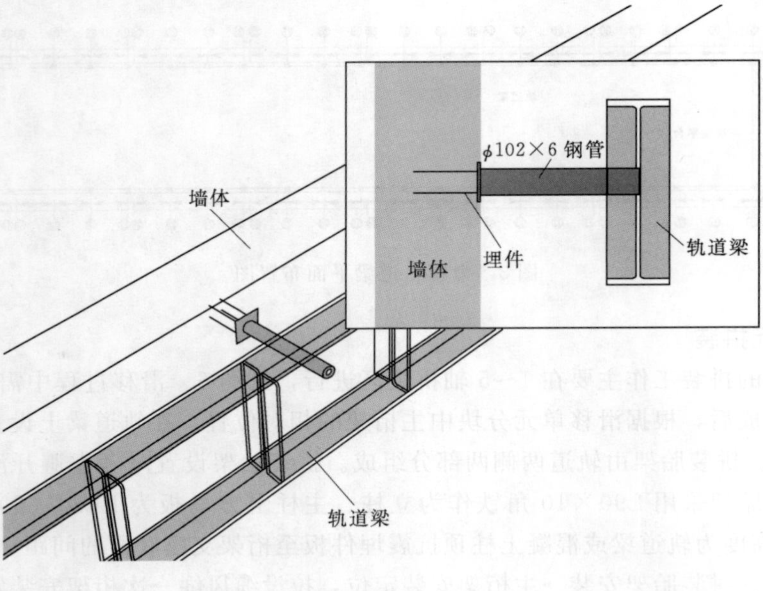


图 5　轨道梁侧向水平加固示意图

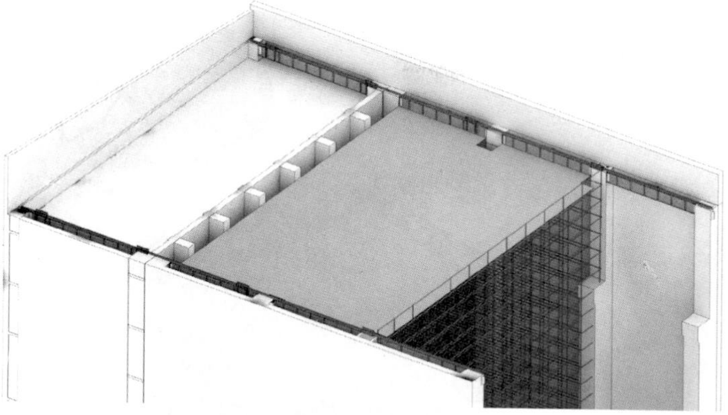

图 6　滑移单元拼装区示意图

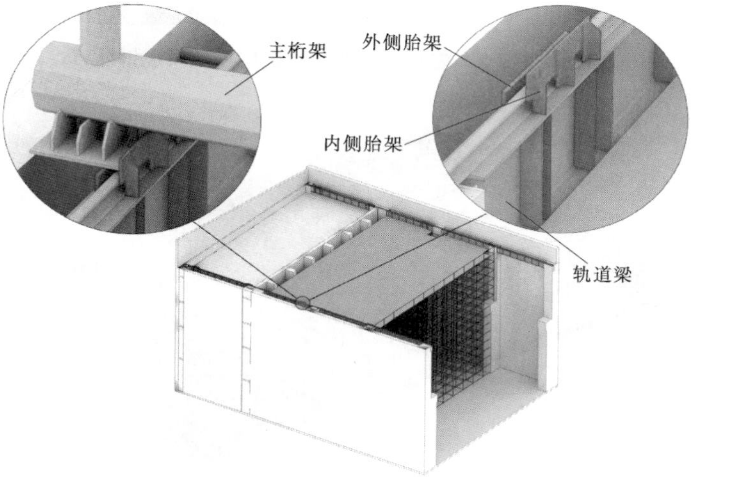


图 7　拼装胎架示意图

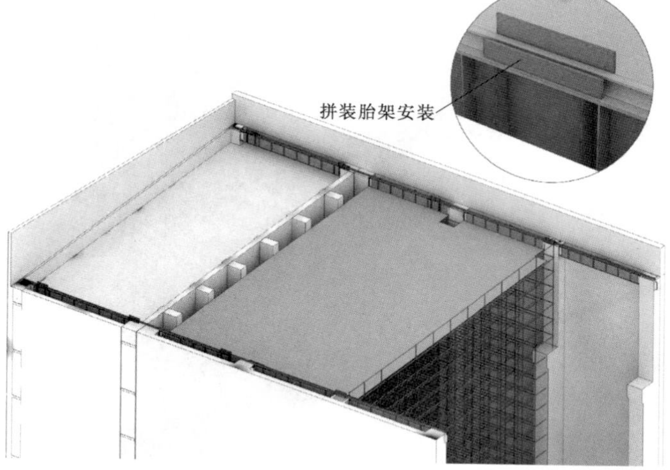


图 8　工况 1：安装拼装胎架、缆风绳锚固耳板

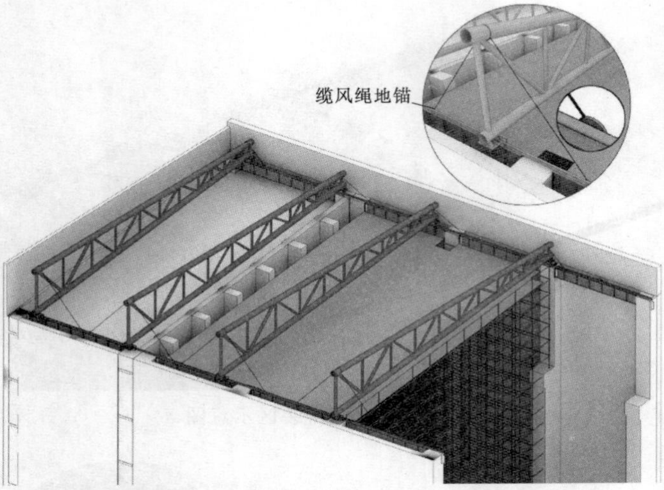


图 9　工况 2：安装主桁架，并定位、拉设缆钢绳

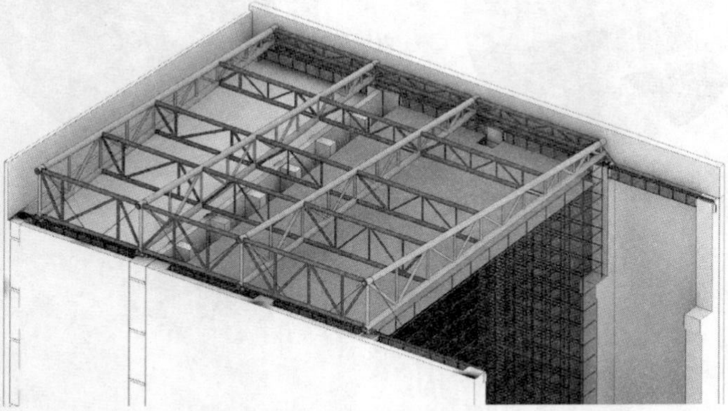

图 10　工况 3：安装次桁架

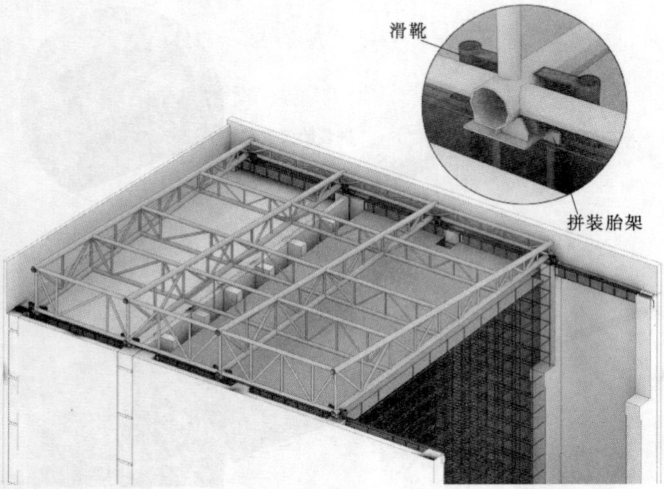


图 11　工况 4：安装滑靴、拆除缆风绳

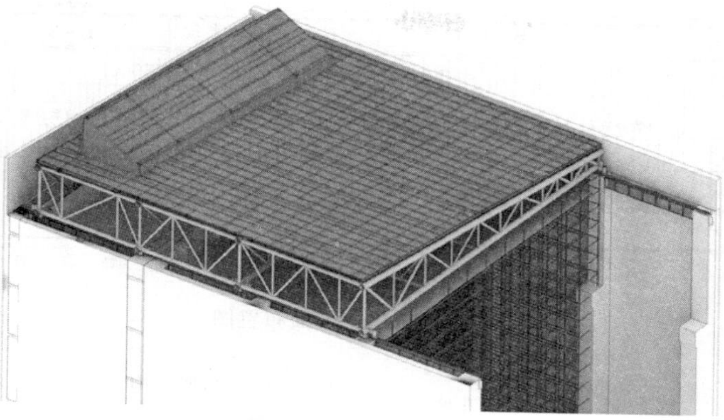

图 12　工况 5：安装钢梁檩条等屋面相应的钢结构，
拆除拼装胎架，进入滑移工序

## 4.4　现场焊接

### 4.4.1　焊接方式选取

根据现场焊接特点，并结合工程实际，选用 $CO_2$ 药芯焊丝气体保护焊，一是熔敷速度高，其熔敷速度为手工焊条的 2～3 倍，熔敷效率可达 90%以上；二是气渣联合保护，电弧稳定、飞溅少、脱渣易、焊道成型美观；三是，对电流、电压的适应范围广，对这种结构外露型构件的焊接比较适宜。因此，构件的焊接将主要采用 $CO_2$ 药芯焊丝气体保护焊，焊条手工焊将作为辅助焊接方法。

### 4.4.2　焊接顺序选取

结构高空拼装时的多方向多处合拢焊缝的施焊，宜采用各接口轮流循环跳焊法，避免单个杆件集中加热焊接、集中变形或产生轴线偏移。长焊缝当长度大于 1.2m 时，采用分段退焊法或先焊中段再向两端推进焊接的顺序。

（1）主桁架上下弦杆对接焊接顺序。

主桁架分段对接采用两名焊工，采用两名焊接速度基本相同的焊工同时从两个对称面开始焊接，直到该焊缝焊接完成，减小焊接结构因不对称焊接而发生的变形。

（2）檩条对接焊接顺序。

为了减少焊接收缩应力集中，确定焊接顺序时遵循先焊腹板竖向立焊，再焊下翼缘，最后焊接上翼缘的焊接顺序，同一根梁先焊一头的原则，让焊接的收缩变形始终可以自由释放。

## 4.5　滑移设备布置

### 4.5.1　滑移顶推点布置

屋盖滑移部分分为 8 个滑移单元。拼装平台设置在 1～5 轴，见图 13，该屋盖滑移共设置 10 个滑移顶推点，每个顶推点设置一台 60t 滑移油缸。具体顶推点设置位置见图 14。滑移顶推力见表 1。

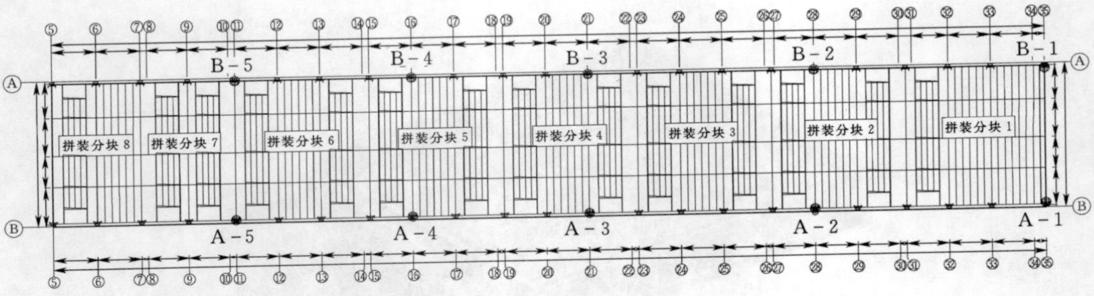


图 13　顶推点平面布置图

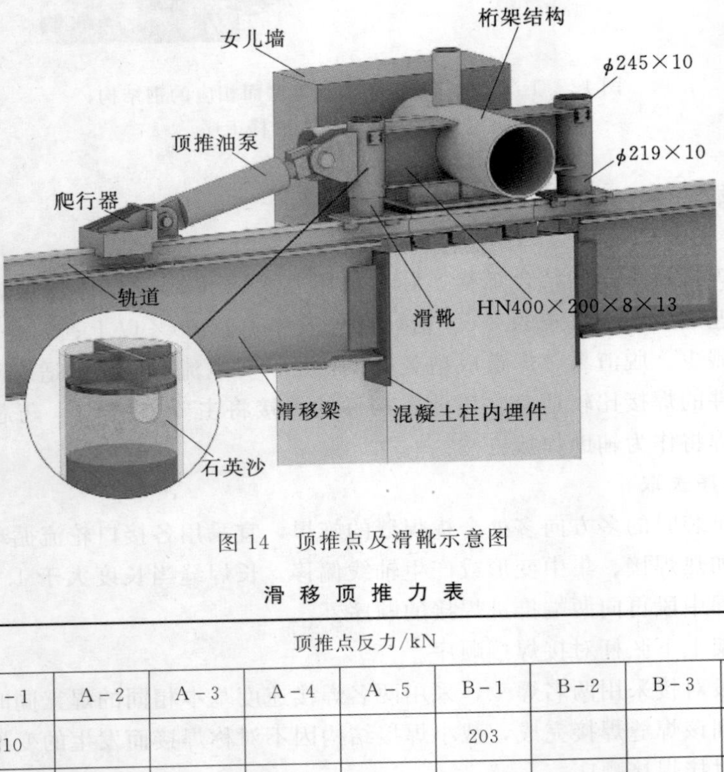


图 14　顶推点及滑靴示意图

表 1　　　滑移顶推力表

| | 顶推点反力/kN | | | | | | | | | |
|---|---|---|---|---|---|---|---|---|---|---|
| 顶推点 | A－1 | A－2 | A－3 | A－4 | A－5 | B－1 | B－2 | B－3 | B－4 | B－5 |
| 第 1 次滑移 | 210 | | | | | 203 | | | | |
| 第 2 次滑移 | 300 | 99 | | | | 290 | 96 | | | |
| 第 3 次滑移 | 300 | 297 | | | | 290 | 288 | | | |
| 第 4 次滑移 | 300 | 330 | 165 | | | 290 | 320 | 160 | | |
| 第 5 次滑移 | 300 | 330 | 264 | 96 | | 290 | 320 | 256 | 96 | |
| 第 6 次滑移 | 300 | 330 | 264 | 288 | | 290 | 320 | 256 | 288 | |
| 第 7 次滑移 | 300 | 330 | 264 | 256 | 160 | 290 | 320 | 256 | 256 | 150 |
| 滑移到位 | 300 | 330 | 264 | 256 | 320 | 290 | 320 | 256 | 256 | 300 |

**4.5.2** 滑靴布置

滑靴分为顶推点滑靴与滑移点滑靴。滑靴采用组合节点，其与桁架弦杆节点进行等强焊接，组合节点下表面与钢轨接触，作为滑移面，H 钢采用 HN400×200×8×13，有顶推点的滑靴在其侧面焊接连接耳板。滑靴立柱结构为沙箱结构，采用 $\phi$245×10 钢管、$\phi$219×10 钢管分别作为内外套管，见图 14。

为保证滑移过程中不脱轨，在滑靴上设置横向限位板，分别设置在轨道的两侧，与轨道间距各为 20mm，在滑移方向横向限位板略作倒角处理，防止滑移过程中卡轨，见图 15。

**4.5.3** 滑移设备

为了满足钢结构滑移单元滑移驱动力的要求，使每台液压爬行器受载均匀，保证每台泵站驱动的液压爬行器数量相等，提高泵站利用率，在总体设计时，考虑了系统的安全性和可靠性，降低了工程风险，滑移顶推动系统见图 16。

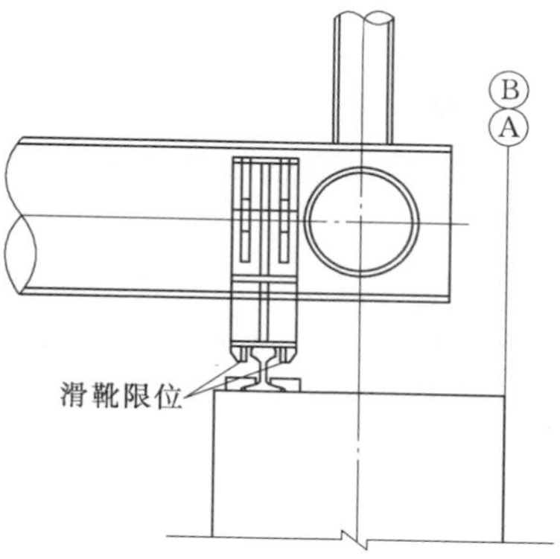


图 15 滑移限位板示意图

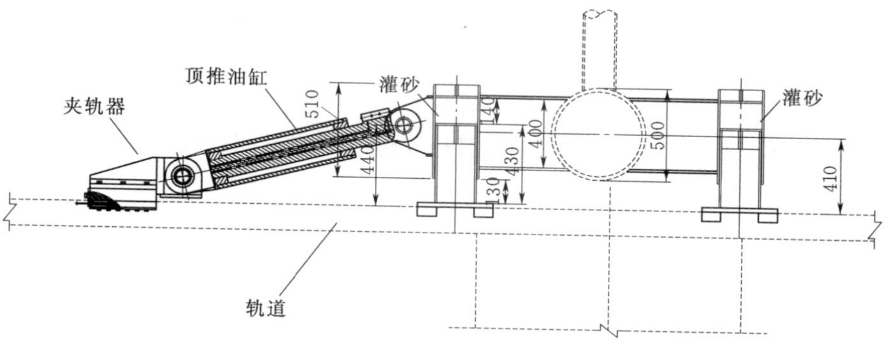


图 16 滑移顶推系统组成示意图

**4.5.4** 液压泵站的布置

根据各滑移点的液压油缸种类和数量，以及要求的滑移速度来布置液压泵站。现场设置 4 台泵站，A 轴与 B 轴各 2 台；液压泵站的布置遵循液压泵站提供的动力应能保证足够的滑移速度，就近布置，缩短油管管路，提高泵站的利用效率。

**4.5.5** 计算机控制系统

计算机控制系统主要包括压力传感器、油缸行程传感器、现场实时网络控制系统。

在每个液压油缸大腔侧安装1个压力传感器；每个液压油缸各安装1只行程传感器，用于测量油缸行程和处理油缸压力信号；将各种传感器同各自的通信模块连接。地面布置1台计算机控制柜，从计算机控制柜引出比例阀通信线、电磁阀通信线、油缸信号通信线、工作电源线。通过比例阀通信线、电磁阀通信线将所有泵站联网；通过油缸信号通信线将所有油缸信号通信模块联网；通过电源线将所有的模块电源线连接。

## 4.6 滑移施工

**4.6.1** 滑移前的准备

（1）检查滑移前油缸是否安装正确，复位良好。

（2）检查液压泵站与油缸之间的油管连接必须正确、可靠；油箱液面，应达到规定高度；利用截止阀闭锁，检查泵站功能，出现任何异常现象立即纠正；泵站采取相应防雨措施；压力表安装是否正确。

（3）检查计算机控制系统，各路电源，其接线、容量和安全性都应符合规定；控制装置接线、安装必须正确无误；应保证数据通信线路正确无误；各传感器系统，保证信号正确传输；记录传感器原始读值。

（4）检查滑移轨道，为保证滑移顺利进行，应严格轨道安装的直线度和轨道间的平滑过渡，轨道对接处应用打磨机打磨光滑，不得出现台阶现象，公差不得超过0.5mm。为减少滑移过程中的摩擦力，轨道上口应满涂黄油。

**4.6.2** 预滑移

（1）系统调试。

启动泵站，检查液压泵主轴转动方向是否正确，如果正确则停止启动；如果不正确，将动力线两相对调，对调好后送电，再启动泵站，检查液压泵主轴转动方向是否正确，如果正确则停止启动。

在泵站不启动的情况下，手动操作控制柜中的相应按钮，检查电磁阀和截止阀的动作是否正常，截止阀编号和爬行器编号是否对应。

检查行程传感器。按动各台液压爬行器行程传感器测量钢丝绳，使控制柜中相应的信号灯点亮。

（2）滑移前的检查。

启动泵站，调节一定的压力（5MPa左右），伸缩爬行器油缸：检查A腔、B腔的油管连接是否正确；检查截止阀能否截止对应的油缸；检查比例阀在电流变化时能否加快或减慢对应油缸的伸缩速度。

预加载：调节一定的压力（2～3MPa），使楔形夹块处于基本相同的锁紧状态。

各项工序都已就绪且经检查无误，开始推进屋盖滑移。初始滑移单元为滑移分块1，重约163.6t，加载步骤按照爬行器最初加压为所需压力的40％、60％、80％，在一切都稳定的情况下，可加到100％。在屋盖刚开始有位移后暂停。全面检查各设备运行情况：爬行器夹紧装置、滑移轨道及桁架受力等的变化，在一切正常情况下可正式开始滑移。

**4.6.3** 正式滑移

根据设计滑移荷载预先设定好泵源压力值，由此控制爬行器最大输出推力，保证整个滑移设施的安全；在滑移过程中，测量人员应通过长距离传感器或钢卷尺配合测量各滑移点位移的准确数值；计算机控制系统通过长距离传感器反馈距离信号，控制两组爬行器误差在 10mm 内，从而控制整个桁架的同步滑移。

（1）滑移过程观测。

观测同步位移传感器，监测滑移同步情况、支座与轨道卡位状况、爬行器夹紧装置与轨道夹紧状况、累积一次时，推进力变换值是否正常；滑移时，通过预先在各条轨道两侧所标出的刻度来随时测量复核每个支座滑移的同步性。

（2）滑移同步性控制。

油缸行程为 615mm，在单个行程内，通过同步控制系统控制其同步性（位移同步、力同步），精度可达毫米级，根据该工程实际情况，最大误差控制在 10mm 内。

行程外由于各种因素造成的误差通过现场测量记录，每 3 个行程测量一次，并通过单个油缸调节误差。

**4.6.4** 滑移同步保证措施

（1）液压油缸动作同步控制。

现场网络控制系统根据液压油缸行程信号，确定所有液压油缸当前位置，主控计算机综合用户的控制要求和液压油缸当前状态信息，决定液压油缸的下一步动作。当主控计算机决定液压油缸的下一步动作后，向所有液压泵站发出同一动作指令，控制相应的电磁阀统一动作，实现所有液压油缸的动作一致，同时伸缸、缩缸或根据行程信息实时调节伸缸速度。

（2）位置同步控制。

在同步滑移过程中，设定某一滑移点为主令点，其余点为跟随点。根据希望的滑移速度设定主令点的比例阀电流恒定，进而主令点液压泵站比例阀开度恒定，主令滑移油缸的伸缸速度恒定，主令点以一定的速度顶推滑移。其余跟随点通过主控计算机分别根据该点同主令点的滑移位移来控制这点滑移速度的快慢，以使该跟随点同主令点的位置跟随一致。现场网络控制系统将各传感器的位移信号采集进主控计算机，主控计算机通过比较主令点同每个跟随点的位移得出跟随点同主令点的距离差。如果某跟随点与主令点的距离差为正，表示跟随点的位移比主令点大，说明该跟随点的液压油缸伸缸速度快，计算机在随后的调节中，就降低驱动这点液压油缸的比例阀控制电流，减小比例阀的开度，降低液压油缸的伸缸速度，以使该跟随点同主令点的位移跟随一致；反之，如果某跟随点比主令点慢了，计算机控制系统就调节该点的液压油缸伸缸快一些，以跟随上主令点，保持位移跟随一致。

为了保证滑移过程中的位移同步，系统中还设置了超差自动报警功能。一旦某跟随点同主令点的同步距离差超过某一设定值，系统将自动报警停机，以便检查，通过手动干预调节。

（3）报警保护与显示功能。

在控制软件中，设置负载和位置超差报警、自动停机等功能，确保整体滑移的安全。

同时，对负载、位置等重要参数进行显示，便于操作与监控。

# 5 钢屋架滑移技术特点

## 5.1 液压同步滑移技术

“液压同步滑移技术”采用液压爬行器作为滑移驱动设备，为组合式结构，一端以楔型夹块与滑移轨道连接，另一端以铰接点形式与滑移胎架或构件连接，中间利用液压油缸驱动爬行。

液压爬行器的楔型夹块具有单向自锁作用。当油缸伸出时，夹块工作（夹紧），自动锁紧滑移轨道；油缸缩回时，夹块不工作（松开），与油缸同方向移动。

## 5.2 液压同步滑移施工技术特点

自锁型夹轨器是一种能自动夹紧轨道形成反力，从而实现推移的设备。此设备可抛弃反力架，省去了反力点的加固问题，省时省力，且由于与被移构件刚性连接，同步控制较易实现，就位精度高。

与液压牵引相比，液压同步爬行具有以下优点：

（1）滑移设备体积小、自重轻、承载能力大，特别适宜于在狭小空间及高空进行大吨位构件、设备水平滑移。

（2）抛弃传统反力架，采用夹紧器夹紧轨道，充当自动移位反力架进行推移。

（3）可多点推移，以分散构件、混凝土柱、混凝土梁所受应力。

（4）推移反力由距构件很近的一段轨道直接承受，因此对轨道基础处理要求低。

（5）由于液压油缸与构件刚性连接，易同步控制，就位准确性高。

（6）液压爬行器具有逆向运动自锁性，使滑移过程十分安全，并且构件可以在滑移过程中的任意位置长期可靠锁定。

（7）自动化程度高，操作方便灵活，安全性好，可靠性高，使用面广，通用性强。

计算机控制液压同步滑移系统由夹轨器（含顶推油缸）、液压泵站（驱动部件）、传感检测及计算机控制（控制部件）等几个部分组成。

# 6 结束语

丰满发电厂房钢屋架安装由于场地受限影响采用“分区拼装，累积滑移”的施工技术，解决了场地受限、相互干扰的问题，同时避免了高空作业，降低了安全风险，为以后类似的工程提供借鉴。

## 参考文献


[1] 王云飞，崔振中，上海东航 40 号机库 150m 跨钢屋盖整体提升技术. 建筑施工，1996（5）：1-3.

[2] 吴欣之，杨坤，李成勇，等. 上海浦东机场航站楼特大型斜挑悬索拱形钢屋盖安装工艺和设备的研究 [J]. 建筑施工，1993（3）：12-19.

[3] 沈培坚，王云飞. 巨型钢屋盖区段整体移位施工中的顺序控制 [J]. 建筑施工，1999（3）：20-22.

**【作者简介】**

袁博（1972—　），男，工程师，辽宁丹东人，主要从事水电建设施工管理工作。

张大伟（1975—　），男，高级工程师，辽宁丹东人，主要从事水电建设施工管理工作。

# 北三家拦河闸除险加固设计

谭志军　姜　军

（中水东北勘测设计研究有限责任公司，吉林长春，130021）

【摘　要】 北三家拦河闸始建于1992年，主要担负着闸址以下农田灌溉任务。北三家拦河闸除险加固工程对清原县农业持续稳定发展有着重要意义，对发展农村经济，提高农民生活水平有着重要的促进作用。工程得到了各方的大力支持，社会反应良好。

【关键词】 除险加固　拦河闸

## 1　工程概述

北三家拦河闸位于清原满族自治县北三家乡北三家村东侧1.0km处，浑河上游，隶属清原县北三家乡。工程建于1992年，主要担负着闸址以下2400亩水田灌溉任务。

本次除险加固设计，经复核工程等别为大（2）型Ⅱ等工程、主要建筑物设计洪水标准为20年一遇，校核洪水标准为50年一遇，消能防冲建筑物设计洪水为20年一遇，50年一遇校核洪水复核，拦河闸正常高水位195.28m，设计水位199.02m，校核水位200.25m。除险加固后的北三家拦河闸恢复原闸型，即按闸坝结合布置，由溢流坝、泄洪冲沙闸和进水闸组成。在主河床重建混凝土溢流坝，右侧集中布置泄洪冲沙闸，原址重建进水闸，溢流坝保持原来的自由溢流泄洪形式，消力池底流消能。

## 2　除险加固前拦河闸情况

拦河坝左岸残存2个坝段，其余7个坝段均已冲毁，下游消能防冲设施已全部冲毁；进水闸基础淘刷严重，闸体严重倾斜，多处断裂；由于左右岸防护堤冲毁，两岸边墙均冲毁。

## 3　除险加固工程总布置

总体布置方案为：右岸集中布置4孔泄洪冲沙闸，在主河床新建拦河溢流坝，新建左右岸边墙，重建右岸进水闸。除险加固后的北三家拦河闸由溢流坝、泄洪冲沙闸和进水闸三部分组成，拦河闸轴线总长152.5m，其中左岸为121m长溢流坝段，右岸为31m长的泄洪冲沙闸段，进水闸布置在右岸岸边。

### 3.1　溢流坝布置

本次改建为全断面混凝土溢流坝，溢流坝底宽7.95m，坐落于圆砾层上，建基高程

191.68m，与原建基高程相同。坝体内部混凝土设计标号为C15F150，外包50cm厚混凝土，外包混凝土设计标号为C25F250。溢流坝溢流前缘长度121m，上游坝面垂直，坝基础向上游加宽1m，堰顶高程195.28m，溢流坝堰面为WES实用堰型。溢流坝下游采用消力池底流消能，消力池深0.8m，池长18m（包括溢流坝下游堰圆弧段的1.5m）。消力池底板厚度始端1.5m，末端厚度0.8m，底板顶部高程192.50m，消力池末端4m范围内的底板预留排水孔降低扬压力，消力池下游布置20m长0.5m厚格宾石笼海漫，以免水流冲刷河床。

### 3.2 泄洪冲沙闸布置

泄洪冲沙闸地基与溢流坝地基相同，坐落于圆砾层上。根据水闸总体布置，泄洪冲沙闸布置于靠近引水闸的右岸。泄洪冲沙闸轴线长31m，共布置4孔，单孔净宽6m，闸室长度6m，闸底板高程194.00m，底板厚度1.4m，典型闸墩厚度1.5m，边墩和结构分缝墩厚度1m，上下游墩头半圆弧形。在201.10m高程布置检修平台，平台宽3m。在检修平台上布置混凝土排架，排架顶部204.10m高程布置工作平台，宽度2.4m。闸室底板上游侧布置5m长混凝土防护板，板厚0.4m。泄洪冲沙闸建基高程192.60m。泄洪冲沙闸下游采用消力池底流消能，消力池深1.3m，池长20m，消力池底板顶高程192.00m，冲沙闸室底板与消力池底板之间采用1：4斜坡过渡，消力池底板始端厚度1.25m，末端厚度0.8m，底板末端8m范围预留排水孔降低扬压力，消力池下游布置20m长格宾石笼海漫，以免水流冲刷河床。

### 3.3 进水闸布置

重建的进水闸基本保持原来的结构形式和尺寸高程。布置一孔有胸墙的进水口，进口尺寸为2m×1m（宽×高），底板高程194.38m，高于泄洪冲沙闸底板0.38m，胸墙底部高程195.38m。进水闸在水流方向总长为15m，其中闸室长3m，消力池长12m（包括斜坡过渡段），池深0.58m。为了满足进水闸的抗滑稳定和基底应力需要，闸室与消力池之间不设分缝，按整体结构设计，全部为混凝土结构。当上游水位为正常挡水位195.28m时，进水闸可引入流量0.82$m^3/s$入灌溉渠道，远远满足灌溉流量0.41$m^3/s$的要求。

为了便于运行操作，201.10m高程布置检修平台，在混凝土排架顶部203.40m高程布置工作平台。进水闸采用平板式闸门，手动螺杆启闭机操纵。

闸室和消力池横断面均为整体式U形结构，两侧边墙厚1m，墙顶高程201.10m，闸室底板厚1.3m，消力池底板厚0.8m。

### 3.4 两岸堤防的防护

水闸轴线上下游各100m范围内的两岸防洪堤，采用格宾石笼防护，从现状的堤顶至河底并伸入河底水平长度8m铺设格宾石笼，岸坡段格宾石笼厚度0.3m，河床水平段格宾石笼厚度0.5m，接触面铺设400$g/m^2$无纺布作为反滤层。

## 4 结语

除险加固工程总体布置以恢复原工程为基本原则，采用原来的闸坝结合布置，保持原拦河闸的基本布置，并进行优化，对同类工程具有一定的借鉴意义。

【作者简介】

谭志军（1977— ），男，吉林长春人，高级工程师，从事水工建筑物结构设计工作。

# 丰满进水口检修闸门设计

谢振峰　马会全　师小小

（中水东北勘测设计研究有限责任公司，吉林长春，130021）

【摘　要】 本文介绍了丰满重建工程进水口检修闸门的设计及特点，并从金属结构设备的布置、选型等方面进行了阐述。

【关键词】 进水口检修闸门　布置　设计

## 1　概述

丰满重建工程位于第二松花江干流上的丰满峡谷口，上游建有白山、红石等梯级水电站，下游建有永庆反调节水库。丰满水电站是我国历史上第一座大型水电水利工程，同时也是第一个因病坝必须采取重建的工程项目，重建工程是按恢复电站原任务和功能，在原丰满大坝下游120m处新建一座大坝，并利用原丰满三期工程。工程以发电为主，兼有防洪、灌溉、城市及工业供水、养殖和旅游等综合利用。新建电站共安装6台机组，新建电站总装机1200MW。新建工程为一等大（1）型。

## 2　引水发电系统金属结构设备布置

引水发电系统进水口前端设有1道直立活动式拦污栅，每个进水口设3孔3扇，共设置拦污栅18孔18扇。选用启闭容量为2×400kN双向门机配自动抓梁进行操作，采用提栅人工清污辅以清污抓斗进行清污。在拦污栅的下游侧设一道平面滑动检修闸门及与其相应的埋件，结合快速闸门启闭设备的安装与检修选用2×1250kN双向门式启闭机来操作。门机轨道安装在269.50m高程坝面上，闸门的检修与维护也在此坝面上进行。在检修闸门的下游侧设一道平面快速闸门及与其相应的埋件，共设6孔6扇快速闸门。

## 3　进水口检修闸门

### 3.1　闸门设计基本参数

孔口型式：潜孔式。

孔口尺寸：8.0×11.2m。

底槛高程：222.00m。

正常蓄水位：263.5m。

设计水头：42.0m。

操作方式：整扇闸门静水启闭；上节闸门动水启门。

吊点型式：双吊点。

充水方式：节间充水。

### 3.2 闸门结构

进口检修闸门的主要作用是，当机组、快速闸门需要检修维护时，检修闸门静水落门用于其检修。由于其检修工况，依据规范要求及使用频率，6 孔共设 1 扇检修闸门足以维护其检修。检修闸门平时存放在门库里。闸门按运输单元分 4 节设计、制造、运输，工地拼装成 2 节。整扇闸门静水启闭，上节闸门动水启门，节间充水平压，启门时允许水头差不大于 5m。

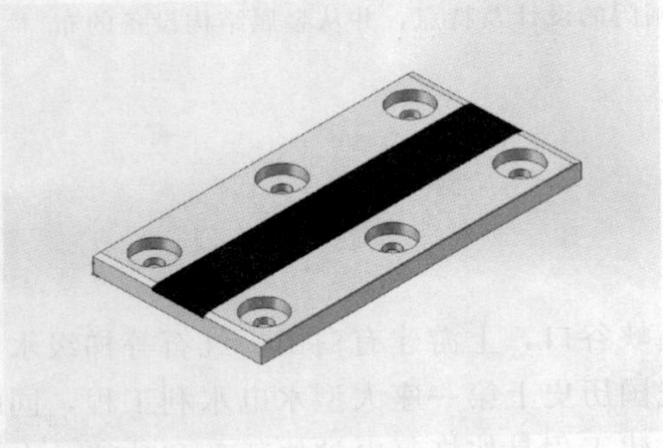

图 1　滑道

检修闸门主支承采用先进复合材料滑道支承形式，滑道型式见图 1。反向支承为 HT200 铸铁滑块。侧导向为导向轮，导向轮采用焊接装配结构，侧轮材料为 25 号。

检修闸门按正常蓄水位 263.50m 设计，门叶为焊接结构，主体结构材料 Q345B。门叶主横梁为焊接组合工字梁，纵隔板为实腹 T 型焊接结构，面板及侧、顶止水布置在上游侧，闸门侧止水为 P 型橡皮，底止水为 I 型橡皮，上下 2 节采用销轴配合连接板活动连接。销轴材料为 35 号。由于检修闸门使用频率较低，锁定结构不采用复杂结构，采用经济耐用的工字钢锁定。

检修闸门埋件主轨为 Q235B 厚钢板及型钢、1Cr18Ni9Ti 不锈钢方钢的焊接组合结构，其余轨道及门楣为组合焊接结构，材料为 Q235B。埋件埋设于预留的二期混凝土内，并设有搭接筋与一期混凝土预埋插筋连接。

### 3.3 闸门计算及绘图

检修闸门设计计算采用平面体系假定进行分析，闸门面板除底部区格按照三边固定一长边简支弹性薄板计算外，其余均按四边支撑弹性薄板方法进行计算，并依据规范要求，考虑工作环境、防腐条件等因素，增加 2mm 腐蚀裕度。

承重构件的验算方法采用许用应力法，小横梁按 4 跨连续梁计算，并验算其刚度及稳定性。主梁按偏心受压构件计算，并验算其刚度及稳定性。主支撑滑道按线接触情况进行验算。主轨验算其底板的混凝土承压应力及弯曲应力。其他零部件均按有关规定验算其强度、刚度及稳定性。

检修闸门设计构思基本完成后，采用三维软件 SolidWorks 绘制技施图纸，首先利用 Excel 软件驱动配置进行了零件及部位的建模，再进行部位装配和整体装配。在装配中实现了智能化装配，进行了动态装配干涉检查和间隙检测，以及静态干涉检查。减少设计错误和提高设计质量提供了强有力的途径。进水口检修闸门见图 2。

## 4 进水口检修闸门启吊设备

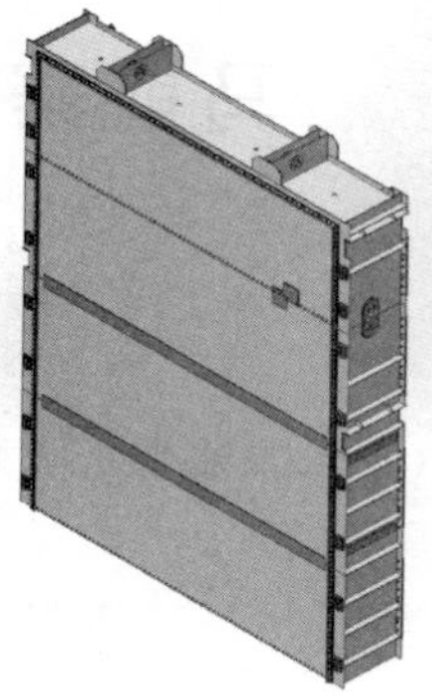

图2 进水口检修闸门

检修闸门采用 QMS－2×1250kN 双向门机进行启闭操作，双向门机总扬程由进水口检修闸门操作要求确定，容量及轨上扬程由溢流坝检修闸门吊运确定。考虑①进水口检修闸门的启闭、进水口快速闸门及液压启闭机的安装及检修；②溢流坝检修闸门的启闭要求，门机配置了2套抓梁、1套起重吊具，并在门机上另设1套回转吊启升机构用于溢流坝工作闸门及液压启闭机的安装与检修。门机由小车机构（包括起升机构及小车行走机构）、大车行走机构、门架、机房、回转机构、走梯、电缆卷筒、夹轨器、风速仪及电气组成。启闭机上设有带数码显示仪表的高度限制器、过负荷装置、风速仪等安全措施。启闭机的司机室、电气柜、机房、通道和作业面均设有足够的照明灯具。吊点型式为双吊点，总扬程为55m，轨上扬程为18m，轨距为11m，轨道型号为QU120。

## 5 结语

该部位布置合理，闸门、埋件、吊杆及锁定的设计符合闸门设计规范，计算结果均满足规范要求，满足工程运行要求。

### 参考文献

[1] DL/T 5039—95 水利水电工程钢闸门设计规范［S］. 北京：中国电力出版社 . 1995.
[2] DL/T 5018—2004 水电水利工程钢闸门制造安装及验收规范［S］. 北京：中国电力出版社 . 2004.

**【作者简介】**

谢振峰（1980— ），女，吉林长春人，高级工程师，现从事水利水电工程金属结构设计与研究工作。

# 马前寨拦河闸除险加固设计

谭志军　张　鹏　姜　军

（中水东北勘测设计研究有限责任公司，吉林长春，130021）

【摘　要】清原县是抚顺市农业较为发达的地区，高标准农田建设发展迅速。马前寨水闸灌区是优质水稻的生产基地，除险加固后水闸的正常运行是对灌区粮食增产、农民经济增收、推动农业的产业化发展意义重大。

【关键词】除险加固　拦河闸

## 1　工程概述

马前寨拦河闸坝位于清原满族自治县清原镇马前寨村东南侧1km处，坐落在浑河水系红河支流段，隶属清原满族自治县清原镇马前寨村。该工程距下游202公路及跨河公路大桥600m，左岸为通往红河水库的交通要道，右岸为清原县马前寨一次变电站。

工程建于1982年，是一座以灌溉为主的水闸，主要担负闸址以下1200亩水田灌溉任务。本次除险加固设计，经复核工程等别为大（2）型Ⅱ等工程，主要建筑物设计洪水标准为20年一遇，校核洪水标准为50年一遇，消能防冲建筑物设计洪水标准为20年一遇，50年一遇校核洪水复核，拦河闸正常高水位225.6m，设计洪水位227.88m，校核洪水位228.71m。

除险加固后的马前寨拦河闸基本恢复原闸型，即按闸坝结合布置，由溢流坝、泄洪冲沙闸和进水闸组成。在主河床重建混凝土溢流坝，右侧集中布置泄洪冲沙闸，原址重建进水闸，溢流坝保持原来的自由溢流泄洪形式，消力池底流消能。

## 2　除险加固前拦河闸情况

拦河坝10个坝段均已冲毁，下游消能防冲设施已全部冲毁；进水闸多处断裂、闸体坍塌严重；左、右岸边墙均已冲毁，左右岸防洪堤冲毁，水闸残余部分已无法利用。

## 3　除险加固工程总布置

总体布置方案为：马前寨拦河闸由溢流坝、泄洪冲沙闸和进水闸三部分组成，在左岸原临时砂石挡水坝段（长97.5m）和原浆砌石溢流坝段（长45m）部位，布置142.5m长的钢筋混凝土溢流坝段；在右岸原水毁段浆砌石溢流坝段（长23m）新建3孔冲沙闸段。原进水闸闸室结构全部拆除、新建的进水闸坐落在原进水闸闸址处，布置在右岸岸边，进水闸闸段长 7.5m。新建左岸上、下游边墙及下游消能工。

### 3.1 溢流坝布置

加固后的混凝土溢流坝上游垂直面，坝基础向上游加宽 1.5m，堰顶高程 225.60m，与原堰顶高程相同，堰面为 WES 实用堰型，堰面曲线 $x^{1.85}=4.1197y$，下游以 4m 为半径的圆弧连接消力池，采用坝顶无闸门自由溢流泄洪。溢流坝底宽 9.5m，最大坝高 5.9m，建基高程 219.70m。

溢流坝采用消力池底流消能，溢流坝消力池深 0.6m，池长 15m，底板顶高程 221.40m，消力池的末端 4m 范围预留排水孔，以降低扬压力。溢流坝消力池下游铺设格宾石笼海漫防冲，末端布置抛石防冲槽。

### 3.2 冲沙闸布置

在右岸布置的 3 孔泄洪冲沙闸，单孔净宽 6.0m，闸室长度 6.0m，中墩厚度 1.5m，边墩厚 1.0m，闸底板顶高程 222.50m。为了满足 50 年一遇校核洪水下不淹没冲沙闸检修平台，检修平台高程确定为 229.60m，在 234.70m 高程布置工作平台。泄洪冲沙闸闸室底板上游布置 5.0m 长混凝土防护板。泄洪冲沙闸总长 23m，3 孔泄洪冲沙闸为一体式混凝土结构。泄洪冲沙闸采用手动螺杆式启闭机操纵平板闸门。

泄洪冲沙闸均采用消力池底流消能，泄洪冲沙闸消力池深 0.9m，池长 22.20m（含斜坡过渡段长 5.60m），消力池底板顶高程 221.10m；冲沙闸消力池末端 6m 范围预留排水孔，以降低扬压力；冲沙闸与溢流坝消力池之间用隔墙过渡。冲沙闸消力池下游铺设格宾石笼海漫防冲，末端布置抛石防冲槽。

### 3.3 进水闸布置

新建的进水闸基本保持原来的结构形式和尺寸高程。布置 2 孔有胸墙的进水口，单孔进口尺寸为 2m×1.1m（宽×高）。进水闸边墙顶高程与冲沙闸右边墙顶高程相同，即 229.6m，并在相同高程布置检修平台，在 232.00m 高程布置工作平台。进水闸为整体式混凝土结构，下游布置消力池底流消能。进水闸采用手动螺杆式启闭机操纵平板闸门。

### 3.4 护岸及河道清淤

左岸上游边墙和进水闸上游右边墙后回填砂卵砾石，并各自形成 5m 宽的道路以便于交通；左岸回填平台高程 229.60m，与左岸地形相接，并过渡至左岸公路高程 231.00m；右岸回填高程同样为 229.60m，上游挡墙及回填平台高程沿垂直水流方向按 1∶10 坡度从 229.60m 过渡至右岸堤顶路 228.70m，便于与原堤顶路连接。

马前寨拦河闸址上、下游河道局部有不同程度的淤积，要适当疏浚清淤，否则，将影响过流能力，清淤范围为闸轴线上、下游各 100m 河道，上游清淤至 222.50m 高程，下游清淤至 222.00m 高程。同时，在清淤范围内的右岸原有浆砌石护坡的残缺损坏部位进行修补加固，对左岸交通道路进行适当的格宾石笼护坡加固。

## 4 结语

除险加固工程总体布置以恢复原工程为基本原则，采用原来的闸坝结合布置，保持原拦河闸的基本布置，并进行优化。本工程建设对清原县农业持续稳定发展有着重要的意义，对发展农村经济、提高农民生活水平有着重要的促进作用。

【作者简介】

谭志军（1977— ），男，吉林长春人，高级工程师，从事水工建筑物结构设计工作。

# 辽宁省抚顺市清原县下寨子拦河闸除险加固设计

张　仲　傅　迪　于月鹏　闫　涵

（中水东北勘测设计研究有限责任公司，吉林长春，130021）

【摘　要】 结合辽宁省下寨子拦河闸水毁破坏现状，分析病险水闸工程特点及加固设计布局，介绍水闸除险加固设计中的几点体会，供同类工程参考。

【关键词】 病险水闸　除险加固　设计体会

## 1　工程概况

下寨子拦河闸位于辽宁省抚顺市清原县北三家乡下寨子村东侧浑河干流上，距下游下寨子村1km，该工程与下游国道202线及跨河公路桥紧靠，闸址下游为沈吉线铁路及下寨子村，右岸为斗虎屯村。

该工程始建于1983年，为铸铁闸架式拦河闸，经1995年"7·29"及2001年"8·02"两次洪水水毁后将闸改建为双支点自动翻板闸。该工程主要担负着闸址以下3500亩水田灌溉任务。原设计洪水标准为10年一遇，20年一遇洪水校核，设计过闸流量为1130m$^3$/s，校核过闸流量为1710m$^3$/s。原拦河闸由拦河闸坝、调节闸、进水闸和两岸防护堤四部分组成。拦河闸坝由双支点水力自动翻板闸和调节闸组成。翻板闸位于右岸，共12孔，每孔净宽7m，总长84m；闸室由底板、闸门、消力戽斗、闸墩、翼墙组成，均为钢筋混凝土结构。消能设施为戽流消能，闸底板下接圆弧形消力戽斗，反弧半径为1.5m，挑角为31.8°，堰体总宽度4.7m。调节闸位于左侧，共设两孔，每孔净宽8m，闸门形式为升卧式，闸门总高度3.3m，正常挡水高度2.8m，设两台卷扬启闭机。左岸隔墙全长35m，为钢筋混凝土结构。进水闸设在左岸，共两孔，每孔净宽1.5m，总宽度为3m，为钢筋混凝土结构。设两扇铸铁平板闸门，采用两台螺杆式启闭机操纵。进水闸左侧采用重力式挡土墙与山体连接。

2013年8月16日，浑河干流发生了严重的洪水灾害，造成下寨子拦河闸所处河段两岸防护堤冲毁，水闸大部分冲毁，下游形成冲刷深坑。拦河坝共计12扇自动翻板闸门，其中右侧2扇闸门和支墩冲毁，其余10扇闸门前淤积，闸门失效；下游消能防冲设施：已全部冲毁；调节闸闸门冲毁，进水闸闸门下游侧淤积严重，启闭机均损坏，引水渠道内淤平；左、右岸边墙：由于右岸防护堤冲毁，右边墙与防护堤分离，左岸重力式挡墙与山体连接处冲毁，水闸残余部分已无法利用。水闸现状情况见图1～图3。

下寨子拦河闸工程的主要任务是以灌溉为主的水利工程，担负着闸址以下3500亩水

图 1　下寨子拦河闸实景

图 2　右 11 和右 12 扇翻板闸混凝土支墩冲毁

图 3　左岸重力式挡墙与山体连接处冲毁

田灌溉任务。经 2013 年“8·16”洪水灾害后，水闸残余部分已无法利用。下寨子拦河闸经除险加固建成后可新增加水田灌溉面积 1000 亩，届时，水闸灌溉水田总面积可达到 4500 亩。

## 2　工程除险加固设计

除险加固后的下寨子拦河闸由泄水闸、进水闸及左岸挡水坝段三部分组成。建筑物从左至右依次为左岸挡水坝段、进水闸、泄水闸，其中挡水坝段长 12.49m，进水闸段长 3.5m，泄水闸段长 112m。

加固后的泄水闸，由原来的自动翻板门改为合页式钢闸门形式。原有基础底部老浆砌石全部拆除，加固后水闸闸室底板建基面坐落至强风化岩基上，下游重新设置底流式消力池。泄水闸闸室顺水流方向长 7m，建基高程 205.00～207.10m，闸底板顶高程 208.5m。共设 14 孔，每孔净宽 8m，其中 4 个坝段为 3 孔一联布置，单个坝段长度 24m，1 个坝段为 2 孔一联布置，坝段长度 16m。

泄水闸下游采用消力池底流消能，消力池深均为 1.8m，消力池池长 34.3m（包括斜坡过渡段），消力池底板厚度均为 0.5m，底板顶高程为 205.50m，底板水平段设 $\phi$25 锚筋，间排距 2.0m，梅花形布置。

加固后进水闸孔口净宽 1.5m，共 1 孔，顺水流方向总长 16.5m，其中闸室段长 6.5m，闸底板顶高程为 209.60m，下设消力池，消力池长为 10m。

泄水闸采用电动液压缸启闭，于右岸上游侧设一泵房，内设液压站、操控台、电控柜等操控设施。进水闸采用手电两用螺杆式启闭机操纵平板闸门。进水闸启闭机平台高程为 218.60m。

左岸原挡水坝段由于跟山体连接处冲毁，外加进水闸及泄水闸段向左岸平移，需拆除一部分原挡水坝段，所剩无几，因此本次加固将原挡水坝段全部拆除新建。新建挡水坝坝顶高程 216.00m，建基高程 205.00m，坝高 11m，坝顶宽 2m，上游坝坡铅直，下游坝坡 1：0.7，下游坡起坡点高程为 214.00m。

右岸上游新建衡重式挡土墙与右岸现有堤防相连接，与右岸公路形成封闭区域，内部回填石渣，形成交通平台。平台顶高程 214.36m，平台上新建一泵房，用于操控泄水闸。右岸下游消力池范围内设 0.5m 厚混凝土板与现有下游堤防连接。

原左岸下游混凝土挡墙拆除，在左岸新建下游挡墙与左岸现有下游堤防相连接，墙顶高程为 212.72m，顶宽 0.50m，迎水坡直立，背水坡坡比为 1：0.3，墙高 8.22m。

下寨子拦河闸址上、下游河道有不同程度的淤积，要适当疏浚清淤；否则，将影响过流能力，清淤范围为闸轴线上、下游各 100m 河道，上游清淤至 208.25m 高程，下游清淤至 207.30m 高程。

## 3　设计体会

### 3.1　关于设计标准的确定

下寨子拦河闸是一座具有泄洪和灌溉效益的综合利用功能的水闸，属浑河防洪工程的一部分，主要作用是担负着闸址以下 3500 亩水田灌溉任务，本次除险加固后灌溉面积为 4500 亩。根据安全鉴定成果核查意见，下寨子拦河闸所在河道防洪标准为 20 年一遇，最大过闸流量：1797$m^3$/s，水闸过流能力按此标准和流量复核。

根据《水利水电工程等级划分及洪水标准》（SL 252—2000）中第 3.1.2 条规定，当山区、丘陵区的水利水电工程永久性建筑物的挡水高度低于15m，且上、下游最大水头差小于10m时，其洪水标准宜按平原、滨海区的标准确定，因此下寨子拦河闸洪水标准按平原、滨海区的标准确定。下寨子拦河闸过闸流量在1000～5000$m^3/s$范围内，根据《水闸设计规范》（SL 265—2001）第2.1.1条规定，本工程属Ⅱ等工程大（2）型规模。作为挡水建筑物的泄水冲砂闸最大挡水高度为3.05m，水闸上游蓄水量有限，并且上、下游最大水头差1.99m不大，闸址下游没有重要的防护对象，拦河闸突然溃决会对下游产生一定的不利影响，但产生的洪水或涌浪对两岸造成的损失不会很大，鉴于此理由，根据《水闸设计规范》第2.1.2条和第2.1.6条确定下寨子拦河闸主要建筑物级别降低一级，即泄水闸、冲沙闸、进水闸和两岸边墙等主要建筑物级别为3级，次要建筑物级别为3级，临时建筑物级别为4级。

建筑物洪水标准按《水闸设计规范》第2.2.1条和第2.2.7条规定，本工程主要建筑物的设计洪水重现期为20年，校核洪水重现期为50年。因下游紧邻国道202线及跨河公路桥，如被冲毁影响巨大，所以下游消能防冲建筑物设计洪水重现期为20年，用校核洪水重现期50年进行复核。

## 3.2 除险加固设计原则

以安全鉴定、安全鉴定成果核查意见为重点，研究加固设计的处理方案和工程措施。按《水闸设计规范》规定的最大过闸流量确定本工程规模；除险加固后的拦河闸泄洪能力不低于现状工程的泄洪能力；除险加固后的拦河闸不降低其使用功能；除险加固后的进水闸引水流量不小于现状工程的水平。

## 3.3 泄水闸闸型比较选择

按照三类闸常规除险加固设计思路，应保持原拦河闸闸型和工程布置基本不变的前提下进行除险加固设计，但在国家发展改革委水利部文件《关于印发全国大中型病险水闸除险加固总体方案的通知》中第四章“除险加固及工程措施”中明确指出：“水利自控翻板闸易发生转动失灵，在预定位置不能自动启闭，从而影响泄洪。因此，在多泥砂、多漂浮物的河流不宜采用自动翻板闸门。”下寨子拦河闸所在河道为典型山区多泥砂河道，汛期洪水陡涨陡落、迅疾凶猛，挟带大量泥砂及漂浮物。因此，本阶段下寨子拦河闸除险加固中，泄水闸则不再采用自动翻板闸布置方案。

泄水闸考虑以下3种闸型进行比较选择：

（1）自由溢流坝加冲沙调节闸（即闸坝结合方案）。开敞式自由溢流坝的优点是工程造价低，结构耐久性强，运行管理方便，为许多以灌溉功能为主的拦河闸所采用，缺点是坝体结构的阻水效应，汛期成为阻挡洪水的建筑物，使上游水位壅高。而现状下，即使翻板闸全部能够开启，过流尚不能满足20年一遇河道防洪标准，考虑到本拦河闸上游右岸毗邻集镇，汛期上游水位的壅高必将对集镇产生淹没，危及集镇的安全，因此，开敞式自由溢流坝方案不适用于本拦河闸。

（2）平板闸。平板闸利用平板钢闸门挡水，可实现拦河坝的挡蓄水功能，并且平板闸具有较好的泄洪能力，汛期泄洪也不会使上游水位壅高很多，结构耐久性强，运行管理比较方便。

（3）合页闸（有辅助操作设备的翻板闸）。合页闸采用合页式钢闸门挡水，同样可以实现拦河坝的挡蓄水功能，并且在相邻两面合页闸之间不需设置闸墩，加宽了泄流宽度，能有效降低上游水位，闸门上部也不需设置启闭设备，从而减少土建投资，同时在汛期洪水来临时，合页闸闸门放倒，使合页闸较平板闸具有更好的泄洪能力，运行管理也比较方便，其缺点在于闸门造价较高。

通过进一步的计算得出，合页闸方案的有效过水断面优于平板闸，能够有效地降低上游水位，在过流能力方面，合页闸方案优于平板闸方案。综合考虑水闸安全运行及防洪影响因素推荐选用合页闸方案。

### 3.4 护岸及河道清淤

护岸由三部分组成，即拦河闸上、下游两岸混凝土边墙和下游右岸混凝土板以及轴线上、下游各100m的河道堤岸护坡。边墙为混凝土半重力式挡墙，迎水面垂直。右岸下游消力池范围内设0.5m厚混凝土板与现有下游堤防连接，设排水孔。堤岸护坡范围为轴线上、下游各100m，采用措施为格宾石笼护坡。格宾石笼护坡高度为现有两岸堤顶面，伸入河床水平长度8m，接触面铺设400g/$m^2$无纺布作为反滤层。现状河道存在不同程度的淤积，尤其拦河闸附近河床，若淤积过多的泥砂，将直接影响行洪能力，减少进水闸取水量，所以，要进行适当的疏浚清淤。

## 4 结语

辽宁省抚顺市清原县下寨子拦河闸除险加固设计考虑工程实际情况、运行安全、防洪影响、施工方便等诸多因素，经综合分析最终选择采用合页闸方案代替原自动翻板闸，对护岸工程进行了修复，河道进行了适当清淤处理，恢复了水闸功能。该水闸的除险加固设计为辽宁水闸除险加固中的典型案例，具有一定的代表性，对今后同类工程设计具有一定的借鉴意义。

**【作者简介】**

张仲（1982—　），吉林白城人，高级工程师，主要从事水利水电工程水工结构设计工作。

# 松树嘴拦河闸除险加固设计

谭志军　姜　军　张　鹏

（中水东北勘测设计研究有限责任公司，吉林长春，130021）

【摘　要】 松树嘴水闸灌区是优质水稻的生产基地，松树嘴拦河闸被洪水破坏十分严重，已经不能发挥其正常的效益，农民盼望早日对水闸除险加固，使得灌区农田得到稳定有效的灌溉，以保证高产稳产，从而增加农民收入，提高生活水平。

【关键词】 除险加固　拦河闸

## 1　工程概述

抚顺市清原县松树嘴拦河闸位于清原县大孤家镇松树嘴村东北 500m 处，清河上游。本次除险加固设计，工程等别为大（2）型Ⅱ等工程，主要建筑物设计洪水标准为 20 年一遇，校核洪水标准为 50 年一遇，消能防冲建筑物设计洪水标准为 20 年一遇，50 年一遇洪水复核。松树嘴拦河闸为闸坝结合布置，由溢流坝、泄洪冲沙闸和进水闸组成。将河床中部原浆砌石溢流坝外包混凝土加固，右侧原浆砌石溢流坝毁坏段新建全断面混凝土溢流坝，左岸集中布置泄洪冲沙闸，原址重建进水闸，溢流坝保持原来的自由溢流泄洪形式，泄洪冲沙闸和溢流坝采用消力池底流消能。

## 2　除险加固前拦河闸存在的主要问题

溢流坝共有 12 个坝段，12 号坝段全部冲毁，4 号、6 号坝段破损严重，其他坝段破损带均出现裂缝，混凝土剥蚀脱落，粗骨料外露等严重损毁，已不能正常运用。进水闸左侧边墙上部块石塌落，右侧部分墙体砂浆脱落，进口护砌段冲毁，已不能正常运用。上、下游消能防冲设施冲毁、右岸边墙冲毁、闸门及启闭设备破损遗失。并且拦河闸存在过流能力不足、坝体抗滑稳定性不满足要求、基础渗透稳定性不满足要求等问题，需采取相应的除险加固措施予以解决。

## 3　除险加固工程总布置

原松树嘴拦河闸冲沙闸是在溢流坝上分散式开切 11 个缺口，每个缺口设置插板式闸门，当开启或关闭闸门时，需要操作者蹚水到闸门处手工插拔操作，若遇较大洪水，该操作无法进行，即使正常来水也很不方便，甚至存在一定的危险性。为了避免这一缺点，本次加固设计拟将原分散式布置的冲沙闸集中布置在右岸，并设工作平台操作闸门。本布置的主要目的是将进水闸口门处的泥沙通过冲沙闸拉排到下游去，避免进水闸口门淤积、影响灌渠引水，同时也方便运行。

总体布置方案为：左岸集中布置四孔泄洪冲沙闸，在主河床布置拦河闸自由溢流坝，新建左右岸边墙，重建左岸进水闸。除险加固后的松树嘴拦河闸由自由溢流坝、泄洪冲沙闸和进水闸三部分组成，拦河闸轴线总长 142.5m，其中左岸为 31m 长的泄洪冲沙闸段，右岸为 111.5m 长的溢流坝，进水闸布置在左岸岸边。

### 3.1 溢流坝布置

加固后的混凝土溢流坝上游为垂直面，堰顶高程 238.83m，堰面为 WES 实用堰型，堰面曲线 $x^{1.85}=4.506y$，下游以 4.32m 为半径的圆弧连接消力池，采用坝顶无闸门自由溢流泄洪。右侧水毁段 33.5m 长原浆砌石溢流坝改造为全断面混凝土溢流坝，其他部位的原浆砌石溢流坝，拆除表面砌石，保留内部砌体作为溢流坝体的一部分，然后用混凝土包裹补强加固。溢流坝坝底宽 7.66m，最大坝高 3.28m，建基高程 235.55m。

溢流坝采用消力池底流消能，溢流坝消力池深 0.5m，池长 14m。溢流坝消力池的末端 4m 范围预留排水孔以降低扬压力。溢流坝消力池下游铺设格宾石笼海漫防冲，海漫末端布置防冲槽抛石。

### 3.2 泄洪冲沙闸布置

在左岸布置 4 孔泄洪冲沙闸，单孔净宽 6m，闸室长度 6m，中墩厚度 1.5m，边墩厚 1m，闸底板高程 237.50m。在 243.10m 高程布置检修平台，在 246.60m 高程布置工作平台。闸室底板上游布置 5m 长混凝土铺盖。在泄洪冲沙闸中间闸墩设置结构缝。泄洪冲沙闸采用手动螺杆式启闭机操纵平板闸门。

泄洪冲沙闸采用消力池底流消能，泄洪冲沙闸消力池深 0.5m，池长 15m。泄洪冲沙闸消力池的末端 10m 范围预留排水孔以降低扬压力。溢流坝和泄洪冲沙闸之间用隔墙过渡。泄洪冲沙闸消力池下游铺设格宾石笼海漫防冲，末端布置防冲槽抛石。

### 3.3 进水闸布置

进水闸基本保持原来的结构形式和尺寸高程。布置一孔有胸墙的进水口，进口尺寸为 3m×1.07m（宽×高）。进水闸边墙顶高程 243.10m，与冲沙闸边墙顶高程相同，并在该高程布置进水闸检修平台，在 245.50m 高程布置工作平台，进水闸为整体式混凝土结构，下游布置底流消能式消力池。进水闸采用手动螺杆式启闭机操纵平板闸门。

### 3.4 两岸边墙

本次加固设计按照校核洪水标准加安全超高设计左右岸边墙顶高程。上下游边墙均为半重力式混凝土挡墙结构。

### 3.5 两岸堤防的防护

水闸轴线上、下游各 100m 范围内的两岸防洪堤（不包括两岸边墙以内的防洪堤），采用格宾石笼防护，从现状的堤顶至河底并伸入河底水平长度 8m 铺设格宾石笼，岸坡段格宾石笼厚度 0.3m，河床水平段格宾石笼厚度 0.5m，接触面铺设 400g/m$^2$ 无纺布作为反滤层。

## 4 结语

除险加固工程总体布置以恢复原工程为基本原则，采用原来的闸坝结合布置，保持原拦河闸的基本布置，并进行优化，对同类工程有一定的借鉴意义。

**【作者简介】**

谭志军（1977— ），男，吉林长春人，高级工程师，从事水工建筑物结构设计工作。

# 云峰发电厂2号机组发电机改造方案

李冬阳　何香凝　李　鹏　徐志军

（中水东北勘测设计研究有限责任公司，吉林长春，130021）

【摘　要】云峰发电厂2号机组发电机改造，在保持原电站引水压力管道、机组流道和预埋部件、机组安装高程、尾水位不变的情况下，选用适用于频率范围变化较大且综合性能好的水轮机转轮，为提高机组运行稳定性以及设备招标提供依据。

【关键词】云峰发电厂2号机组　发电机改造　设计方案　结构说明

## 1　工程概况

### 1.1　电站概况

云峰发电厂位于吉林省集安市青石镇鸭绿江干流中游，是鸭绿江干流现有梯级水电站的第一级，开发任务以发电为主，兼有防洪、灌溉等综合利用功能。水库正常蓄水位318.75m，相应库容37.08亿$m^3$，为不完全多年调节水库。

电站主体工程于1959年9月开工，1965年9月第1台机组发电，1967年4月18日4台机组全部投产运行，同年大坝竣工，1971年大坝由朝方移交中方管理。

云峰发电主厂房为岸边引水式地面厂房，位于鸭绿江右岸。上游调压井为差动式调压井。主厂房内装有4台混流立轴式水轮发电机组，其中1号、3号机组为中方50Hz系统，向中国东北电网送电，2号、4号机组为朝方60Hz系统，向朝鲜平壤电网送电，现全厂总装机容量为430MW，年平均发电量15.23亿kW·h，是东北电网的主力电厂之一。

### 1.2　机组概况

云峰发电厂原设计装机容量400MW（4×100MW，中朝双方各占200MW），设有4台立轴混流式水轮发电机组。

1号、3号两台机组分别于1991年和1997年进行了增容改造，改造后的机组参数为：水轮机型号HL662－LJ－410，额定转速150r/min，额定出力121.6MW，发电机型号TS854/210－40，额定转速150r/min，额定功率115MW，频率50Hz。

2号机组主要参数为：水轮机型号HL662－LJ－410，额定转速150r/min，额定出力105.7MW，发电机型号TS893/210－48，额定转速150r/min，额定功率100MW，频率60Hz。

4号机组于2012年进行了技术改造，更换了转轮、导水机构、水导轴承、尾水管里衬及十字补气架、推力轴承、上导轴承、上机架等零部件，改造后的机组参数为：水轮机型号 HLA1090-LJ-395，额定转速 180r/min，额定出力 112MW；发电机型号 TS-893/210/40，额定转速 180r/min，额定功率 100MW，频率 60Hz。

### 1.3 2号机组发电机的主要参数

云峰发电厂2号机组发电机主要技术参数详见表1。

表1 2号机组发电机主要技术参数

| 项目 | 参数 | 项目 | 参数 |
|---|---|---|---|
| 发电机型号 | TS-893/210/48 | 定子槽数 | 342 |
| 额定功率/kVA | 111100 | 转子磁极数 | 48 |
| 额定出力/kW | 100000 | 空载励磁电流/A | 781 |
| 额定电压/V | 13800 | 额定电压下充电容量/kVA | 90000 |
| 额定电流/A | 4640 | 定子最高允许温度/℃ | 120 |
| 额定功率因数 | 0.9 | 转子最高允许温度/℃ | 130 |
| 额定频率/Hz | 60 | 发电机转动惯量/($t\cdot m^2$) | 19500 |
| 额定转数/(r/min) | 150 | 生产厂家 | 哈尔滨电机厂 |
| 飞逸转数/(r/min) | 330 | 出厂日期 | 1964年 |
| 滑环电压/V | 330 | 投运日期 | 1966年8月17日 |
| 转子电流/A | 1310 | | |

### 1.4 2号机组发电机目前存在的主要问题

云峰发电厂2号机组1966年8月投产发电，已运行50年，设备陈旧、老化严重，目前存在的主要问题如下：

（1）发电机定子经过50年的运行，由于定子铁芯硅钢片片间绝缘干缩、老化，定子铁芯叠片间压紧力大大降低，达不到规范要求，造成定子铁芯刚度差，在交变磁拉力的作用下，当机组振动频率接近定子铁芯固有频率时，定子铁芯产生剧烈的振动，定子铁芯轴向电磁振动振幅过大造成定子铁芯拉紧螺杆疲劳断裂。铁芯拉紧螺杆为M42、材质45号钢，累计断裂38根。1998年全部更换15CrMn，更换后累计断裂近30根。2012年3月2号机组A级检修，发电机定子铁芯拉紧螺杆断裂更换12根。

（2）励磁机定子、发电机转子绕组原设计为B级绝缘，由于设备多年运行中的发热和振动，使绕组原有绝缘已严重老化，有个别部分有脆化脱落现象，虽经多次处理维护，但达不到规程规定的要求。

（3）集电环限于生产年代的技术水平和制造条件，其结构和工艺水平远不及现代产品，性能较差。经过50年的运行，集电环表面磨损严重，圆度检测超出规程要求，调整难度大。而且集电环重量较重，检修劳动强度大，检修工期较长。

## 2 发电机改造的必要性

云峰发电厂2号机组是20世纪60年代哈尔滨电机厂设计制造的，于1966年8月投产发电，向朝方系统供电，运行至今已 50 年，早已达到规定的退役期，目前处于超期服役状态，存在诸多安全隐患，若继续运行，则机组的安全稳定性难以保证。

云峰发电厂坐落于鸭绿江上，2 号机组为朝方供电，机组一旦发生故障，将直接影响朝鲜的电网运行，并将产生不良的国际影响。

为消除安全隐患，提高机组原有性能和电站运行的安全可靠性，同时配合 2 号机组水轮机技术改造，对 2 号机组发电机进行技术改造是非常必要的，并且符合国家节能政策的有关规定和电网对电站安全运行管理的要求。

## 3 发电机改造原则和目标

通过技术改造，使云峰发电厂 2 号机组发电机与即将改造的水轮机更好地匹配，性能更加优良，结构更加合理，消除目前存在的设备缺陷及重大隐患，提高机组运行安全稳定性。

## 4 技术改造方案

### 4.1 改造范围

对发电机定子、转子、推力轴承、励磁机、集电环等均进行改造。

### 4.2 发电机改造

发电机改造将定子与转子全部更换（不包括主轴）。为了与水轮机额定转速相匹配，发电机组额定转速调整为 150r/min（50Hz），磁极数由原来的 48 个更改为 40 个，改造前后对励磁的要求相当。

### 4.3 改造后的发电机主要技术参数

改造后的 2 号发电机主要技术参数详见表 2。

表 2　　改造后 2 号机组发电机主要技术参数

| 项　目 | 参数 | 项　目 | 参数 |
|---|---|---|---|
| 额定功率/MW | 105.7 | 冷却方式 | 空冷 |
| 额定功率因数 | 0.9 | 推力负荷/t | ～1050 |
| 额定电压/kV | 13.8 | 发电机飞轮力矩/(t・m²) | ～19500 |
| 额定频率/Hz | 50 | 定子铁芯外径/mm | 8930 |
| 转速/(r/min) | 150 | 定子铁芯内径/mm | 8200 |
| 飞逸转速/(r/min) | 330 | 定子铁芯长度/mm | 2100 |
| 定子绝缘等级 | F | 定子冲片材料 | 50W270 |
| 转子绝缘等级 | F | 转子磁极数/个 | 40 |
| 励磁绝缘等级 | F | 额定效率/% | 98.1 |

### 4.4 发电机改造后的优点

（1）提高了通用性和互换性。改造后的发电机与本电厂的其他三台发电机磁极对数相同，一些零部件具有通用性和互换性，可降低运行维护成本。

（2）解决了定子铁芯拉紧螺杆断裂的问题。改造后的发电机定子机座、定子铁芯、定子绕组全部更换，即发电机定子为全新的，可以解决在交变磁拉力的作用下，当机组振动频率接近定子铁芯固有频率时，定子铁芯产生剧烈的振动，定子铁芯轴向电磁振动振幅过大造成的定子铁芯拉紧螺杆疲劳断裂的问题。

### 4.5 推力轴承改造

原推力轴承布置在上机架中心体上方，推力负荷约为1000t。原发电机推力轴承采用刚性支柱螺钉支承结构，改造后的发电机采用弹簧油箱支承结构，推力轴承采用油浸式内循环冷却系统。

### 4.6 励磁机改造

由于原有励磁机定子绕组绝缘等级低，老化严重，本次技术改造对励磁机定子、转子全部进行更换，提高绝缘等级至F级，并使其与改造后的发电机相匹配。

### 4.7 集电环改造

对集电环进行更换，以解决其磨损严重、圆度超标，且安装位置的作业空间小，检修难度大等问题。改造后的发电机集电环由抗磨性强的材质制成，集电环全部绝缘为F级不吸潮耐油材料制成。

## 5 改造后的发电机主要部件结构说明

### 5.1 定子

#### 5.1.1 定子机座

由于发电机定子槽数发生改变，致使定子机座上的拉紧螺杆孔的数量发生变化。如对原机座进行处理则工艺上较复杂，因此，对发电机定子机座进行更新。

更新后的定子机座采用钢板焊接结构。为便于运输，定子装配分成若干瓣，在工厂内进行预组装，到工地后进行组圆焊接。定子机座的设计与原基础相匹配。

#### 5.1.2 定子铁芯

定子铁芯采用厚度为0.5mm的50W270冷轧无取向低损耗、高导磁、不老化的优质硅钢片，在工地进行叠片。冲片去毛刺后，其表面涂有一定厚度的F级绝缘漆，以减小涡流损耗。为保证铁芯装压的质量，减小铁芯波浪度，定子铁芯下端采用大齿压板结构，上、下两端铁芯台阶处（每台阶高6mm，上、下端各3段）用3543双组分硅钢片胶黏剂粘成整体，以提高铁芯的整体刚度。叠片时分段压紧，采用冷压后再热压工艺措施，可使铁芯单位压力提高到1.6～1.8MPa。

经电磁和通风计算对定子铁芯内的通风沟宽度和铁芯分段数，采用59个6mm的通风沟的最优值以使空气流动顺畅平稳、铁芯冷却均匀、充分、风阻损耗最小。铁芯上、下端采用40Mn18Cr3无磁性高强度合金钢压指材料以减小端部漏磁场产生的附加损耗所导致的端部发热。通风槽钢为工字型截面轧制1Cr18Ni9Ti无磁性不锈钢，具有减小铁损和提高机械性能的双重作用。为解决定子铁芯由于温度应力而产生变形，叠片时用鸽尾筋定位，两端用定子齿压板及拉紧螺杆将铁芯牢固地夹紧，拉紧螺杆采用高强度合金钢

42CrMo 材料支撑。同时采用调整定子机座刚度，增加铁芯两端刚度等一系列行之有效的措施可把定子铁芯的翘曲变形减至最小和确保定子铁芯的运行后的圆度。铁芯的计算固有频率可满足避开电机倍频的±10%以上的要求。

**5.1.3** 定子绕组

定子绕组采用双层条式波绕组，Y 形连接，F 级绝缘。

定子槽数为 360 槽，每个线棒由 48 股 2.24×8.5mm 双玻璃丝包线经特殊换位编织而成，以减小定子条形波绕组由于端部漏磁场而引起的附加损耗及降低绕组股线温差。线棒热压成整体后用 F 级环氧粉云母玻璃丝带连续包扎作为对地绝缘，表面用涂有半导体漆的玻璃丝带作防电晕层。在 1.5 倍额定线电压下，定子单个线棒不产生电晕，整机 1.1 倍额定线电压下，无明显晕带和连续的金黄色亮点。线棒具有互换性。

线棒股线为软铜，导电系数符合国家标准，由于线棒采用模压成型及定子铁芯叠装技术的提高，线棒和槽形尺寸非常规整，可使线棒半导体涂层与铁芯槽壁的接触间隙很小。采用半导体槽衬结构以保证线棒与铁芯良好接触，降低槽电位，槽电位可控制在 5V 以内，有效地防止电晕腐蚀绝缘。为保证运行时线圈不松动，槽内采用浸渍室温固化的适型材料及对头斜槽楔结构；槽口和端部采用了适形材料和新的绑扎结构及无磁性高强度钢端箍，以防止发电机在承受最严重短路情况下产生的应力引起的振动和变形。

定子线圈并头套采用银铜硬焊，可确保焊接质量，降低接头温度，提高熔化温度。

绝缘盒采用模压成型工艺。

所有绕组的连接，包括环形汇流排及线圈跨极的连接均采用银焊工艺。用螺栓连接的母线接头表面均镀银，螺栓采用无磁性材料制成。

## 5.2 转子

**5.2.1** 磁极

磁极铁芯由锻钢压板、高强度优质薄钢板经高精度冲模或激光切割的冲片及拉紧螺杆组成，压力叠装，通过磁极上的 T 尾固定在磁轭相应键槽上，并采用楔形键固紧。磁极结构的设计考虑不必吊出转子和拆除上机架就能吊出磁极。

磁极线圈采用紫铜排，其纯度不低于 99.9%。绕组匝间绝缘采用 F 级上胶 Nomex 纸与相邻匝完全黏合且突出每匝铜线表面，并热压成整体。极身绝缘采用 Nomex 纸和 HEC56102 双组分室温固化胶，并在线圈与磁极铁芯之间分段填充浸渍涤纶毡夹一层环氧玻璃布板，首末匝与极身和托板间有防爬电的绝缘垫，其爬电距离满足要求。并在线圈底部加铁托板，使线圈牢固地固定在磁极铁芯上。在铁托板上侧的线圈与铁芯间设置尼龙绳，可有效提高磁极线圈的密封水平。

转子匝间及极身绝缘、配套绝缘均为 F 级。

**5.2.2** 磁轭

转子磁轭是由低合金高强度结构薄钢板经冲制后再叠压而成，在工地叠压成整体。为提高磁轭的整体性并使拉紧螺杆受力均匀，保持键槽垂直，采用了一种不同极距交错相叠和正反向叠片的方法，用工具螺杆分段压紧，最后用高强度拉紧螺杆固紧以形成一体。磁轭设置径向风沟，并且在冲片接缝处去掉一块作为小通风间隙，它们与转子支架一起联合作为发电机闭路通风冷却系统所需要的风道。发电机转子 $GD^2$ 与原机相当，为 $19500t \cdot m^2$。

磁轭与转子支架采用切、径向复合键连接结构，其分离转速为额定转速的1.15倍。这种结构能保证正常运行时的圆度，且能不使转子重心偏移而产生振动，并能有效地传递扭矩。

**5.2.3** 转子支架

由于机组转速提高，致使发电机转子支架的受力将较原机组增加（约1.44倍），转子支架需要一并更换。

转子支架采用圆盘式焊接结构。在厂内组焊，整体发往工地，在工地与转轴进行热套。这种结构的优点是刚度大，通风损耗小。发电机全部转动零件都经刚度和强度的分析计算，以便能安全地承受最大飞逸转速5min而不产生任何有害变形且材料的计算应力不超过屈服点的2/3。

## 5.3 推力轴承

改造后的发电机推力轴承支撑采用弹簧油箱支撑结构，推力按轴承瓦采用弹性金属塑料瓦，推力轴承采用油浸式内循环冷却系统，以满足机械和热变形的要求。

改造后推力轴承在下列情况可安全运行无损坏：

（1）油温不低于5℃、短时停机后立即启动。

（2）轴承冷却水中断15min（额定工况）。

（3）飞逸转速运行5min。

（4）在机组制动系统事故状态下允许不加制动停机。

（5）轴向荷载超过额定荷载110%的工况下应能正常运行。

推力轴承冷却器采用拉制紫铜管T2，为避免由于可能泥沙堵塞造成冷却效果下降，尽量加长管的长度。冷却器为半环形、两个冷却器并联运行。

# 6 结论

目前国内很多早期修建的水电站都面临设备老化问题，存在安全隐患，设备更新改造已成为水电行业的新热点。通过对云峰发电厂2号机组水轮机的改造，可以消除原机组的安全隐患，提高机组运行稳定性，便于电站的运行与管理，提高电站的经济效益。

**【作者简介】**

李冬阳，男，41岁，高级工程师，毕业于武汉水利电力大学，从事水力机械专业设计工作。

何香凝，女，29岁，工程师，毕业于河海大学，从事水力机械专业设计工作。

李鹏，男，28岁，工程师，毕业于河海大学，从事水力机械专业设计工作。

徐志军，男，28岁，助理工程师，毕业于河海大学，从事水力机械专业设计工作。

# 发电厂房蜗壳弹性垫层优化计算

夏智翼

（丰满培训中心，吉林省吉林市，132108）

【摘　要】 丰满重建工程发电厂房蜗壳弹性垫层在原招标设计阶段考虑为3cm厚闭孔泡沫板，技施阶段参考国内外众多同类水电站蜗壳垫层施工经验，决定将垫层材料优化为性能更为优越的天然软木。本文从蜗壳以及外包混凝土应力应变、弹性垫层铺设方式、浇筑厚度对弹性垫层的影响等方面综合考虑，对垫层材料的厚度和弹性模量进行优化计算。

【关键词】 蜗壳　弹性垫层　应力应变　优化计算

## 1　工程概况

丰满水电站全面治理（重建）工程是按恢复电站原任务和功能，在原大坝下游120m处新建一座大坝，新建电站安装6台单机容量为200MW的水轮发电机组，利用三期2台单机容量140MW的机组，总装机容量1480MW。机组蜗壳采用金属蜗壳，尺寸与断面形状由制造厂家根据水力模型试验确定，按垫层蜗壳进行结构设计。

垫层蜗壳结构的特点是在钢蜗壳上部外表一定范围铺设柔性软垫层然后浇筑外围混凝土。通过在蜗壳进口至尾端的上半圆铺设弹性垫层，一方面可以减少内水压力对蜗壳外围混凝土的影响，改善外围混凝土的应力状态，从而减少外围混凝土的配筋。另一方面，通过弹性垫层将金属蜗壳上半圆大部分范围与外围混凝土脱离开，使上部混凝土结构受力通过座环及金属蜗壳周边的混凝土结构来传递，减少蜗壳上部混凝土对金属蜗壳的外部压力[1]。

## 2　垫层材料性能对比

垫层材料通常敷设于上半圆表面，必要时可对垫层范围进行调整，以减小座环处钢衬应力集中，改善蜗壳外围混凝土薄弱区受力条件。垫层材料应具有弹性模量低、吸水性差、抗老化、抗腐蚀、徐变小且稳定、造价低廉、施工方便等性能，一般采用非金属的合成或半合成材料，如聚氨酯软木（PU板）、聚乙烯闭孔泡沫（PE板）、聚苯乙烯泡沫（PS板）等，弹性模量不高于10MPa，通常采用1～3MPa，其厚度一般采用20～50mm。

根据水利部海河水利委员会基本建设工程质量检测中心对聚氨酯软木（PU板）、高压聚乙烯闭孔低发泡（L-600）泡沫板（PE板）、聚苯乙烯泡沫板（PS板）的检测数据，聚氨酯软木弹性垫层随着应力的增大，应变在增大，近似于弹性材料。对聚氨酯软木垫层所作的 20 次反复加（卸）载系列试验，结果表明聚氨酯软木垫层材料有很好的压缩回弹性和力学稳定性，适合作水电站蜗壳及压力钢管的外包弹性垫层，见图 1 和图 2。故决定将原招标设计阶段考虑弹性垫层材料为 3cm 厚闭孔泡沫板垫层材料优化为性能更为优越的聚氨酯软木，并开展相应优化计算。

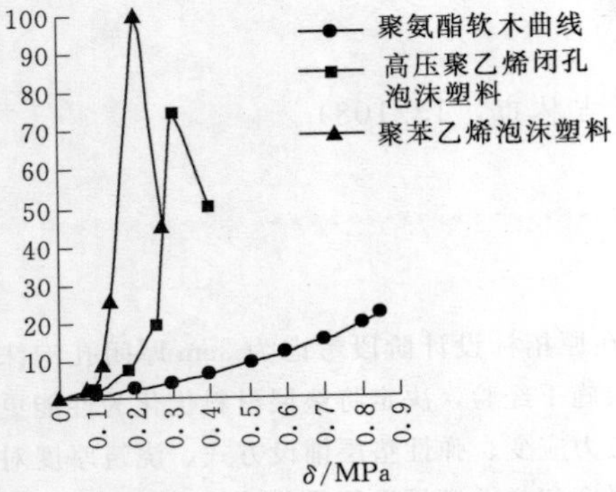


图 1　应力-应变曲线

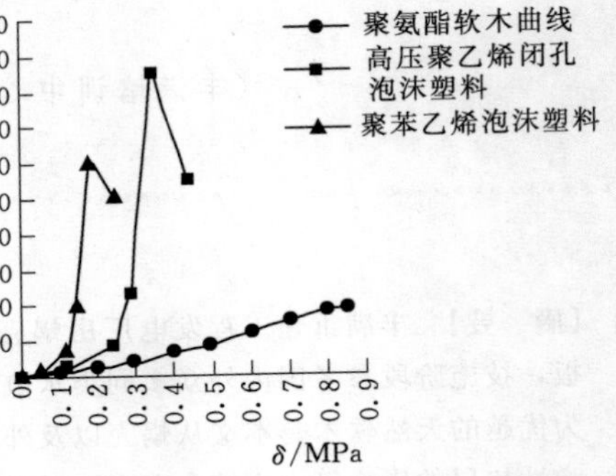


图 2　应力-应变曲线（热老化）

## 3　垫层优化设计计算

### 3.1　弹性垫层铺设范围

#### 3.1.1　子午断面内的铺设范围

根据工程厂房静动力计算分析报告中的相关计算结果，建议在蜗壳上蝶边（座环上环板附近）的外围适当范围（如 10°～15°）不铺设软垫层，以提高座环的整体性和刚度，局部混凝土开裂对结构安全没有显著不利影响，因此，丰满重建工程蜗壳弹性垫层在子午断面上的铺设范围是上端距机坑里衬 1m。为了改善蜗壳腰线部位外围混凝土中的应力状态，弹性垫层下端可从静动力计算时所采用的腰线位置向下延伸 15°，见图 3。

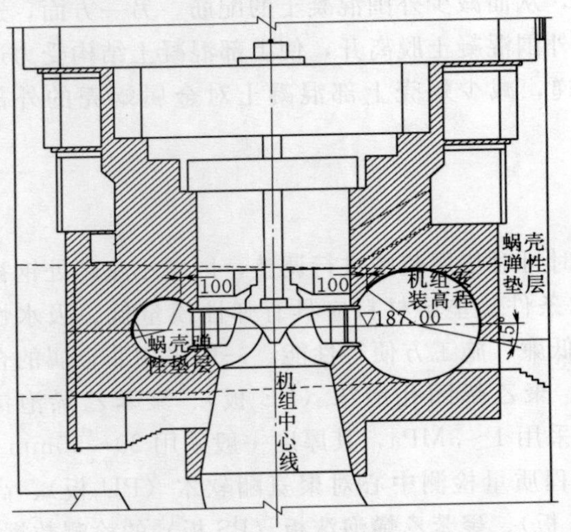


图 3　子午断面铺设范围

#### 3.1.2　平面铺设范围

目前工程界对如何合理确定水电站蜗壳垫层平面铺设范围尚无统一认识，一般蜗壳垫层平面铺设范围是从直管段一直铺设到蜗壳 270°断面。

根据相关工程经验，本工程蜗壳弹性垫层拟采用聚氨酯软木垫层材料，环向从距机坑里衬 1.0m 处到蜗壳腰线下 15°，平面范围从蜗壳进口处开始，铺设至蜗壳 270°，位于边缘的单位垫层材料厚度向外渐变为 1cm 厚。弹性垫层平面铺设范围见图 4。

## 3.2 机墩上机组基础板竖向位移分析

各基础板的竖向位移分布见图 5。

正常运行工况下，定子基础板和下机架基础板均以竖向位移值相对较大。正常运行工况，定子基础板和下机架基础板竖向位移最大值分别为－1.188mm 和－1.149mm，分别发生在 6 号定子基础板和 7 号下机架基础板附近。各定子基础板的竖向位移相对比较均匀，数值介于－1.188～－0.955mm 之间；各下机架基础板的竖向位移也相对比较均匀，数值介于－1.149～－0.963mm 之间。

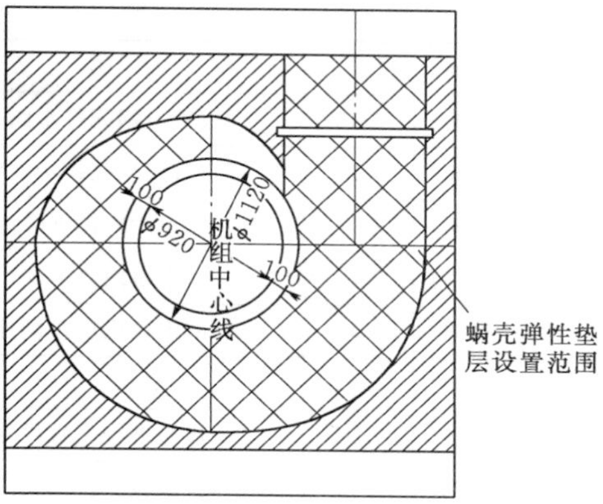


图 4　平面铺设范围

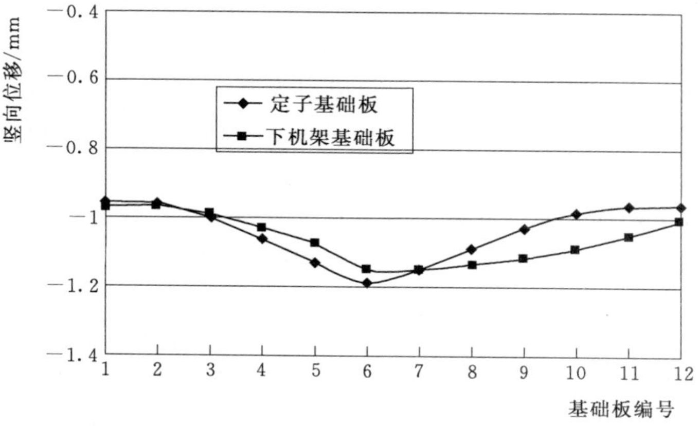


图 5　各基础板竖向位移分布

## 3.3 上环板竖向位移分析

相隔 180°的各特征点的相对上抬量（相对竖向位移的绝对值）见表 1。

**表 1　相隔 180°特征点的相对上抬量**

| 编号 | 1～5 | 2～6 | 3～7 | 4～8 |
|---|---|---|---|---|
| 相对位移/mm | 0.093 | 0.114 | 0.182 | 0.085 |

正常运行工况下，上环板各特征点以竖向位移值相对较大，且各特征点的竖向位移值相差不大。相隔 180°特征点间的相对竖向位移也数值较小，最大值仅为 0.182mm，不会影响机组的正常运行。

## 3.4 蜗壳外围混凝土应力分析

正常运行工况和检修工况下蜗壳外围混凝土结构的各向最大拉应力和最大压应力见表 2，混凝土的应力方向以机组主轴中心线为轴，分别按径向、环向和竖向给出。

表 2　　蜗壳外围混凝土各方向最大应力　　单位：MPa

| 工况 | 方向 | 拉应力 | 位　　置 | 压应力 | 位　　置 |
|---|---|---|---|---|---|
| 正常运行工况 | 径向 | 2.74 | 直管段蜗壳排水阀廊道顶部 | 3.72 | 上游内侧上碟边附近 |
| | 环向 | 4.20 | 直管段蜗壳排水阀廊道顶部 | 1.84 | 蜗壳鼻端处内侧 |
| | 竖向 | 8.88 | 下游内侧下碟边附近 | 16.0 | 下游偏右内侧上碟边附近 |
| | 主应力 | 9.65 | 下游内侧下碟边附近 | 17.1 | 下游偏右内侧上碟边附近 |
| 检修工况 | 径向 | 0.76 | 顶部水轮机层左侧外侧立柱处 | 0.97 | 顶部左侧机墩外边缘处 |
| | 环向 | 0.41 | 蜗壳进口内侧下部 | 1.45 | 下游右侧内侧上部 |
| | 竖向 | 0.54 | 蜗壳进口直管段外侧顶部 | 6.86 | 顶部水轮机层左侧偏上游侧外侧立柱处 |
| | 主应力 | 1.77 | 顶部水轮机层左侧偏上游侧外侧立柱附近 | 7.10 | 顶部水轮机层左侧偏上游侧外侧立柱处 |

从计算结果可以看出：

（1）正常运行工况下，蜗壳外围混凝土结构上产生了较大的拉应力，特别是在垫层的上下末端、蜗壳上下碟边、鼻端附近及直管段蜗壳排水阀廊道顶部由于应力集中导致局部拉应力较大。蜗壳外围混凝土的最大径向拉应力为2.74MPa，位于直管段蜗壳排水阀廊道顶部；最大环向拉应力为4.20MPa，也位于直管段蜗壳排水阀廊道顶部；最大竖向拉应力为8.88MPa，位于下游内侧下碟边附近。

正常运行工况下，蜗壳外围混凝土的竖向压应力较大，数值为16.0MPa，位于下游偏右内侧上碟边附近，主要因为蜗壳上碟边附近应力集中导致应力较大，其他方向压应力数值相对较小。

（2）检修工况下，蜗壳外围混凝土结构上各向拉应力最大值均小于正常运行工况下的对应值，且均未超过混凝土的抗拉强度。最大主拉应力值为1.77MPa，超过混凝土的设计抗拉强度，但主要由于局部应力集中导致。混凝土的最大压应力为7.10MPa，位于顶部水轮机层左侧偏上游侧外侧立柱处，小于混凝土的设计抗压强度。

为了更好地了解蜗壳的受力情况，沿水流方向切取7个截面，截面位置见图6。正常运行工况下各截面上各向拉应力和压应力最大值见表3和表4。各截面各方向应力按局部柱坐标系给出，坐标系的定义方式为：沿蜗壳中心轴线方向即顺水流向为$Z$向，环绕$Z$轴方向即环向为$\theta$向，以$Z$轴为中心的半径方向即径向为$R$向，见图7。正常运行工况下

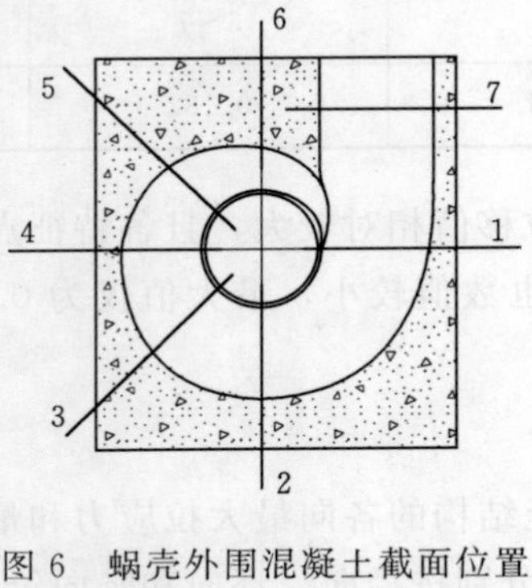


图6　蜗壳外围混凝土截面位置

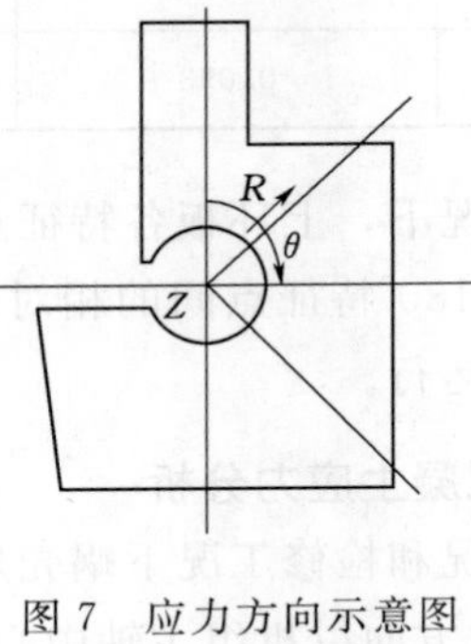


图7　应力方向示意图

截面 1 和截面 2 上各向正应力和最大主拉应力分布见图 8、图 9（其余截面各向正应力和最大主拉应力分布如图，不再一一列出）。

**表 3　　正常工况下蜗壳外围混凝土各截面局部坐标系下各方向最大拉应力　　单位：MPa**

| 方向 | 截面位置 | | | | | | |
|---|---|---|---|---|---|---|---|
| | 1 | 2 | 3 | 4 | 5 | 6 | 7 |
| 径向 | 0.38 | 1.72 | 0.80 | 0.52 | 0.68 | 0.08 | 0.16 |
| 环向 | 2.93<br>(2.48) | 8.13<br>(1.20) | 3.72<br>(1.24) | 2.80<br>(1.80) | 1.66<br>(0.95) | 1.35<br>(1.35) | 6.03 |
| 顺水流向 | 0.20 | 0.85 | 2.35 | 1.15 | 1.55 | 1.45 | 1.10 |
| 主应力 | 4.03 | 9.67 | 4.87 | 3.79 | 2.58 | 1.89 | 6.07 |

**注：**括号中的数值为除上下碟边附近外其余位置环向应力的最大值。

**表 4　　正常工况下蜗壳外围混凝土各截面局部坐标系下各方向最大压应力　　单位：MPa**

| 方向 | 截面位置 | | | | | | |
|---|---|---|---|---|---|---|---|
| | 1 | 2 | 3 | 4 | 5 | 6 | 7 |
| 径向 | 1.93 | 1.46 | 2.09 | 1.26 | 1.29 | 1.49 | 1.34 |
| 环向 | 13.80 | 14.30 | 16.60 | 11.20 | 8.54 | 6.43 | 1.50 |
| 顺水流向 | 1.29 | 1.72 | 0.65 | 0.39 | 1.23 | 0.52 | 0.75 |
| 主应力 | 14.8 | 15.10 | 17.20 | 11.30 | 8.58 | 6.73 | 2.09 |

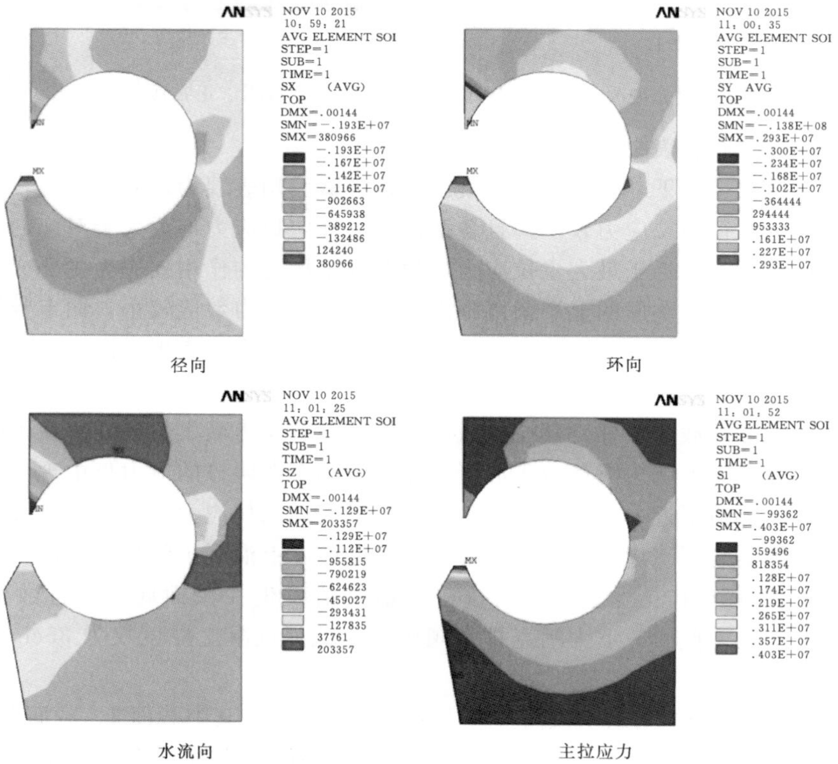


图 8　蜗壳混凝土截面 1 局部坐标系下应力分布图（正常运行工况）

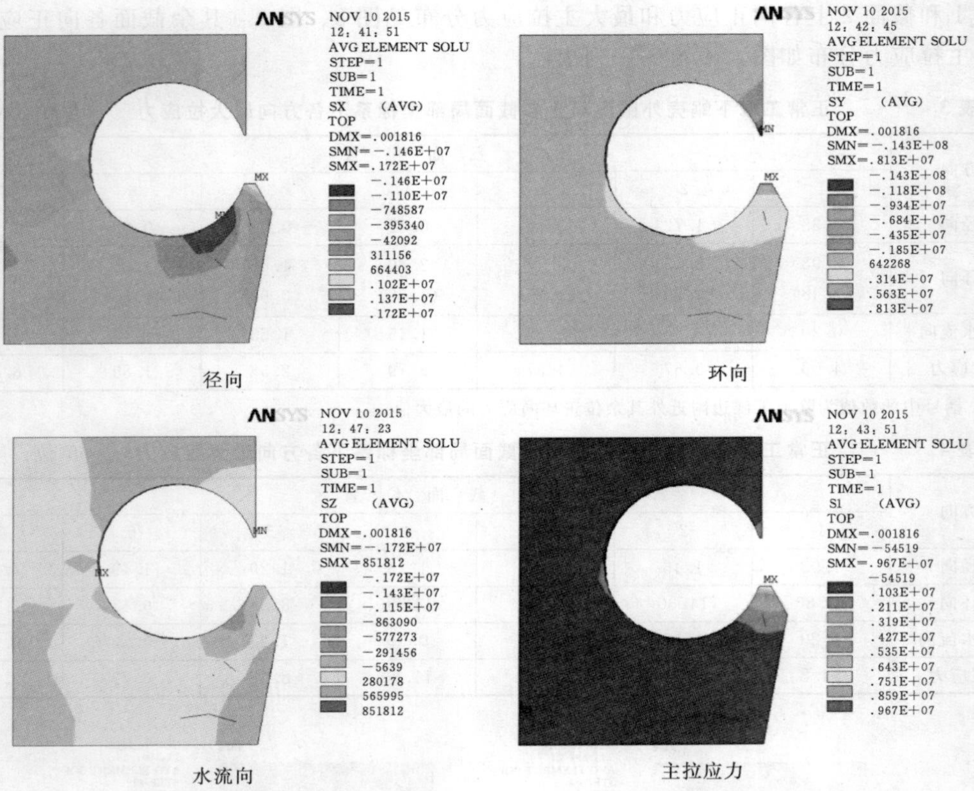


图 9　蜗壳混凝土截面 2 局部坐标系下应力分布图（正常运行工况）

从图示应力分布和表中的数值可以看出：

（1）正常运行工况下，蜗壳外围混凝土结构各截面均表现为环向拉应力较大，顺水流向的拉应力次之，径向拉应力较小，且各截面最大环向拉应力均远大于对应的最大径向和顺水流向的拉应力，接近于最大主拉应力，说明内水压力的作用效应为主要成分。

（2）各截面上敷设垫层的上半圆范围内混凝土的拉应力数值较小，而未敷设垫层的下半圆混凝土的环向拉应力数值较大。各断面上的环向拉应力均表现为内侧较大，沿各断面径向向外逐渐减小。

（3）除截面 6 和截面 7 外，其余各截面上的环向拉应力最大值均发生在下碟边处，且数值较大，原因在于下碟边附近由于混凝土厚度较小存在明显的应力集中现象。剔除存在明显应力集中的碟边附近单元后，这些截面上的最大环向拉应力均出现在腰线位置，而最大环向拉应力数值与下碟边处相比显著降低。而截面 6 上混凝土的环向拉应力最大值发生在腰线位置。截面 7 上混凝土的环向拉应力最大值发生在截面底部，且数值较大，为 6.03MPa，原因在于截面 7 下为蜗壳排水阀廊道，此处混凝土厚度仅为 35cm，存在明显的应力集中。

（4）截面 3～截面 7 上的水流向拉应力数值相对较大，其中截面 3、截面 5、截面 6 上水流向拉应力最大值均超过了混凝土的抗拉强度。截面 3～截面 6 上的水流向拉应力最大值均发生在上碟边附近，截面 7 上的水流向最大拉应力发生在截面底部。

（5）正常运行工况下，截面 1～截面 6 上环向压应力均发生在上碟边附近，且数值较大，其中截面 1～截面 4 上混凝土环向压应力均接近或超过了混凝土的抗压强度，原因在于上碟边附近混凝土的厚度很小，存在明显的应力集中。

## 3.5 蜗壳外围混凝土位移分析

正常运行工况和检修工况下，蜗壳混凝土结构在整体柱坐标下的各向最大位移见表 5。蜗壳混凝土结构各向位移分布见图 10 和图 11。

**表 5　　正常运行工况和检修工况下蜗壳混凝土结构各向最大位移**　　单位：mm

| 工　况 | 径　向 | | 环　向 | | 竖　向 | |
|---|---|---|---|---|---|---|
| | 最大值 | 出现位置 | 最大值 | 出现位置 | 最大值 | 出现位置 |
| 正常运行工况 | 1.53 | 下游侧上蝶边 | −1.59 | 蜗壳进口直管段左侧 | −1.76 | 下游侧外侧右侧拐角处顶部 |
| 检修工况 | 0.38 | 下游侧外侧顶部 | −0.45 | 蜗壳进口直管段左侧 | −1.78 | 下游侧外侧右侧拐角处顶部 |

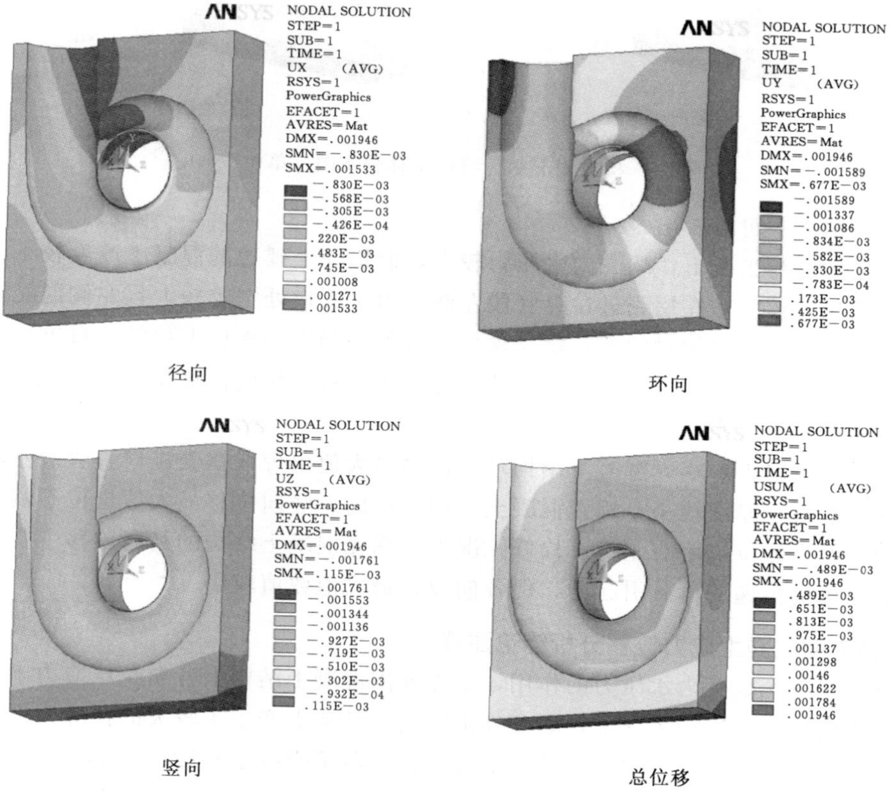


径向　　环向

竖向　　总位移

图 10　正常运行工况蜗壳结构位移分布图（单位：m）

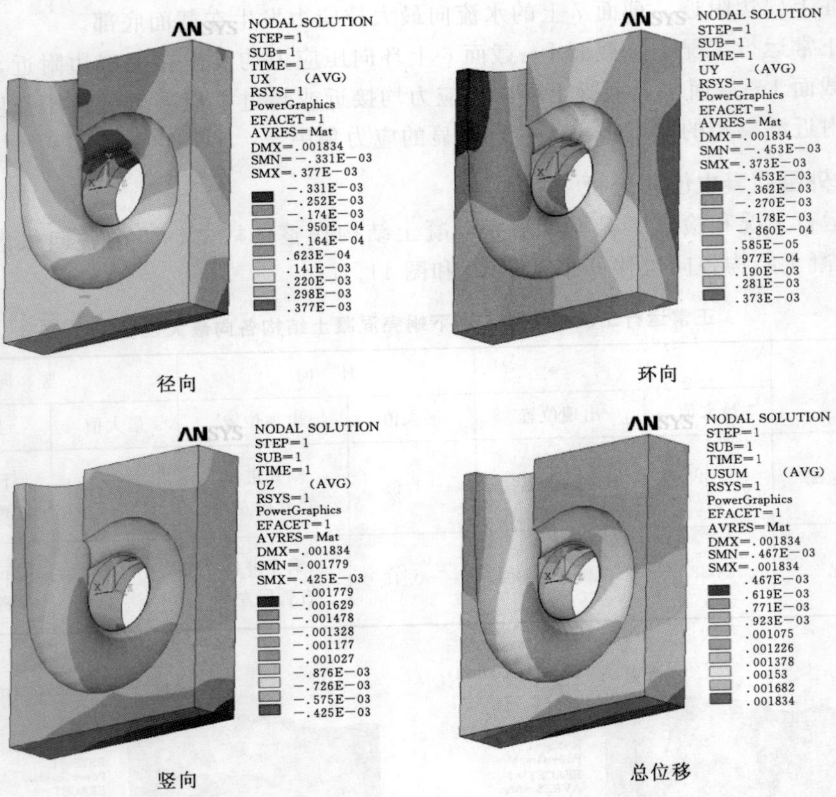


图 11 检修工况蜗壳结构位移分布图（单位：m）

从计算结果中可以看出：

（1）正常运行工况下，蜗壳内水压力较大，而蜗壳上碟边的混凝土厚度较小，该位置处径向位移相对较大；在蜗壳进口直管段左侧，由于进口处空腔较大且左侧混凝土厚度较薄，该位置处环向位移相对较大；蜗壳顶部下游侧外侧由于承担上部结构自重、排架传递的吊车轮压、外部墙体的风荷载、温度荷载等，该位置处竖向位移相对较大。但总体上各向位移最大值数值较小。

（2）检修工况下，蜗壳混凝土结构环向位移最大值出现在蜗壳进口直管段左侧，同样因为此处的混凝土厚度较小，蜗壳混凝土结构的径向、竖向位移最大值也位于蜗壳顶部下游侧外侧，但具体位置略有差异。检修工况下，蜗壳混凝土结构的竖向位移主要是由结构自重和上部结构传递的荷载引起的，但各向位移最大值数值较小。

### 3.6 蜗壳外围混凝土应力位移分析结论建议

检修工况下无蜗壳内水压力的作用，蜗壳外围混凝土结构上各向拉压应力未超过混凝土的设计强度。正常运行工况下，蜗壳外围混凝土结构上产生了较大的拉应力，特别是在垫层的上下末端、蜗壳上下碟边、鼻端附近及直管段蜗壳排水阀廊道顶部等位置，由于应力集中导致局部拉应力较大，均超过了混凝土的抗拉强度。建议在蜗壳上碟边（座环上环板附近）的外围适当范围（如 10°～15°）不铺设软垫层，以提高座环的整体性和刚度，局部混凝土开裂对结构安全没有显著不利影响。

### 3.7 垫层材料厚度与弹性模量的选择

蜗壳弹性垫层的参数选取了弹性模量3MPa、厚度3cm建立计算模型，计算结果可以满足要求[2]。考虑到垫层施工的便捷以及节省垫层用料，并参考聚氨酯软木材料实际性能，根据垫层传力不变性，可以将材料调整为弹性模量2MPa、厚度2cm来进行施工。

## 4 蜗壳弹性垫层设计优化结论

丰满重建工程在招标设计阶段钢蜗壳垫层材料选用的是弹性模量为1～3MPa、厚度3cm的高压聚乙烯闭孔泡沫板，经对比研究，现阶段蜗壳弹性垫层材料调整为聚氨酯软木垫层，垫层厚度为2cm，相应的弹性模量为2MPa。环向从距机坑里衬1.0m处到蜗壳腰线下15°，平面范围从蜗壳进口处开始，铺设至蜗壳270°，位于边缘的单位垫层材料厚度向外渐变为1cm厚。

## 参考文献

[1] 中水东北勘测设计研究有限公司. 房钢蜗壳弹性垫层分析专题报告［S］. 丰满水电站全面治理（重建）工程厂. 2016.

[2] 中水东北勘测设计研究有限公司. 丰满水电站全面治理（重建）工程厂房静动力分析计算报告［S］. 大连：大连理工大学. 2015.

**【作者简介】**

夏智翼（1986—　）女，讲师，黑龙江牡丹江人，主要从事水电教学及科研工作。

# 白山发电厂二期电站 5 号机组水轮机锥管里衬改造设计

付　欣　谭志军

（中水东北勘测设计研究有限责任公司，吉林长春，130021）

【摘　要】白山发电厂二期 5 号机组运行多年，尾水锥管里衬破损严重，虽多次修补，但情况没有根本性改善。通过对原因进行分析，对损坏严重的原尾水锥管上段进行更换。本文就原因、改造方案及实施进行总结归纳。

【关键词】水轮机　尾水锥管　里衬分瓣　改造

## 1　电站基本情况

白山水电站位于吉林省桦甸县与靖宇县交界处的第二松花江上游，系以发电为主，兼有防洪等效益的大型水利枢纽，控制流域面积 $19000km^2$，多年平均流量为 $239m^3/s$。电站枢纽主要由 149.5m 高的混凝土重力拱坝及两岸厂房组成，坝身设溢流高孔及泄洪深孔。第一期电站采用右岸地下式厂房，第二期电站采用左岸地面厂房。二期工程装机 2 台，总容量 60 万 kW，多年平均发电量 0.34 亿 kW·h。1984 年一期工程结束后二期工程继续施工，1992 年二期机组发电，1994 年 6 月工程全部竣工。

## 2　电站存在的主要问题

白山电站 5 号机组 1991 年 12 月投产发电。由于这些机组都是哈尔滨电机厂生产的国产第一批 300MW 的水轮发电机组，受当时的设计、材料、工艺等多方面因素影响，加之水轮机尾水管在长期使用过程中受气蚀、锈蚀和长期不规则应变应力影响，发生里衬撕裂、脱落，甚至混凝土掏空现象，威胁机组的安全运行。因转轮、导叶、顶盖等设备位于整个机组的底部，为满足缺陷处理条件，受拆装顺序限制，往往需要被迫对整个机组进行拆装，重达几百吨甚至近千吨的设备吊出、吊入，检修工作存在着极大的安全风险，耗费巨大的人力、财力和物力，同时机组检修周期缩短，检修维护费用增加，机组等效可利用小时数减少，严重影响机组的安全、经济、稳定运行，急需按照当前的先进设计制造水平进行更新改造。

## 3　锥管里衬改造设计方案

白山二期电站 5 号机组水轮机尾水管为弯肘形尾水管，由进口锥管段、中间肘管段和出口扩散段三部分组成。本次改造为进口锥管段的上半部分，由于其体型具有下大上小的特殊性，里衬安装难度较大。为了不影响原有混凝土结构和座环等设备的安全，混凝土开挖量不应过大，这就压缩了锥管里衬的安装空间，且锥管段下大上小，里衬的安装不能采取常规整节安装的方法，对此，本次尾水管改造中采用锥管里衬分节分瓣的安装方法。

### 3.1 改造范围

尾水管气蚀严重区域主要集中在转轮室与尾水管锥管段组合缝至组合缝下方 100cm 区域，为方便施工和保证改造后设备的安全稳定运行，本次改造范围为转轮室与尾水管锥管段组合缝下方 160cm 范围内的尾水管壁，即 283.857～285.457m 高程区域，改造后新旧里衬间采用坡口焊接牢靠。

### 3.2 方案拟订

由于尾水管处于机组的最底部，全部里衬只能采用桥机经发电机机坑运输。在 5 号机组尾水锥管里衬改造中，吊运通道最小内径小于单节锥管的内径，整体吊运和安装无法实现，不能采用常规的整节安装法，因此将锥管里衬分节分瓣设计，以利于里衬吊运及安装。

本次改造的锥管里衬高度共 1.6m，分两节制造，每节高度 0.8m。每节锥管里衬分成 8 瓣，每瓣开一个浇筑孔，其中有两瓣的浇筑孔兼做进人孔。为满足现场拼装精度要求，尾水管拼装过程中须采取有效的防变形措施。

根据白山电厂提供的检修条件，可利用已有的可组装的检修平台，通过尾水管进人门将平台各部件运进尾水管，组装成检修平台，而后以该平台作为施工平台进行尾水管的改造施工。

## 4 锥管里衬改造方案实施

尾水管改造过程分为原里衬拆除、混凝土凿除、锚杆安装及连接筋埋设、新锥管里衬安装、细石混凝土浇筑及接触灌浆等几个阶段。

### 4.1 原里衬拆除

根据厂家提供的白山二期电站 5 号机组改造尾水锥管图纸，需将尾水管锥管段里衬局部拆除，确定拆除旧锥管里衬顶高程为 285.46m，底边最低处高程为 283.86m 将需要拆除的锥管部分用碳弧气刨分割成瓦片，采用锤击震动、撬棍撬、在尾水管内壁上焊接锚钩并用导链钢丝绳拉等方法使瓦片与混凝土脱离，分块拆除。旧里衬切割后其边缘用磨光机将边缘修磨平齐，以便与新里衬的焊接施工。

### 4.2 混凝土凿除

为满足新锥管的安装条件，需对已拆除里衬四周混凝土进行局部凿除。通过查阅原设计资料，开挖过程中，根据新锥管体型边线，保证周边最小空间为 400mm。12 个蜗壳支墩处根据现场实际观察，可向内凿除混凝土至固定导叶内边缘处。为保证固定导叶下部混凝土结构完整，只允许凿除该部位表面混凝土，凿除深度以露出支墩钢筋为止，最大凿除深度不得大于 450mm；对支墩以外范围，为方便里衬安装可加大凿除深度至 600～650mm，能够满足施工人员进入即可。混凝土凿除需严格按图纸规定范围施工，严禁破坏座环支墩等受力结构，凿除后应形成垂直施工面。

混凝土凿除过程中，为保护原基础混凝土结构，须人工用风镐进行开挖，严禁使用炸药爆破。凿除前应认真查阅原竣工图纸，划定凿除范围。

凿除过程中原基础中暴露的钢筋均保留原样，以便与新的连接钢筋连接；旧混凝土基面凿除到位后，对基面进行清理、凿毛、去掉松动混凝土或骨料，并用高压水冲洗；对于露出的钢筋应清理干净，去除表层锈蚀和残余混凝土。

### 4.3 锚杆安装及连接筋埋设

根据锥管里衬预装后实际高程及位置，在蜗壳支墩以外位置，参照图纸在水平方向打锚杆。锚杆安装前应进行调直、除锈和除油污处理，并将孔内混凝土块清理吹洗干净。

钻孔前须查阅原有竣工图纸，确定钻孔深度和方位，严禁伤及预埋管线，并且只允许在各座环支墩之间打孔，不允许破坏座环支墩。除新敷设的锚杆外，尽可能将原基础外露的钢筋与新锥管背面通过连接钢筋进行有效焊接，最大限度地提高新锥管的抗震能力。

### 4.4 新锥管里衬安装

新锥管里衬分瓣吊装至尾水工作平台，以座环固定导叶为吊点，利用手链葫芦和钢丝绳对里衬进行位置调整。

新锥管里衬测压管、接触灌浆口等均布置到位后方可进行正式组装。为方便新里衬基础法兰盘的焊接，安装时需先组装上节里衬，后安装下节里衬。每一节的 8 瓣须按对称顺序组装，以方便里衬背面焊接施工，带有进人孔的里衬最后安装。

里衬每节各瓣组装完成后立即进行现场焊接，完成后再将上下节进行焊接形成完整锥管里衬，所有焊缝须在混凝土浇筑前完成。

焊接质量验收合格后，用手持砂轮机打磨焊缝及其他凸出物，使管壁表面平滑。尾水管焊缝全部焊接完成后，进行焊缝探伤检查，然后进行外部尾水补气总管、尾水测压管的焊接，并将新里衬与尾水管外部锚杆及座环支墩外露钢筋焊接牢靠。

### 4.5 细石混凝土浇筑及接触灌浆

为保证凿空部分新基础的强度，需在接触灌浆之前先进行细石混凝土浇筑。根据厂家图纸在新锥管里衬上同一高程均匀布置 8 个混凝土浇筑孔（每瓣一个，其中 6 个为 $\phi200$，两个为 $\phi500$），混凝土通过这些浇筑孔灌入里衬背面。由于该部位混凝土承受较大压力及振动，浇筑的混凝土强度等级不小于 C30，细石要求粒径不大于 2cm。

为保证里衬与外围混凝土结合紧密，在细石混凝土浇筑工作完成、混凝土强度达到设计强度的 80%后，对新尾水管进行接触灌浆工作。

### 4.6 锥管内部防腐及抗冲蚀处理

由于锥管的特殊工作环境和工作条件，常因腐蚀冲刷出现磨损、减薄等破坏，更换新的里衬既复杂又影响机组正常发电运行，因此须采用化学涂层进行保护。

## 5 结语

通过对尾水锥管里衬分节分瓣设计和安装，较好地解决了构件吊运通道和钢衬安装空间狭小、不能整节安装的难题。水平锚杆和连接扁钢的设置最大限度地提高了新锥管的抗震动能力，增加了新锥管的使用寿命。改造基本解除了困扰机组多年的安全隐患，有力地保障了机组发电运行安全，同时也为以后其他机组的钢衬改造打下了良好的基础。

**【作者简介】**

付欣（1974— ），男，高级工程师，吉林长春人，主要从事水利水电工程设计工作。

# 双层三维植被网护坡施工技术

邢彦波

（内蒙古赤峰抽水蓄能有限公司，内蒙古赤峰，024000）

【摘　要】三维植被网是一种立体网结构，植被、网垫和土壤三者相互缠绕交织形成一种牢固的复合型三维立体网络体系，从而有效地防止了表面土层的滑移，使边坡具有较大的稳定性，是一种永久性的边坡生态防护方式。双层三维植被网施工工艺，是利用三维植被网的固土能力，解决了全风化岩质边坡覆土困难的问题，为植物根系生长提供了足够厚度的土壤，提高边坡的整体和局部的稳定性，同时降低造价，防止水土流失，改善了生态环境。

【关键词】三维植被网　基本原理　施工应用

## 1　工程概况

丰满水电站全面治理（重建）工程位于第二松花江干流上的丰满峡谷口，上游建有白山、红石等梯级水电站，下游建有永庆反调节水库。电站枢纽建筑物主要由碾压混凝土重力坝、坝身泄洪系统、左岸泄洪兼导流洞、坝后式引水发电系统、过鱼设施及利用的原三期电站组成。

丰满水电站全面治理（重建）工程主体工程之一的泄洪兼导流洞工程完工后，考虑到与周边景区环境的协调，需要对其出口洞脸边坡进行生态防护。泄洪兼导流出口洞脸边坡为全风化岩质边坡，开挖坡度为1：1.5，高约15m。

## 2　三维植被网护坡

近年来，随着政府和企业对环境治理的重视程度不断加强，三维植被网开始被大量应用于道路交通及水电建设等领域的边坡生态防护上，其较低的造价，相对简单的施工工艺和较好的生态防护效果已经得到了广泛的认可。三维植被网应用合成材料，有效地解决了岩质边坡、高陡边坡防护问题，不仅显著提高了边坡的整体和局部稳定性，而且还有利于边坡植被的生长，同时工程造价也较低，在工程建设水土保持项目施工方面有很大的应用价值。但在具体的施工过程中，由于受各种因素的影响，通常的三维植被网施工工艺在实际应用时还会遇到一些问题，本文结合当前水电建设工程水土保持施工项目，对应用三维植被网进行生态护坡施工时出现的问题及对应的解决措施与方法进行探讨。

### 2.1 三维植被网的结构

三维植被网是以热塑性树脂为原料，采用科学配方，经挤出、拉伸等工序精制而成，它无腐蚀性，化学性稳定，对土壤、微生物呈惰性。三维植被网的底层为一个高模量基础层，采用双向拉伸技术，其强度高，足以防止植被网变形，蓬松的网包，通过填入土壤，种上草籽，帮助固土，三维的结构能更好地与土壤结合[1]。

### 2.2 三维植被网的护坡机理、作用及施工工艺

植被对边坡的抗侵蚀作用主要是通过三个方面来实现的，首先是植物枝叶致密的覆盖防止边坡表层土壤直接遭受雨水的冲蚀，其次是腐质层（包括落叶层与根茎交界面），为边坡表层土壤提供了一个保护层；最后是植物根系对坡面的地表土壤的紧固、稳定作用。通常在植物生长初期，由于植被还不够茂盛，腐质层尚未形成，还有植物形成的根系只是松散地纠结在一起，没有长固的根系，对边坡表土的紧固、稳定作用有限。三维植被网的应用，使植物生长初期对边坡土壤抗侵蚀的三方面作用得到了较大的加强，主要是植物的庞大根系与三维网的网筋连接在一起，形成一个类似边坡土壤加筋的板块结构，使整个保护层的抗张强度和抗剪强度增加，防止边坡表土保护层在暴雨冲蚀情况下由局部破坏逐渐发展成大面积的滑动破坏情况的发生。

三维植被网护坡技术综合了土工网和植物护坡的优点，起到了复合护坡的作用。边坡的植被覆盖率达到 30%以上时，能承受小雨的冲刷，覆盖率达 80%以上时能承受暴雨的冲刷，待植物生长茂盛时，能抵抗冲刷的径流流速达 6m/s，为一般草皮的 2 倍多，土工网的存在，对减少边坡土壤的水分蒸发，增加入渗量有良好的作用[2]。

土质边坡三维植被网护坡的施工工艺流程通常如下：

（1）施工前准备，如工具、人员配备、覆盖充填物、草种等。

（2）对边坡进行修整，使之尽可能的平整。

（3）在坡顶开挖暗沟，尺寸为宽 1m，深 1m。

（4）贴着地面由上至下将三维网卷材展开，卷材顶端固定于暗沟内，相邻两卷材料相互搭接，并要求搭接宽度不小于 10cm，并用软铁制成的 U 型地钉进行固定，铺设时网状面朝上，多余卷材用剪刀裁剪。

（5）播撒草种并施肥，可根据当地气候等自然条件选用适当草种。

（6）人工回填腐殖土，将网包盖住，然后轻微压实、整平。

（7）如气候较干燥，水分散失较快，可采用草袋或无纺布覆盖，浇水养护。

（8）当植被生长成型，根系已穿过三维网，即可撤去上覆的草袋或无纺布。

## 3 三维植被网施工在全风化岩石类边坡防护中存在的问题

### 3.1 全风化岩石类边坡覆土困难

全风化岩石类边坡由于表层没有土壤覆盖，使植被根系生长失去了土壤空间，因此不能直接采用土质边坡三维植被网护坡工艺进行护坡。并且，目前水电工程需要进行生态防护的边坡多设计成 1∶1.5 的坡度，由于施工过程中受到某些因素影响，开挖、平整之后的石质边坡及风化砂边坡等局部坡度也可能会超过 1∶1.5，此种情况下，由于该类边坡

不能提供足够的阻滞力而使土壤颗粒能够稳定地附着在边坡上，因此在此类边坡上采用干土施工法直接覆土极为困难。

### 3.2 边坡覆土厚度的要求

进行植草防护的边坡需要有一定厚度的表土，为植被根系生长提供足够的空间。由于全风化岩石类边坡本身不具备植物生长的土壤条件，因此在此类边坡上植草首先要进行腐殖土覆土。根据我国 2013 年实施的《水利水电工程水土保持技术规范》（SL 575—2012）要求，北方土石山区草地覆土厚度需大于或等于 30cm。

## 4 双层三维植被网护坡原理及施工工艺

### 4.1 双层三维植被网护坡原理

全风化岩石类边坡若要应用三维植被网技术进行生态护坡，必须解决边坡腐殖土覆土的问题。试验证明：在草皮形成之前，当坡度为 45°时，三维植被网垫的固土阻滞率高达 97.5%，平面网为 74%；当坡度为 60°时，三维植被网垫的固土阻滞率为 84%，平面网为 0，失去了固土作用；当坡度为 90°时，三维植被网垫仍可保留阻滞住 60%的土壤。由此可见，采用三维植被网垫具有极好的固土效果[3]。因此可以利用三维植被网垫的固土效果，在全风化岩石类边坡上进行覆土，平整并轻轻压实后，于其上再铺设一层三维植被网。第二层网固定好之后便可以上述土质边坡三维植被网护坡的施工工艺继续进行施工。

### 4.2 双层三维植被网护坡施工工艺

（1）施工前的准备，如工具、人员配备、覆盖充填物、草种等。

（2）对边坡进行修整，使之尽可能的平整。

（3）在坡顶开挖暗沟，尺寸为宽 1m、深 1m。

（4）贴着地面由上至下将三维网卷材展开，卷材顶端固定于暗沟内，相邻两卷材料相互搭接，并要求搭接宽度不小于 10cm，并用软铁制成的 U 型地钉进行固定，铺设时网状面朝上，多余卷材用剪刀裁剪。

（5）将先行备好的腐殖土人工铺设于已固定于坡面上的三维植被网，铺设厚度为 20cm。铺好后进行平整并轻轻压实。

（6）铺设第二层三维植被网，重复上述步骤（4）。

（7）于固定好的第二层三维植被网上继续铺设腐殖土，厚度 8～9cm。

（8）播撒草种，选用当地适生草种，用量 25g/m$^2$。

（9）人工回填腐殖土掩盖草种，厚度 1～2cm。

（10）用草袋或无纺布覆盖，浇水养护。

## 5 运用实例及效果分析

丰满水电站全面治理（重建）工程泄洪兼导流洞口洞脸边坡生态防护施工时间为 2015 年 8 月，选用草种为早熟禾、紫羊茅和黑麦草，混播比例为 4：4：2。一个月后于坡面抽取三处观察坡面植草的发芽率均超过 95%，并优于在自然边坡的发芽率。早熟禾的根系长度已达到 20cm 左右，草根与第一层三维植被网形成地面网系，有效地防止地表径流冲刷，对坡面的稳定起到了重要的作用。目前，远观泄洪兼导流洞出口洞脸三维植被网生态护坡已与周边原生植被的绿色融为一体，体现工程建筑与自然环境的和谐共存。

## 6 结语

三维植被网生态护坡满足了工程边坡坡面的保护和加固的要求，保证了坡面不致因雨水冲刷和气候变化而破坏，而且兼顾了坡面景观和环境协调。双层三维植被网护坡是对三维植被网生态护坡技术发展的有益尝试，解决了全风化岩质边坡的生态防护问题，具有良好的应用前景。

## 参考文献


［1］ 彭俏健．土工三维植被网的护坡原理及应用［J］．西部探矿工程，2006（6）．

［2］ 张宝森．三维植被网技术的护坡机理及应用［J］．中国水土保持，2001（3）．

［3］ 朱剑云．三维植被网路基边坡防护［J］．城市道桥与防洪，2003（2）．



【作者简介】

邢彦波（1975—　），男，高级工程师，辽宁朝阳人，主要从事水电建设施工管理工作。

# 预应力盖梁施工技术在夏家沟3号大桥中的施工应用

李亚胜　赵军峰　尚崇伟

（中国水电一局有限公司，吉林长春，130033）

【摘　要】 预应力盖梁是针对地形地质等工程具体情况而采用大间距墩柱，为保证盖梁的受力安全，降低盖梁自重，综合考虑工程的经济性和使用功能所采取的设计和施工形式。本文以四川成简快速路夏家沟3号大桥预应力盖梁为例，阐述预应力盖梁的施工过程并总结预应力盖梁施工技术的应用。

【关键词】 预应力　盖梁　应用　施工

## 1　工程概况

夏家沟3号大桥是四川省成（都）简（阳）快速路桥梁工程之一。全桥均位于24.5m整体式路基段内，桥宽2m×12m，起讫桩号为K8＋703～K9＋169，全桥长466m。其上部结构均采用装配式预应力混凝土连续箱梁，下部采用双柱式墩，基础为桩基础。该桥主线通过区域地形起伏较大并斜跨夏家沟河。因夏家沟河属山区季节性沟，雨季水量较大，考虑桥河斜交对墩柱受力和大桥结构物对河道行洪产生不利影响，将夏家沟3号大桥Z12～Z14号墩柱净间距增大至8.2m；Y13号墩柱净间距增大至9.2m，采用预应力盖梁。其中Z12～Z14号盖梁尺寸长×宽×高为12.2m×2.2m×1.6m；Y13号盖梁尺寸长×宽×高为13.2m×2.2m×1.6m，可见，在各预应力盖梁中Y13号盖梁跨径最大、自重最大，故以Y13号盖梁做典型施工受力验算。

此外，夏家沟3号大桥Z12～Z14号墩柱高度35.5～37.5m，Y13号墩柱高度19m，其预应力盖梁施工亦属于高墩柱预应力盖梁施工。

## 2　支架系方案的确定

高墩盖梁的施工难点之一就是模板支架系统，同时在预应力盖梁施工中还需考虑盖梁两端张拉作业面的布置。考虑夏家沟3号大桥下地形起伏较大，墩柱施工中搭设的钢管脚手架主要为作业人员通道，不做结构物和机械承重使用，重新搭设钢管支架体系成本高、耗时长，且跨中挠度变形较大，故采取沿大桥中线方向墩柱内预埋PVC管造孔，穿A45$\phi$100mm钢棒（单根长度3.5m），钢棒上沿墩柱两侧安装贝雷梁，单侧贝雷梁按双排单层设置，钢棒与贝雷梁之间设落架装置，落架装置设置为：钢棒两端穿入边长为15cm的正方体钢块，水平面向上以铁楔固定。各铁块上部置1台100t螺旋千斤顶，千斤顶上部连接2cm厚钢板支撑贝雷梁。

贝雷梁顶面以I25a型工字钢连接，轴心距50cm，单根长3.5m，两侧各悬臂60cm铺设5cm厚木板形成作业面。于I25a型工字钢上铺设盖梁底模，拼装盖梁侧模、端模。盖梁模板均采用$\delta=6$mm预制定型钢模，侧模间以间距50cm设$\phi$16mm拉杆对拉。

组成贝雷梁的贝雷钢片为16Mn钢，单片尺寸长×高为3m×1.5m。本工程采用贝雷梁长18m，以钢棒为支点，两侧悬臂3.5m铺设5cm厚木板形成作业平台。

## 3 施工过程

### 3.1 施工准备

详细审图，理解设计意图，参阅相关技术规范。在明确支架系方案的基础上根据现场实际条件制定有针对性的施工措施，把握支架系施工、测量、钢筋制安、波纹管安装、钢绞线作业、混凝土浇筑、张拉等关键环节的施工技术。

施工机械主要为50t汽车起重机（考虑高墩作业的吊装高度）及混凝土拌和站、10m$^3$混凝土运输罐车，主要施工机具为300t液压千斤顶、100t螺旋千斤顶、灰浆搅拌机、活塞式压浆泵、钢筋加工机械及其他小型机具等。除对机械机具数量准备充足外，还应在使用前做好检修，保证其正常使用。依设计图纸计算出材料用量，使砂石骨料、钢筋、钢材、波纹管、钢绞线及其他附属施工用材供应充足，并做好原材料的检验试验工作。

施工用水抽取夏家沟河水使用，接主线施工电路供电，对Z12～Z14号、Y13号盖梁施工区地面进行场地平整，做机械作业、钢筋加工场地。

### 3.2 支架系及底模施工

根据已确定的支架系方案，地面组装两组双排单层贝雷梁。于两根墩柱预留孔穿A45$\phi$100mm钢棒，两端固定正方体铁块并调平铁块上平面。4台螺旋千斤顶置于铁块上平面，上顶2cm厚钢板，50t汽车起重机吊装贝雷梁至钢板上就位，调整螺旋千斤顶使贝雷梁水平并升至就位高程。贝雷梁就位后，于其下部临近墩柱两侧各使用6根20a槽钢临时固定。贝雷梁顶面使用I25a型工字钢以轴心距50cm连接固定。在工字钢和贝雷梁悬臂处铺设木板并固定，形成作业平台，设置安全防护。支架系基本形成。

对墩顶作凿毛处理，测量放出墩中平面位置及底模上表面高程指导底模施工。盖梁底模采用定型组合钢模板，汽车起重机吊送，人工于作业平台安装至验收合格。测量于底模上放出侧模、端模内边线并标记。

### 3.3 钢筋、波纹管、钢绞线制安

钢筋采取地面制作，整体吊装，波纹管及钢绞线采取先穿法施工。严格按施工图的钢筋型号、数量及尺寸进行钢筋制作，钢筋制作过程为常规作业，不做赘述，需要注意的是锚下加强筋和波纹管定位钢筋的制安。

采用内径$\phi$90的镀锌波纹管，使用前需进行密水试验，检查其密封性，钢筋制作完成后穿入波纹管，波纹管位置与钢筋位置发生冲突时，适当挪动钢筋。严格按设计图纸定位

波纹管，每间隔 50cm 使用“U”形钢筋加强固定。

每个盖梁设 6 束钢绞线，每束 12 根钢绞线（盖梁端部钢绞线布置见图 1），钢绞线理论长度 1200.5cm，下料长度 1350.5cm，每端各留 75cm 工作长度。钢绞线使用前须经试验检测合格后方可使用，此环节需引起重视。钢绞线下料后端部采用胶带纸封闭保护，每束钢绞线采用逐根平行穿入的方法，同根两端位置对称编号。

钢筋、波纹管、钢绞线整体制安完成后，50t 汽车起重机吊装，按底模上已测量标记的侧模、端模内边线留足保护层厚度就位钢筋骨架。

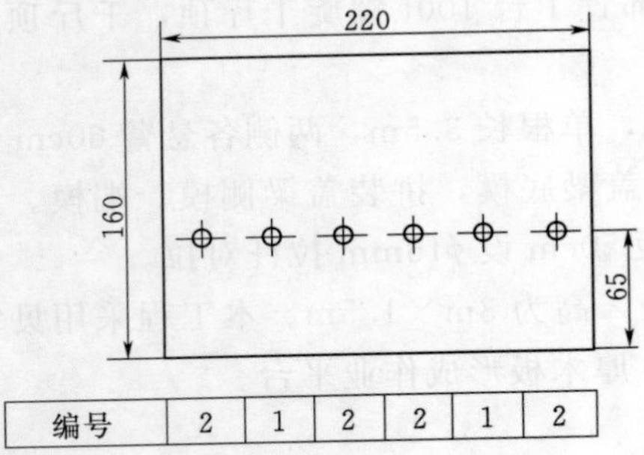


图 1　盖梁端部钢绞线布置

## 3.4　侧模、端模安装

侧模、端模于地面拼装后吊送至作业平台，人工配合按底模上已测量标记的边线初步组合就位，测量校核其平面位置及垂直度，精确调整就位。就位后，侧模设 $\phi$16 拉杆对拉固定，拉杆须避开波纹管及其定位固定钢筋。侧模外侧对称拉结两根钢缆成 45°角与地面锚固，地面附近使用导链拉紧。测量于模板上放出盖梁顶高程并标记。

## 3.5　盖梁混凝土浇筑

盖梁混凝土设计强度为 C40，其拌制及质量控制为常规施工，不做赘述。使用 $10m^3$ 混凝土罐车水平运输，入 $1m^3$ 混凝土吊罐，汽车起重机垂直运输入仓，铺料厚度不超过 30cm，浇筑强度 $15m^3/h$，单个盖梁混凝土浇筑控制在 3h 内。使用两支 D50 插入式振捣棒振捣，振捣棒需注意避免直接触碰波纹管，锚下部位混凝土必须振捣密实。

混凝土浇筑完成后，覆盖塑料养生膜养护，试验检测强度达到设计强度的 75%后拆除侧模及端模。

## 3.6　预应力张拉、注浆、封锚

### 3.6.1　张拉

预应力张拉是预应力盖梁施工的控制性环节，需进行准确的计算和施工操作。夏家沟 3 号大桥预应力盖梁采用高强度低松弛 $\phi^s 15.2$ 钢绞线，$f_{pk}=1860$MPa，每束 12 根钢绞线，张拉控制应力为 $f=0.74f_{pk}=0.74\times1860$MPa$=1376.4$MPa。预应力张拉分两次进行，1 号钢束于混凝土强度达到设计强度的 90%，并养护时间不少于 5d 后，支架未拆除前进行，2 号钢束在架梁后张拉，架梁顺序由两侧向中间对称架设，二期恒荷载须在张拉结束后方可施工。

预应力采取双端对称张拉，张拉应力与伸长量双控。本工程所用钢绞线理论伸长量为 8.1cm，伸长量控制范围为±6%，张拉应力采用逐级加载，初应力为 10%$f$，张拉应力逐级加载过程如下：

0→10%$f$（初应力，伸长量 $L_1$）→20%$f$（伸长量 $L_2$）→100%$f$（伸长量 $L_3$）持荷 2min→放张 80%$f$（伸长量 $L_4$）

单端伸长量 $L=L_3+L_2-2L_1-L_4$，总伸长量应为两端伸长量之和。以本工程为例，

$\phi^s$15.2 钢绞线单根断面积为 139mm²，张拉控制应力为 $f$=1376.4MPa，则单根控制张拉力为 $F_d$=1376.4MPa×139mm²=191.3kN；一束钢绞线控制张拉力为 $F$=191.3kN×12=2295.6kN；需千斤顶出力 2295.6kN÷10m/s²=229.56t，故选用 300t 千斤顶按 80%出力即 240t，满足要求。油表读数计算见表 1。

表 1　油表读数计算表

| 张拉应力 | 0 | 10%$f$ | 20%$f$ | 100%$f$ | 80%$f$ |
|---|---|---|---|---|---|
| 油表读数 | 0 | 229.56$m$+$n$ | 459.12$m$+$n$ | 2295.6$m$+$n$ | 1836.48$m$+$n$ |

张拉应缓慢进行，以减少孔道的摩阻，同时做好记录，计算张拉结果，对不满足要求的张拉结果，需及时进行分析解决。

**3.6.2** 注浆、封锚

注浆采用真空辅助压浆，水泥浆强度需大于 40MPa，外加微膨胀剂。注浆前，对孔道压水冲洗，灰浆搅拌机拌制水泥浆，活塞式压浆泵完成注浆。注浆结束后完成封锚工作。

## 4　结语

预应力盖梁因其诸多优点已经被广泛地应用于桥梁工程，因其施工难度尤其是高墩预应力盖梁的施工难度较大、技术指标较多，也引起了施工技术人员的广泛关注，其具体的施工方法也不尽相同。但在夏家沟 3 号大桥高墩预应力盖梁的施工中，以钢棒贝雷梁为主的支架体系比传统的落地支架法大大加快了施工进度、节省了施工成本，选用承载能力比较强的贝雷梁，组装快、吊装方便，经过施工检验，是经济可行的。采用的螺旋千斤顶落架装置，比砂筒、木楔及其他刚性落架装置更省时、更灵活、更实用。

**【作者简介】**

李亚胜（1976—　），男，工程师，中国水电一局有限公司技术管理工作。

# 研究探讨

# 水电站前期工程劣质骨料应用关键技术研究

李新宇　任金明

（中国电建集团华东勘测设计研究院有限公司，浙江杭州，310014）

【摘　要】 大中型水电站前期工程因各种原因不得不采用性能较差的开挖料轧制混凝土骨料，骨料品质较差，导致混凝土容易出现单位用水量和胶凝材料用量高、开裂现象严重等问题。结合澜沧江苗尾水电站导流洞衬砌混凝土浇筑过程中碰到的胶凝材料用量多、开裂严重等问题，提出"改造砂石加工系统，掺加硅粉、优化外加剂品种与掺量、优化混凝土配合比，加强养护"等系统解决方案，并在正式实施前采用生产性试验加以论证，取得了预期效果。

【关键词】 水电站　前期工程　劣质骨料　混凝土

大中型水电站前期工程，如三通一平、导流洞等工程施工时，主体工程尚未开工，前期工程配套的混凝土骨料料场往往因种种原因无法按时投产或者产量无法满足工程需要，从而导致前期工程的混凝土骨料不得不采用工程开挖料轧制，很多工程采用导流洞开挖料轧制混凝土骨料。由于枢纽布置的限制，导流洞沿线地质条件通常比较差，洞挖料的物理力学性能通常达不到混凝土骨料原岩的要求。如何应用品质较差的洞挖料骨料配制出满足设计要求的混凝土是摆在大中型水电站工程前期工程建设过程中的重大问题。本文结合澜沧江苗尾水电站导流洞衬砌混凝土浇筑过程中碰到的主要问题，提出了较为系统的解决方案，供类似工程参考。

## 1　主要问题

苗尾水电站导流洞衬砌混凝土前期施工过程中，衬砌混凝土不得不采用导流洞绢云板岩洞挖料轧制的骨料，因娟云板岩强度偏低且表面光滑，与浆体黏结强度低，导致现场浇筑的C30二级配泵送混凝土单位用水量为185kg，单位胶凝材料用量487kg，其中水泥365kg、粉煤灰122kg，较通常C30二级配泵送混凝土胶凝材料用量高，且采用该配合比配制的混凝土强度偏低、混凝土裂缝较多。

## 2　成因分析

为了分析苗尾水电站导流洞衬砌混凝土出现的问题，对洞挖料粗、细骨料的颗粒级配和石粉含量及其性质等进行了试验研究，结果表明混凝土骨料性能较差是导致前述问题的主要原因。

（1）骨料表面较光滑，浸润角偏大（75°～80°），骨料与浆体之间的界面黏结强度较低，新拌混凝土中部分骨料不黏浆。

（2）人工砂级配较差。洞挖料人工砂颗粒筛分试验结果见表 1 和图 1，结果显示，砂中粒径大于 2.5mm 的颗粒含量较高，为 35%～45%，小于 0.63mm 的颗粒含量也较高，为 38%～40%，而粒径在 0.63～2.5mm 的颗粒含量较低，仅 20%左右。

表 1　　洞挖料人工砂颗粒级配试验结果

| 筛孔尺寸/mm | | 累计筛余百分率/% | | | | | | | | 细度模数 |
|---|---|---|---|---|---|---|---|---|---|---|
| | | 10 | 5 | 2.5 | 1.25 | 0.63 | 0.315 | 0.16 | <0.16 | |
| 洞挖料 1 | | 0 | 0.5 | 35.9 | 41.2 | 60 | 76.6 | 84.6 | 99.9 | 2.97 |
| 洞挖料 2 | | 0 | 4 | 41 | 45.6 | 62 | 77.8 | 85.4 | 99.8 | 3.04 |
| 中砂区 | 上界 | 0 | 10 | 25 | 50 | 70 | 92 | 100 | / | / |
| | 下界 | 0 | 0 | 0 | 10 | 41 | 70 | 90 | / | |

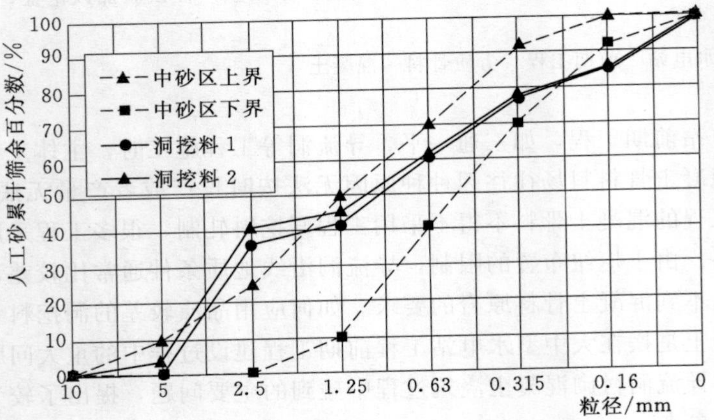


图 1　洞挖料人工砂筛分试验结果

（3）中小石级配较差，缺少中间级配，空隙率较高。中石大于 31.5mm 的颗粒含量仅占 12.8%～30.9%、小于 25mm 的颗粒含量占 37.5%～66.3%；小石中粒径小于 10mm 的颗粒含量 36.1%～45.8%；中石空隙率 47%～49%、小石空隙率 44%～48%，中小石的空隙率偏高。洞挖料中石颗粒筛分试验结果见表 2 和图 2。洞挖料小石颗粒筛分试验结果见表 3 和图 3。

表 2　　洞挖料中石筛分试验结果

| 母岩 | 筛孔尺寸/mm | 40 | 31.5 | 25 | 20 | 16 |
|---|---|---|---|---|---|---|
| 洞挖料 1 | 累计筛余率/% | 2.6 | 10.2 | 33.7 | 62.1 | 100 |
| 洞挖料 2 | 累计筛余率/% | 5.8 | 25.1 | 62.5 | 91.7 | 99.9 |

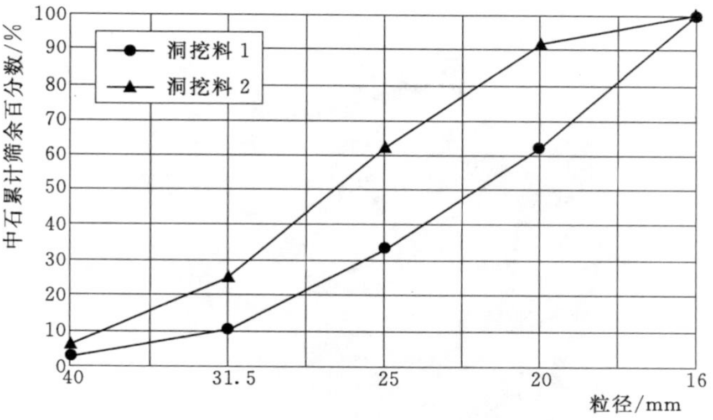


图 2　洞挖料中石筛分试验结果

**表 3**　　**洞挖料小石筛分试验结果**

| 母岩 | 筛孔尺寸/mm | 20 | 16 | 10 | 5 | 0 |
|---|---|---|---|---|---|---|
| 洞挖料 1 | 累计筛余率/% | 3.1 | 27.4 | 56.3 | 85.1 | 99.9 |
| 洞挖料 2 | 累计筛余率/% | 3.7 | 22.1 | 50.4 | 83.2 | 99.8 |

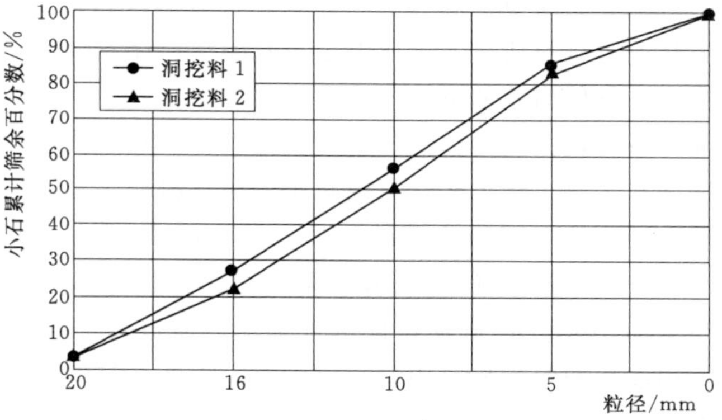


图 3　洞挖料小石筛分试验结果

（4）中小石针片状含量较高。虽然试验测得的中石针片状含量为 12%～16%，小石针片状含量为 9%～11%，但目测小石基本呈片状。

（5）中小石含泥量较高且小石表面的裹粉呈聚集状，人工砂中可能含有一定量的黏粒。试验得到的中小石含泥量为 0.8%～1.5%，大于《水工混凝土施工规范》（DL/T 5144—2001）中规定的中小石含泥量限值 1%的要求，且小石表面的裹粉呈聚集状，而非可分散的石粉。人工砂中的石粉含量虽仅有 14.6%～15.4%，但其中粒径小于 0.08mm 的颗粒含量可以达到 9.8%～10.9%；且堆存 1d 后的人工砂含水率高达 7.1%，说明人工砂的保水能力较强，经检验，人工砂 MB 值高达 3.5，且粒径小于 0.08mm 的颗粒中有一定的 $Al^{3+}$，可判断人工砂中混有一定量的黏土成分。洞挖料小石样品见图 4。

综上所述，骨料含泥量偏高和级配较差是洞挖料骨料混凝土性能较差的主要原因，一方面可能与骨料原岩品质较差有关，另一方面也可能与取样时原岩中混入了一定量的表层风化料、砂石骨料加工过程中冲洗不够充分有关。

图 4　洞挖料小石（表面裹粉严重且呈聚集状）

## 3　解决方案

针对上述问题，考虑到当时更换砂石骨料原料、大规模改造砂石加工系统已不现实。因此，施工现场主要从改善骨料质量，优化混凝土胶凝材料体系、优选外加剂品种及其掺量等方面寻求解决措施。具体措施如下：

（1）改造骨料加工系统，关闭石粉回收系统。通过在砂石系统进料口增加毛料筛分系统、增加成品骨料冲洗水量等优化工艺，有效减小了粗骨料表面裹粉情况；同时关闭石粉回收系统使得人工砂中的石粉含量由之前的8.4%～12.4%降低至7.0%左右。通过混凝土试拌试验，混凝土单位用水量可降至165kg，较优化前单位用水量185kg可降低20kg。

（2）在混凝土中掺加10kg/m$^3$硅粉，优选外加剂。通过掺加硅粉、优化外加剂，可有效降低混凝土单位用水量和胶凝材料用量。衬砌混凝土施工过程中，为了优化混凝土配合比，开展了“水泥＋25%粉煤灰＋10kg硅粉＋聚羧酸减水剂/萘系减水剂”“水泥＋30%粉煤灰＋萘系减水剂”“水泥＋25%粉煤灰＋10kg硅粉＋聚羧酸减水剂/萘系减水剂＋引气剂”等不同胶凝材料组合和外加剂组合的混凝土试验，试验混凝土主要参数及拌和物性能见表4，强度试验结果见表5。

**表 4　　混凝土优化试验配合比主要参数及拌和物性能**

| 编号 | W/C | 用水量/kg | 胶材/kg | 粉煤灰/% | 硅粉/kg | 减水剂/% | 引气剂/(1/万) | 坍落度/cm | 含气量/% | 和易性 |
|---|---|---|---|---|---|---|---|---|---|---|
| 1 | 0.45 | 180 | 400 | 25 | 10 | MTG1.0 | — | 19.5 | 1.1 | 较好 |
| 2 | 0.45 | 165 | 367 | 25 | 10 | PCA1.2 | — | 18.5 |  | 好 |
| 3 | 0.42 | 165 | 393 | 30 | — | MTG1.0 | — | 18.0 | — | 一般 |
| 4 | 0.42 | 170 | 405 | 25 | 10 | MTG1.0 | GYQ0.7 | 19.0 | 1.9 | 好 |
| 5 | 0.42 | 155 | 369 | 25 | 10 | PCA1.2 | GYQ0.7 | 16.0 | 5.7 | 很好 |

注：水泥为P.O42.5水泥，粉煤灰为Ⅱ级粉煤灰，聚羧酸减水剂为JM－PCA减水剂，萘系减水剂为FDN－MTG减水剂，引气剂为GYQ引气剂。

表 5

**混凝土优化试验抗压强度**

| 编号 | W/C | 用水量/kg | 胶材/kg | 粉煤灰/% | 硅粉/kg | 混凝土抗压强度/MPa | | | |
|---|---|---|---|---|---|---|---|---|---|
| | | | | | | 3d | 7d | 28d | 90d |
| 1 | 0.45 | 180 | 400 | 25 | 10 | 14.4 | 22.6 | 34.7 | 42.2 |
| 2 | 0.45 | 165 | 367 | 25 | 10 | 16.4 | 23.4 | 35.0 | 45.4 |
| 3 | 0.42 | 165 | 393 | 30 | — | 13.6 | 20.5 | 32.8 | 40.3 |
| 4 | 0.42 | 170 | 405 | 25 | 10 | 14.2 | 21.9 | 33.6 | 42.2 |
| 5 | 0.42 | 155 | 369 | 25 | 10 | 12.6 | 19.3 | 31.4 | 35.9 |

试验结果表明，掺加 10kg 硅粉有助于改善混凝土的流动性和黏聚性，提高泵送混凝土的可泵性，同时可较大幅度地提高混凝土强度。采用聚羧酸高效减水剂有助于降低混凝土单位用水量，提高混凝土的流动性，减小混凝土坍落度损失。

（3）导流洞衬砌混凝土采用 90d 龄期强度设计。苗尾水电站导流洞边顶拱混凝土采用强度等级 C25 混凝土，底板混凝土采用强度等级 C30 混凝土，考虑到导流洞过流时衬砌混凝土龄期已超过 90d，根据导流洞衬砌混凝土结构复核计算，将衬砌混凝土设计龄期优化为 90d 龄期。

此外，浇筑过程中避开午间高温时段浇筑，防止混凝土浇筑温度过高。底板混凝土拆模后在混凝土表面铺设一层土工布，采用蓄水养护；边顶拱混凝土采用流水养护。通过上述措施避免衬砌混凝土开裂。

根据前述试验成果，针对苗尾水电站导流隧洞衬砌混凝土存在的主要问题，在采用现有混凝土原材料的条件下，推荐如下解决方案：导流隧洞衬砌混凝土采用“P. O42.5 水泥＋25％ Ⅱ级粉煤灰＋10kg 硅粉＋JM－PCA 聚羧酸减水剂或 MTG 萘系减水剂”的技术路线配制，推荐混凝土配合比主要参数见表 6。

表 6

**推荐混凝土配合比主要参数**

| 编号 | 强度等级 | 水胶比 | 每方混凝土材料用量/($kg/m^3$) | | | | | 砂率/% | 坍落度/mm |
|---|---|---|---|---|---|---|---|---|---|
| | | | 水 | 水泥 | 粉煤灰 | 硅粉 | 减水剂 | | |
| 1 | $C_{90}30$ | 0.42 | 165 | 287 | 96 | 10 | 4.72(PCA) | 32 | 180 |
| 2 | $C_{90}30$ | 0.42 | 185 | 322 | 108 | 10 | 4.40(MTG) | 32 | 180 |

## 4 生产试验与实施效果

为了验证上述方案的可行性，2011 年 2 月 18 日下午在导流洞外的防淘墙盖重混凝土部位开展生产试验，整个混凝土块长 24m、宽 2.5m，深约 1.5～2.5m，为了对比试验聚羧酸减水剂和萘系等不同减水剂混凝土的可施工性和抗裂性，整个试验块分为 2 块进行浇筑，每个试验块长 12m，分别采用表 6 推荐的 1 号配合比和 2 号配合比，浇筑过程顺利。2011 年 3 月 28 日，在混凝土浇筑完 40d 后现场检查未发现裂缝，证明前述推荐的方案是可行的。

2011 年 3 月 6 日采用表 6 中的 2 号配合比在 1 号导流隧洞 0＋735.99～0＋723.99 洞

段底板混凝土进行现场浇筑工艺性试验，拌和楼出机口坍落度为19cm，工作性较好，机口取样混凝土90d强度42.5MPa，满足设计要求；2011年3月7日采用1号配合比在2号导流隧洞0+735.27～0+723.27洞段底板混凝土进行现场浇筑工艺性试验，出机口混凝土坍落度20cm，工作性较好，机口取样混凝土90d强度41.8MPa，满足设计要求。

苗尾水电站导流洞已于2012年5月顺利通过验收并过流。导流洞过流前，工程参建各方进行了混凝土现场质量检查，结果表明，通过改造砂石加工系统，掺加硅粉、加强养护后浇筑的衬砌混凝土强度全部合格，且未出现贯穿性裂缝，其他裂缝数量也较少，基本未出现肉眼可见裂缝，取得了预期效果。

## 5 结论

根据苗尾水电站采用洞挖料劣质的绢云板岩浇筑导流洞衬砌混凝土的工程实践，可得到如下结论：

（1）大中型水电站前期工程因各种原因不得不采用性能较差的开挖料轧制混凝土骨料，骨料品质较差，导致混凝土容易出现单位用水量和胶凝材料用量高、开裂现象严重等问题。

（2）优化砂石加工系统工艺，避免成品砂石骨料，尤其是人工砂中混入黏粒或泥块，是保证骨料和混凝土性能的关键。

（3）掺加一定量的硅粉，可有效改善混凝土的施工性能、提高劣质骨料与浆体之间的黏结强度，从而提高混凝土强度。

（4）优化外加剂品种及其掺量，可有效降低混凝土单位用水量和胶凝材料用量，在降低工程成本的同时可减少混凝土开裂。

**【作者简介】**

李新宇（1978— ），男，湖北石首人，教授级高工，主要从事水工混凝土材料与温控设计和研究。

# 高密度建成区雨污分流系统施工交通疏解研究分析

杨伟程　任金明　邓　渊　邬　志　张志鹏

（中国电建集团华东勘测设计研究院有限公司，浙江杭州，311122）

【摘　要】随着城市化进程的加快，我国各大城市开始大规模兴建雨污分流系统，由于在高密度建成区建设雨污分流系统必将对已经拥挤的城市交通带来较大的负面影响，如何在施工期间做好交通疏解工作，处理好雨污分流系统的施工与道路交通的矛盾，应引起政府及相关专业工作人员的高度重视。本文以深圳市宝安区老城南片区雨污分流系统为例，对交通疏解的工作思路、问题及具体方案的制订等进行深入研究。

【关键词】交通疏解　施工影响分析　高密度建成区

## 1　概述

深圳市宝安区与原特区内地区相比，基础设施欠账较多，环境、水务等方面有一定差距。宝安建成区密度大，可供建设用地严重不足。在这样的高密度建成区建设雨污分流系统，必将对已经拥挤的城市交通产生较大的负面影响。如何做好施工期间交通疏解工作，处理好雨污分流系统的施工与道路交通的矛盾，确保管网建设的顺利进行，同时把管网建设对城市交通的影响程度减少到最低，是雨污分流系统建设前期必须研究的一个重要课题。[1]

茅洲河流域（宝安片区）水环境综合整治工程的雨污分流系统建设过程中合理安排施工封闭道路的顺序，加强高密度建成区的交通疏解管理，以尽量减小城市交通压力。交通疏解的意义在于通过一些非常时期的特殊手段来调控车道、车流、人流等状况，为人们日常出行提供一个正常的、比较稳定的交通环境。为避免出现局部或大面积交通瘫痪和拥挤现象并按期顺利完成工程目标，进行交通疏解研究是十分必要的。

## 2　高密度建成区交通疏解

### 2.1　交通疏解的重难点

高密度建成区雨污分流系统施工范围内有多条繁忙主路通过，并且周边的厂房、居民房屋甚多，有较多的行人和车辆在施工段内通行，部分跨河道路交通流量非常大。社会交通疏解布设是否合理，严重影响施工组织安排和施工进度。为保证施工区内通车车辆、行人的安全和减少对周边环境的影响，必须制定切实可行的交通组织方案。[2]

交通疏解的重点在于如何在不中断现状交通和确保目前道路畅通的情况下，确保交通安全和施工安全，最大限度地减少施工与交通的相互干扰。

交通疏解的难点在于居民社区和厂房在河道沿线分布较密集，社会道路沿河堤分布和与河堤交叉较多，社会道路施工对社会交通干扰大，因此交通疏解是项目施工顺利进行的关键环节。

### 2.2 交通疏解的原则

高密度建成区雨污分流系统施工交通疏解主要针对施工涉及的主干道路及区内道路进行。施工组织时，应充分考虑相邻区域的交通状况，以及施工区可预留通行的道路情况，尽量不封闭交通道路。

(1) 在进场后及时编制实施性施工组织设计和详细的交通疏解方案，施工中社会交通道路应按政府部门批准的交通疏解方案编制详细的交通组织设计，并组织实施。居民小区内的交通疏解按照结合小区通行特点和社区居民代表深入沟通、人性化管理，充分照顾到机动车、非机动车和人员的交通需要，不至于对居民生活造成较大不便。

(2) 在开设路口、临时封闭道路、临时占用人行道、占用绿地以及交通疏解方案实施前，必须办理必要的报批手续并获得小区居民的同意。交通疏解方案以政府交管部门最终批复为准。

(3) 在实施过程中根据现场施工条件、道路恢复时间积极完善和优化交通疏解方案，并按照政府相关部门批准的交通疏解方案实施。

## 3 雨污分流系统施工影响分析——以深圳市老城南片区雨污分流管网工程为例

### 3.1 工程概况

沙井街道老城南片区雨污分流管网工程主要涉及大王山、马鞍山、荖塘和沙头等社区，由宝安大道、西环路、沙福路和创新路合围形成。片区面积约 3.5km$^2$。本工程有多条市政道路可通达施工项目所在位置，交通比较发达，工程区域对外交通较为方便。

(1) 沙井大街为双向 2 车道，由于是老街，宽度仅为 5～6m，会车困难。户外道路路面为沥青路面。村内道路为混凝土路面。

(2) 工业园区道路均为混凝土路面。路面为双向车道，路宽 7～10m。车流量不大，施工作业条件良好。但因是工业园区，常有大型货车通行。在园区混凝土道路两侧，分布有雨水管网、电缆井、供水管道等地下管线设施。

(3) 新村路面均为混凝土路面，路面较为狭窄。本片区位于沙井街道中心区，北侧为创新路，西侧为西环路，南侧为沙福路，东侧为宝安大道。片区内部东西向道路主要为南环路和沙中路，南北向道路主要为沙井路和环镇路。南环路既是老城南片区连接宝安大道和广深公路的重要进出城通道，同时也是沿线高密度居住小区到达性交通的主要出行道路，因此该处施工期间将会给老城南片区的南环路、沙中路及周边道路乃至整个片区的机动车交通带来较大影响，现状道路系统见图 1。

### 3.2 管网工程施工整体影响分析

施工整体影响主要表现在以下两个方面：

(1) 管网施工对市政道路的影响。

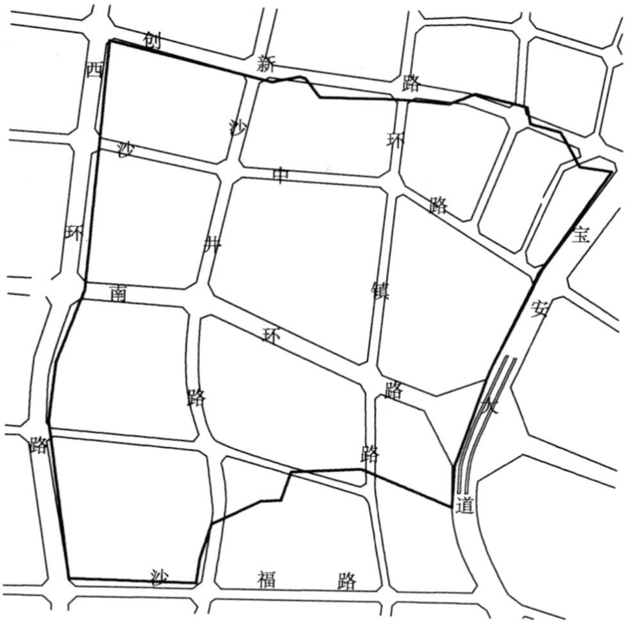


图 1　老城南片区现状道路系统图

根据分析，该片区直径超过 DN100 的管网长度为 95.6km。将污水管直径大于 DN500 的管路、雨水管直径大于 DN500 的管路和 D800～D1200 的Ⅱ级钢筋混凝土管作为市政道路铺管考虑，则老城南片区内管路长度与道路长度统计见表 1。

**表 1　　老城南片区市政道路上管路、道路统计表**

| 片区名称 | ≥DN200 管路长度/km | 市政道路铺管长度/km | 市政铺管的管路占比/% | 市政道路长度/km |
|---|---|---|---|---|
| 老城南片区 | 64.92 | 10.66 | 16.4 | 29.50 |

根据上述统计结果，老城南片区管路施工对市政道路有一定影响，其需要在市政道路上施工的总长度约为 10.66km，市政铺管的管路占比约为 16.4%，占市政道路长度约为 36.1%，施工区对片区内交通有较大影响。为减少区块内铺管施工对市政道路交通的影响，部分管路可以采用顶管法进行施工，以减少对道路破土开槽施工，部分管路分段、分期施工，可控制施工路段占区块内道路的比例不超过 20%。

（2）管网施工对小区生产、生活的影响。

小区内主要是 DN200～DN500 的管路需要开槽埋管施工，其长度见表 2。

**表 2　　老城南片区生活区施工用地统计表**

| 片区名称 | 小区内管路长度/km | 管路施工用地/$km^2$ | 区块总面积/$km^2$ | 施工区占比/% |
|---|---|---|---|---|
| 老城南片区 | 43.26 | 0.21 | 3.5 | 6 |

根据上述统计结果，片区内管网施工占地约为片区总面积的 6%，对小区内生产和生

活略有影响。根据进度安排可通过分段施工方式减轻对小区的影响，考虑分 4 段进行区内管路铺设，每段安排 3.5 个月，施工区面积占比将降到 3%以内，以减少对小区内生产和生活的影响。

### 3.3 管网工程对市政道路的影响分析

根据分析统计，各市政道路的机动车道宽度、车道数、车道封闭、流量减少情况见表 3。

表 3 市政道路情况统计表

| 道路名称 | 机动车道宽度/m | 车道数（双向） | 车道封闭 | 流量减少/% | 施工长度/m |
|---|---|---|---|---|---|
| 金沙二路 | 10.4 | 3 车道 | 双车道封闭 | 67 | 1030.1（市政道路长度 1494.3m，占比 68.9%） |
| 环镇路 | 16 | 5 车道 | 单车道封闭 | 20 | 1063.2（市政道路长度 1203.4m，占比 88.3%） |
| 民福路 | 12 | 4 车道 | 双车道封闭 | 50 | 910.7（市政道路长度 991.4m，占比 91.9%） |
| 沙井路 | 15 | 4 车道 | 单车道封闭 | 25 | 715.3（市政道路长度 971.4m，占比 73.6%） |
| 沙壆三路 | 8.8 | 2 车道 | 单车道封闭 | 50 | 381.0（市政道路长度 440.4m，占比 86.5%） |
| 沙福路 | 12 | 4 车道 | 单车道封闭 | 25 | 549.8（市政道路长度 628.3m，占比 87.5%） |
| 大王山工业一路 | 9.6 | 2 车道 | 单车道封闭 | 50 | 677.4（市政道路长度 712.7m，占比 95.0%） |

根据上述统计结果，影响最大的市政主干道是金沙二路和大王山工业一路，其需要在市政道路上施工的总长度约为 1030.1m 和 677.4m，施工长度占市政道路长度的占比约为 68.9%和 95.0%，交通流量分别减少 67%和 50%，施工区对市政主干道内交通有较大影响，需要重点进行交通疏解。

## 4 雨污分流系统交通疏解方案

### 4.1 交通疏解工作思路

高密度建成区雨污分流系统工程时间紧迫而且任务繁重，施工期间需围蔽道路呈现出点多面广的特点，在工程建设中需要合理安排施工围蔽道路顺序，制定交通疏解措施，以避免施工期间可能对交通造成局部或较大范围的影响，缓解城市交通压力。交通疏解的工作思路如下：

（1）根据施工拟占用道路情况，编制交通疏解方案，报宝安交警大队审批，按获批的交通疏解方案编制详细的交通组织设计，并组织实施。

（2）对占道施工区域，做好施工期交通组织和交通疏解工作，严格按照交通疏解方案设置必要的场地围挡，以减少施工对车辆及行人的干扰。路上施工人员穿着反光衣以保证安全。各路口交通疏解有序、安全，标志明确，方便交通，确保城市交通运输的畅通。

（3）根据实地情况，部分区段设置专用施工便道，按深圳市市政工程安全文明施工标准要求进行路面硬化和安全防护，尽量减少对社会交通道路的通行压力。对需还建的道路采用半幅全封闭式打围施工，配置必备的交通临时安全设施，引导车辆通行及交汇，并派专人进行日常交通维护和道路清洁工作。对部分道路占压段采用改线方式进行施工，占压段施工完成后恢复原有线路。

（4）因交通疏导的原因必须在夜间施工的工序不得改在白天施工。夜间施工时，备足照吸、信号，设警示灯，以保证行人、车辆安全。专人对交通安全进行巡视、协助交警疏导施工路段的交通，发现交通隐患时上报领导，及时消除安全隐患；并维护交通安全设施的正常使用。[3]

### 4.2 实施交通疏解过程中应注意的主要问题

高密度建成区雨污分流系统工程在实施交通疏解过程中应注意以下主要问题：

（1）各个阶段实施时均采用施工围挡，将施工场地隔离。

（2）特别注意过路管线改迁施工时，尽量选择在车流稀少时作业，同时尽量压缩施工占道时间，保证对现状交通无影响。

（3）在调整线路走向的路段设置交通标志，并设置施工警告、警示标志、锥形交通标等施工标志，尤其在夜间施工时，应安排施工警告灯。

（4）合理安排施工车辆出入线路及时间，避免施工车辆与社会车辆发生冲突干扰。

（5）拆除现状道路交通设施应取得交通管理局同意。

（6）在施工前做好宣传广告工作，并加强交通状况信息发布。

（7）需提前做好与沿线单位的沟通及协调工作，保证交通疏解方案的可行性。

（8）通过合理的工期和施工组织设计，加强施工期间的管理可以将道路施工对现状交通的影响降到最低，保证工程的按时按质完成。同时施工期间必须加强对施工时间和施工噪音的控制，让周边居民生活住行不受影响。

### 4.3 民福路交通疏解方案

民福路的交通疏解方案为双向四车道围蔽双车道，因其占用车道多，交通影响较大，本文仅以民福路为例进行交通疏解方案分析（见图 2）。在民福路管线开挖施工期间，为保证工程顺利施工和民福路附近交通系统的正常运行，据此拟定民富路交通疏解方案设计如下：

（1）根据设计管线的具体位置，施工时配备人工指挥，使来往车辆依次有序地通过，施工段每段围蔽长度 150m。当上一段围蔽道路施工完成后，及时进行路面恢复并报送相关交通主管部门审批，获得批准后方可进行下一段围蔽道路的施工。

（2）在施工范围内和其影响的相邻道路全路段及所有道路交叉路口设置醒目的警示标牌，在上下班高峰期和节假日时，交叉路口设置临时交通安全协管员，既维持已有道路来往车辆畅通和行人通行，也保证施工车辆进出的安全及方便，是保证工程顺利施工不可忽视的重要环节；并对道路进行局部拓宽，设置临时汇车点，保持道路畅通。采取派发传单、深入社区作报告等多种方式加强对外宣传，取得社会车辆和当地居民的理解，减少来自外界的人为干扰。

## 5 结语

在高密度建成区进行雨污分流系统的建设将给城市交通带来一段时间的交通压力，交

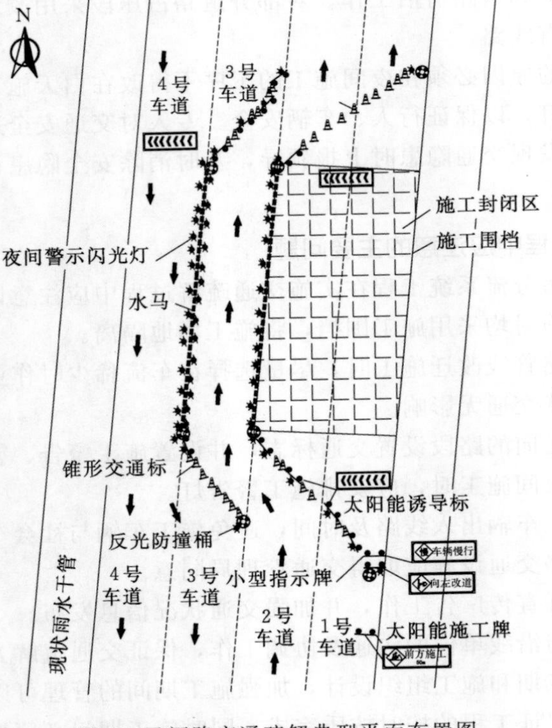


图2　民福路交通疏解典型平面布置图

通疏解关系到整座城市交通运行系统的调整与适配，更直接影响着广大市民出行的便利性。本文对高密度建成区的雨污分流系统施工交通疏解工作经验进行了分析总结，对其交通疏解的原则、问题、措施及具体的交通疏解方案进行介绍，为今后高密度建成区雨污分流系统施工交通疏解工作提供参考。[4]

## 参考文献

[1]　徐云清．大型地铁枢纽施工期间交通疏解问题研究［J］．都市快轨交通，2013，(5)：87-89.

[2]　黄立葵，刘靓，郑健惠．地铁施工期间交通疏解问题研究［J］．交通信息与安全，2005，23 (1)：57-60.

[3]　覃国添，申丽霞，王金秋．地铁施工期间交通疏解工作思路与方法［J］．城市交通，2006，4 (4)：46-49.

[4]　杜云飞．我国大城市交通现状分析及对策［J］．铁道运输与经济，2006，28 (3)：15-16.

【作者简介】

杨伟程（1993—　），男，贵州贵阳人，助理工程师，研究方向为施工组织设计。

# 白鹤滩水电站右岸边坡开挖工程施工技术管理综述

申莉萍　张建清

（中国水利水电第八工程局有限公司，湖南长沙，410004）

【摘　要】 白鹤滩水电站右岸边坡开挖工程是电站筹建准备期控制性工期的关键项目，边坡高陡，开挖高差615m，工程量1430万$m^3$，具有工期紧、强度高、难度大等特点。如何实现工程快速、优质、安全施工是一个技术难题，2015年边坡已全线开挖至高程600.00m，完成土石方明挖1543万$m^3$，边坡开挖与支护工程质量和进度在国内同类工程中处于领先地位，其施工技术管理颇具特色，可供同行参考。

【关键词】 白鹤滩水电站　边坡开挖工程　技术管理

## 1　概述

白鹤滩水电站位于金沙江下游四川省宁南县和云南省巧家县境内，电站装机容量16000MW，左右岸地下厂房各布置8台水轮发电机，正常蓄水位825.00m。混凝土拱坝采用椭圆线型混凝土双曲拱坝，坝顶高程834.00m，最大坝高289.00m，坝顶中心线弧长708.7m，坝顶宽度14m，拱端最大厚度84.9m，坝体混凝土方量约835万$m^3$。

电站右岸边坡谷肩高程由上游高程950.00m至下游高程1300.00m以上逐渐增高；谷肩以上为斜坡台地；谷肩以下，为陡壁地形，岸坡高陡，间有狭长的缓坡台阶，综合地形坡度65°左右，其中高程1040.00～590.00m为陡崖地形，坡度在72°左右。右岸边坡地质条件复杂，边坡风化、卸荷等地质物理现象发育。

右岸边坡开挖范围包括大坝坝肩边坡及上游进水口边坡、下游水垫塘边坡，开挖区位于上游大寨沟及下游2号冲沟之间，开挖高差615m，边坡开挖工程量达1430万$m^3$。本工程是电站筹建准备期控制工程总工期的关键项目，为实现电站2021年发电目标，右岸边坡（1215.00～600.00m高程）开挖工期仅安排为24.5个月，尤其是右坝肩834.00～600.00m高程开挖，工期仅9个月，平均月开挖下降高度达到26m，高峰月开挖强度达到78万$m^3$。

针对工程施工技术难度大、管理跨度大等特点，如何做到快速、优质和无安全事故以及实现开挖工程效益最大化，施工局制定了一系列技术管理措施。

## 2　建立健全技术管理保证体系

### 2.1　技术组织机构

施工局建立以总工程师为核心，技术管理部和设备物资部（机电技术）为专业指导，试验室、测量队、工区技术人员前方管理层和分包商项目总工、技术主管等作业管理层为主体的四级技术组织保证体系。由施工局局长、总工程师、机电副局长、总经济师、副总工程师、技术管理部主任等组成重大工程技术决策机构，对重大工程技术进行审批决策。施工局技术管理按照决策层、专业管理层、前方管理层和作业层四层划分，其中测量队和试验室既是前方管理层，又担负着部分作业层的日常任务。

### 2.2 技术人员构成

施工局配置总工程师 1 名，技术管理部配置技术干部 9 名，各工区配置技术副主任 1 名，技术员 1～2 名，主要以 2013 年和 2014 年毕业的大学生为主。

### 2.3 技术管理体系文件的完善

施工局在公司企业标准《科技管理分手册》（Q/ZSD08 2130—2014）基础上编制了《设计图纸会审管理》等八项技术管理体系文件，与其他专业形成施工局的《管理计划》，明确了职责，为施工局提供了可靠的技术保障。

### 2.4 建立技术人员交流机制

根据现场施工需要，召开各工区技术副主任、技术员参加的技术专题交流会，专门研究讨论施工中将要面临的技术问题和质量问题，交流施工经验，交换施工信息，提出技术要求，不断完善施工技术措施，提高技术人员的专业知识。

### 2.5 加强和完善总工负责制

施工局总工程师为技术的第一责任人，建立起一支青年技术人员为主的学习型技术团队，负责整个工程的技术管理、重大施工方案的拟订、策划及实施，解决施工中遇到的重大技术问题，组织三新技术和科技成果推广运用，在打造开挖精品工程的同时，为项目培养一批技术骨干。

### 2.6 科学管理、合理策划、组织技术方案的实施

在项目开工前，施工局技术决策机构层根据现场实际情况对各分部工程（含临时工程）进行充分的讨论，拟定了不同的施工方案，对人、材、机等资源配置进行有效规划，对规划的方案进行经济等综合分析，召开专题评审会，经过反复评审修改最终确定该分部工程最优的施工技术方案。防止出现技术措施的重大变更而造成资源浪费，力争做到施工技术经济化。

根据确定各分部工程技术方案为前提编制标段施工组织设计，向监理进行报批。该施工组织设计为各分部分项工程开工前编制专项施工措施的蓝本。

例如：右岸坝顶以上边坡开挖进度调整后面临的施工难点主要两个方面，一是如何解决高强度快速开挖出渣难的问题，二是如何解决快速支护的问题。为了解决这一难题，施工局多次召开方案评审会，不断调整进度计划，打破常规，提出“分区开挖、渣料分流、确保强度，实现边坡快速下降；分区排架、快速周转、跟进开挖，实现边坡快速支护”施工方案，解决了制约边坡快速开挖与支护的难题；并编制完成了《金沙江白鹤滩水电站右岸边坡开挖施工进度计划调整方案研究报告》，在业主组织的专家评审会上，一次顺利通过，该方案同时为合同变更索赔也提供了重要依据。

### 2.7 充分采纳专业分包商建议，达到技术方案经济合理

施工局在白鹤滩承建项目履约过程中建立起总承包、专业分包、劳务分包的管理体制，充分发挥总承包与分承包各自的优势，即采取施工局技术精、管理强、智力密集的实力与分包商各种资源相结合的体系。利用分包商的专业技术施工的优势，将部分专业性强的工程项目分包，由分包商完成分包合同中规定的工程专业施工任务，施工局负责过程监控和管理。

在编制方案的过程中，充分考虑分包商的意见，与分包商项目经理和总工（技术主管）充分沟通，确保编制的施工方案既能满足技术要求，又能确保经济合理。

## 3 强化规范内部管理，做好技术服务工作

### 3.1 提前编制作业指导书和标准化手册，建立施工局内部工法

根据不同的施工特点，在编制施工组织设计和专项施工措施的基础上，专门编制了土石方明挖、洞挖、喷锚支护、锚杆、锚筋束、锚索、脚手架、土石方填筑、模板施工、混凝土施工和砌体工程等11项施工作业指导书，编制了钻爆施工等28项过程控制标准化和标准图集。

过程控制标准化从混凝土（生产、水平运输、垂直运输、钢筋作业、模板作业、混凝土浇筑、清基、施工缝面处理和养护作业）、明挖（钻爆施工、清面及挖装运施工）、洞挖、支护（锚索、排水孔、锚杆、排架和洞室支护施工）、填筑（路基和填筑施工）和浆砌石等施工过程中的人、材、机以及工序等提出了标准化要求。

对现场需要的辅助设施如标示标牌、栏杆、爆破防护栏、爬梯、走道、工棚、制浆站等绘制了《文明施工标准化图集》，达到规格统一、美观的目的。对防止现场乱搭乱建、提高现场文明施工水平起到了极大的作用。

### 3.2 车间图促进现场施工管理精细化

针对业主要求提前完成右岸坝肩开挖，超前策划并与施工部、开挖工区等负责人协商每层施工安排，提前一周绘制开挖车间图、爆破设计和支护车间图，使技术、工艺、质量控制、成本控制达到最佳状态。

根据总体施工布置，合理规划施工道路，保证每一级边坡开挖均有出渣通道；合理规划开挖工作面，提前绘制开挖钻爆车间图，保证有7～8工作面有序同步作业；合理配置开挖资源，以保证高强度开挖施工的需要。

### 3.3 超前进行技术服务、指导、检查、监督

（1）实行施工前施工技术交底和施工安全交底制度。

新开不同的工作面、新进场的分包商要求在正式施工前必须由技术管理部进行技术、安全交底。交底分为三级，第一级由总工程师或指定人负责组织，技术、安全、质量、施工、经营、机电、物资等有关部门负责人及工区、分包商的主管领导和责任工程师参加；第二级由工区、各项目部、分包商的责任工程师负责组织，班组长、生产技术骨干参加；第三级由工区、各项目部、分包商的班组长负责组织，生产技术骨干及班组作业人员参加。

施工过程中如有必要，技术管理部还要进行现场技术交底和旁站制度，对重要、特殊和复杂部位，现场各专业工种均要参加，并做好交底记录，做到施工部位必须进行施工技术交底和施工安全技术交底。

（2）紧密联系实际，坚持技术服务生产，不断完善、细化技术方案和措施。

确立技术管理工作紧密联系生产实际，自始至终服务生产一线的宗旨。技术管理部编制技术干部工地技术服务值班表，每天派1～2名技术干部深入施工一线，及时解决处理施工中存在的问题，检查技术措施的落实情况，及时帮助作业队解决技术问题，跟踪施工情况，反馈施工信息。重大技术协调工作由总工程师牵头带领技术干部进行现场技术服务，确保现场施工的连续性。

（3）定期召开质量技术周例会和质量技术月例会。

技术管理部会同质量管理部定期召开质量技术周例会和质量技术月例会，会议上明确技术措施的进展情况，下一阶段技术交底计划以及现场施工需要注意的技术问题、技术要求。

（4）严格按照“措施、作业指导书”进行规范施工。

未经技术管理部同意，不准擅自改变施工方案、程序、施工要求等，质量管理部也以规范、图纸、措施和作业指导书为依据，严格把关。

### 3.4 狠抓技术创新，积极推广“三新技术”

在每个分部工程开工前，针对各施工部位的特点，编制施工专项措施并进行优化，打破定性思维，突破常规施工方式，采用新技术、新工艺、新设备，确保编制的每一项技术措施必须具有很强的可操作性和指导性，发挥安全技术保障体系“本质安全”和“质量保障”作用，并具有经济性。

例如：施工局在抗滑桩施工中，采用了小型挖机与龙门吊（吊车）联合作业的施工方案，将主要出渣工作采用机械化，大大减少了井下施工人数，规避了群体事件发生的风险，确保了工程施工进度和安全。

### 3.5 以科技创新为先导，积极开展技术创新和科技攻关

施工局自2012年成立以来，承担电建集团科技攻关2项，三峡集团公司科技攻关3项，获得公司工法3项，电建集团公司（省部级）工法2项，中国电力建设协会工法1项，实用新型专利6项。

## 4 控制把握生产导向，提出各节点的进度计划

考虑到专业人员对于全局的把握能力和对项目的理解深度以及对自身资源的了解等这些信息资源缺乏，容易造成制定出来的进度计划和现场执行能力脱节，形成两层皮现象，进度计划特别是总进度计划和重要阶段进度计划（年、月）均在施工局长主持下制定，由技术管理部具体完成编制。

按照“计划统领全局”的原则，根据进度计划目标，认真做好各专业工作计划，抓住重点，有序推进。施工局每季度召开一次分包商法人代表和工地负责人座谈会，分析上一阶段的计划完成情况以及存在的问题和原因，布置下一阶段的工作任务，交代注意事项。

做到一步一个脚印地完成日计划、周计划和月计划，做到均衡生产，确保年度施工任务的全面完成。

## 5 结语

技术管理属于工程项目管理的一个专业范畴，同样要想法设法做到精细化管理，不但要建立一个专业模块管理，还要结合项目特点制定可行的管理方法，使技术管理真正做到规范、受控、有序、超前，为项目良好履约提供技术支持平台，为企业降本增效和技术经济一体化做出贡献。

**【作者简介】**

申莉萍（1983—　），女，工程师，湖南郴州人，从事水利水电施工。

# 白鹤滩水电站导流隧洞进出口围堰稳定性分析

张志鹏　蔡建国　邓　渊　李　军　杨伟程　朱少华

（中国电建集团华东勘测设计研究院有限公司，浙江杭州，311122）

【摘　要】本文以白鹤滩水电站导流隧洞工程为背景，详细介绍了导流隧洞进出口围堰的稳定性分析。通过导流隧洞进、出口围堰的稳定计算，为围堰设计提供依据，确保围堰结构稳定。计算内容包括：①完建期、运行期设计水位两种工况下的围堰及岩坎各种不利结构面抗滑稳定计算；②运行期设计水位工况下，混凝土围堰堰踵应力计算。

【关键词】进出口围堰　稳定计算　应力计算

## 1　概况

白鹤滩水电站工程施工导流采用断流围堰、隧洞导流方式，导流方案采用5条导流隧洞方案，左岸布置3条，右岸布置2条。出口均与尾水隧洞结合。其中左岸进口围堰、右岸进口围堰、左岸出口围堰为全年围堰，按全年10年一遇洪水标准设计，$Q=22700$ $m^3/s$，右岸出口围堰为枯水期围堰，设计挡水标准采用枯水期11月至次年5月10年一遇流量，$Q=8446m^3/s$。

进、出口围堰具有以下特点：

（1）围堰规模大、布置场地狭小、设计难度大。

导流隧洞进、出口围堰规模为国内水电工程最大，围堰轴线总长约1100m，最大堰高（混凝土＋岩埂）为49.00m，其中混凝土围堰最大堰高为26.00m，已达到中坝规模，但是布置场地狭小，调整余地有限，需要在较小的导流隧洞进、出口范围内调整轴线布置，以满足防渗、稳定等的要求，布置难度大。

（2）地质条件复杂。

由于布置范围的局限性，上部混凝土围堰基础多为弱风化、强卸荷～弱卸荷的Ⅲ～Ⅳ类岩体，预留岩埂内发育多条层内错动带，抗剪及抗剪断参数低，且多为缓倾角穿过预留岩埂，对围堰稳定不利。

围堰详细布置如下：

（1）左岸导流隧洞进口围堰。

左岸进口围堰采用预留岩埂顶部加混凝土围堰挡水结构形式，堰顶高程为626.00m，轴线长315.19m，最大堰高（混凝土＋岩埂）为41.00m，其中混凝土围堰最大堰高为26.00m，采用C15混凝土重力式结构，堰顶宽3.00m，挡水面为直立坡，背水面为1：0.7，并对基础进行固结灌浆。岩埂背水面开挖坡比为 1∶0.3，采用喷锚支护，设置排水孔等措施。

（2）右岸导流隧洞进口围堰。

右岸进口围堰也采用预留岩埂顶部加混凝土围堰挡水结构形式，堰顶高程为 626.00m，轴线长 228.00m，最大堰高（混凝土＋岩埂）为 41.00m，其中混凝土围堰最大堰高为 28.00m，采用 C15 混凝土重力式结构，堰顶宽为 3.0m，挡水面为直立坡，背水面为 1∶0.7，并对基础进行固结灌浆。岩埂背水面开挖坡比为 1∶0.3，围堰堰脚至闸门井上游面距离约为 8～50m。

（3）左岸导流隧洞（尾水隧洞）出口围堰。

左岸出口围堰部分段利用预留岩埂挡水结构形式，部分段采用预留岩埂顶部加混凝土围堰挡水结构形式。堰顶高程为 623.00m，轴线长 295.01m，最大堰高为 43.00m，预留岩埂挡水结构堰顶宽约为 8～15m，背水面开挖坡比采用 1∶0.4；部分段的岩埂顶部加混凝土围堰挡水结构，混凝土围堰最大堰高为 13.00m，采用 C15 混凝土重力式结构，堰顶宽为 3m，挡水面为直立坡，背水面为 1∶0.65，并对基础进行固结灌浆。

（4）右岸导流隧洞（尾水隧洞）出口围堰。

右岸出口为枯水期挡水围堰，部分利用预留岩埂挡水结构形式，部分段采用预留岩埂顶部加混凝土围堰挡水结构形式。堰顶高程为 607.50m，轴线长 236.11m，最大堰高为 27.5m，预留岩埂挡水结构堰顶宽约为 10～20m，背水面开挖坡比采用 1∶0.3。部分段的岩埂顶部加混凝土围堰挡水结构，混凝土围堰最大堰高为 12.5m，采用 C15 混凝土重力式结构，堰顶宽为 3m，挡水面为直立坡，背水面为 1∶0.6，并对基础进行固结灌浆。围堰堰脚至进洞口距离约为 11～33m。部分岩埂段采用固结灌浆措施，以满足围堰稳定要求。

## 2 计算说明

### 2.1 计算工况

通过导流隧洞进、出口围堰的稳定计算，为围堰设计提供依据，确保围堰结构稳定。计算工况包括：

（1）完建期、运行期设计水位两种工况下的围堰及岩坎各种不利结构面抗滑稳定计算（右岸枯水围堰运行期水头按堰顶高程计算）。

（2）运行期设计水位工况下，混凝土围堰堰踵应力计算。

### 2.2 计算假定

（1）扬压力不考虑折减。

（2）左岸进、出口围堰层内错动带较发育，抗滑稳定计算取左岸导流隧洞进出口围堰为例进行计算分析。

### 2.3 计算方法及计算参数

#### 2.3.1 计算方法

（1）抗滑稳定计算。

取单宽进行计算，根据混凝土围堰稳定判断依据《水电工程围堰设计导则》（NB/T 35006—2013）[1] 6.3 节稳定计算的规定，稳定安全系数详见表 1。

表 1　重力式混凝土围堰抗滑稳定最小安全系数表

| 计算公式 | 抗剪公式 | 计算公式 | 抗剪公式 |
|---|---|---|---|
| 堰基面抗滑稳定 | 1.05 | 堰基深层抗滑稳定 | 经论证后确定 |

导流隧洞进、出口围堰为 5 级建筑物，考虑规模及安全因素，提高一级，按照 4 级建筑物考虑，沿结构面抗滑按抗剪强度公式计算，安全系数不小于 1.05。

抗剪计算公式如下：

$$K=\frac{f\sum W}{\sum P}$$

式中　$K$——按抗剪强度计算的抗滑稳定安全系数；

$f$——滑动面的抗剪摩擦系数；

$\sum W$——作用于滑动面上的全部荷载对滑动面的法向分值；

$\sum P$——作用于滑动面上的全部荷载对滑动面的切向分值。

（2）堰踵应力计算。

混凝土重力式围堰在设计洪水位时，迎水面允许有主拉应力 0.1～0.15MPa，坝体应力根据《混凝土重力坝设计规范》（NB/T 35026—2014）[2] 中附录 E 中的计算方法进行计算，公式如下：

上游面正应力：
$$\sigma_y^u=\frac{\sum W}{T}+\frac{6\sum M}{T^2}$$

下游面正应力：
$$\sigma_y^d=\frac{\sum W}{T}-\frac{6\sum M}{T^2}$$

式中　$T$——坝体计算截面沿上、下游方向的长度；

$\sum W$——计算截面上全部垂直滑动面力之和，以向下为正；

$\sum M$——计算截面上全部垂直滑动面力及平行滑动面力对于计算截面形心的力矩之和，以使上游面产生压应力者为正。

**2.3.2**　计算参数

（1）不利结构面参数。

左岸导流隧洞进、出口围堰计算断面对应的最不利结构面参数见表 2。

表 2　左岸进、出口围堰最不利结构面层内错动带力学参数地质建议值表

| 构造类型 | 编号 | 部位 | 类型 | 变形模量 | | | | 抗剪 $f$ |
|---|---|---|---|---|---|---|---|---|
| | | | | 软弱物质 | | 综合 | | |
| | | | | 厚度/cm | 变形模量/GPa | 总厚度/cm | 综合变量/GPa | |
| 层内错动带 | LS4253 | 弱风化 | 岩块岩屑 B 型 | 15 | 0.07 | 50 | 0.11 | 0.30 |
| | | 微新岩体 | 岩块岩屑 A 型 | | | 30 | 0.15 | 0.33 |
| | LS237 | 弱风化 | 岩块岩屑 B 型 | | | 10～30 | 0.22 | 0.38 |
| | | 微新岩体 | 岩块岩屑 A 型 | | | 10～30 | 0.27 | 0.46 |

（2）其他参数。

混凝土容重按 $24kN/m^3$ 计，岩石容重按 $26.5kN/m^3$ 计。

其他参数按《白鹤滩水电站坝基玄武岩各类岩体物理力学参数地质建议值一览表》[3] Ⅳ₁ 类围岩均值取值。

（3）设计水位。

导流隧洞进出口围堰设计洪水位见表 3。

**表 3　　导流隧洞进、出口围堰设计洪水位汇总表**

| 名　称 | 设计洪水位/m | 名称 | 设计洪水位/m |
|---|---|---|---|
| 左岸进口围堰 | 624.3 | 左岸出口围堰 | 620.7 |

## 3　抗滑稳定计算

### 3.1　左岸导流隧洞进口围堰

左岸进口围堰层内错动带较发育，主要不利结构面有 LS4155、LS4156、LS4253、LS4258。

选取左岸导流隧洞进口围堰平面布置图中的 LS4253 剖面进行计算见图 1。

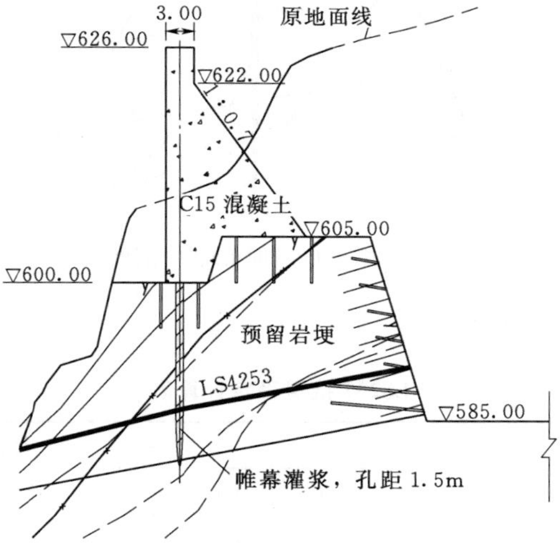


图 1　左岸进口围堰 LS4253 剖面图（单位：m）

沿 LS4253 计算见表 4。

**表 4　　LS4253 抗滑稳定计算表**

| 完　建　期 | | | | 运　行　期 | | | |
|---|---|---|---|---|---|---|---|
| $\Sigma W_{下}$/(kN/m) | 18755.1 | $f$ | 0.3 | $F_{水}$/(kN/m) | 9031.25 | $f$ | 0.3 |
| $a$ 倾角 | 12.2 | | | $\Sigma W_{下}$/(kN/m) | 23446.1 | | |
| Σ法向/(kN/m) | 18329.4 | | | $a$ 倾角 | 12.2 | | |
| $\Sigma p$ 切向/(kN/m) | 3973.0 | | | Σ法向/(kN/m) | 24827.1 | | |

| 完建期 | | | | 运行期 | | | |
|---|---|---|---|---|---|---|---|
| $K$ | 1.38 | 满足规范要求 | | $\Sigma p$ 切向/(kN/m) | 3859.6 | | |
| | | | | 扬压力/(kN/m) | 9031.3 | | |
| | | | | $K$ | 1.23 | 满足规范要求 | |

## 3.2 左岸导流隧洞出口围堰

左岸出口围堰层内错动带较发育，剖面上错动带倾向河谷一侧，主要不利结构面有 LS233、LS234、LS235、LS236、LS237 等。根据剖面图上各层内错动带的走向及倾角，选取 LS237 结构面进行抗滑稳定计算，见图 2。

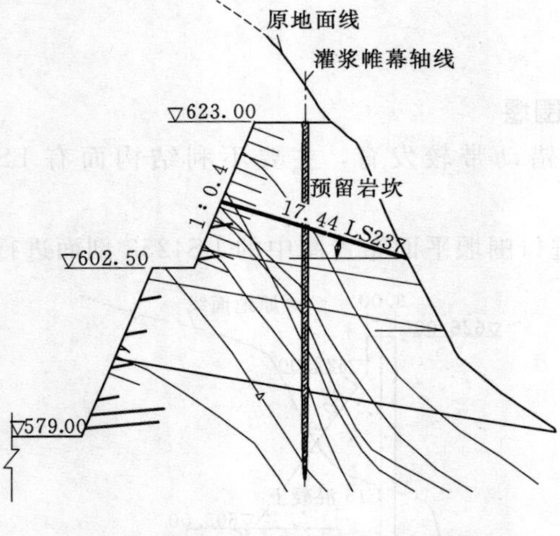


图 2　左岸出口围堰 LS237 剖面图

LS237 层面抗滑计算结果见表 5。

表 5　**LS237 抗滑稳定计算表**

| 完建期 | | | | 运行期 | | | |
|---|---|---|---|---|---|---|---|
| $\Sigma W_{下}$/(kN/m) | 7170.9 | $f$ | 0.38 | $F_{水}$/(kN/m) | 1394.5 | $f$ | 0.38 |
| $a$ 倾角 | 17.4 | | | $\Sigma W_{下}$/(kN/m) | 7778.9 | | |
| $\Sigma$法向/(kN/m) | 6841.3 | | | $a$ 倾角 | 17.4 | | |
| $\Sigma p$ 切向/(kN/m) | 2149.2 | | | $\Sigma$法向/(kN/m) | 7839.2 | | |
| $K$ | 1.21 | 满足规范要求 | | $\Sigma p$ 切向/(kN/m) | 1001.0 | | |
| | | | | 扬压力/(kN/m) | 2187.7 | | |
| | | | | $K$ | 2.15 | 满足规范要求 | |

# 4　堰踵应力计算

混凝土重力式围堰在设计洪水位时，迎水面允许有 0.1～0.15MPa 主拉应力。

导流隧洞进出口围堰混凝土体型类似，高度相差不大，合并计算。选取598.00m、605.00m两个高程计算混凝土围堰在设计洪水位时，堰踵的应力。计算简图见图3。

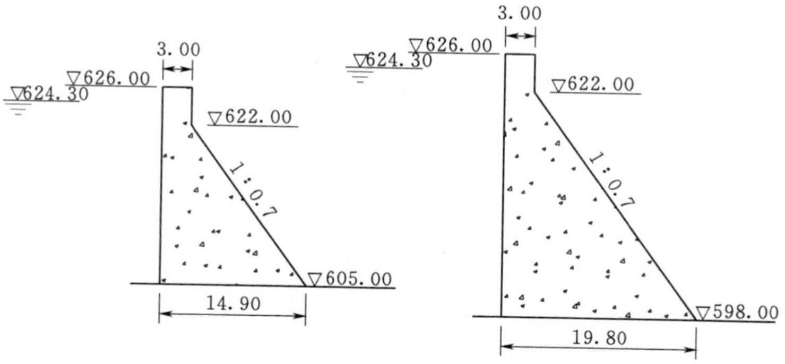


图3　导流隧洞进口围堰堰踵应力计算简图

### 4.1　605.00m高程断面计算结果

（1）各种荷载对计算截面的作用力见表6。

**表6　605.00m高程断面作用力计算表**

| 作用力名称 | 水平力/kN | 竖向力/kN | 弯矩/(kN·m) |
|---|---|---|---|
| 堰体自重 | +0.000e+000 | −3.940e+003 | +1.017e+004 |
| 静水压力 | +1.862e+003 | +0.000e+000 | −1.198e+004 |
| 扬压力 | +0.000e+000 | +1.438e+003 | −3.571e+003 |
| 浪压力 | +2.777e+002 | +0.000e+000 | −4.478e+003 |
| 总计 | +2.140e+003 | −2.502e+003 | −9.861e+003 |

（2）计算截面的几何参数。

截面长度＝14.900m　　对形心轴的惯性矩＝275.662$m^3$

上游坡度＝0.000　　下游坡度＝−0.700

（3）坝踵混凝土抗拉强度。

坝踵混凝土最大拉应力为0.089MPa，满足规范要求。

### 4.2　598.00m高程断面计算结果

（1）各种荷载对计算截面的作用力见表7。

**表7　598.00m高程断面作用力计算表**

| 作用力名称 | 水平力/kN | 竖向力/kN | 弯矩/(kN·m) |
|---|---|---|---|
| 堰体自重 | +0.000e+000 | −6.854e+003 | +2.322e+004 |
| 静水压力 | +3.458e+003 | +0.000e+000 | −3.032e+004 |
| 扬压力 | +0.000e+000 | +2.604e+003 | −8.592e+003 |
| 浪压力 | +2.777e+002 | +0.000e+000 | −6.422e+003 |
| 总计 | +3.736e+003 | −4.251e+003 | −2.211e+004 |

(2) 计算截面的几何参数。

截面长度＝19.800m　　　　对形心轴的惯性矩＝646.866$m^3$

上游坡度＝0.000　　　　　下游坡度＝－0.700

(3) 坝踵混凝土抗拉强度。

坝踵混凝土最大拉应力为0.111MPa，满足规范要求。

## 5 结语

本文对导流隧洞进出口围堰沿不利结构面的抗滑稳定及围堰堰踵应力进行了计算，计算结果满足规范要求，部分缓倾角层内错动带倾斜方向与滑动方向一致的断面抗滑稳定安全系数较低，但安全系数大于1.05，能满足围堰施工及运行期要求。

围堰实际施工过程中，对遇到的岩体质量较差或不利结构面交错切割产生易滑动块体等情形，根据现场实际情况采取了施打插筋、深孔固结灌浆、设置横向支撑墙等加固措施，确保了围堰安全稳定。目前白鹤滩导流隧洞进、出口围堰已拆除完成，在挡水期间，进、出口围堰结构稳定、可靠，有效保障了导流隧洞工程安全、按期完工。

## 参考文献

[1] NB/T 35006—2013，水电工程围堰设计导则［S］. 2013.

[2] NB/T 35026—2014，混凝土重力坝设计规范，2014.

[3] 金沙江白鹤滩水电站可行性研究报告，2013.

**【作者简介】**

张志鹏（1983— ），男，山东青岛人，工程师，研究方向为施工组织设计。

# 藤子沟水电站泄洪建筑物布置研究

付　欣　郑　军

（中水东北勘测设计研究有限责任公司，吉林长春，130021）

【摘　要】本文介绍了拱坝坝身泄洪建筑物布置原则，考虑河床狭窄、行洪水流宽度小而造成水舌落点过于集中的问题，可为其他相关拱坝工程泄水消能建筑物布置提供参考。

【关键词】双曲拱坝　泄洪表孔　出口鼻坎　齿坎

## 1　概述

藤子沟水电站工程采用混合式开发，其工程由挡水建筑物、泄洪消能建筑物、引水系统和厂房系统组成。挡水建筑物为混凝土双曲拱坝，最大坝高124m（其中垫座混凝土7m，拱坝基本体型高度117m），坝顶高程777.00m，坝顶长度339.475m；泄洪建筑物为坝顶泄洪表孔，堰顶高程764.00m，溢流孔口宽12m。消能建筑物由水垫塘和二道坝组成。

## 2　泄洪建筑物布置与体型设计

本工程河谷狭窄，两岸陡峭，泄量不算很大，合理的泄洪布置方案对确保工程安全具有重要意义。由于双曲拱坝中心线和主河道中心线基本吻合，稍偏左岸，坝轴线左右岸不完全对称，为避免泄洪时水流冲刷两岸山体，确定泄洪消能中心线与拱坝中心线以夹角2.4861°的形式布置。

泄洪功率是反映泄洪消能难易程度的重要指标之一，本工程最大泄洪功率为3237MW，单宽泄洪功率为90MW，与国内部分百米以上拱坝泄洪功率进行比较后认为，采用坝身集中泄洪是可行的。坝身泄洪孔布置主要考虑以下原则：

（1）安全下泄各频率洪水，并有一定超泄能力。

（2）为节省工程投资，坝顶超高不宜过大。

（3）孔口布置应满足金属结构及土建设计要求。

（4）尽量避免水舌打击岸坡，减小对大坝的影响。

（5）方便坝顶交通。

由此经过水力学计算及模型试验，在8号、9号、10号、11号坝段顶部开设三个泄洪表孔，均按跨缝布置，孔口尺寸均为12m×13m（宽×高）。

三个表孔堰面为开敞式WES实用堰，堰顶高程764.00m，堰顶上游采用椭圆曲线，

曲线方程为 $\frac{X^2}{10.1761}+\frac{(1.8333-Y)^2}{3.3611}=1$，下接 WES 堰面曲线，曲线方程为 $Y=0.0651X^{1.85}$，定型设计水头 $H_d=11.00$m。

针对河床狭窄、行洪水流宽度小而造成水舌落点过于集中的问题，在表孔出口鼻坎上采取措施，使水舌纵向拉开，以减轻下泄水流对水垫塘底板的冲击动水压力。在三个表孔出口鼻坎上设有不同尺寸、不同挑角的齿坎，经整体水工模型验证，3 号孔齿坎挑角为 0°，宽度 9.0m，2 号孔齿坎俯角 15.0°，宽度 6.5m，1 号孔挑角－10°，宽度 9.00m。为了避免水舌扩散过大而打击岸坡，两边孔的齿坎均布置在靠中孔一侧，中孔齿坎布置在中间位置。泄洪表孔控制尺寸见表 1。

**表 1　　泄洪孔控制几何尺寸**

| 孔编号 | 闸孔宽度 /m | 堰顶高程 /m | 出口俯角 /(°) | 出口高程 /m | 坎宽度 /m | 坎长度 /m | 出坎俯角 /(°) | 坎高程 /m |
|---|---|---|---|---|---|---|---|---|
| 1 | 12 | 764 | 30 | 755.284 | 9.0 | 3 | －10 | 757.545 |
| 2 | 12 | 764 | 35 | 753.948 | 6.5 | 3 | 15 | 755.245 |
| 3 | 12 | 764 | 35 | 753.948 | 9.0 | 3 | 0 | 756.049 |

根据拱坝体型特点，泄洪表孔两个中墩厚平面均呈扇形布置，上游面弧长 5.82m，下游面弧长 3.35m；边墩等厚度 4.5m。中墩、边墩长均为 22.5m。按常规在中墩、边墩均布设了辐射钢筋，在牛腿和其他部位也配置了必要的钢筋。堰面采用 1.5m 厚抗冲耐磨的 C30 混凝土，闸墩采用 C25 混凝土。泄洪表孔平面布置见图 1。

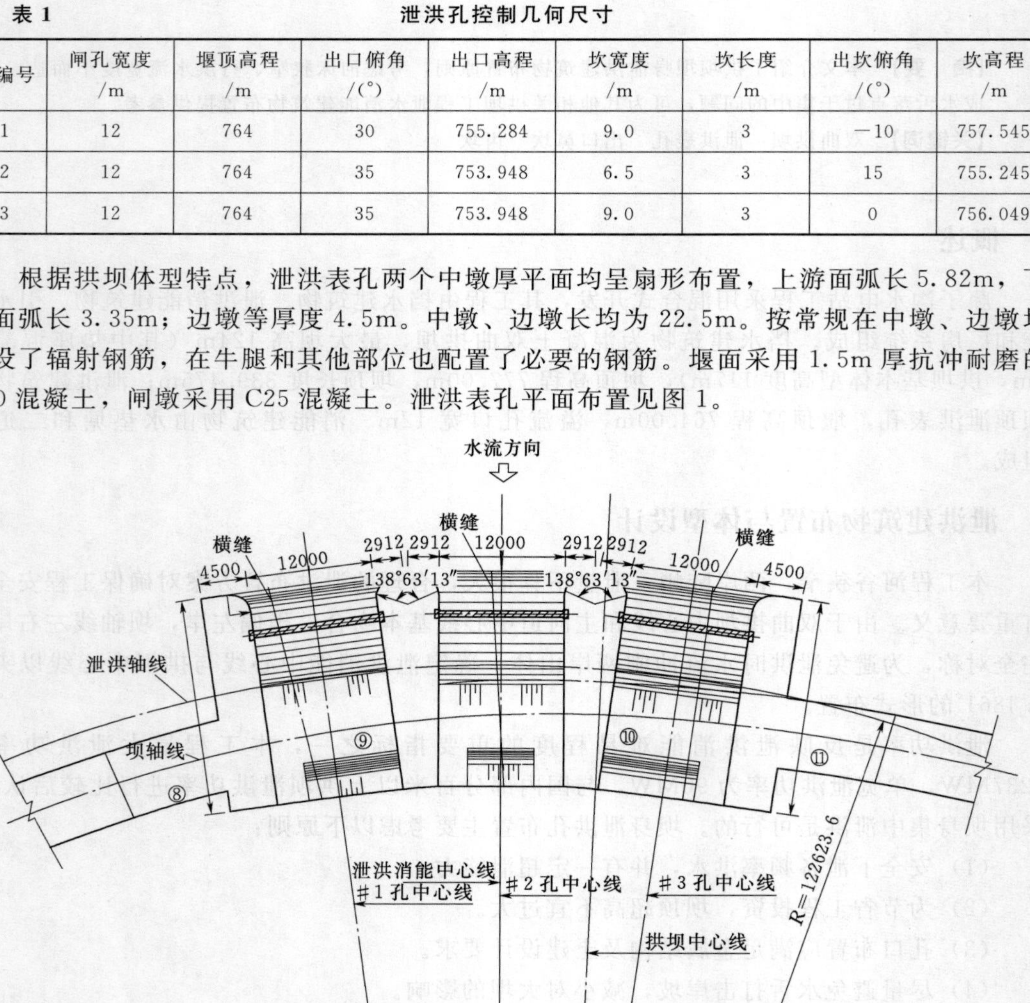


图 1　泄洪表孔平面布置图

每个泄洪孔均设置一道弧形工作门，因为每年有机会对弧门进行检修，故不设置检修门。弧形工作门半径 $R=12.50$m，支铰中心线高程 769.00m，弧形门由设在坝顶上的液压式启闭机启闭。考虑到坝顶交通要求较低，同时为了缩短闸墩长度，节省工程量，在泄洪孔下游侧布置交通桥，以满足检修时使用。

# 3　泄流能力及流态

## 3.1　泄流能力

经整体水工模型试验验证，本枢纽泄流能力可以满足要求。当宣泄1000年一遇洪水时（$Q=3286m^3/s$），测得库水位$H_{上}=776.60m$，低于调洪设计水位（$H_{上}=776.72m$）0.12m；当宣泄200年一遇洪水时（$Q=2876m^3/s$），测得库水位$H_{上}=775.55m$，低于设计水位（$H_{上}=775.67m$）0.12m；宣泄1000年一遇洪水时的单宽流量为$91.3m^3/s$。流量关系（$H-Q$）曲线见图2。

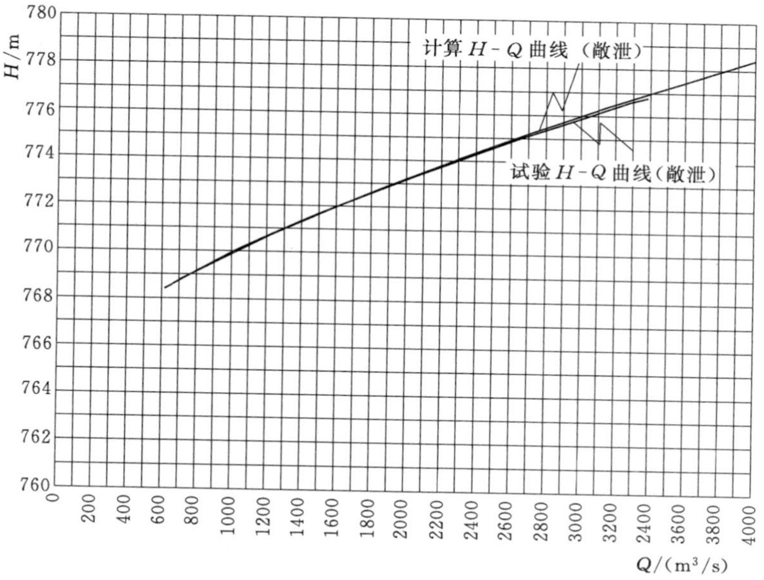


图2　泄流能力-流量关系曲线

## 3.2　水流流态

（1）库区流态。库区水面较为平静，进流顺畅，敞泄时闸墩附近未见旋涡，两边孔边墩进口下游侧有收缩。控泄时闸墩处有旋涡。

（2）水舌流态。由于齿坎作用，各孔水舌分层错开，出口后呈弧线扩散跌落水垫塘中。当三孔全开时，在水面上两边孔水舌以3/4椭圆曲线、中孔水舌以小椭圆曲线，分区分层弧线形均匀散开。各工况水舌入水距离最远约80.00m，最近约48.00m（距坝脚距离）。

# 4　结语

采用拱坝坝型的地形多为高山峡谷地区，河床狭窄，水头较高，泄洪功率较大，合理选择泄洪方式和布置形式极其重要。本文介绍了藤子沟水电站坝身泄洪表孔、出口鼻坎设置尺寸不等的齿坎等布置，为相关拱坝坝身泄水建筑物设计提供参考。

**【作者简介】**

付欣（1974— ），男，高级工程师，吉林长春人，主要从事水利水电工程设计工作。

# 苗尾水电站抗冲磨混凝土性能与温控防裂设计研究

李新宇[1]　谢国帅[1]　朱振泱[2]　任金明[1]

（1. 中国电建集团华东勘测设计研究院有限公司，浙江杭州，311122；
2. 中国水利水电科学研究院，北京，100038）

【摘　要】 苗尾水电站水库库容较小，溢洪道使用频率高，泄洪最大流速达 38m/s，对抗冲磨混凝土的抗冲磨性能、抗裂性能及其耐久性要求高。通过不同施工方式、不同品种混凝土性能试验，并参考类似工程应用经验和研究成果，综合考虑混凝土抗冲磨强度和抗裂性，确定溢洪道底板抗冲磨混凝土采用 PVA 纤维常态混凝土。温控防裂分析结果表明，溢洪道底板抗冲磨混凝土控制设计厚度 0.8m，浇筑块尺寸 20m×20m 时，即使在气温最高的 7 月份浇筑，如控制浇筑温度 17℃，采用流水养护措施，入冬后覆盖 4cm 厚保温被覆盖的表面保温措施，且先浇筑一层平均厚度为 0.15m 的 C20 混凝土的找平层时，混凝土温控抗裂最小安全系数可达到 1.70，有一定的安全裕度。建议施工过程中，严格控制底板超挖现象、混凝土配合比及其浇筑质量，避免混凝土出现温度裂缝。

【关键词】 抗冲磨混凝土　早期抗裂性　抗冲磨强度　温控防裂　苗尾水电站

## 1　概况

苗尾水电站位于云南省大理白族自治州云龙县旧州镇境内的澜沧江河段上，是澜沧江上游河段一库七级开发方案中的最下游一级电站，上接大华桥水电站，下邻功果桥水电站。枢纽建筑物主要由砾质土心墙堆石坝、左岸溢洪道、冲沙兼放空洞、引水系统及地面厂房等组成，心墙堆石坝最大坝高 139.8m，电站装机容量 1400MW，主体工程混凝土方量约为 180 万 $m^3$。苗尾水电站大坝为当地材料坝，水库库容较小，仅具有周调节能力，泄洪建筑物使用频率高，确保泄洪安全至关重要，且泄洪最大流速达 38m/s，对抗冲磨混凝土的抗冲磨性能、抗裂性能及其耐久性要求高。

苗尾水电站可行性研究阶段先后就钢纤维抗冲磨混凝土和粉煤灰抗冲磨混凝土开展研究，并推荐了配合比方案，但与同类工程抗冲磨混凝土相比，存在混凝土胶凝材料用量偏大、绝热温升偏高等问题。已有研究成果和类似工程经验表明，溢洪道表面抗冲磨混凝土强度高，施工过程中很容易开裂，后期修补难度较大并占用直线工期，因此，有必要根据工程实际情况，结合类似工程研究成果和实践情况，从混凝土材料优化、温度控制、养护与保温等多方面努力防止抗冲磨混凝土开裂。为此，苗尾水电站技施阶段系统开展了抗冲磨混凝土配合比优化试验研究和溢洪道抗冲磨混凝土温控防裂研究。

## 2 抗冲磨混凝土优选研究

### 2.1 混凝土原材料

根据苗尾水电站已有混凝土试验成果、前期工程混凝土现场施工选用的原材料情况，结合工程前期混凝土原材料招标情况，确定试验原材料分别为丹坞堑料场片麻岩粗、细骨料，42.5 中热水泥、硅粉、Ⅱ级粉煤灰、PVA 纤维、聚羧酸高性能减水剂和引气剂等，原材料性能试验结果表明，试验所选用的原材料性能指标均满足相关规范要求。

考虑到丹坞堑石料场片麻岩及片岩具有潜在危害的碱硅酸反应活性，碱活性抑制试验结果表明，通过掺加 25%的粉煤灰、且控制碱含量不大于 2.5kg/m³ 时，可有效抑制丹坞堑石料场片麻岩及片岩骨料碱骨料反应。为此，抗冲磨混凝土配合比设计时，粉煤灰掺量不小于 25%，且控制混凝土总碱量不大于 2.5kg/m³。

### 2.2 抗冲磨混凝土基本性能试验

结合类似工程抗冲磨混凝土试验研究和工程应用经验，在已有抗冲磨混凝土试验研究的基础上，选择粉煤灰混凝土、硅粉混凝土、硅粉 PVA 纤维混凝土等抗冲磨混凝土开展了配合比设计与基本性能试验。考虑到抗冲磨混凝土优选过程中，除了关注其抗压强度和抗冲磨强度外，还需要关注混凝土抗裂性。为此，基本性能试验阶段重点对比研究了上述混凝土分别采取常态和泵送施工方式对抗冲磨混凝土早期抗裂性和抗冲磨强度等性能的影响。

#### 2.2.1 早期抗裂性

为了对比不同施工方式、不同品种混凝土的早期抗裂性能，开展了混凝土平板抗裂试验。该试验参照《普通混凝土长期性能和耐久性能试验方法标准》（GB/T 50082—2009）[1] 规定的早期抗裂试验方法进行，试验采用 800mm×600mm×100mm 的平面薄板型试件，试验采用钢制模具。模具的四边均采用槽钢焊接而成，侧板厚度 5mm，模具四边与底板通过螺栓固定在一起。模具内设有 7 根裂缝诱导器，裂缝诱导器分别用 50mm×50mm、40mm×40mm 角钢与 5mm×50mm 钢板焊接组成，且平行于模具短边，底板采用 5mm 厚的钢板。

试验首先在模具底板表面平铺聚乙烯薄膜做隔离层，然后浇筑混凝土。试验过程中保持试件表面中心风速为 5m/s，试验环境温度控制在（20±2）℃，相对湿度控制在 60%±5%。从混凝土搅拌加水开始计算，在 1d 和 7d 后分别测试每条裂缝平均开裂面积、单位面积裂缝数目、单位面积总开裂面积，其中裂缝宽度用放大倍数为 40 倍的读数显微镜进行测量。裂缝统计见表 1 和表 2，硅粉常态混凝土和硅粉泵送混凝土搅拌加水 7d 后表面裂缝情况分别见图 1 和图 2。

不同品种常态混凝土早期抗裂试验结果显示，粉煤灰混凝土 1d 时的每条裂缝平均开裂面积、单位面积裂缝数目、单位面积总开裂面积均最大，且有一些开度大于 0.1mm 的裂缝，但从 1d 到 7d 变化不大；在粉煤灰混凝土中掺加 10kg/m³ 的硅粉后，每条裂缝开裂面积有较大幅度的减少，裂缝开度主要在 0.02mm 左右（用 40 倍读数显微镜测试），单位面积裂缝数目有所增加，但增加有限，单位面积总开裂面积较粉煤灰混凝土减少，从

1d 到 7d 变化不大。

表 1 常态混凝土早期抗裂试验结果

| 试验项目 | CF36 | | CS36 | | CPS36 | | CPF36 | |
|---|---|---|---|---|---|---|---|---|
| | 1d | 7d | 1d | 7d | 1d | 7d | 1d | 7d |
| 每条裂缝平均开裂面积 $a/(mm^2/$条$)$ | 62.1 | 69.7 | 20.5 | 25.4 | 4.1 | 3.1 | 0.5 | 3.3 |
| 单位面积裂缝数目 $b/($条$/m^2)$ | 12.5 | 12.5 | 14.6 | 14.6 | 2.1 | 6.3 | 10.4 | 10.4 |
| 单位面积总开裂面积 $c/(mm^2/m^2)$ | 775.6 | 871.0 | 299.2 | 370.8 | 8.4 | 19.5 | 4.8 | 34.2 |

注：配合比编号中，第 1 个字母 C 代表常态混凝土、P 代表泵送混凝土，第 2 个字母 P 代表掺 PVA 纤维的混凝土，第 2 个或第 3 个字母 F 代表粉煤灰混凝土、S 代表硅粉混凝土，最后两位数字 36 代表水胶比 0.30。下同。

表 2 泵送混凝土早期抗裂试验结果

| 试验项目 | PF36 | | PS36 | | PPS36 | | PPF36 | |
|---|---|---|---|---|---|---|---|---|
| | 1d | 7d | 1d | 7d | 1d | 7d | 1d | 7d |
| 每条裂缝平均开裂面积 $a/(mm^2/$条$)$ | 30.0 | 37.3 | 13.5 | 19.0 | 3.2 | 3.6 | 6.4 | 5.5 |
| 单位面积裂缝数目 $b/($条$/m^2)$ | 12.5 | 12.5 | 12.5 | 12.5 | 10.4 | 10.4 | 10.4 | 10.4 |
| 单位面积总开裂面积 $c/(mm^2/m^2)$ | 374.8 | 466.6 | 168.4 | 237.8 | 33.4 | 37.1 | 66.4 | 56.8 |

注：配合比编号中，第 1 个字母 C 代表常态混凝土、P 代表泵送混凝土，第 2 个字母 P 代表掺 PVA 纤维的混凝土，第 2 个或第 3 个字母 F 代表粉煤灰混凝土、S 代表硅粉混凝土，最后两位数字 36 代表水胶比 0.30。下同。

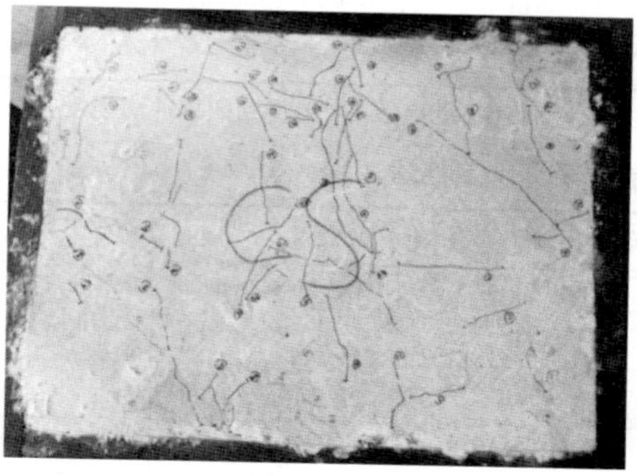


图 1 CS 混凝土平板表面裂缝示意图

图 2 PS 混凝土平板表面裂缝示意图

在粉煤灰混凝土中掺加 PVA 纤维后，即 PVA 纤维粉煤灰混凝土 1d 时的每条裂缝平均开裂面积、单位面积裂缝数目、单位面积总开裂面积均明显减少，但从 1d 到 7d，每条裂缝平均开裂面积和单位面积总开裂面积有较大幅度的增加；在硅粉混凝土中掺加 PVA 纤维后，即 PVA 纤维硅粉混凝土 1d 时的每条裂缝平均开裂面积、单位面积裂缝数目、单位面积总开裂面积虽然有所减少，但从 1d 到 7d 每条裂缝开裂面积、单位面积上的裂缝数量都有一定程度的增加，但增加幅度较 PVA 纤维粉煤灰混凝土小，可能与 PVA 纤维硅粉混凝土早期水化速度较快，早期抗拉强度较高有关。总体而言，混凝土中掺加 PVA 纤维对改善混凝土 1d 内的早期抗裂性能有一定好处，但从 1d 到 7d 混凝土裂缝有一定程度的扩展，混凝土单位面积的总开裂面积增加较多，但整体上裂缝条数、总开裂面积等均比同水胶比未掺 PVA 纤维的混凝土少。

相同品种的混凝土，未掺加 PVA 纤维的泵送混凝土单位面积总开裂面积较常态混凝土有所减少，但硅粉泵送混凝土表面出现一条集中裂缝，对混凝土抗裂不利；但掺加 PVA 纤维的泵送混凝土总开裂面积较常态混凝土有所增加，可能与泵送混凝土胶凝材料用量偏大，表面更容易开裂有一定关系。

**2.2.2** 抗冲磨强度

混凝土的抗冲磨性能很难评定，因为损坏作用的变化取决于磨损的真正原因，还没有一种方法能满足评定所有条件下的耐磨性。目前，水电工程中普遍采用的试验方法为水下钢球法和圆环法。其中水下钢球法因试验设备操作简单得到广泛应用，该方法通过测定混凝土表面受水下高速流动介质的相对抗力，来比较和评定混凝土表面的相对抗冲磨能力。基本性能试验阶段采用水下钢球法初步对比研究混凝土的抗冲磨性能，试验结果见表 3 和表 4。

**表 3　常态混凝土抗冲磨试验结果（水下钢球法）**

| 配合比编号 | 90d 试验结果 | | | | 180d 抗冲磨强度 /[h/(kg/m²)] |
|---|---|---|---|---|---|
| | 抗压强度 /MPa | 含气量 /% | 累计冲磨量 /g | 抗冲磨强度 /[h/(kg/m²)] | |
| CF33 | 58.6 | 3.2 | 665 | 7.906（8.351） | 8.785（9.151） |
| CPF36 | 52.9 | 4.1 | 717 | 7.336（8.259） | 8.528（9.038） |
| CS36 | 58.1 | 3.2 | 611 | 8.608（8.588） | 9.083（9.176） |
| CPS36 | 57.5 | 4.0 | 592 | 8.874 | 9.227 |

注：抗冲磨强度一列中，括号内的数值为全面性能试验阶段，控制含气量为 3.1%后得到的抗冲磨强度。

**表 4　泵送混凝土抗冲磨试验结果（水下钢球法）**

| 试验编号 | 90d 试验结果 | | | | 180d 抗冲磨强度 /[h/(kg/m²)] |
|---|---|---|---|---|---|
| | 抗压强度 /MPa | 含气量 /% | 累计冲磨量 /g | 抗冲磨强度 /[h/(kg/m²)] | |
| PF36 | 58.3 | 3.2 | 676 | 7.780 | 8.668 |
| PPF36 | 60.1 | 4.1 | 664 | 7.916 | 8.923 |
| PS36 | 62.4 | 3.4 | 635 | 8.280 | 8.775 |
| PPS36 | 55.8 | 4.7 | 755 | 6.964 | 8.081 |

混凝土抗冲磨试验结果表明：

（1）总体而言，水胶比相同、强度接近的泵送混凝土抗冲磨强度比常态混凝土抗冲磨强度低，这主要与泵送混凝土浆体体积较大，表面浮浆较多有关。其他类似工程抗冲磨试验结果也显示出泵送混凝土抗冲磨强度较低的规律。

（2）混凝土中掺加少量硅粉后对混凝土抗冲磨强度有小幅度提高。以抗压强度相当的 CS36 与 CF33 混凝土相比，掺加硅粉后抗冲磨强度可提高 8.88%；PS36 与 PF36 混凝土相比，掺加硅粉后抗冲磨强度可提高 6.43%。

（3）混凝土中掺加 PVA 纤维对混凝土抗冲磨强度有小幅度提高。以抗压强度基本相当的 CS36 与 CPS36 混凝土相比，掺加 PVA 纤维后混凝土抗冲磨强度可提高 3.09%；

PPF36 与 PF36 混凝土相比，掺加 PVA 纤维后混凝土抗冲磨强度可提高 1.75%。考虑掺加 PVA 纤维后，混凝土含气量有较大幅度的增加，如实际施工中能够将混凝土含气量控制好，混凝土的抗冲磨强度提高的幅度会较大。

(4) 混凝土含气量对混凝土抗冲磨强度有较大的负面影响。以 CPF36 混凝土为例，因该混凝土含气量为 4.1%，90d 抗压强度仅为 52.9MPa，抗冲磨强度仅为 7.336 h/(kg/m²)，低于 CF33 混凝土。考虑到苗尾工程所在地区的气候特征，实际施工过程中可考虑将混凝土含气量控制在 3.0%以内，甚至更低。

总体而言，采用片麻岩骨料配制的 $C_{90}50$ 混凝土 90d 抗冲磨强度小于 10h/(kg/m²)，180d 抗冲磨强度有一定幅度的增长，但仍小于 10h/(kg/m²)。

综上所述，强度相近的同品种混凝土，泵送混凝土胶凝材料用量高，但其抗冲磨强度却较常态混凝土低，因此，建议抗冲磨混凝土尽可能选用常态混凝土而避免采用泵送混凝土。

## 2.3 抗冲磨混凝土全面性能试验

根据抗冲磨混凝土基本性能试验结果，推荐 $C_{90}50$ 抗冲磨混凝土采用 PVA 纤维粉煤灰常态混凝土（水胶比 0.34）。同时，对比开展了 $C_{90}50$ 硅粉常态混凝土（水胶比 0.36）、$C_{90}50$ 粉煤灰常态混凝土（水胶比 0.33），以及 $C_{90}45$PVA 纤维粉煤灰常态混凝土（水胶比 0.36）全面性能试验，以确定抗冲磨混凝土方案，并为后续温控分析提供混凝土性能参数。抗冲磨混凝土的抗压强度、抗压弹模和极限拉伸试验结果见表 5，干缩试验结果见表 3，自生体积变形试验结果见表 4，绝热温升试验结果见表 6。

表 5　抗冲磨混凝土的抗压强度、抗压弹模和极限拉伸

| 配合比编号 | 抗压强度/MPa | | | | 抗压弹模/GPa | | | | 极限拉伸/($\times10^{-6}$) | | | |
|---|---|---|---|---|---|---|---|---|---|---|---|---|
| | 7d | 28d | 90d | 128d | 7d | 28d | 90d | 180d | 7d | 28d | 90d | 180d |
| CS36 | 31.4 | 45.8 | 57.3 | 62.0 | 22.9 | 27.2 | 30.1 | 31.8 | 112 | 122 | 127 | 130 |
| CPF34 | 34.3 | 48.6 | 58.1 | 65.5 | 23.1 | 27.5 | 31.0 | 31.8 | 116 | 125 | 129 | 133 |
| CPF36 | 29.0 | 44.5 | 53.5 | 59.0 | 22.6 | 27.0 | 30.5 | 31.4 | 109 | 119 | 125 | 130 |
| CF33 | 32.5 | 49.4 | 59 | 65.0 | 25.1 | 28.2 | 31.1 | 32.5 | 124 | 133 | 139 | 141 |

抗压强度结果显示，CS36、CPF34、CF33 混凝土 90d 抗压强度均大于 $C_{90}50$ 混凝土的计算配制强度 57.0MPa，CPF36 混凝土 90d 抗压强度大于 $C_{90}45$ 混凝土的计算配制强度 52.0MPa、180d 抗压强度大于 $C_{180}50$ 混凝土的计算配制强度 57.0MPa，且都有一定富裕。

抗压弹模试验结果显示，4 种抗冲磨混凝土各龄期抗压弹模数值比较接近。7d 龄期抗压弹模相对较高，在 22.6～25.1GPa 之间，28d 龄期抗压弹模仅为 27.0～28.2GPa，90d 龄期抗压弹模仅为 30.1～31.1GPa，180d 龄期抗压弹模为 31.4～32.5GPa。极限拉伸试验结果表明，4 种抗冲磨混凝土极限拉伸值都相对较高，7d 龄期极限拉伸值在 $124\times10^{-6}$～$109\times10^{-6}$ 之间，28d 龄期极限拉伸值在 $133\times10^{-6}$～$119\times10^{-6}$ 之间，90d 龄期在 $139\times10^{-6}$～$125\times10^{-6}$ 之间，180d 龄期在 $141\times10^{-6}$～$130\times10^{-6}$ 之间。总体而言，这 4

种混凝土早龄期极限拉伸值较大，7d 极限拉伸值约为 28d 极限拉伸值的 92%～93%，但长龄期极限拉伸增长幅度较小，90d 极限拉伸仅为 28d 极限拉伸的 103%～105%，180d 极限拉伸仅为 28d 极限拉伸的 106%～109%。

干缩试验结果表明，4 种抗冲磨混凝土各龄期干缩值较为接近，90d 干缩率在 $337\times10^{-6}$～$305\times10^{-6}$之间，180d 干缩率在 $349\times10^{-6}$～$327\times10^{-6}$之间。比较而言，硅粉混凝土早期干缩值相对较高，纤维混凝土各龄期干缩值相对略小，说明掺入适量纤维对于抑制混凝土干缩有一定好处（图 3）。自生体积试验结果表明，各品种抗冲磨混凝土自生体积变形均为收缩型，收缩值呈先增大后减小的趋势，最后趋于平稳，180d 自生体积收缩值基本在 $10\times10^{-6}$附近。对比而言，硅粉混凝土早期自生体积变形相对较大，50d 自生体积收缩值可达 $25\times10^{-6}$左右，但后期逐渐减小并趋于平稳（图 4）。

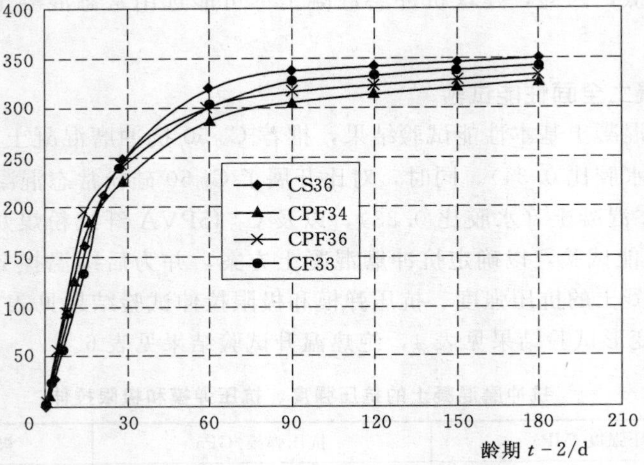


图 3　干缩与龄期关系曲线

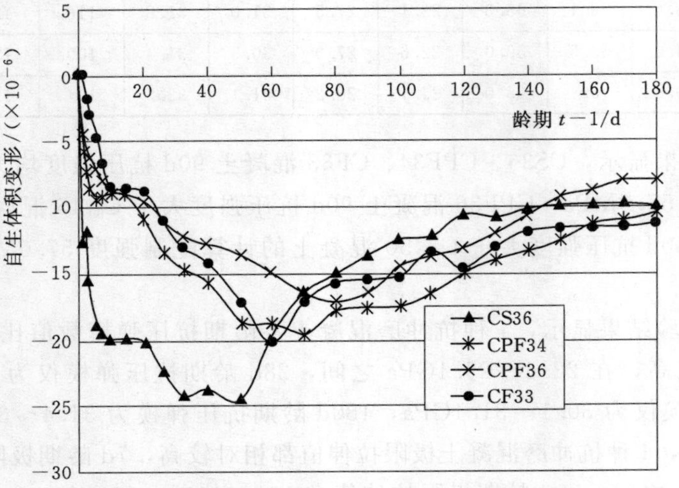


图 4　自生体积变形与龄期关系曲线

绝热温升试验结果表明，混凝土绝热温升与其胶凝材料用量、水胶比以及是否掺加硅粉等有关。相对而言，混凝土胶凝材料越高，混凝土绝热温升越高，如 CPF34 混凝土与 CF36 混凝土胶凝材料用量基本相同，试验测得的 28d 绝热温升较为接近，拟合的绝热温升也基本相同；CPF34 混凝土比 CPF36 混凝土胶凝材料用量高 20kg/m³，拟合的最终绝热温升高 2.41℃；CS36 混凝土掺加了 10kg/m³ 的硅粉，因硅粉颗粒较细，有助于水泥早期水化，虽然其胶凝材料用量与 CPF36 混凝土相当，但其早期绝热温升仍然较大，试验测得的 28d 绝热温升也较 CPF36 混凝土高 1.16℃，拟合的最终绝热温升高 1.25℃（表 6）。

**表 6　　抗冲磨混凝土凝土绝热温升-历时拟合方程式**

| 配合比编号 | 胶材用量/(kg/m³) | 28d 绝热温升/℃ | 拟合最终绝热温升/℃ | 绝热温升 T—绝热温升,℃；t—历时，d | | |
|---|---|---|---|---|---|---|
| | | | | 表达式 | 95%置信度 | 适用条件 |
| CS36 | 347 | 42.66 | 44.32 | $T=\frac{44.32t}{t+0.79}$ | 0.45 | $t \geqslant 1.0$ |
| CPF34 | 374 | 43.53 | 45.48 | $T=\frac{45.48t}{t+0.84}$ | 0.48 | $t \geqslant 1.0$ |
| CPF36 | 353 | 41.50 | 43.07 | $T=\frac{43.07t}{t+0.81}$ | 0.44 | $t \geqslant 1.0$ |
| CF33 | 370 | 43.60 | 45.61 | $T=\frac{45.61t}{t+0.79}$ | 0.47 | $t \geqslant 1.0$ |

苗尾水电站地处澜沧江干热河谷，施工过程中混凝土容易出现表面干缩裂缝和温度裂缝，经综合考虑，并参考类似工程经验，推荐采用强度等级 $C_{90}50$ 的 PVA 纤维常态混凝土。2015 年 1 月“苗尾水电工程溢洪道技术咨询会”后，将溢洪道底板缓坡段抗冲磨混凝土强度等级修改为 $C_{90}45$。

## 3　抗冲磨混凝土温控防裂设计

根据初步分析和类似工程经验，苗尾水电站溢洪道底板属于薄壁强约束结构，温降期间容易形成较大的拉应力而导致混凝土开裂。同时，苗尾水电站地处澜沧江干热河谷，昼夜温差和风速较大，各月份最大昼夜温差均在 20℃左右。因此，溢洪道底板抗冲磨混凝土结构受基础温差和内外温差双重控制。为此，系统分析了浇筑温度，喷雾养护、流水养护、通水冷却、表面保温，基础弹模，结构尺寸，混凝土强度，以及不同季节浇筑等因素对溢洪道底板抗冲磨混凝土结构温度及其应力的影响规律，在此基础上提出相应的温控措施。

计算模型为长、宽和高分别为 60m、20m 和 0.8m 的混凝土块。水管布置在距离基础 0.4m 处，水管的间距为 1m，布置在底板厚度方向的中心位置。混凝土计算模型的上表面为散热边界，相邻混凝土块未浇筑前，混凝土计算模型的侧面边界为散热且自由边界，相邻混凝土块浇筑后，混凝土块的计算模型为绝热自由边界。计算过程中，基础的表面均为自由边界，基础底面为完全约束边界，侧面则为连杆约束边界。混凝土性能参数均采用前述混凝土全面性能试验成果。结果表明：

（1）浇筑温度是影响混凝土最高温度的关键因素，浇筑温度超过 17℃后，浇筑块尺寸长度为60m时，温控抗裂安全系数仅为1.3左右，浇筑温度提高，温控抗裂安全系数降低。综合考虑结构抗裂安全和现场实施的可行性，建议浇筑温度控制在17℃以内。

（2）外界气温较高时段浇筑时，如流水养护水温小于河水温度4℃，泄槽底板的表面应力即可得到较好的控制。保温措施能有效地控制施工期混凝土应力，尤其是冬季夜间气温较低时，要严格做好保温。

（3）通15℃冷却水（流量$48m^3/d$，采用内径28mm的镀锌铁管，通水时间5d）可使混凝土最高温度降低2～3℃，提高混凝土温控抗裂安全系数。

（4）浇筑块尺寸变化对结构最高温度并未有影响，但对结构应力的影响较大，减少浇筑块尺寸有利于提高温控抗裂安全系数。

（5）冬季浇筑混凝土有助于控制混凝土最高温度，通过一定的表面保温措施，可避免混凝土内外温差过大，从而防止表面裂缝。

（6）考虑到溢洪道底板开挖过程中会因为超挖而不平整，容易形成局部应力集中。底板抗冲磨混凝土浇筑前先浇筑一层平均厚度15cm的C20混凝土找平层，且找平层和底板浇筑间歇时间不少于2d时，有利于控制底板温度应力。

（7）将抗冲磨混凝土强度等级由$C_{90}50$降至$C_{90}45$，泄槽底板混凝土抗裂安全系数相差不大。

综上所述，提出溢洪道底板抗冲磨混凝土不同浇筑季节的温控标准和温控措施，见表7。

表7　　溢洪道底板抗冲磨混凝土温控标准和温控措施

| 项目 | 低温季节 | 高温季节 | 春秋季 |
|---|---|---|---|
| 月份 | 11月15日至次年3月1日 | 5月15日至9月15日 | 除低高温季节外 |
| 控制浇筑温度 | 自然入仓，选择合理的浇筑时段，浇筑温度控制在14℃以内 | 避开高温时段，采取制冷措施。浇筑温度控制在17℃以内 | 避开高温时段，采取制冷措施。浇筑温度控制在17℃以内 |
| 表面保温 | 施工初期采用2cm的大坝保温被，3月份即可拆除 | 浇筑后的第一个和第二个低温季节（11月15日至次年3月1日）采用4cm保温被 | 施工初期采用2cm的大坝保温被，浇筑后的第一个低温季节（11月15日至次年3月1日）采用4cm保温被 |
| 养护措施 | 初凝后喷雾，并覆盖塑料薄膜 | 白天采用流水养护（历时30d或高温季节结束） | 11—14点期间采用喷雾养护 |
| 温控标准 | 最高温度37℃ | 最高温度39℃ | 最高温度39℃ |
| 建议浇筑块尺寸 | 浇筑块尺寸20m×20m以内，相邻浇筑块之间采用结构缝 | 浇筑块尺寸20m×20m以内，相邻浇筑块之间采用结构缝 | 浇筑块尺寸20m×20m以内，相邻浇筑块之间采用结构缝 |
| 找平层 | 找平层和泄槽底板浇筑间歇时间应少于2d | 找平层和泄槽底板浇筑间歇时间应少于2d | 找平层和泄槽底板浇筑间歇时间应少于2d |

2015年10月至2016年3月，溢洪道底板缓坡段$C_{90}45$混凝土实际施工过程中，因超挖严重，导致缓坡段混凝土实际厚度达到2m左右。同时，为保证底板混凝土完整性，底板长度方向不设置结构缝，每40m设置一条施工缝，块体宽度为16m。施工缝间歇时间为5d；通水冷却采用内径28mm的镀锌铁管，水管间距1.0m，布置在泄槽底板的中心位置；通水水温15℃，流量$48m^3/d$，通水时间5d；此外，混凝土浇筑过程中，还采取了流

水养护和表面保温等措施。但由于实际施工过程中，混凝土坍落度远大于常态混凝土施工需要的5～7cm，实际单位用水量和胶凝材料用量偏大，导致溢洪道底板缓坡段抗冲磨混凝土出现了一些裂缝。

## 4 结论与建议

（1）水胶比相同、强度接近的泵送混凝土抗冲磨强度比常态混凝土抗冲磨强度低，这主要与泵送混凝土浆体体积较大，表面浮浆较多有关。因此，建议抗冲磨混凝土尽可能选用常态混凝土而避免采用泵送混凝土。

（2）混凝土中掺加PVA纤维后，在不降低混凝土强度和抗冲磨强度的前提下，有助于提高混凝土早期抗裂性和极限拉伸值、减小混凝土干缩和自生体积收缩；混凝土中掺加硅粉可以提高混凝土强度和抗冲磨强度，但对混凝土早期抗裂性不利，且会导致混凝土干缩和自生体积收缩增加较多。因此，建议苗尾抗冲磨混凝土中掺加PVA纤维而不掺加硅粉。综合考虑，推荐溢洪道底板缓坡段采用$C_{90}45$ PVA纤维常态混凝土，陡坡段和反弧段采用$C_{90}50$ PVA纤维常态混凝土。

（3）根据计算结果，溢洪道底板抗冲磨混凝土厚度控制在设计厚度0.8m，即使在平均气温最高的7月份浇筑，如控制浇筑温度在17℃以内，浇筑块尺寸为20m×20m，采用流水养护措施，养护水温按河水温度+4℃考虑，入冬后覆盖4cm厚保温被，且抗冲磨混凝土浇筑前先浇筑一层平均厚度为0.15m的C20混凝土作为找平层时，混凝土温控抗裂最小安全系数可达到1.70，有一定的安全裕度。

（4）实际施工过程中，溢洪道底板超挖严重，抗冲磨混凝土实际厚度达到2m左右，底板沿着顺水流方向不采取分缝措施，混凝土浇筑过程中坍落度控制不严（用水量和胶凝材料用量偏大），冬季施工保温措施不规范且在冬季水温较低的情况下采取流水养护措施，这些因素使混凝土温度应力大幅增加，导致溢洪道缓坡段抗冲磨混凝土出现了一些裂缝。因此，建议后续施工过程中，严格控制混凝土超挖现象，避免抗冲磨混凝土厚度过大；同时严格控制混凝土配合比和浇筑质量，避免混凝土出现温度裂缝。

## 参考文献

[1] GB/T 50082—2009，普通混凝土长期性能和耐久性能试验方法标准[S]. 北京：中国建筑工业出版社，2010.4.

[2] 李新宇，朱振泱，谢国帅，等. 澜沧江苗尾水电站抗冲磨混凝土防裂关键技术研究[R]. 中国电建集团华东勘测设计研究院有限公司，2015.5.

[3] 李新宇，朱振泱，谢国帅，等. 澜沧江苗尾水电站抗冲磨混凝土防裂关键技术深化研究[R]. 中国电建集团华东勘测设计研究院有限公司，2015.11.

【作者简介】

李新宇（1978—　），男，湖北石首人，教授级高工，主要从事水工混凝土材料与温控设计和研究。

# 尼泊尔上马相迪A水电站厂房吊车梁施工技术研究与应用

陈雪湘

（中国水电第十一工程局有限公司，河南郑州，450001）

【摘 要】上马相迪A水电站位于尼泊尔西部GANDAKI地区马相迪河的上游河段上，通过对发电厂房吊车梁的施工，对滑移吊装架设技术进行探讨。

【关键词】厂房 吊车梁 施工技术

## 1 基本概况

上马相迪A水电站位于尼泊尔西部GANDAKI地区马相迪河的上游河段上，是一座以发电为主的径流引水式枢纽工程，控制流域面积$2740km^2$，主要由泄水闸坝、引水系统、发电厂房和开关站等建筑物组成。厂房内安装两台混流式机组，装机容量2×25MW，主厂房共三层；副厂房分别布置在主厂房上游侧及主厂房右侧厂区位置，安装场设在主机间右侧，132kV户内升压开关站位于主厂房右侧。

图1中14～17轴为安装场段区域，18～22轴为主机段区域。

主厂房结构长度42.8m，宽度15.5m，其中主机段长度26.3m，安装场段16.5m。根据设计结构共设计有14根T型吊车梁，吊车梁高度1.1m，底宽40cm，顶宽75cm，梁体底角和顶部均设计有L200角钢，吊装就位后于立柱预埋钢板焊接固结。吊车梁架设高程EL796.15m，安装间平台高程EL786.50m，梁底架设高程高于安装间平台约9m。主厂房吊车梁布置区域见图1。

主厂房结构施工完成后，C轴结构EL787.50m高程平台与厂房边坡之间的有效距离为2m，布置有电缆沟等辅助结构；A轴外侧有尾水渠及尾水渠两侧的防冲导墙结构。为厂房结构混凝土施工，在A轴外侧布置一台井身1.6m×1.6m的固定式塔式起重机。

14根吊车梁从14轴至22轴依次按照DCL1→DCL2→DCL3→DCL4→DCL5→DCL5→DCL5布置，A轴和C轴对称架设。

根据图纸要求，所有吊车梁均为预制梁，吊车梁（简称DCL）的相关参数见表1。结合厂房边坡开挖坡比及预留宽度，主厂房靠近山体侧C轴无施工设备作业条件；厂房结构22轴下游侧与开挖边坡之间尚有7m宽的起吊场地，在吊装前需完成尾水导墙内的回填及边坡坡脚二次修整。

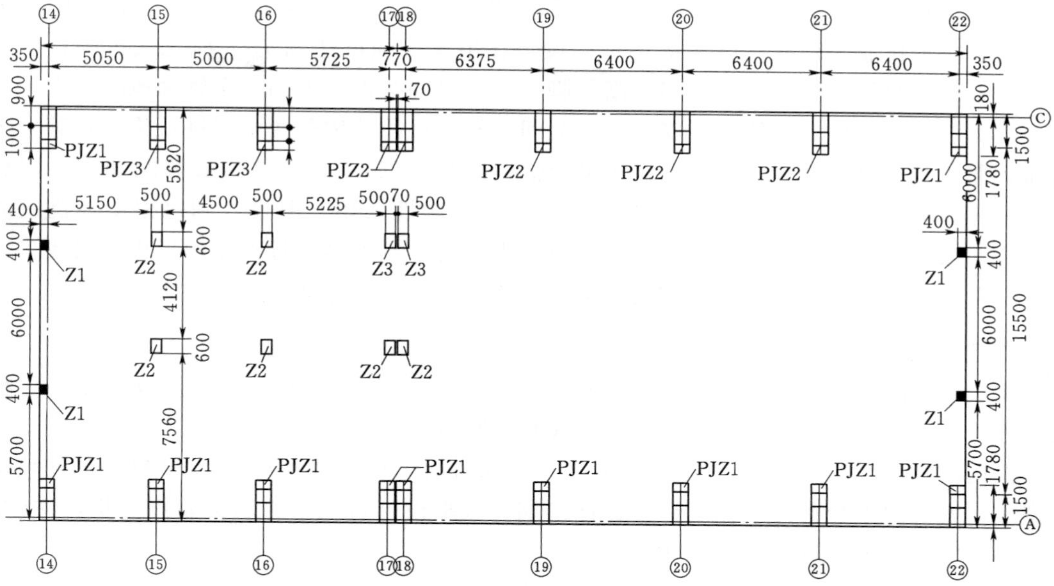

图1　主厂房吊车梁布置区域平面图

表1　吊车梁的相关参数表

| 序号 | 梁号 | 根数/根 | 梁长/m | 单根混凝土重/t | 单根钢材重/t | 单根总重/t |
|---|---|---|---|---|---|---|
| 1 | DCL1 | 2 | 5.01 | 5.536 | 0.792 | 6.328 |
| 2 | DCL2 | 2 | 4.96 | 5.481 | 0.790 | 6.271 |
| 3 | DCL3 | 2 | 6.72 | 7.428 | 0.900 | 8.328 |
| 4 | DCL4 | 2 | 6.07 | 6.721 | 0.964 | 7.685 |
| 5 | DCL5 | 6 | 6.36 | 7.005 | 0.957 | 7.962 |

## 2　吊车梁施工技术比较分析

### 2.1　主要解决问题

（1）减少排架搭设和拆除工程量，以及吊车梁模板投入，以加快其他区域脚手架的周转。

（2）所有吊车梁采取预制措施，在50t吊车不上安装场平台的情况下，完成C轴及其他预制梁的吊装。

（3）在不全面搭设吊车梁支撑架的情况下，顺利完成C轴预制梁的吊装就位。

（4）保证质量和安全的前提下，顺利完成吊车梁的施工，为桥机安装提供时间保障。

### 2.2　现浇法

吊车梁底宽40cm，高度1.1m，净跨宽度在5～6m之间。在施工过程中可根据梁体结构进行适当调整后连同吊车梁下部排架柱和牛腿一起进行原位现浇，但施工过程中存在以下弊端：

（1）在吊车梁底部及梁体两侧翼板需要搭设约10m高的承重脚手架平台，其中承重架外侧的安全作业平台从厂房底部逐步搭设，在吊车梁强度达到75%前无法拆除；所用脚手架占用时间长，使用材料较多，高空脚手架长时间搭设布置的安全管理风险较大。

（2）根据主厂房的总体施工安排，安装间段和主机段整体分两个区进行施工，其中A轴和C轴上部排架柱施工时不易进行单跨或双跨的局部施工，总体按安装间和主机段分单轴一次性浇筑，A轴和C轴的模板周转使用或一次性使用。但投入到每根梁体浇筑时模板的加工制作、安装、加固、拆除等环节的人、材、机太多，且占用的工作时段较多。

（3）考虑到梁体拆模强度和时间要求，总体的进度无法保证，故现浇法不可行。

### 2.3 常规吊装法

在主厂房附近100m处平整场地，布置4个预制台座，制作4套竹胶板制作定型模板，分4批进行预制，预制时按DCL5→DCL1的顺序进行。

根据正常施工组织安排，在DCL具备吊装条件时，厂房尾水导墙及22轴外的回填全部完成，安装间平台的浇筑强度达到设计龄期，根据设计每平米的承重验算分析，50t吊车可进入安装间平台进行吊装作业。

（1）25t吊车布置在14～15轴之间，完成A轴和C轴DCL1、DCL2的吊装。

（2）50t吊车布置在16～17轴之间，完成16～20轴之间的DCL3、DCL4、DCL5的吊装。

（3）50t吊车布置在22轴外侧，完成20～22轴4根DCL5的吊装。

### 2.4 研究采取的吊装技术

#### 2.4.1 施工条件变化

施工过程中因地震导致现场施工工作面调整，及其他个别条件因素的变化，在吊车梁预制完成时，厂房下游侧挡墙外侧回填尚未全部完成，下游侧边坡尚不具备修坡后布置吊车的条件，使得场内50t吊车无法直接对下游侧20～22轴之间的2根DCL5进行吊装。另原定50t吊车在安装场平台站位吊装14～20轴之间预制梁的方案，因吊车在安装间平台吊装过程中的一些受力不均，担忧安装间平台出现意外，吊车未进入安装间平台。

#### 2.4.2 吊装技术研究分析

为加快完成桥机安装，开展金结机电相关工作，对预制梁的吊装架设技术进行研究和分析。

（1）结合主厂房、副厂房、开关站结构、尾水闸墩结构和尾水渠及两层导墙的浇筑高程，参照50t吊车的起吊性能参数，通过对吊车“主臂长度10～36m之间、工作半径5～15m之间、伸油缸Ⅰ达到100%、支腿全伸，侧方、后方作业”作业条件下最大起吊重量进行分析，14根预制梁的吊装全部采用50t吊车，25t吊车负责在梁场吊装。

（2）对A轴所有DCL全部采用直接吊装法，50t吊车布置在A轴右侧，吊车工作范围内的基础进行回填处理，必要时支腿底部铺设20mm厚钢板。

（3）对C轴DCL1采用直接吊装法；15～22轴的6根梁体采用滑移滚动技术架设到设计位置。梁体滑移架设时从22轴依次向14轴后退法架设，最后进行DCL1的吊装。

为确保滑移顺利，保证支撑系统安全稳定，在安装场15轴和17轴之间搭设脚手架支撑滑移平台；在主机段18～22轴EL796.50m高程以下浇筑时，在牛腿上预埋与吊车梁平台同长50cm、宽度20cm的钢板，作为后滑移平台设计支撑焊接区，支撑平台主要利用I15工字钢和［10槽钢焊接形成。

## 3 主要吊装施工方法

根据50t吊车的起吊性能和单根梁体重量，按照吊车就近安全吊装的原则，分*A*、*B*、*C*、*D*作业面进行梁体吊装。

### 3.1 吊装作业准备

（1）预制梁体外观尺寸、预埋吊环等梁体质量检查验收合格，梁体混凝土强度达到28d龄期及强度要求，满足吊装条件。

（2）牛腿混凝土强度达到设计龄期及强度要求。

（3）梁体就位位置测量放样、支座安装平整、满足平整度要求。

（4）吊装使用吊车进场，检查吊车运输道路及现场吊装场地具备吊装条件。

（5）完成吊装专项方案的审批同意，并完成安全技术交底，参与吊装人员清楚具体吊装要求和作业方法，工作职责明确到位。

（6）吊装现场吊车作业场地平整及局部回填、吊车梁就位作业平台搭设及检查通过。

### 3.2 梁体运输

根据现场预制场地位置情况，所有吊车梁预制场地在距离厂房上游100m的厂坝路两侧；因单根梁最大长度为6.72m，最大梁重约8.4t，用一台25t吊车在预制场地进行装车，用一台10t平板车每次运输1根。吊车梁吊装布置见图2。

（1）C轴所有梁体依次按DLC5→DCL4→DCL3→DCL2→DCL1的顺序运至安装间EL787.5平台14～15轴之间，50t起吊吊车在*A*作业面完成起吊就位工作。

（2）A轴DCL1运至安装间平台或运至*B*吊装作业面，同DCL2布置在一起；DCL3、DCL4、19～20轴的DCL5运至*C*吊装作业面；20～22轴的DCL5运至*D*吊装作业面。

运输时依次按DCL1→DCL2→DCL3→DCL4→DCL5的吊装顺序逐跨进行。

（3）为确保运输期间的安全问题，平板车上利用［10槽钢焊接一个U型固定梁体固定桁架，桁架与车厢底部和两侧进行点焊加固；运输时控制车速缓慢行驶，防止梁体晃动。

### 3.3 A轴DCL吊装

（1）A轴梁体吊装时集中时段进行，吊装前先进行吊车的空载转动和起吊高度调试，根据吊车工作性能表查询最大起吊重量，以保证吊车在起吊梁体以后只做旋转和升落调整，禁止主臂的伸缩。

（2）根据各工作面吊装工作需要，各工作面的回填高程分别为*A*作业面EL786.50m，*B*作业面高程为EL774.00m，*C*作业面EL779.00m，*D*作业面EL774.00m。

其中C作业面在塔机与尾水渠挡墙之间，考虑尾水闸启闭结构排架柱对主臂的制约，以及梁体起吊后翻越排架柱顶部EL802.75m高程，*C*作业面回填至EL778.00m高程，方可满足DCL5的吊装。

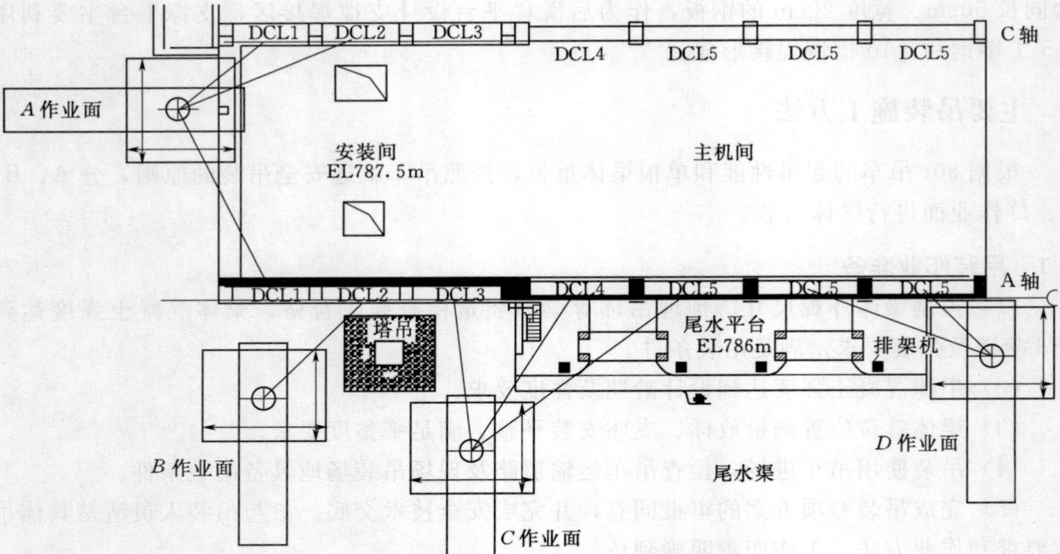


图 2　吊车梁吊装布置示意图

（3）A 轴 DCL2、DCL3、DCL4、DCL5 吊装时，吊车起吊梁体高度主臂伸出厂房排架柱顶部 EL802.75m 高程。其中 DCL2 和 20～22 轴的 2 根 DCL5 从排架柱内侧绕行吊装就位，DCL3、DCL4、19～20 轴之间的 DCL5 通过顶部翻越后逐步下落至设计高度详见图 2。A 轴 DCL1 吊装分析见图 3，A 轴 DCL5 吊装分析见图 4。

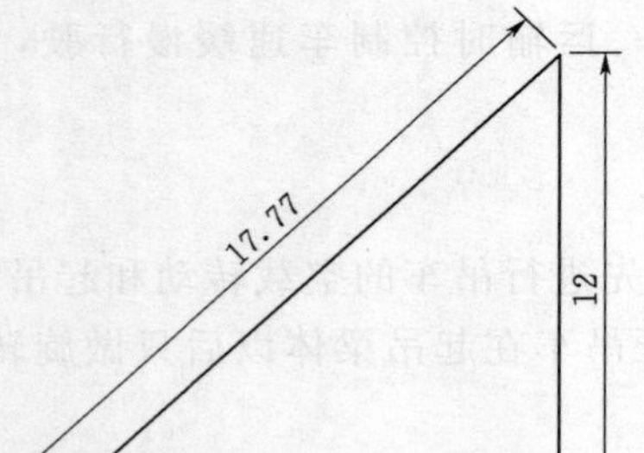

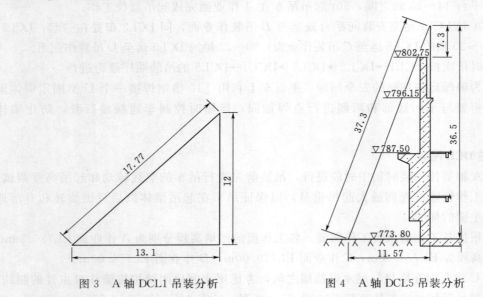

图 3　A 轴 DCL1 吊装分析

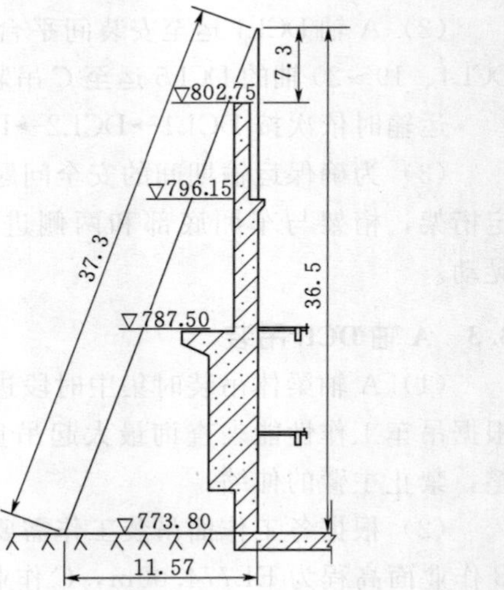


图 4　A 轴 DCL5 吊装分析

（4）A 轴所有吊车梁通过 50t 吊车直接起吊就位于设计位置，并及时完成稳定加固。

### 3.4 C轴DCL吊装

结合50t吊车性能和每个梁的重量，C轴DCL3、DCL4、DCL5无法直接吊装，通过在DCL2～DCL5之间设计支撑平台和稳定导向结构，利用滚动滑移措施将吊车梁牵引就位。

其中DCL3～DCL5长度分别为6.07m、6.72m、6.36m，大于最大净跨宽度5.7m；梁体在平移过程中有一部分重量始终保持在排架柱上，滑移平台不全面支撑受力。

根据吊车梁架设牛腿与底部支撑平台的高度情况，结合吊车梁吊放平台在落梁、调整滚动滑移位置时的瞬间稳定性，在15～17轴利用安装间平台和排架柱搭设脚手架支撑系统，在其支撑系统上部设计滚动滑移平台。18～22轴牛腿结构混凝土施工时，在牛腿净跨侧埋设长×宽×厚=500mm×200mm×10mm钢板，作为平台支撑系统结构焊接区。

#### 3.4.1 15～17轴脚手架平台搭设

(1) 平台设计。

该区域的滑移平台支撑系统采用钢管脚手架搭设，脚手架横距90～100cm，纵距50cm，步距100cm，两端采用$\phi 25$螺纹钢与排架柱捆绑连接，排架柱内的脚手架独立搭设，并独立受力。梁体进行吊装移位作业时，脚手架组合受力承重。

承重脚手架平台共搭设4排，整体宽度为1.75m，平台外侧单独搭设人工操作平台。承重脚手架平台搭设情况见图5。

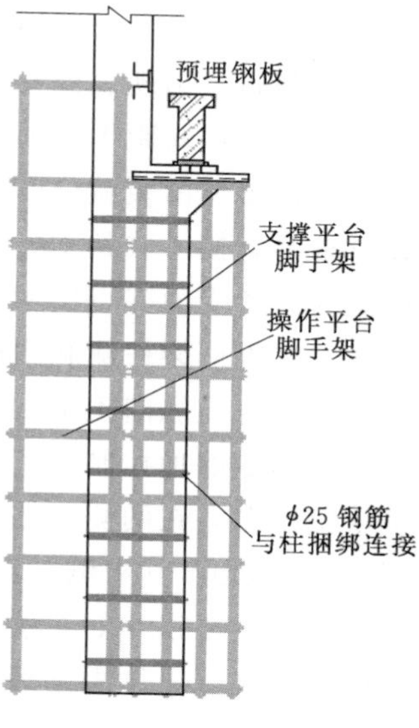

图5 承重脚手架平台搭设示意图

脚手架立杆上部纵向焊接铺设[10槽钢，槽钢上安装3根I16工字钢，工字钢与槽钢进行焊接，形成梁体吊装及滑移支撑平台，滑移平台宽度大于梁底宽度5cm。3根工字钢均设置在吊车梁安装位置底部，所有工字钢与下部槽钢焊接连接成整体，搭设完成的平台顶部高程与DCL架设的底部高程持平。

(2) 脚手架搭设要求。

- 脚手架底部设置纵横扫地杆，纵向扫地杆应采用直角扣件固定在距离钢管底部不大于200mm的立杆上，横向扫地杆固定在纵向扫地杆下方立杆上。
- 纵向水平杆应设置在立杆内侧，其长度不宜小于3跨。
- 纵向水平杆接长宜采用对接扣件连接，也可采用搭接，搭接长度不小于1m。
- 杆件接头应交错布置，两根相邻杆件接头不应设置在同步或同跨内，接头位置错开距离不应小于500mm。
- 各杆件端头伸出扣件盖板边缘的长度不应小于100mm。

(3) 结合脚手架相关规范，利用品茗软件进行支撑平台的稳定性分析，确保满足要求。

**3.4.2** 18～22 轴 DCL 平台搭设

（1）利用 3 根 I16 工字钢与牛腿净跨侧预埋的钢板进行满焊形成支撑平台，平台宽度大于梁底跨度 10cm；工字钢下部另焊接 $L$50mm 角钢，角钢与钢板和工字钢均进行焊接。每根工字钢布置间距 16cm，第一根工字钢距离牛腿内侧边线 40cm。

（2）3 根工字钢底部用 I15 工字钢按间距 1.5m 进行纵向焊接，确保工字钢平台的组合受力和纵向稳定，底部纵向焊接工字钢长度确保 90cm；工字钢梁体的荷载能力按简支梁均布荷载进行最大净跨宽度 5.7m 分析。

梁体重量 8t（均布荷载 $q=14\text{kN/m}$）当梁体一端离开排架柱进入净跨范围滑移时考虑端部最大负荷 40kN，单根工字钢承受约 13.5kN，I16 工字钢截面模量为 $2.06\times10^5\text{N/mm}^2$；截面惯性矩为 $11.3\times10^6\text{N/mm}^2$；截面积 $W_\chi=140.9\text{cm}^3$。

通过公式 $\omega_{\max}=\dfrac{5qL^4}{384EI}$ 计算工字钢跨中最大挠度＝8mm＜$L/250$＝22mm；抗弯应力 $\sigma=\dfrac{M}{W_\chi}=41\text{MPa}<[\delta]=145\text{MPa}$，其中弯矩 $M_{\max}=56.9$；$\lambda=\dfrac{Q}{A}=28.5\text{MPa}<[\delta]=85\text{MPa}$；说明 3 根工字钢的挠度、抗弯能力、抗剪能力均满足要求。

**3.4.3** 行走稳定设计

（1）在吊车梁吊装期间，厂房基坑内正在进行发电机层混凝土施工，为防止梁体在移动过程中倾斜，出现意外安全事故。在距梁体翼板两侧各 5cm 处设置［10×5cm 槽钢立杆与横杆，立杆间距 1.5m，与底部支撑平台纵向槽钢进行焊接固定。

为保证梁体吊装就位，减少行走导向的微调工作量，在 15～16 轴顶部不安装横杆结构，每根梁直接吊放到 15～16 轴之间的导向工作平台上；所有立杆在梁体滑移行走过程中可做为微调受力支点使用。

（2）靠近框架柱侧利用吊车梁永久加固预埋的钢板，通长方向焊接 I15 工字钢，所有内侧槽钢立杆与纵向工字钢焊接，使立杆与平台结构整体受力。

（3）为更好地控制吊车梁在滚动前移过程中的方向，防止向前移动过程中明显偏离底部工字钢平台，在两侧立柱内侧焊接安装直径 15cm 的侧向转轮，转轮与梁体之间的间隙控制在 3～5cm。其中侧向转轮全部利用骨料生产系统皮带下部的转动轴废品件改装形成。转动轴长度主要以 60cm 为主，个别立柱因废料不足，每侧都焊接 20cm 长的双转动轴。

（4）为确保梁体缓慢滚动或半滑动前行，减小梁体移动阻力，在工字钢顶部（梁体底部）利用 $\phi48$ 钢管作为行走小轮，$\phi48$ 钢管按长度 40～50cm、间距 50～70cm 进行布置。在梁体向前移位过程中，人工进行调整平顺度，确保间距基本均匀，且不明显偏向。所有滚动钢管利用工程施工过程中的钢管料头加工。15～17 轴导向平台设计见图 6，18～22 轴导向平台设计见图 7。

（5）在梁体稳定平台内侧搭设人工操作平台及上下通道，确保操作平台与支撑平台分开。

**3.4.4** DCL 滚动滑移牵引设计

（1）梁体吊装、试压后，工字钢平台产生微量挠度变形，$\phi48$ 钢管在实际使用过程中无法全部有效滚动前移，个别钢管与梁体滑动前移，为保证梁体能缓慢平稳前移，利用

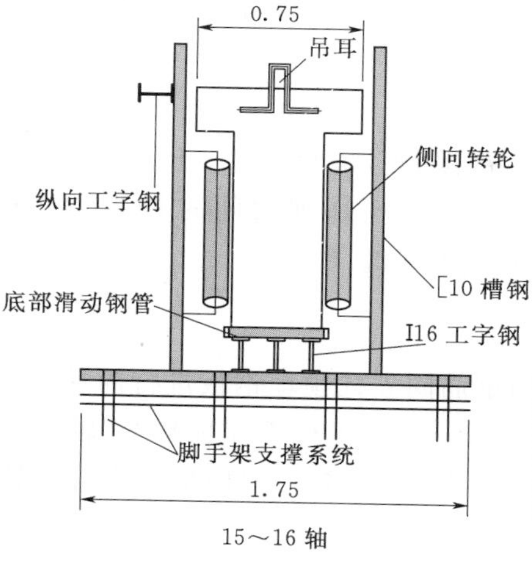

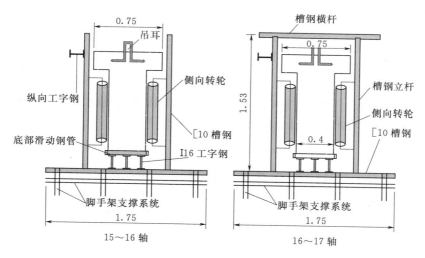


图 6　15～17 轴导向平台设计图

3t 和 5t 手动葫芦进行牵引。为减少葫芦来回循环倒用次数，尽量使用 6m 长导链，确保梁体每次牵引长度较长；牵引点与导梁之间使用直径 25mm 的钢丝绳，长度控制在 6m 左右。

(2) 为保证牵引顺利，每个梁体都设计 2 个牵引点，分别为梁体牵引端底部以上 20cm 处和梁顶起吊吊环处，梁底端牵引点用 $\phi 25$ 钢筋制成＿┌┐＿型牵引环与梁体底部角钢焊接形成，即将就位时割除。吊车梁牵引滚动/滑移设计情况见图 8。

每个梁体在开始牵引阶段均利用底部牵引点，牵引到设计位置 2m 处时，底部牵引用的手动葫芦使用效率降低，且不利于操作；此时用梁体顶部预埋吊点作为牵

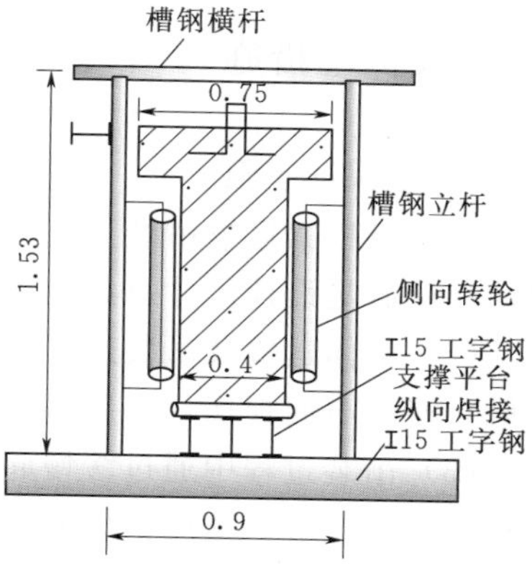


图 7　18～22 轴导向平台设计图

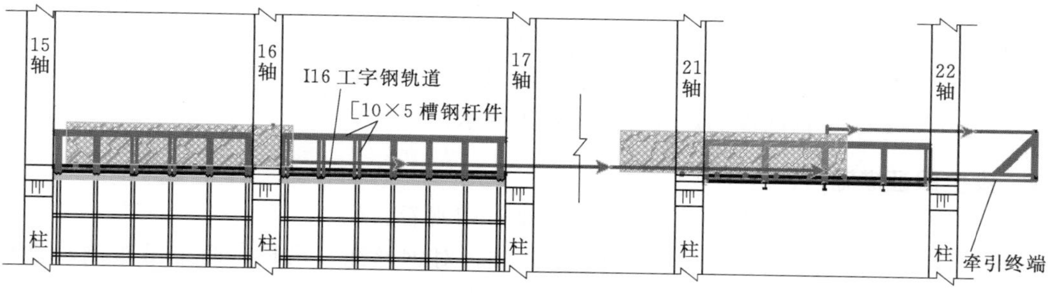


图 8　吊车梁牵引滚动/滑移设计示意图（单位：cm）

引点，用 3m 长倒链牵引至设计位置。

(3) 在 22 轴排架柱末端 2m 处用 I16 工字钢及 [10×5cm 槽钢设计终端牵引点，工字

钢与梁底预埋钢板焊接牢固，利用 3t 手动葫芦对 21～22 轴梁体进行就位牵引。

（4）在牵引过程中安排专人随时观察梁体行走轴线与设计轴线的偏移情况，有偏移迹象时通过牵引端倒链及时纠偏调整。

**3.4.5** 梁体吊装

C 轴所有梁体均通过 A 作业面吊装，依次按 DCL5→DCL4→DCL3→DCL2→DCL1 的顺序进行。其中 DCL5、DCL4、DCL3 均先吊到 15～16 轴之间的 DCL2 位置，待 17～22 轴梁体牵引到位后，再吊装 DCL2 和 DCL1 详见图 2。

### 3.5 DCL 就位加固

A 轴 DCL 在吊装时直接就位，并利用钢筋同立柱预埋钢板进行简易焊接固定；C 轴 DCL2～DLC5 全部平移到就位后，利用 2 个 10～30t 机械千斤顶从 22 轴开始依次从梁体两侧翼板位置同时顶升 1～2cm，抽出梁体底部的行走轮，缓慢落至设计位置，然后同 A 轴简易固定详见图 2。

等所有梁体在设计位置简易固定完成后，安装永久结构进行吊车梁结构与上部立柱、牛腿之间的永久焊接处理，以及二期混凝土浇筑工作。

## 4 相关保证措施

### 4.1 质量保证措施

（1）每根梁运输吊装前先组织进行对梁体结构尺寸、外观、预埋件的质量检查和验收，保证满足设计尺寸及具体要求。

（2）梁体运输及吊装过程中对梁体的加固到位，利于支撑时避免支撑点与梁体进行点接触，避免表面损伤，必要时在接触面布置方木作为垫板。

（3）吊装过程中通过缓慢起吊、平稳移位，专人统一指挥，避免梁体与成型混凝土进行正面碰撞接触，造成梁体及墙体混凝土的损伤。

（4）严格使用设计预埋吊点进行吊装，确保起吊受力平衡。

（5）吊装安装位置确保满足设计确定位置要求。

（6）预埋滑移平台工字钢顶部高程确保与梁体底部高程齐平，确保滑移后顺利就位，工字钢埋设滑移平台焊接加固饱满，满足常规要求。

（7）严格使用设计预埋吊点进行吊装，确保起吊受力平衡。

（8）吊装安装位置确保满足设计确定位置要求。

### 4.2 安全保证措施

（1）禁止与吊装作业无关人员在吊装场地逗留观看。

（2）吊车起吊离开地面 1m 时，稳定 5min，对钢丝绳、吊环、两个吊车制动性能、平衡情况进行再次检查，无异常时方可继续吊装作业。

（3）吊装过程中支腿等出现异常时，必须立即停止继续作业。

（4）整个吊装过程中，严禁人员在梁体下及吊装工作半径内行走和穿行。

（5）脚手架及工字钢平台结构与人工操作脚手架平台分别搭设，且互不连接。

# 5 主要应用情况及前景

## 5.1 主要应用情况

（1）2015 年 4 月 5 日开始 C 轴吊车梁支撑脚手架及滚动滑移平台施工，4 月 14 日所有平台及行走稳定体系制作完成，并通过项目技术质量安全部门验收；4 月 15 日 21～22 轴 DCL5 吊装至牵引行走平台并开始行走，20～21 轴 DCL5 吊装至 15～16 轴牵引平台；4 月 16 日第一根吊车梁牵引就位；4 月 20 日 C 轴 7 根吊车梁全部牵引到位，工字钢平台无异常变形，滚动滑移技术得到充分验证。

（2）4 月 23 日开始 A 轴吊车梁吊装，当天完成 DCL1、DCL2 的吊装就位；4 月 24 日完成 DCL3、DCL4、19～20 轴 DCL5 的吊装工作；4 月 25 日上午完成 20～22 轴 DCL5 的吊装工作。

（3）4 月 25 日上午所有吊车梁吊装、简易措施加固完成，下午发生尼泊尔“4·25”8.1 级地震，经过一周的频繁余震之后，对所有梁体及支撑系统进行检查，均无异常变形。5 月 3—10 日完成 C 轴吊车梁的落梁就位及永久加固，同步完成 A 轴吊车梁的永久加固工作详见图 2。

## 5.2 主要应用前景

吊车梁在厂房结构中是必不可少的，根据不同工程的施工特点，采取现浇和预制吊装措施进行施工。本工程结合厂房工程进度、现场地形及起吊条件方面的一些特点，采取预制吊装技术，在吊装过程中起吊设备未进入安装间平台，在很多工程中是不常见的。

鉴于吊车无法直接吊装就位的情况，现场研究采取的“支撑平台分析、行走稳定设计、牵引行走”技术在以往工程中尚未使用，其支撑平台和行走稳定设计技术在类似工程中具有一定的借鉴性。

【作者简介】

陈雪湘（1982—　）男，一级建造师，高程工程师。

# 水电工程施工分包管理现状分析及对策研究

胡云鹤　付　旭　张治洲

（丰满大坝重建工程建设局，吉林省吉林市，132000）

【摘　要】 大中型水电项目由于工程项目规模大、建设周期长、工程结构复杂，再加上新技术、新材料、新工艺、新设备的不断应用，由一个施工单位完成项目的全部建设任务已经变得越来越不现实，引入施工分包机制不可避免。本文结合当前水电分包管理研究的现状，探讨解析分包管理存在的主要风险，总结合理有效的管理措施与方法。

【关键词】 分包管理　风险分析　对策研究

## 1　引言

工程分包普遍存在于大中型水利水电项目施工中。总包单位合理地进行工程分包，成功地进行过程管控，不仅能降低企业成本、提高经济效益，而且能显著提升总包单位的市场竞争力[1]。但在具体的执行过程中，由于受各种因素的影响，施工分包管理存在诸多问题，本文结合当前水电建设工程分包管理现状，对存在的主要风险及对应的解决措施与方法进行了探讨。

## 2　工程分包的定义与内涵

根据我国《建筑法》《合同法》《建设工程质量管理条例》等法律条文规定，分包是指承包人承包工程后，将其承包范围内的部分工程交由第三人完成的行为[2]。分包从内容上分为专业工程分包（又称专业分包）和劳务作业分包（又称劳务分包），两者的法律区别是分包内容是否指向分部分项工程、是否计取工程款，两种分包形式都需要具有相应资质且必须在资质等级许可范围内从事活动。分包人应当按照分包合同的约定对其分包的工程向承包人负责，承包人和分包人就分包项目对发包人承担连带责任。

## 3　分包管理的主要内容

目前国内大中型水电建设项目建设周期较长，一般持续 6～8 年，工程项目分标段进行划分，分包单位随总包单位一起进退场。可以说，分包管理也是工程施工管理的一项综合性基础工作，事关基建安全、质量、进度和各项管理要求的有效贯彻落实。分包管理包括"事前""事中""事后"三个阶段的管理，其内容涉及分包申请的立项、分包方案的报审与批准、分包合同的签订与备案、分包作业人员信息的动态管理、分包人员的技能培训、分包合同款项的发放、分包纠纷的处理等重要环节。

## 4 分包管理存在的主要问题或风险

### 4.1 分包认识存在误区

（1）对分包范围的认识存在误区。

根据《工程与劳务分包管理规定》，施工单位因自身施工力量不足或缺乏专项技术的施工力量，为满足工程施工需要，可以在投标时提出分包，也可以在施工过程中提出分包。施工承包商需在投标文件中列出该工程进行分包的范围，若在投标阶段不能进行充分预估或进场以后施工条件发生变化，那么在进场以后也应该及时向监理单位及项目单位提出分包立项申请，请求予以批准。实际上，很多施工承包商在投标阶段没有认真进行工程分包方案规划设计，进场以后又对分包管理的各级规定和要求置若罔闻，私下进行工程分包，规避监管。

（2）对分包金额权重的认识存在误区。

有些工程分包权重超过了总包合同额的30%，有些项目甚至是全部肢解发包，总包单位仅派出几名项目部管理人员，使之成了一个管理性的项目，严重违反了《分包与劳务分包管理规定》，给工程项目的安全、质量、进度以及造价控制等目标的顺利实现带来了严重的隐患。

### 4.2 分包审查过程把关不严格

首先是分包计划审查不严格，一些项目未在合同文件中约定分包或属于该标段主体施工项目，本不应进行专业分包，但仍列入专业分包计划且得到审批，致使一些不应专业分包的项目被违法分包；其次是分包单位资质审查不严格，一些项目分包单位所持资质与其分包作业任务不符，如有些分包商拿着房屋建筑工程施工资质，分包任务却是土石方明挖、石方洞挖等，违法进行分包；再次是专业分包与劳务分包界定审查不严格，一些分包合同名义是劳务分包，但却包含材料、设备等包工包料内容，其实质是专业分包，以劳务分包之名行专业分包之实的现象较为突出。

### 4.3 分包信息掌握不全面

具体表现在分包管理台账不清晰，台账信息不一致，台账信息与所备案的分包合同又不一致；分包管理台账中不能及时准确地反映每个分包队伍有多少人员、各工种人员和持证状况、内部结构与管理关系及其动态变化情况；施工承包商一些未经批准的分包行为，以及分包单位的层层分包状况不能及时发现等分包管理的基础性问题。

### 4.4 分包人员准入管控不落实

进入施工现场的所有人员应通过所在单位培训、考核后，再参加项目单位组织的安全和作业技能培训，考试通过后方可进入施工现场和上岗作业，但从目前掌握的情况看，其考试准入未能实现作业人员全覆盖，尤其是分包单位作业人员覆盖的比率更低。

### 4.5 分包作业的过程管理不到位

对于分包施工中的技术措施编制与审查、安全培训与技术交底、作业过程监护、工序质量检验等，施工总包单位还不同程度地存在以包代管现象。项目单位和监理项目部对其跟踪管控不严，对分包合同的履约情况动态管理不够，导致分包合同要求与现场实施存在“两张皮”现象。

### 4.6 层层分包导致的欠薪事件常有发生

分包实施过程中，有些分包单位借人情关系获取分包项目，然后再往下进行分包，个别项目工程甚至出现“三包”“四包”现象，给项目单位的日常管理带来极大隐患。随着项目工程的收尾，现场实际分包作业人员迟迟拿不到合理的劳动所得，作业积极性严重降低，影响合同约定竣工日期的顺利实现，作业人员因欠薪围堵总包项目部、项目单位的事件也时常发生，造成的社会影响极其恶劣。

### 4.7 分包作业人员连续性不强

大部分的分包作业人员不同于专业的施工局在职员工，其作业技能水平低、稳定性差、流动性大，在一个工程项目接受完系统的安全与专业技能教育培训，技能达到一定水平后，可能再也不会参加类似项目的建设。这就致使总包单位的管理难度风险增大，日常管理工作增多，现场施工质量水平难以得到保证。

## 5 实现分包有效管理的主要措施与方法

### 5.1 开展分包制度宣贯，加强分包项目监督管理

严格执行国家、行业关于分包管理的法律法规，根据公司内部分包实际情况，制定并下发适合企业内部的分包管理办法，从制度上规范分包管理，并开展逐级宣贯。分包作业必须按规定履行项目分包逐级审批手续，经审批允许对合同中的部分项目进行分包后方可进行，且要控制分包合同在总包合同中的权重，即分包合同累计总金额不得超过总包合同额的30%。

### 5.2 成立专门组织机构，落实各级分包管理职责

施工承包商、监理单位及项目单位都应成立分包管理职能部门，配备专门的分包管理人员，通过强化各级分包管理机构和人员设置，对分包队伍实施专门、统一的管理，以确保分包管理职责落到实处，实现对工程分包的全面有效管理。

### 5.3 加强审批流程交底，严格执行申请审查流程

各施工承包商进点时，项目单位及监理单位要对有关分包管理审批流程进行交底、强调，并按照合同约定和有关规定要求，先审查施工承包商提交的分包性质、分包范围、拟分包工程总价等分包计划；施工承包商根据分包计划批复意见，再将拟选用的分包商及主要人员资格或相关证书、拟签订的分包合同、安全履约协议、质量履约协议等分包申请资料报送监理单位、项目单位审查。所有工程分包必须按流程通过计划审批和分包审批后，施工承包商方可签订分包合同。坚决杜绝和严厉查处未经批准的各类分包行为。

### 5.4 严格合同内容审查，落实各级人员审查责任

按照分包管理标准中有关审查内容的要求，认真审查分包商资质、业绩及主要人员的岗位资格和分包内容、安全协议等是否合法、合规，施工承包商和分包商均不得以施工项

目部或无法人资格的、未经授权的分公司名义签订分包合同，要确保分包项目、分包商资质、人员资格等符合法规和合同要求；劳务分包合同中约定的分包内容不能包括构成工程实体的材料、主要施工机械供应等非劳务作业内容，以及劳务分包商负责编制相关施工指导性文件等条款，确保劳务分包无实质性专业分包内容。各级审查人员签署明确意见，落实审查责任。

### 5.5 建立健全分包管理台账，实现分包信息动态管理

建立健全分包管理台账及分包作业人员信息卡台账，并实现按月进行更新，了解并掌握工程分包人员数量。分包作业人员的基本信息档案应包含姓名、身份证、从事工种、上岗资格证、体检证明、所属施工单位及分包队伍、所在班组及负责人、入场教育培训考试记录、工资发放记录等。要随时掌握全工地有哪些项目是分包作业，有多少个、多少分包作业人员；要清楚各分包管理关系，杜绝层层分包；要掌握分包人员工资发放情况，避免欠薪事件。

### 5.6 健全人员准入制度，实现分包人员无差别管理

联合属地公安机关，建立工地人员信息库，健全人员准入制度，从法律层面上避免负刑事责任在逃人员到工地施工带来的重大安全隐患。督促、检查施工承包商对入场分包人员的三级安全教育培训，明确施工承包商培训主体责任。按照“谁使用、谁培训”的原则，督促施工单位将分包人员纳入培训体系，结合月度安全检查定期检查分包人员的日常教育培训和技术交底工作。按照“干什么、学什么”的原则，分专业开展人员培训，分包人员必须参加施工承包商的安全、质量、标准化施工作业等各类教育培训和安全技术交底活动，各类作业过程中实行“同进同出”，实现无差别管理。

### 5.7 加强分包作业技术管理，杜绝以包代管行为

定期对分包项目的施工技术、安全措施、风险管控等施工承包商管理工作进行监督检查。劳务分包作业的施工方案、作业指导书等技术文件必须由施工承包商负责编制并在作业前对劳务分包人员进行安全技术交底。专业分包项目的施工组织设计、作业指导书、安全技术方案等技术文件必须经施工承包商审查并备案，坚决制止和严厉查处施工承包商以包代管的行为。

### 5.8 采取多种有效手段，保证分包人员工资发放

首先，通过签署“银行～企业”资金监管协议，引入银行第三方监管机制，加强对施工承包商资金使用情况的监督管理；其次，在月度标段结算工程进度款中，预留一定比例的农民工用工保证金，督促总包单位将资金及时应用于分包结算、分包作业人员工资发放；再次，传统节日（例如中秋、春节等）前，收集最近三个月的分包人员名单、分包人员签到表、分包人员工资发放签字确认单等要件，通过电话随机抽查的形式，了解分包人员工资发放是否足额及时，避免影响生产秩序稳定的不良群体事件发生。

### 5.9 落实分包考核评价和应用，促进分包管理不断提升

开展承包商月度及季度评价机制，组织进行包括安全、质量、进度、文明施工、履约信誉在内的分包商综合能力动态评价，按“优良”“一般”“较差”三类评定分包商等级，

考核评价结果在公司系统共享，作为公司招标评标的重要参考和各项目单位审批分包申请的重要依据；对违反相关分包管理规定的分包商，视情节给予责令改正、经济处罚、终止合同、限期退出、三年内禁入等处罚，并纳入对施工承包商的资信评价。并就监理项目部的分包管理工作纳入对监理单位的资信评价，提升各方工作绩效。

## 6 结语

在当前水电工程建设的大环境下，只有超前谋划，建立健全分包管理机制，充分调动参建各方的积极性，不断加强分包过程监督与管控，实现对分包工程的各个环节的有效管理，才能充分借助分包作业这一有效手段，促进工程建设的良性发展。

### 参考文献


[1] 谢桂辉. 水利水电工程施工分包管理研究 [D]. 长沙：国防科技大学，2008.

[2] 张勇. 浅析工程分包管理问题与对策 [J]. 人民长江，2007 (5).



**【作者简介】**

胡云鹤（1985— ）男，高级工程师，河南商丘人，主要从事水电建设施工管理工作。

付　旭（1990— ）男，助理工程师，吉林四平人，主要从事水电建设施工管理工作。

张治洲（1990— ）男，助理工程师，吉林四平人，主要从事水电建设施工管理工作。

# 水电站混凝土工程质量通病及防治措施分析

夏智翼

（丰满培训中心，吉林省吉林市，132108）

【摘　要】本文从水电站混凝土工程入手，着重介绍了混凝土工程质量通病的类型、易发部位、产生原因以及防治措施，对正在实施中的水电站类似工程有积极的参考价值和借鉴意义。

【关键词】混凝土工程　质量通病　防治措施

## 1　概述

质量通病是指工程建设中普遍存在又经常发生的各类影响工程结构、使用功能和外形观感的质量问题或缺陷。水电站建设过程中，在坝体主体、面板、厂房、溢洪道等施工过程中，混凝土工程起着重要的作用。混凝土工程实施过程中，受多种因素影响，其本身质量情况是工程进度能否顺利推进的重要影响因素。

## 2　混凝土工程质量通病分类、原因分析及防治措施

### 2.1　梁、柱、板混凝土出现蜂窝、麻面、龟裂、孔洞和露筋

（1）易发生部位：楼房梁柱、建筑物基础、出线塔基、梁板混凝土。

（2）原因分析：①混凝土搅拌时间不够，未拌和均匀，和易性差；②混凝土未分层下料，振捣不实，或漏振，或振捣时间不够；③模板表面未清洗干净，缝隙未堵严，水泥浆流失；④钢筋较密，使用的石子粒径过大或坍落度过小。

（3）防治措施：①采用合理的浇筑顺序和方法，采用正确的振捣方法，防止漏振或过振；②模板表面清理干净，模板脱模剂应涂刷均匀，不得漏刷；③控制好骨料级配和水的用量；④混凝土浇筑前充分搅拌，拌和均匀；⑤合理考虑模板周转次数，缝隙使用胶带粘贴封堵；⑥合理设计坍落度，并严格检测控制；⑦高标号混凝土必须密封，防止过早失水开裂。

### 2.2　蜂窝

（1）易发生部位：进出水口及启闭机房。

（2）原因分析：①下料不当或下料过高，未设串筒使石子集中，造成石子砂浆离析；②混凝土未分层下料，振捣不实，或漏振，或振捣时间不够；③模板缝隙未堵严，水泥浆

流失。

(3) 防治措施：①当混凝土下料高度超过 2m 时应设串筒或溜槽；②浇灌应分层下料，分层振捣，防止漏振；③模板缝应堵塞严密，浇灌中，应随时检查模板支撑情况防止漏浆。

### 2.3 麻面

(1) 易发生部位：溢洪道、上下库进出水口。

(2) 原因分析：①模板表面粗糙或黏附水泥浆渣等杂物未清理干净，拆模时混凝土表面被粘坏；②模板未浇水湿润或湿润不够，构件表面混凝土的水分被吸去，使混凝土失水过多出现麻面；③模板拼缝不严，局部漏浆；④模板隔离剂涂刷不匀，或局部漏刷或失效。混凝土表面与模板黏结造成麻面；⑤混凝土振捣不实，气泡未排出，停在模板表面形成麻点。

(3) 防治措施：模板表面应清理干净，不得粘有干硬水泥砂浆等杂物；浇灌混凝土前，模板应浇水充分湿润，模板缝隙，应用油毡纸、腻子等堵严；模板隔离剂应选用长效的，涂刷均匀，不得漏刷；混凝土应分层均匀振捣密实，至排除气泡为止。

### 2.4 掉角

(1) 易发生部位：开关站出线塔基。

(2) 原因分析：①混凝土浇筑后养护不好，造成脱水，强度低或模板吸水膨胀将边角拉裂，拆模时，棱角被粘掉；②低温施工过早拆除侧面非承重模板；③拆模时，边角受外力或重物撞击，或保护不好，棱角被碰掉；④模板未涂刷隔离剂或涂刷不均。

(3) 防治措施：混凝土浇筑后应认真浇水养护，拆除侧面非承重模板时，混凝土应具有 $1.2N/mm^2$ 以上强度；拆模时注意保护棱角，避免用力过猛过急；吊运模板，防止撞击棱角；运输时，将成品阳角用草袋等保护好，以免碰损。

### 2.5 外观不平

(1) 易发生部位：蜗壳机墩。

(2) 原因分析：混凝土浇筑后，表面未找平压光，造成表面粗糙不平。

(3) 防治措施：严格按施工规范操作，浇筑混凝土后，应根据水平控制标志或弹线用抹子找平、压光，终凝后浇水养护。

### 2.6 错台、挂浆

(1) 易发生部位：蜗壳夹层。

(2) 原因分析：①立模前模板或相邻仓混凝土面水泥浆未清除干净；②模板缝未封堵密实造成漏浆；③模板固定不牢固，导致模板错位；④局部过振，导致模板移位。

(3) 防治措施：①立模前彻底清洗模板及相邻仓混凝土表面；②模板应拼接严密，并用砂浆或腻子将模板面填补密实；③配置足够的拉条或外支撑并固定牢固，确保模板支撑系统满足受力要求；④多点均匀振捣，防止单点过振。

### 2.7 孔洞

(1) 易发生部位：副厂房各层。

（2）原因分析：骨料粒径过大、钢筋配置过密导致混凝土下料中被钢筋挡住；混凝土流动性差，混凝土分层离析，混凝土振捣不实；混凝土受冻、混凝土中混入泥块杂物等所致。

（3）防治措施：严格按施工规范操作，加强施工人员质量意识。

### 2.8 裂缝

（1）易发生部位：上库堆石坝混凝土面板。

（2）原因分析：①温度裂缝：环境或混凝土表面与内部温差过大等原因造成；②干缩裂缝：混凝土养护不良及混凝土内水分蒸发过快等原因造成；③外力引起的裂缝：结构和构件下的地基产生不均匀沉降；模板、支撑没有固定牢固；拆模时混凝土受到剧烈振动。

（3）防治措施：①严格按照混凝土配合比搅拌混凝土；②加强成品混凝土养护和保护工作，确保混凝土养护达到龄期；③制定成品混凝土保护管理办法，严格按照办法保护成品混凝土。

### 2.9 混凝土表面漏浆

（1）易发生部位：出线竖井。

（2）原因分析：模板接缝、孔洞处理不当。

（3）防治措施：模板接缝处用胶带纸粘贴防漏，注意墙、柱对拉钢筋孔的处理，防止漏浆。

### 2.10 混凝土表面颜色不一致，无光泽

（1）易发生部位：配电室。

（2）原因分析：配合比、外加剂、脱模剂选用不当。

（3）防治措施：实验室进行配合比试验，选用适当添加剂。重要部位选用优质脱模剂，禁止使用废机油。

### 2.11 混凝土冷缝

（1）易发生部位：水道系统。

（2）原因分析：混凝土浇筑不连续，间隔时间较长。

（3）防治措施：①保证混凝土供应能力（拌和楼出料量、罐车数量）与浇筑强度相匹配；避免浇筑过程中出现临时停电等现象；②冷缝混凝土必须经过处理后尚能接缝，接缝宜浇少石子混凝土。

### 2.12 强度不足

（1）易发生部位：地下副厂房。

（2）原因分析：原材料不符合规定的技术要求，混凝土配合比不准确、搅拌不匀、振捣不密实及养护不良等。

（3）防治措施：①严格按照混凝土配合比搅拌混凝土，浇筑前充分搅拌，拌和均匀；②多点均匀振捣，防止单点过振；③及时进行洒水养护。

### 2.13 骨料显露颜色不均匀，存在锈迹、起砂

（1）易发生部位：厂内公路。

（2）原因分析：①模板表面吸收色彩能力有差别，材料颜色不匀；②钢筋或钢模锈色污染造成混凝土表面颜色不匀；③浇筑速度过快、过振。

（3）防治措施：①模板尽量采用有同种吸收能力的内衬，防止钢筋锈蚀；②振捣方式及操作要适当，延长振捣时间，振捣时配合人工插边，使水泥浆进入模板的表面；③用水砂布打磨，涂抹素水泥的胶溶液进行外观处理。

### 2.14 喷射混凝土表面出现渗水现象

（1）易发生部位：通风兼安全洞顶拱。

（2）原因分析：喷射混凝土质量、厚度不足，未及时做好随机排水孔等排水措施。

（3）防治措施：掺外加剂改善混凝土性能，加强喷射混凝土质量控制，做好打排水孔等排水措施。

### 2.15 混凝土洒水养护不及时

（1）易发生部位：进厂交通洞洞口左侧一级贴坡混凝土。

（2）原因分析：施工技术人员和操作工人对该类隐藏危害不了解或认识不足，班组人员质量意识不强。

（3）防治措施：安排专职人员对未到 28d 的混凝土及时进行洒水养护，确保混凝土质量。

## 3 结语

质量通病防治工作是落实质量提升活动的具体手段，是提高工程质量管理水平的有效途径。在大坝混凝土工程施工过程中，需要切实抓好措施实施，有效降低质量通病的发生。

质量通病防治工作是一项系统工程，在混凝土工程实施中应落实责任，建立有效考核机制，制订工作计划，落实责任；加强质量通病防治专业知识的培训，提升员工及参建单位人员的专业技术能力和质量意识，使质量通病的治理工作落实到混凝土工程的每道工序中；建立治理质量通病的考核机制，加强混凝土工程质量全过程控制，切实提升混凝土工程实体质量。

**【作者简介】**

夏智翼（1986— ），女，黑龙江宁安人，讲师，主要从事水工管理和大坝安全监测等教学工作。

# 浅析 EPC 总承包项目设计阶段的工程造价控制

周小丽

（上海勘测设计研究院有限公司，上海，200434）

【摘　要】 EPC 总承包是设计、采购、施工为一体的全过程承包模式，工程造价控制贯穿 EPC 总承包项目的各个阶段，而其中的关键环节是设计阶段。加强设计阶段造价管理工作是提高项目经济效益的首要任务，目的是降低工程造价的风险，实现成本的节约，进而体现总承包项目设计的优势。

【关键词】 EPC 总承包项目　设计阶段　工程造价控制

## 1　引言

EPC 总承包是工程总承包企业按照合同约定，承担工程项目的设计、采购、施工、试运行服务等工作，并对承包工程的质量、安全、工期、造价全面负责。工程造价控制作为整个 EPC 总承包项目最重要的组成部分，直接影响工程经济效益。从经济上说，造价的降低设计阶段应起到至关重要的作用，从设计阶段出发降低预算也是工程造价降低的根本途径。因而 EPC 总承包项目设计阶段工程造价的控制显得尤为重要。

## 2　设计单位承包 EPC 工程的优势

### 2.1　总体控制优势

EPC 是设计、采购、施工总承包，其中设计是龙头。EPC 总承包商要实现设计、采购、施工的深度交叉和紧密配合，并进行工程质量、安全、工期、造价的全面项目管理。设计单位作为总承包商可以将符合业主意向的设计思想、设计意图和设计理念更好地贯穿于整个工程项目，有利于把握项目全局，统筹考虑。设计单位作为总承包商可以对施工进行深入和有效的指导，保证设计和施工之间的顺利衔接，设计与施工顺利的配合可以起到让工程在质量和造价上取得双赢的效果。同时设计单位对材料、设备的选用和性能具有更为深入的了解，设计与采购之间经常性的交流能够使项目部在市场的大环境中应变得更加自如，也能够避免采购中一些不必要的失误。设计单位作为总承包商，在项目决策和设计时就考虑到采购和施工的影响，避免了设计和采购、施工的矛盾，减少了由于设计错误、疏忽引起的变更，可以显著降低工程造价、缩短工期。

### 2.2　造价控制优势

造价控制是设计单位的先天优势，工程造价师进驻现场，参与整体项目的全过程造价控制。在前期的方案比选、限额设计阶段就介入，从设计源头把好控制工程造价的最重要的一关。在材料、设备采购阶段，密切配合采购人员，进行货比三家，综合考虑材料、设备的采购成本、运输成本、保管成本以及之后的安装成本。在工程施工阶段，造价师要深入施工现场，掌握施工现场的第一手资料。总之，设计单位工程造价师是工程造价控制方面不可或缺的关键因素。

### 2.3 质量控制优势

EPC项目总承包人承担严格的设计责任。由于设计单位拥有项目实施过程中所需的各方面人才，技术力量雄厚，掌握国内外最先进的新技术，各种图集、质量标准齐全，在设计上能保证高质量的设计成果，在实施过程中也能起到一定的质量监督和指导作用。

### 2.4 工期控制优势

设计单位作为总承包商，其对整体项目的设计意图、来龙去脉了然于心，在进行工程设计时能够更加紧密合理、科学公正。另外设计人员进驻现场必然减少了施工过程中突发设计问题的处理时间，设计单位可以及时、有效地处理解决施工现场突发的设计问题，从而节省工期或因设计变更不及时而造成的工期延误和费用损失。

### 2.5 业主大幅度节省人力、物力资源

EPC总承包项目管理的特点是业主参与具体项目管理的工作很少，业主把整体项目的设计、采购、施工都交给设计单位全面负责，业主只对项目进行整体的、原则的、目标性的管理和控制，对工程项目行使决策权和检查监督，因此业主可以大量节省人力、物力资源。

## 3 设计阶段的工程造价控制

在EPC总承包项目中，设计属于案头工作，占主导地位，并贯穿项目建设的全过程。研究表明，工程造价的90%在设计阶段就已经确定，因而设计阶段是对工程造价影响最大的环节。设计单位作为总承包商在工程造价控制方面的最大优势在于可以充分发挥设计的主导作用，使设计工作充分考虑设备、材料采购以及现场施工安装的要求，能更有效地激励设计单位主动地进行优化设计、限额设计，从而达到事前控制工程造价的目的。

### 3.1 激励设计人员进行优化设计

大多数EPC总承包项目采用固定总价合同招标，在进行项目投标时，决定成败与否的关键因素之一则是投标总价。在对项目进行初步设计时，一个项目的设计完整度以及设计成本的估算细化程度都是影响该项目能否盈利以及能否顺利完工的关键性因素。对设计方案进行优化是控制工程造价的根本途径，但设计方案优化本身对设计人员来说具有一定的风险，也需要花费大量的时间和精力，所以一般情况下，设计人员都不会主动进行方案优化设计。因此设计单位必须建立一定的激励制度，如建立项目造价成本控制责任制，鼓励和督促设计人员进行方案优化设计。从收集材料价格、设备的选型，工程费用的计算等都要进行严格控制，做到与已有实施项目多比较、设计人员之间多沟通，从而达到有效控制工程造价的目的。

### 3.2 要求设计人员进行限额设计

在设计、施工分别发包的模式下，设计人员只负责设计，在设计过程中往往会对设计规范的考虑比对施工运行规范考虑的多、对技术安全可靠的考虑比对造价效益考虑的多、对自己设计方便的考虑比对后期施工维护困难考虑的多，以及对完成产值的考虑比对设计方案优化合理考虑的多等，所以在对项目进行设计时，各专业之间应进行充分沟通，设计人员在设计时应充分考虑施工工艺技术的实用性和可操作性，统筹兼顾项目的成本和功能两个方面。在进行施工图设计时，根据初步的设计方案和概算目标进行限额设计，各专业在满足业主要求和符合国家标准的前提下，按分配的投资限额控制设计，保证总投资限额不被突破，达到控制工程造价的目的，这样不仅可以提高项目工程的质量，还能够有效降低工程造价。

### 3.3 要求设计人员参与设备采购

设计人员只负责设计时，在设计过程中往往更关注工程的使用功能，力求采用比较先进的技术实现工程所需的功能，而对经济因素考虑较少，缺乏进行方案优化的动力，基本也不参与设备采购。在 EPC 总承包项目中，要求设计人员不仅要进行工程设计，而且还要在保证工程使用功能和质量的前提下进行方案优选，参与工程的设备采购。如编制设备采购技术文件，包括设备采购的范围、数量、用途、技术性能、分包商的技术责任以及维修服务等；参加设备采购的技术谈判；对设备制造商进行制造能力和手段的检查，及时参与设备到货验收和调试投产等工作。设计人员参与设备采购，有利于设计阶段积极主动了解市场行情，进行方案优选，合理控制了工程造价。

### 3.4 提高造价人员业务水平

据统计资料，EPC 总承包项目设计阶段发生的费用一般只占项目总造价的 3%～5%，但占项目总造价大部分的采购和施工成本在设计阶段就基本确定了，因此 EPC 总承包项目工程造价控制的关键就在设计阶段，这对造价人员来说需要面临的风险不同于一般的概预算。由于现阶段的报价存在很多不确定的因素，EPC 总承包项目报价对造价人员的业务水平要求更高，因而需要造价人员投入更多的精力和时间去调研、收集资料，不断学习相关政策、法规、相关定额标准，学习新工艺、新技术，设计过程中不断加强与设计人员的沟通，通过技术与经济合理性比较进行工程造价分析，把报价做精做细，不断提高自身业务水平，才能有效进行工程造价的编制及控制工作。

### 3.5 加强设计管理

加强设计阶段的科学管理，从项目源头控制工程造价，高质量的设计可以避免后期的设计变更和返工，减少工程造价。一方面重视设计阶段原始资料的收集工作，工程项目原始资料的收集是设计的基础，若没有准确完整的设计资料做支撑，设计成果便会失去意义。另一方面设计过程中加强同业主的信息沟通，充分了解业主的意图和需求，减少在施工阶段业主对设计不满意而要求修改设计，导致工期延误和工程造价的增加。与此同时完善设计各阶段的审核制度，对图纸技术、施工以及工程造价进行审查，及时纠正设计中的漏项及缺点，通过制定设计审查及评审质量奖罚等办法，提高设计、审查人员的尽责意识，减少设计漏项或变更带来工程造价的增加，不断提高设计质量。

## 4 结语

EPC总承包项目工程造价控制是一个系统工程，不仅涉及设计、采购、施工，还涉及供应商和施工分包商的合理选择。在进行EPC总承包项目工程造价控制的同时，要通盘考虑质量、工期等因素，而最有效的工程造价控制阶段是设计阶段，设计阶段工程造价控制体现了事前控制的思想，能起到事半功倍的效果，投入小、收益大、见效快。设计单位应高度重视设计阶段的工程造价控制，这不仅是市场竞争的需要，更是EPC总承包项目自身生存发展的需要。

## 参考文献


[1] 孔祥坤，寇准. EPC工程总承包设计阶段成本控制研究 [J]. 经济研究导刊，2010 (6)：82-83.

[2] 李海波，陶宏宾，黄有亮. 以设计为主导的EPC工程成本控制的环节与方法 [J]. 建设监理，2010 (8)：26-28.

[3] 邬海锋. 工程总承包模式下设计阶段的造价控制与管理 [J]. 中国市政工程，2009 (4)：46-47.

[4] 陈凡. EPC建设项目总承包商的成本控制研究 [D]. 天津：天津大学，2006.



【作者简介】

周小丽（1985— ），女，湖北安陆人，工程师，现从事工程造价工作。

# 浅谈丰满水电站发电厂房蜗壳二期混凝土施工技术

张大伟　王　须　巩寅魁　程　弓

（中国水利水电第六工程局有限公司，辽宁沈阳，110179）

【摘　要】 丰满水电站发电厂房蜗壳二期混凝土浇筑，在受厂房封顶年度节点目标及桥机尚未安装等不利条件影响下，如何在保证上、下游墙体混凝土正常施工的同时，充分利用现有施工条件布置混凝土梭式布料机进行常态混凝土浇筑，并通过布置进人口将蜗壳阴角部位的泵管优化为“以环向为主、径向为辅”的方案，将是本文论述的主要内容。

【关键词】 方案优选　混凝土梭式布料机　四象限法　入仓泵管优化　高流态自密实混凝土

## 1　概述

丰满水电站发电厂房为坝后地面式厂房，厂内布置 6 台单机容量 200MW 的水轮发电机组。蜗壳二期混凝土起始高程为 EL181.80m，顶部高程 EL193.85m。每台机组上游侧均设置宽 3.0m 的通道，廊道内布置蜗壳盘型阀；每台机组 Y+方向布置尾水管进人门及进人廊道，廊道尺寸为 1.8m×2.0m，每台机组 Y－方向布置蜗壳进人门及进人廊道，廊道尺寸为 1.5m×2.0m。每两台机组布置一条连接上游廊道和尾水副厂房 EL184.85m 高程的连通廊道。蜗壳二期混凝土为 C25 二级配，单台机组混凝土方量约为 $6300m^3$。

## 2　蜗壳二期混凝土浇筑方案的确定

### 2.1　投标阶段二期混凝土浇筑方法

（1）厂房封顶前的混凝土浇筑。

厂房封顶前的混凝土入仓方式为：利用 15t 自卸车水平运输混凝土卸至 $6m^3$ 混凝土罐内，再由布置在厂房下游侧的 MQ1260/60 门机吊罐入仓。

（2）厂房封顶后的混凝土浇筑。

厂房封顶后的混凝土主要采用桥机作为垂直运输及浇筑设备，局部采用混凝土泵车辅助浇筑。入仓方式为利用 15t 自卸汽车水平运输将混凝土卸至 $6m^3$ 或 $3m^3$ 混凝土罐内，再由桥机吊罐入仓。

（3）二期混凝土浇筑方法改变的必要性。

相比投标阶段，2017 年二期混凝土施工时，厂房下游 MQ1260/60 门机因冬季尾水渠开挖已于 2016 年拆除，且 6 月下旬 1 号蜗壳具备二期混凝土浇筑条件时，主机间上、下游墙体混凝土由于恶劣天气、设计变更、其他标段干扰等多种因素的影响尚未施工完成、桥机尚未安装，投标阶段方案无法实施。

### 2.2 二期混凝土浇筑方案比选

二期混凝土开始施工时，主机间上游完成至 EL199.65m，下游墙完成至 EL208.71m，下游侧尾水 EL205.05m 平台全部浇筑完成。结合现场实际情况，我们对采取布置溜管＋溜槽和布置混凝土楼式布料机的两种方案进行了比选：

#### 2.2.1 溜管＋溜槽方案

二期混凝土浇筑时，由混凝土罐车水平运输至下游尾水 EL205.00m 平台，Ⅰ-1～Ⅰ-4 层通过溜槽＋溜管的形式将混凝土运至混凝土泵内，再由混凝土泵泵送入仓，Ⅰ-1～Ⅰ-4 层混凝土入仓方式见图 1；Ⅰ-5～Ⅰ-7 层时水平运输至 EL205.00m 平台后，通过搭设溜管＋溜槽入仓的方式，再经溜槽至基坑里衬平台处分流入仓，溜槽采用双排脚手架支撑，Ⅰ-5～Ⅰ-7 层混凝土入仓方式见图 2。

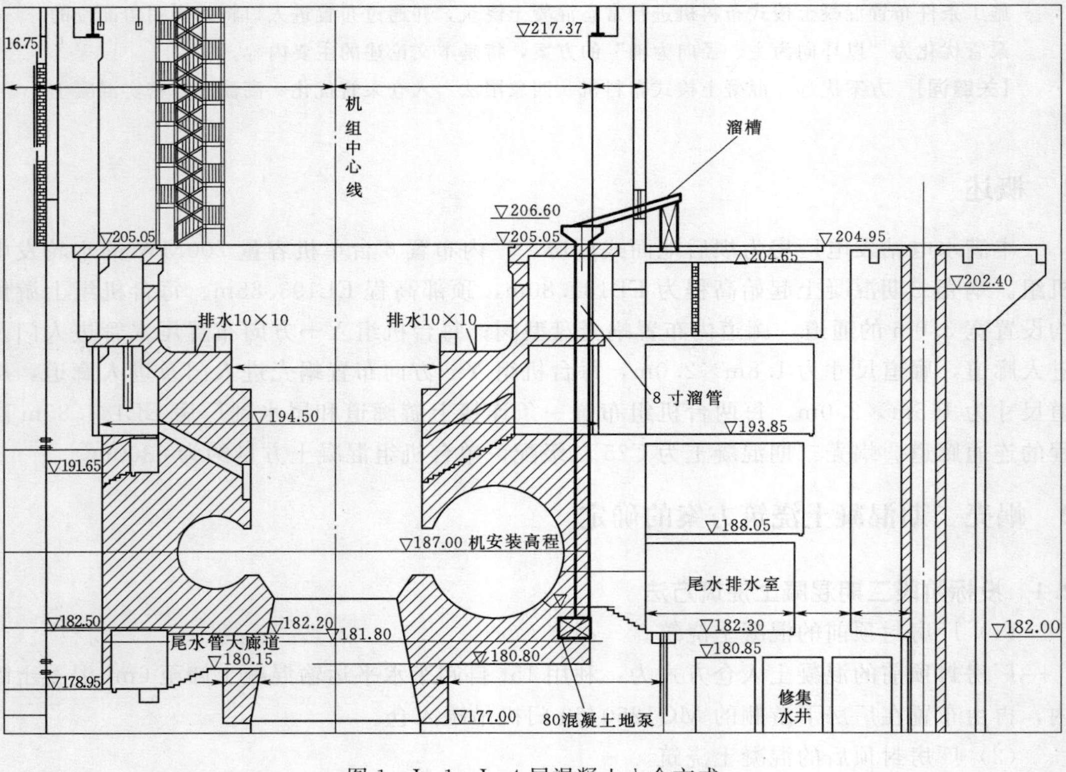


图 1　Ⅰ-1～Ⅰ-4 层混凝土入仓方式

#### 2.2.2 混凝土楼式布料机方案

混凝土楼式布料机由接料皮带机、上料皮带机、缓降溜筒、布料机、立柱、象鼻溜管等主要部分组成。根据 2017 年施工进度计划节点目标要求，拟在 2 号、3 号、4 号机左侧偏下游位置布置 3 台楼式布料机，楼式布料机布置见图 3、图 4。混凝土水平运输至 EL205.00m 尾水平台后，利用下游墙窗口布置接料皮带机和上料皮带机，将混凝土运至

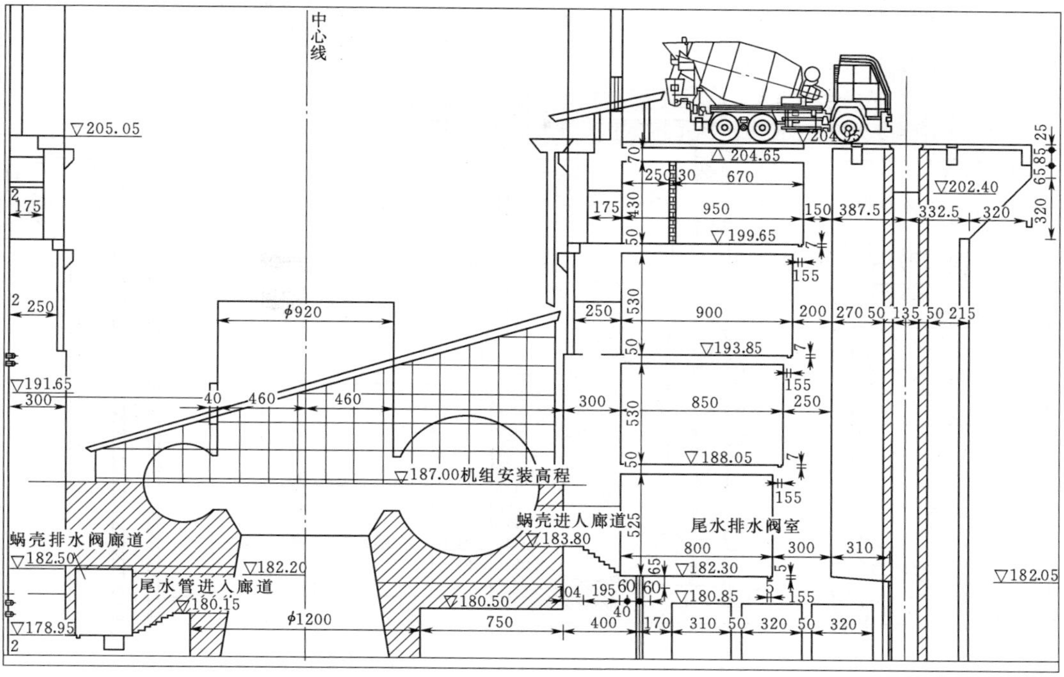


图 2　I-5～I-7 层混凝土入仓方式

梭式布料机，由两侧象鼻溜管下料至仓号内；每台布料机负责两侧机组的二期混凝土浇筑。

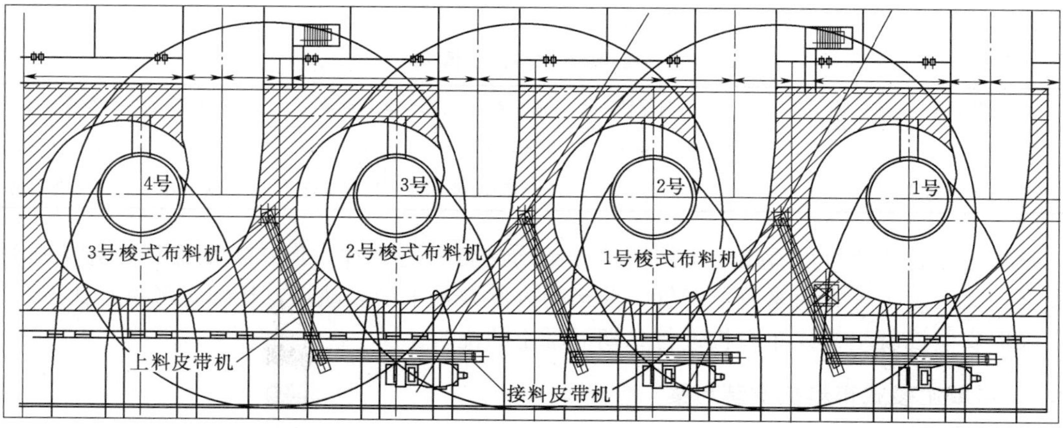


图 3　梭式布料机平面布置图

**2.2.3** 两种方案的优缺对比

溜管+溜槽浇筑方案的优点是操作简单、施工费用少，缺点是每层浇筑时均搭设溜槽，重复性工作多，耗时长，施工工艺落后，入仓速度慢，施工质量难以保证、安全施工隐患大。

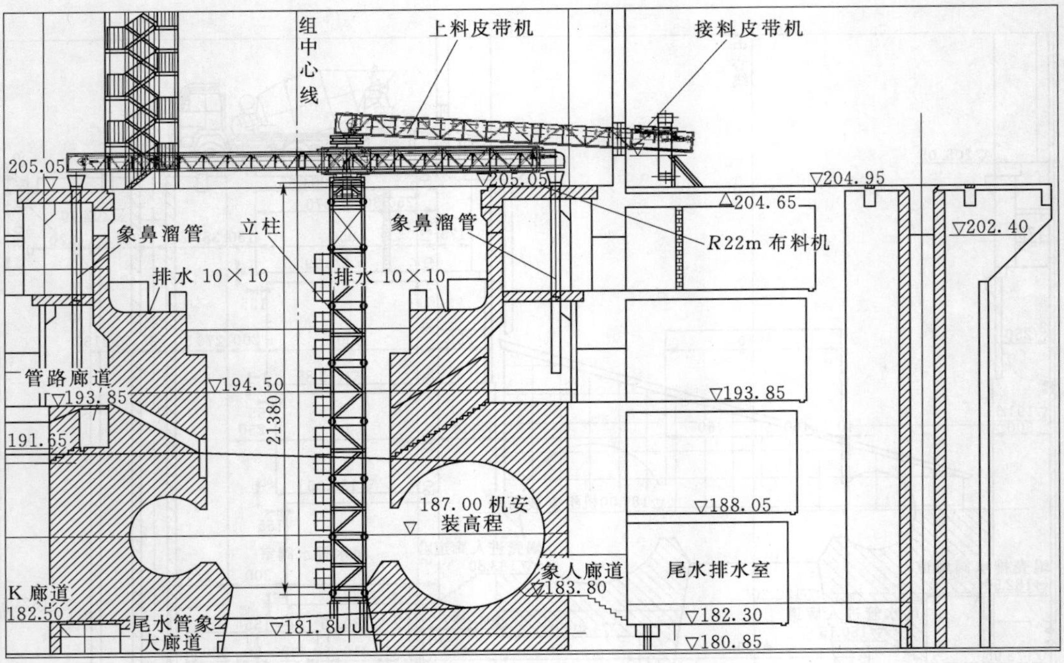


图 4　梭式布料机典型剖面图

采用混凝土梭式布料机浇筑的优点是混凝土入仓速度快，可覆盖整个浇筑面，操作方便、灵活，可在布料机和仓号内进行操作、控制，安装结束后，可以一直浇筑至发电机层，是国内先进的混凝土入仓方式，缺点是由于受主机间下游侧墙高度的限制，安装时需考虑大型的汽车吊（90t 以上）来进行安装。方案对比见表 1。

**表 1　两种方案对比情况**

| 方案名称 | 施工工艺 | 工期保证 | 施工安全 | 施工质量 | 文明施工 | 经济成本 |
|---|---|---|---|---|---|---|
| 溜管＋溜槽 | 传统工艺 | 难以保证 | 安全隐患大 | 难以保证 | 文明施工差 | 施工费用低 |
| 安装梭式布料机 | 先进工艺 | 可以保证 | 安全隐患小 | 可以保证 | 文明施工好 | 施工费用高 |

经过综合对比可以看出，虽然两种方案均具备实施条件，但从工期保证、施工质量、安全、文明施工等方面来看，溜管＋溜槽的方案并蓄了诸多缺点，经综合考量、比选，决定采取安装混凝土梭式布料机进行二期混凝土的浇筑。

## 2.3　混凝土梭式布料机安装方案

### 2.3.1　布料机型号及布置位置的选择

混凝土梭式布料机由接料皮带机、上料皮带机、缓降溜筒、固定式桁架、伸缩式桁架，象鼻溜筒、回转轴承、立柱等主要构件组成，共分 BLJ16.5、BLJ20、BLJ22 三种型号。丰满水电站发电厂房主机间结构尺寸为 27.98m×26m，考虑固定桁架、伸缩式桁架以及两端头时已达 25m 长，选择 BLJ22 型号，即最大布料半径为 22m 可满足二期混凝土浇筑范围的需要。

梭式布料机基础高程为 EL181.80m，考虑布料机尽可能布置在中间位置，同时满足基础埋件尺寸（2.5m×2.5m）要求，故布料机立柱中心布置在机组左侧结构边线向右移 1.35m，轴线 0+89.80m 往下位移 2.3m 的位置处，发挥布料机最大控制范围布料机立柱布置见图 5。

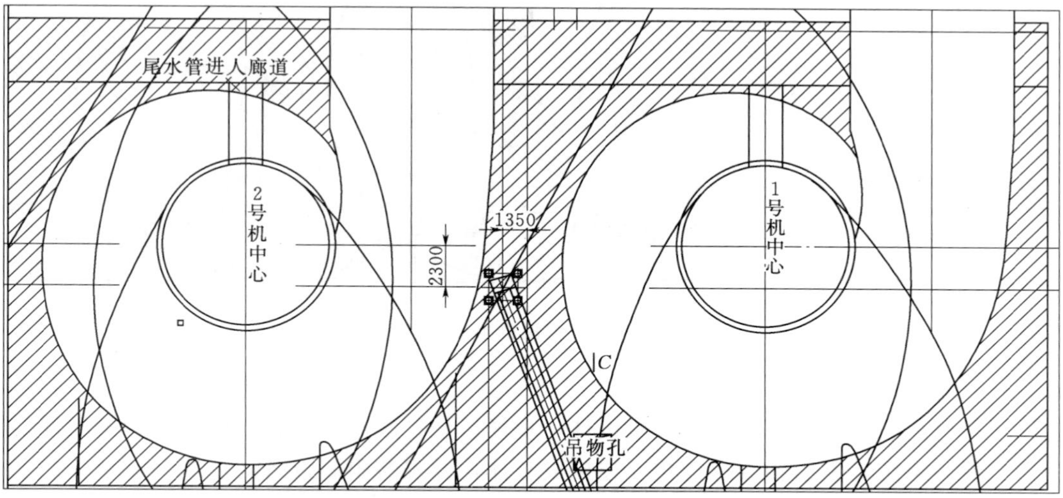


图 5　布料机立柱布置图

#### 2.3.2　布料机安装数量的确定

通过经济成本、施工效率、工期及质量保证三方面分别对布置 2 台和 3 台布料机进行对比分析。

（1）经济成本分析。

同 3 台布料机布置方案相比，2 台布料机布置方案的设备购置费、安装及人工费等较低。

（2）施工效率。

布置 2 台布料机时，相邻布料机之间浇筑盲区大，而把布料机浇筑半径加长的方案受厂房宽度限制无法实现，施工效率将受到一定影响；布置 3 台布料机时，浇筑盲区相对较少，每台布料机均可相互照应，可满足采用两台布料机按照四象限对称浇筑要求，施工效率基本不受影响。

（3）施工工期、质量保证分析。

根据年度节点目标，蜗壳二期混凝土按照 1 号→3 号→2 号→4 号机组的顺序进行施工，1 号机组必须完成至 EL205.05m，2 号机组蜗壳安装预计完成时间为 2017 年 8 月 10 日；同时考虑 2018 年二期混凝土施工任务，在 1 号机组完成至 EL205.05m 高程后，采用桥机拆除后移至 5 号机组左侧安装就位，进行 5 号机的二期混凝土浇筑，而此时 2 号机将因无入仓浇筑设备而必须采取搭设溜槽入仓或重新布置其他入仓系统，将严重影响施工工期、施工质量无法保证。

综上所述，虽然布置 3 台布料机费用较高，但从施工效率、工期及质量保证率方面综合分析，采取布置 3 台布料机为最优方案，能够充分保证工期及施工质量要求。3 台布料机平面布置见图 6。

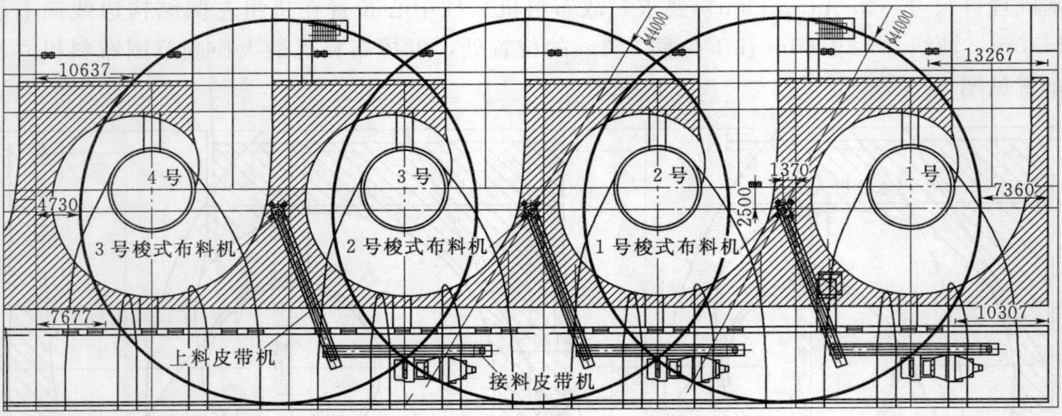


图 6　3 台布料机平面布置图

**2.3.3**　梭式布料机安装

布料机出厂时，皮带机桁架分段设计，现场组装；滚筒、托辊、张紧装置等配件装箱发运。现场组装，由销轴或螺栓相互连接成整体，并安装附属设备。

（1）安装工艺流程。

基础墩施工→标准立柱节安装→布料机安装→上料皮带机安装→接料皮带机安装。

（2）基础墩施工。

基础墩尺寸为 2.0m×2.0m，内设埋件，基础底部打 $\phi22$ 插筋与埋件弯钩连接，插筋深度 2m，共 16 根，采用 C25 二级配混凝土浇筑。

（3）标准立柱节安装。

标准立柱节断面尺寸为 1.5m×1.5m，长 3.0m，利用现有塔机吊装，人工现场螺栓连接、加固。

（4）布料机配件吊装。

考虑场地需求及现有吊装手段，布料机采取分段吊装，其吊装流程为：各构件地面组装→布料机固定桁架吊装→伸缩桁架吊装→头尾溜筒吊装→电气连接安装；吊装时，采用 90t 汽车吊利用下游尾水副厂房 EL205.00m 平台将各构件吊运至安装工作面。

（5）上料皮带机、接料皮带机安装。

上料皮带机、接料皮带机安装流程：皮带机地面拼装→皮带机配件及胶带安装→整体吊装→电气连接安装。

梭式布料机吊装见图 7。

# 3　混凝土浇筑

## 3.1　分层分块

蜗壳二期混凝土仓面大，入仓强度要求高，为保证浇筑连续性，减小温度应力的影响，需对混凝土结构进行分层、分块，在分层中还需充分考虑蜗壳钢衬结构形状，避免产

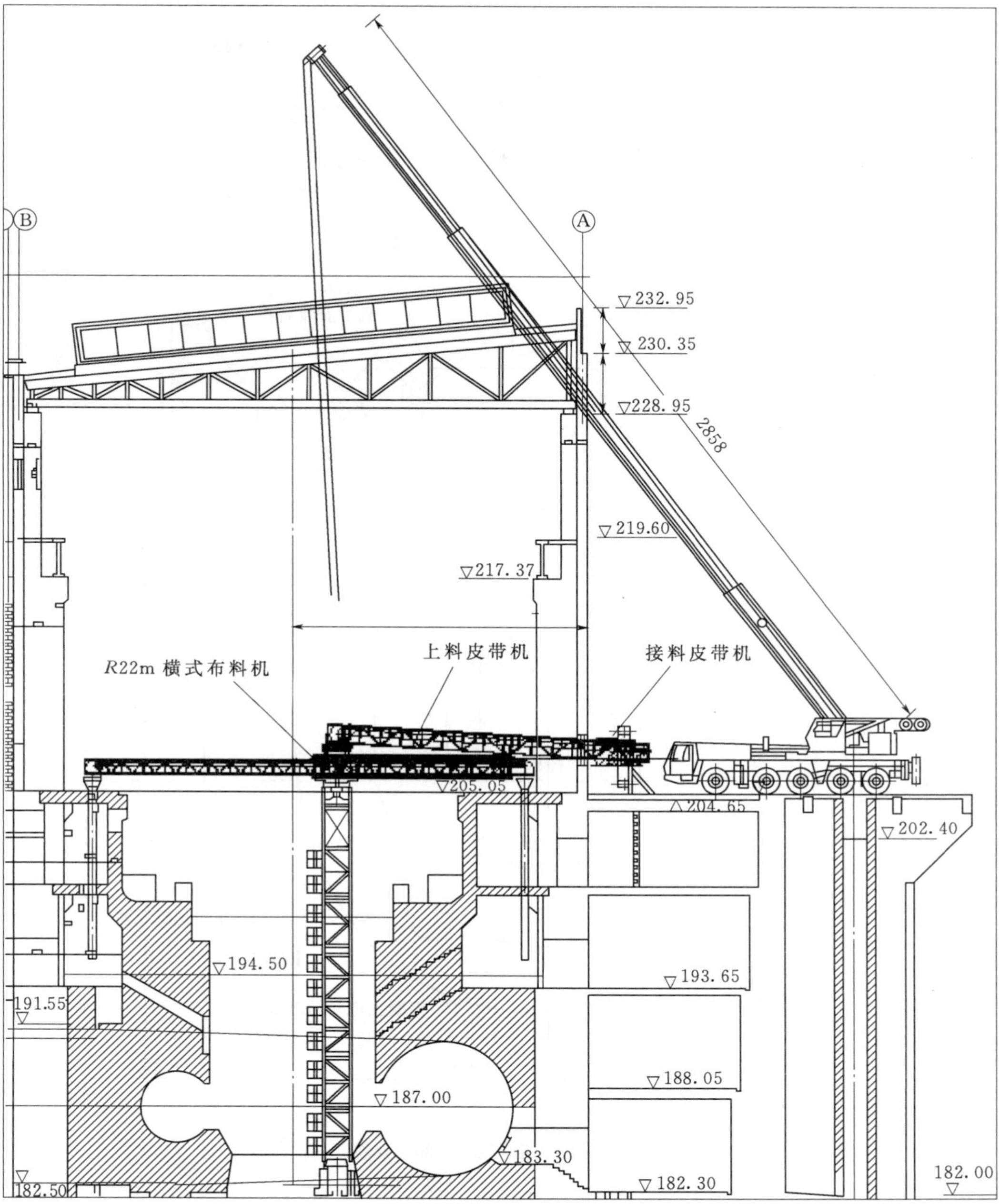


图 7　梭式布料机吊装示意图

生锐角混凝土体、减小混凝土浇筑上升时对蜗壳的浮托力，避免蜗壳位置偏差，方便混凝土浇筑有序施工，丰满水电站发电厂房蜗壳二期回填混凝土共分为 7 层，分层厚度为 1～2.35m。蜗壳混凝土腰线以下分四象限对称跳仓浇筑，即Ⅰ区与Ⅲ区同时浇筑、Ⅱ区与Ⅳ区同时浇筑；蜗壳段腰线以上分左右两块错缝上升，即Ⅰ区与Ⅱ区并仓、Ⅲ区与Ⅳ区并仓。

蜗壳二期混凝土分层、分块见图8、图9。

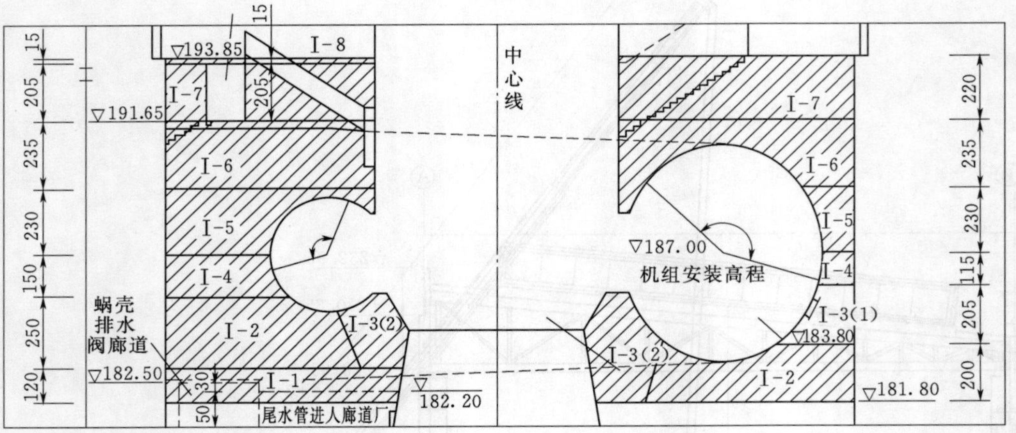


图8　蜗壳二期混凝土分层

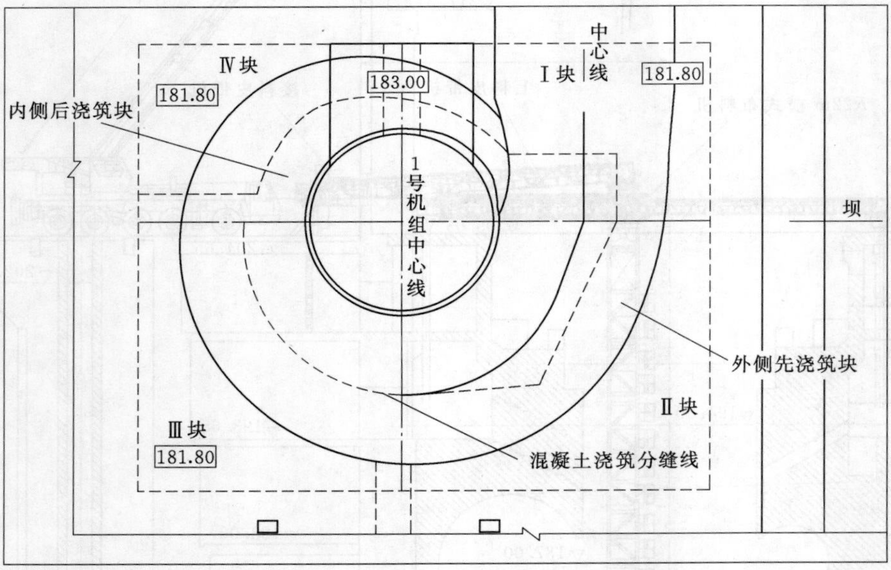


图9　蜗壳二期混凝土浇筑分块

## 3.2　高流态自密实混凝土配合比试验

厂房工程清水混凝土C30一级配属于大坍落度配合比，强度富余系数高，蜗壳高流态自密实混凝土标号为C25一级配，无抗冻渗要求；现场试验室在监理见证下会同外加剂厂家技术工程师根据现有的厂房工程清水混凝土配合比C30一级配，进行高流态自密实混凝土的调整试拌试验。

根据丰满水电站蜗壳二期混凝土设计要求和施工条件，按照《自密实混凝土应用技术规程》（CESC 203—2006）的配合比设计原则拟订混凝土配合比技术指标后，分别进行了混凝土原材料检验、外加剂试验选择、混凝土配合比设计及性能和强度试验等室内试验。高流态自密实混凝土模具试验见图10。

图10 高流态自密实混凝土模具试验

试验过程选用三个水胶比、对粉煤灰和聚羧酸减水剂在不同掺量以及是否掺入引气剂的情况下进行自密实混凝土一级配、二级配配合比试验。在保证所需强度等级的前提下，通过多组试验对比，选择合适的原材料及比例来确定蜗壳二期自密实混凝土室内配合比。

根据浇筑现场情况，制作模拟蜗壳模具，下料口下料经过回型通路，混凝土在不振捣，完全自流状态下进行模拟浇筑，混凝土从另一端出口自流溢出。

室内混凝土配合比确定后，结合施工方案进行现场试验块的制作，进一步优化、调整配合比，最终确定能满足自密实混凝土性能和施工要求的自密实混凝土施工配合比。

### 3.3 混凝土浇筑施工

由于蜗壳阴角、支墩部位施工难度大，钢筋网密集，为保证混凝土浇筑质量，每个象限均以蜗壳最低部位分为先浇块和后浇块（阴角部位）。

(1) 先浇块施工时预埋“一低三高”径向泵管用于阴角混凝土浇筑，单台机组共设16根泵管。以内侧第一排蜗壳支墩为边线设置堵头模板，先进行蜗壳外侧常态二级配混凝土浇筑，在蜗壳底部及外侧形成台阶，台阶沿蜗壳轴向展开，并逐步向蜗壳底部延伸；当内侧无法进料时，在靠蜗壳外壁的蜗壳半径较大处开始浇筑高流态、自密实混凝土。收仓时保证对蜗壳底部以上70cm左右高度进行包裹。混凝土浇筑上升速度不超过30cm/h，高流态混凝土不超过60cm/h。

(2) 后浇筑块（阴角部位）施工时统一采用径向泵管浇筑一级配、高流态、自密实混凝土，全断面浇筑。先利用低位泵管进行座环、蜗壳交接的三角体阴角底部混凝土浇筑，待浇筑至距离座环顶部80cm后，采用高处泵管继续浇筑，直至座环预留孔冒浆为止。浇筑过程中通过座环预留孔插入$\phi70$软轴振捣器振捣，振捣结束后先关闭电源再取出振捣器。

(3) 其余各层均采用梭式布料机入仓浇筑。布料机作业分为两种工况：第一种工况下完成EL181.80～EL195.80m浇筑后，利用桥机二次安装，进行第二种工况下EL195.80～EL205.05m的混凝土浇筑。

U 型径向高位泵管具体布置见图 11～图 13。

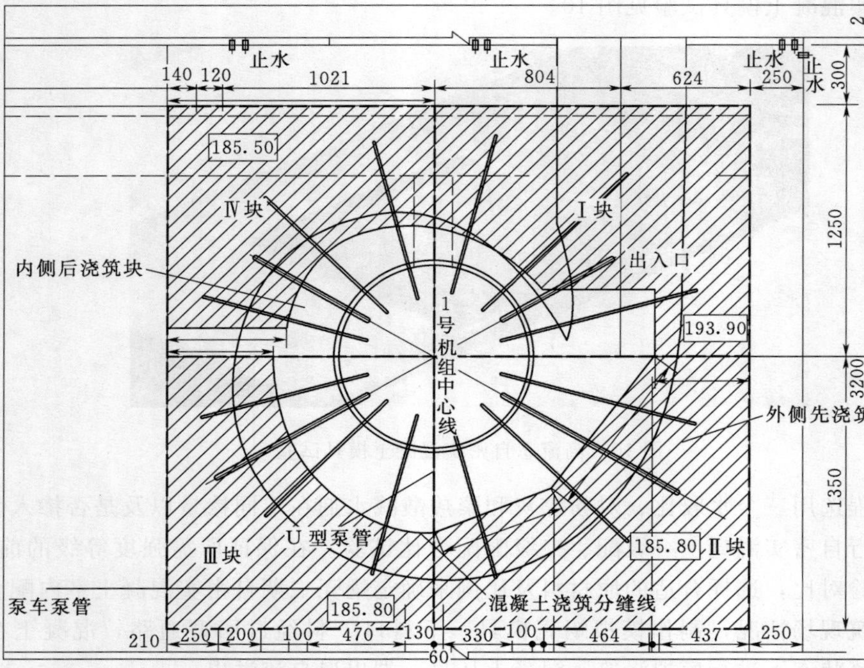


图 11　U 型径向高位泵管及出入口平面布置

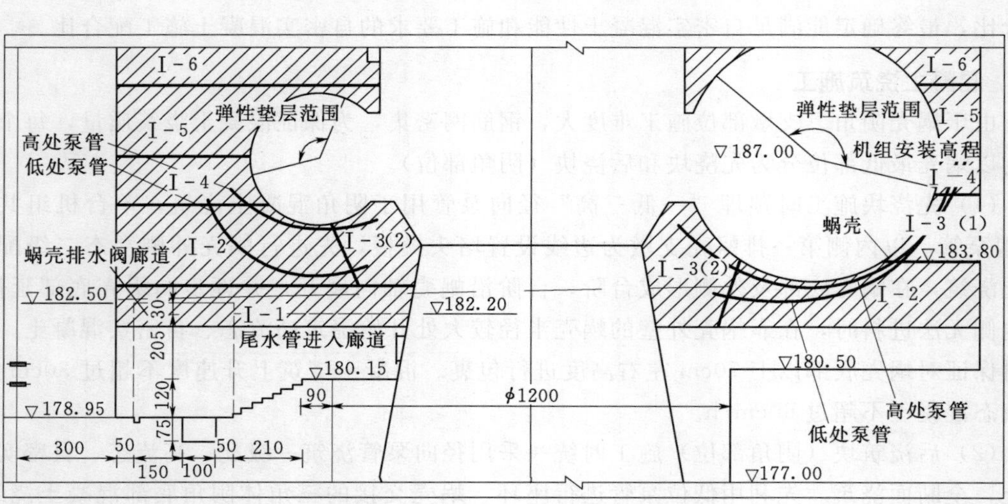


图 12　U 型径向高位泵管剖面布置

## 3.4　蜗壳变形观测

蜗壳腰线以下混凝土浇筑时，在蜗壳的上、下、左、右方向分别放置了 4 个百分表，监测蜗壳在水平方向和垂直方向的位移变形情况，其读数间隔为 1h。1 号机组座环下法兰水平复测位移结果为 0.84mm，监测数据表明，混凝土浇筑期间蜗壳位移变形量均在规定

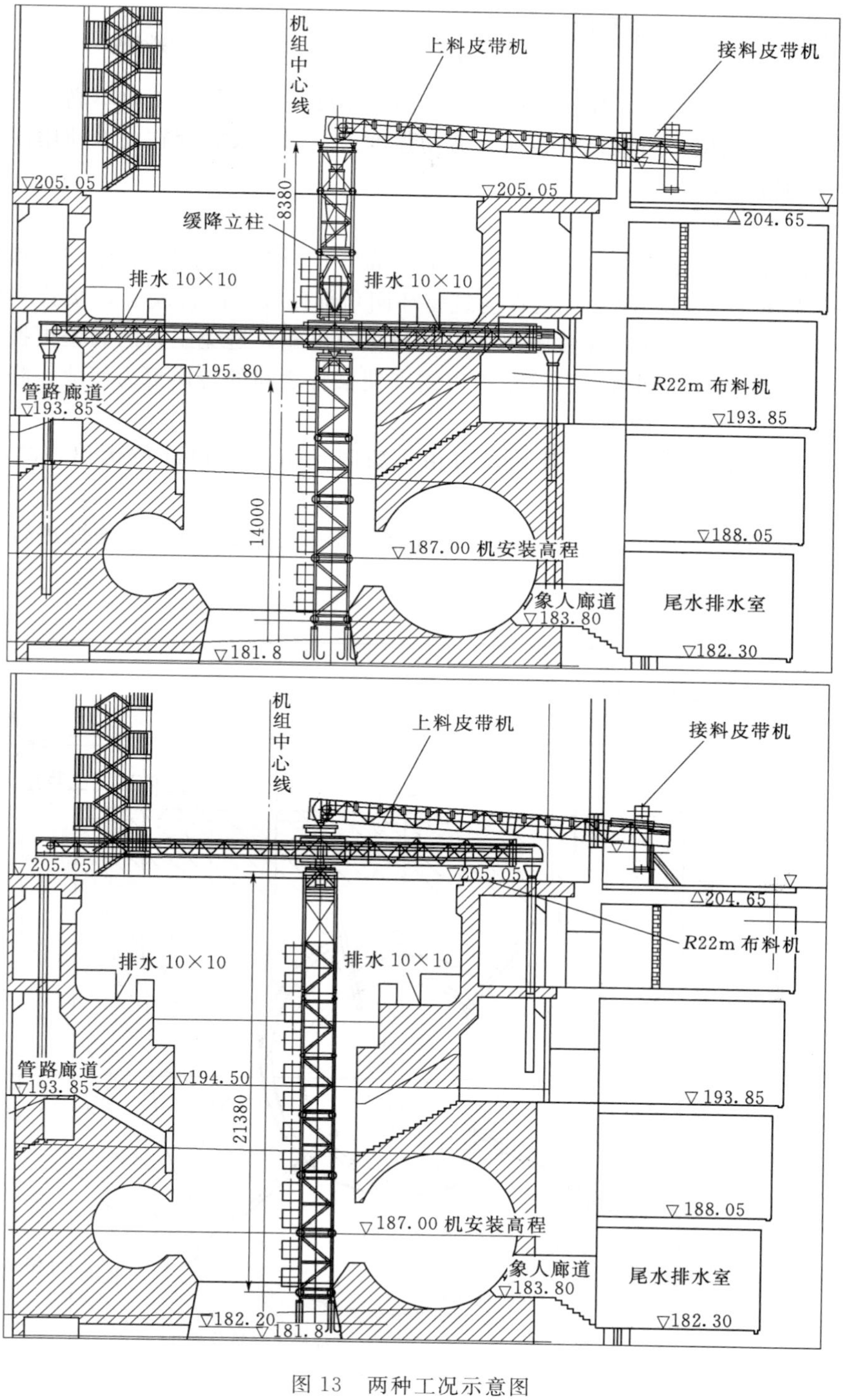


图 13　两种工况示意图

的范围以内，且主要反映为温差变形情况，说明蜗壳二期混凝土施工过程中对浇筑速度的控制是合理的。

## 3.5 施工过程中发现的问题及优化

### 3.5.1 发现问题

（1）单台机组预埋过多，作业空间狭窄、施工不便，耗时长，工效不高。

（2）频繁进行低位、高位泵管转换、劳动强度大，部分泵管存在尚未使用便被混凝土封堵、无法利用的情况。

### 3.5.2 入仓泵管优化

（1）取消在每个象限里分别布置的“一低三高”径向泵管，改为在蜗壳阴角基础面以上 1.6m 高位置布置三根环向泵管负责浇筑座环阴角部位以下的混凝土，泵管利用泵管卡连接、架立筋固定；同时，由Ⅳ象限出人口部位集中出露，避免工人因频繁更换低、高位泵管而产生的工效降低；同时，泵管集中出露则使泵管之间的转换更为便捷，降低了工人劳动的强度，详见图 14、图 15。

（2）环向泵管浇筑结束、拆除后，可由Ⅰ象限预留出人口部位运出，减少泵材料消耗。

（3）在先浇筑块施工时，在每个象限各预埋一根 U 型径向泵管，辅助进行座环部位阴角混凝土浇筑。

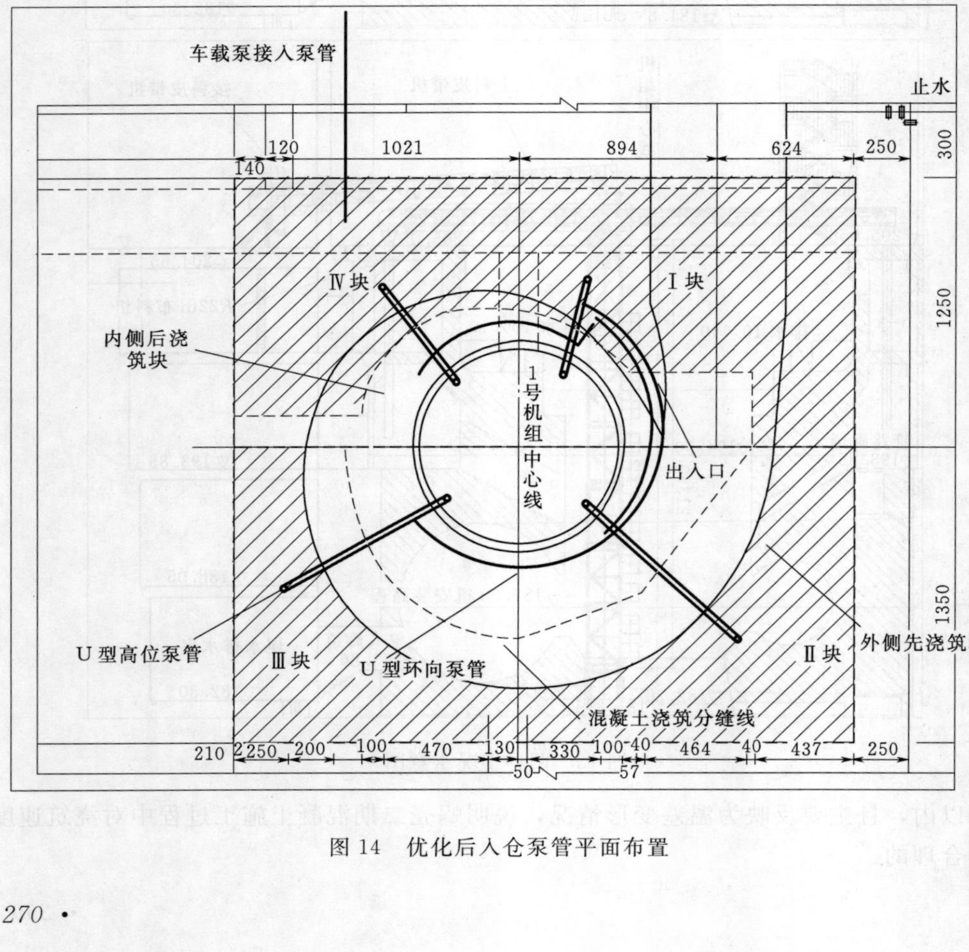


图 14　优化后入仓泵管平面布置

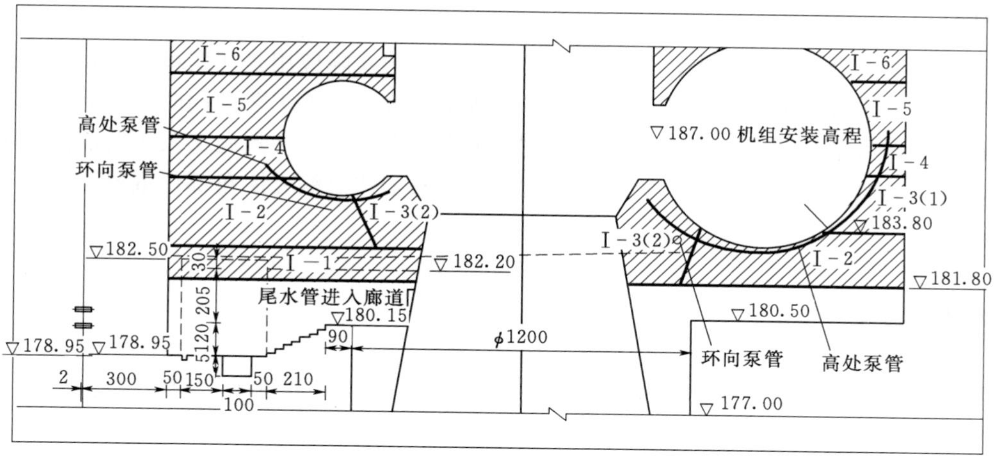


图 15　优化后入仓泵管断面布置

**3.5.3**　入仓泵管优化后的实施效果

优化入仓泵管后，现场跟踪二期混凝土浇筑过程中发现，有效地改善了前期作业空间狭窄、耗时长、工效过低的情况，减少了大量泵管材料消耗，降低了施工成本。同时，在现场跟踪过程中发现采用"环向为主、径向为辅"的泵管布置方式时，仅利用环向泵管入仓已基本达到预期的混凝土浇筑密实效果。在保证质量的前提下既有效减少了资金投入、施工难度，又进一步保证了混凝土浇筑密实效果。

## 3.6　混凝土浇筑过程注意事项

（1）厂房蜗壳层混凝土浇筑时，最大一层面积为 $665m^2$，即第Ⅰ-6、Ⅰ-7层。采用水平对称薄层浇筑，每层厚度按 30cm 计，约 $200m^3$，温控混凝土按 4h 覆盖 1 层，入仓强度为 $50m^3/h$ 左右。

（2）为保证混凝土浇筑的连续性，采用梭式布料机进行浇筑，最大入仓浇筑能力可达 $55\sim70m^3/h$，满足混凝土浇筑需要。通过优化混凝土配合比和加缓凝剂等措施，混凝土初凝时间至少在 6h 以上。因此，不会因初凝而产生施工冷缝。为控制混凝土最高温升，腰线以下竖向按最大 2.5m 进行分层，在夏季浇筑时采用预冷混凝土，确保混凝土入仓温度要求。

（3）蜗壳层混凝土浇筑前进行精心组织，拌和楼认真检修，保证拌制强度和质量，备用的混凝土搅拌车及泵车随时待命。

（4）为防止浇筑过程引起蜗壳变形，需对混凝土布料及振捣加以控制，同时在蜗壳体上设置变形观测点，在浇筑过程中进行跟踪观测，发现问题及时处理。

（5）保证第Ⅰ-2层"先浇块"蜗壳阴角部位混凝土与钢蜗壳结合面的混凝土振捣密实，施工人员需进入预留通道进行振捣作业，保证收面高程高于蜗壳最低点 70cm 以上。

（6）在阴角部位，安装混凝土泵管和设置排气孔，尽量将混凝土浇筑满，不足部位采用座环上部预留下料口入料。

## 4 结语

以上二期混凝土施工技术，经过本工程1号机组的实际应用是切实可行的，在保证施工过程安全与质量的前提下、节约工期，降低成本，改善施工工艺的同时，达到了预期的目标和效果，为指导2018年后续2～6号机组蜗壳二期混凝土浇筑施工及工艺改进指明了方向，值得类似水电工程借鉴，实际运用过程中需密切注意蜗壳阴角部位混凝土浇筑密实效果。

## 参考文献


[1] 中国建筑标准设计研究院，清华大学. CESC203：自密实混凝土应用技术规程［S］. 北京：中国计划出版社，2006.

[2] 中国电力企业联合会. DL/T 5144—2015 水工混凝土施工规范［S］. 北京：中国电力出版社，2015.

[3] 朱耀文，周一飞，余小宝，汪文亮. 三峡三期右岸电站厂房工程肘管二期混凝土施工［J］. 红水河，2005（4）：.



**【作者简介】**

张大伟（1975—　）男，高级工程师，辽宁丹东人，主要从事水电建设施工管理工作。

王须（1992—　）男，助理工程师，河北石家庄人，主要从事水电建设施工管理工作。

# 浅谈丰满发电厂房清水混凝土施工技术

黄　聪　范骐震　郭　伟　贯　庚

（中国水利水电第六工程局有限公司，辽宁沈阳，110179）

【摘　要】清水混凝土又称装饰混凝土，因其极具装饰效果而得名，近年来，随着绿色建筑的客观需求，人们环保意识的不断提高，返璞归真的自然思想深入人心，我国清水混凝土工程的需求已不再局限于道路桥梁、标志性建筑，在水利工程中也得到了一定的应用；丰满水电站是全国第一座重建电站，其工程举世瞩目，而发电厂房作为电站的主要功能性建筑，将全面采用清水混凝土进行施工。

【关键词】丰满水电站重建工程　清水混凝土　发电厂房　施工工艺

## 1　工程概述

丰满水电站是我国第一座大型电站，被誉为“中国水电之母”，新建电站厂房为坝后式地面厂房，布置在右岸坝后，由主机间段及安装间段组成，电站内装机 6 台，单机容量 200MW，总装机容量 1200MW，机组纵轴线与新建坝轴线平行，方位角 NE66°36′0″，机组纵轴线桩号为坝下 0＋087.92m，厂坝之间设变形缝。主机间总长 170.50m，宽度 32.00m。安装间段长度为 56.50m，中控楼长 12.40m，宽为 32.00m，与发电厂房宽度相同，整个发电厂房总长 239.40m。开关站电缆沟、厂区内电缆廊道、开关站消防道路、厂区路面及排水沟等部位采用普通清水混凝土，发电厂房及开关站室内所有外露面、发电厂房及开关站室外所有外露面（不包括做保温的外墙）、尾水闸墩、尾水挡墙、集鱼及补水系统、集鱼箱吊运排架等部位采用饰面清水混凝土施工。

## 2　清水混凝土施工工艺

### 2.1　施工工艺流程图

清水混凝土施工工艺流程如图 1 所示。

### 2.2　施工准备阶段

（1）根据规定要求，提前完成模板配板设计的编制并组织监理审查，上述工作完成后方可实施作业。

（2）根据施工方案、施工图纸要求计算模板配置数量，确定各部位模板施工方法，提前完成模板的翻样工作。

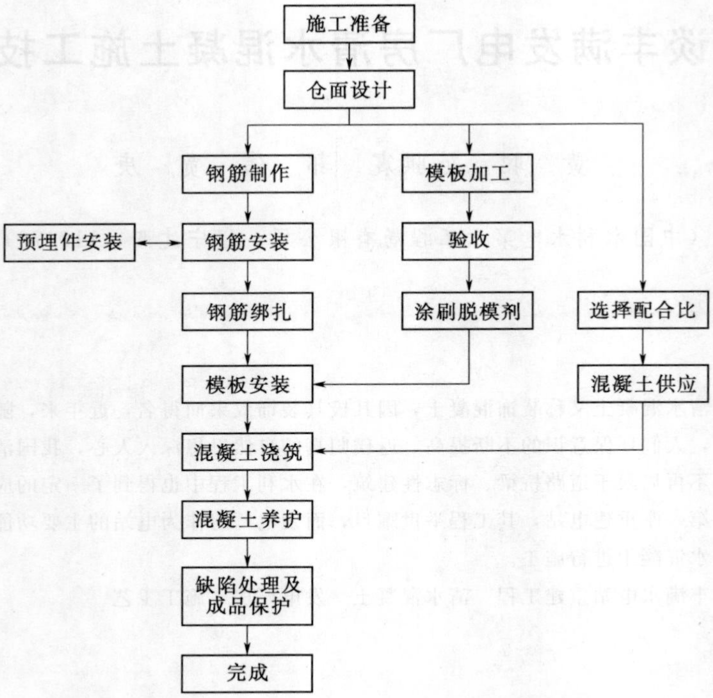


图 1　清水混凝土施工流程

（3）对操作班组做好岗前培训，明确模板加工、安装标准及要求。

（4）根据施工进度，提前制定模板施工期间的爬锥、垫块定制，同时联系机电对提前需开孔位、预留孔洞等位置提前规划，制作。

（5）按要求预先画出各种规格大模板的加工图纸，并按各自的使用部位对大模板进行编号，下发到工长及作业班组，准备加工。

（6）完成模板进场前的检查、支撑的检查与加工细节工作，确保材料可靠，加工规范，制作准确，加固牢靠。

（7）模板施工前必须完成模板及支撑施工安全、技术交底。

（8）混凝土施工前进行试验墙的施工，通过试验墙效果，从优选择混凝土配合比。

（9）提前完成水泥、砂石料、模板、脚手架管等材料的验收工作。

### 2.3　钢筋制作安装

#### 2.3.1　钢筋加工

（1）钢筋在调直前或在调直过程中进行表面油污、锈斑处理。

（2）钢筋调直采用机械调直或冷拉调直，禁用氧气、乙炔焰烘烤调直。

（3）钢筋下料要求端部平直，不得有马蹄形，操作人员相对固定。

（4）加工钢筋直螺纹时，采用水溶性切削润滑液，当温度低于 0℃时，掺入 15%～20%的亚硝酸钠，不得用机油润滑或不加润滑剂套丝。

（5）钢筋在套丝前必须对钢筋规格及外观质量进行检查，如发现钢筋端头弯曲，必须先做调直处理。

（6）钢筋套丝操作前先调整好定位尺的位置，并按照钢筋规格配以相对应的加工导向套，对于大直径钢筋要分次车削规定的尺寸，以保证丝扣的精度避免损坏环刀。

（7）加工好的丝头要进行认真检查螺纹中径尺寸、螺纹加工长度、螺纹牙型，螺纹表面不得有裂纹、缺牙、错牙，螺纹用卡尺检验，牙面完好80%以上，合格后方可套上塑料保护套。

**2.3.2** 钢筋安装

钢筋连接主要采用机械连接、电渣压力焊、绑扎搭接三种。

（1）机械连接。

钢筋丝头连接前先拆除直螺纹保护帽，并集中摆放重复利用。检查钢筋丝头是否和连接套规格一致，直螺纹牙是否完好无损、清洁，如发现杂物或锈蚀时用铁刷清除干净，然后用扳手或管钳将直螺纹连接套与一端钢筋拧到位，再将另一端钢筋与连接套拧到位。安装完成后使用力矩扳手进行检查，钢筋直螺纹接头安装时的最小拧紧扭矩见表1。

**表1　　钢筋直螺纹接头最小拧紧扭矩**

| 钢筋直径/mm | ≤16 | 18～20 | 22～25 | 28～32 | 36～40 |
|---|---|---|---|---|---|
| 拧紧扭矩/(N·m) | 100 | 200 | 260 | 320 | 360 |

（2）电渣压力焊。

1）钢筋端头制备钢筋安装之前，焊接部位和电极钳口接触的（150mm区段内）钢筋表面上的锈斑、油污、杂物等清除干净，钢筋端部若有弯折、扭曲，予以矫直或切除，但不得用锤击矫直。

2）安装焊接夹具和钢筋夹具的下钳口夹紧于下钢筋端部的适当位置，以确保焊接处的焊剂有足够的淹埋深度。上钢筋放入夹具钳口后，调准动夹头的起始点，使上下钢筋的焊接部位位于同轴状态，方可夹紧钢筋。钢筋一经夹紧，严防晃动，以免上下钢筋错位和夹具变形。

3）安放引弧用的铁丝球，安放焊剂罐、填装焊剂。

4）采用焊接参数进行施工，焊接参数见表2。

**表2　　电渣压力焊接参数**

<table>
<tr><th rowspan="2">钢筋直径/mm</th><th rowspan="2">焊接电流/A</th><th colspan="2">焊接电压/V</th><th colspan="2">焊接通电时间/s</th></tr>
<tr><th>电弧过程 $U_{1.2}$</th><th>电渣过程 $U_{2.2}$</th><th>电弧过程 $t_1$</th><th>电渣过程 $t_2$</th></tr>
<tr><td>12</td><td>160～180</td><td rowspan="6">35～45</td><td rowspan="6">18～22</td><td>9</td><td>2</td></tr>
<tr><td>14</td><td>200～220</td><td>12</td><td>3</td></tr>
<tr><td>16</td><td>200～250</td><td>14</td><td>4</td></tr>
<tr><td>18</td><td>250～300</td><td>15</td><td>5</td></tr>
<tr><td>20</td><td>300～350</td><td>17</td><td>5</td></tr>
<tr><td>22</td><td>350～400</td><td>18</td><td>6</td></tr>
</table>

（3）钢筋绑扎。

1）将竖筋与下层伸出的搭接筋连接，在竖筋上画好水平筋分段标志，并采用钢筋梳固定上部竖筋间距、水平筋固定下部竖筋，保证钢筋间距。

2）墙体双排钢筋之间应绑拉筋或支撑筋，其纵横满足设计要求，钢筋外绑扎成品混凝土垫块。

3）墙水平筋在两端头、转角等部位的锚固长度以及洞口周围加固筋等，均应符合设计图纸要求。

4）合模前，钢筋要具有一定的稳定性，利用钢筋厂钢筋余料对钢筋网进行固定；合模后对伸出的竖向钢筋进行微调，在搭接处绑一道横筋定位，浇筑混凝土时设专人看管，并随时调整，以保证钢筋位置的准确。

## 2.4 模板制作安装

模板质量直接影响饰面清水混凝土的外观效果，在本部位的混凝土施工中，采用的木模板为1220mm×2440mm×15mm标准模板，基材使用优质杨木为主要原料，采用三次加工工艺制作，表面采用进口高强耐磨芬兰太尔棕色厚膜纸贴面，全面采用拼接工艺制作，以保证清水混凝质量及成型的外观质量。

### 2.4.1 模板加工

（1）为达到清水混凝土饰面效果，对模板进行分割设计，根据墙面高度、宽度、门窗口位置及尺寸进行配板设计并对模板进行编号。

（2）根据模板配板设计，进行板材切割工作，先在模板板面上弹好线，按照弹线进行切割，控制切割速度，避免板材切割毛刺。

（3）墙体模板根据各层墙体的高度制作，标准宽度为2.44m，标准模板模数以外的其他部位根据实际尺寸确定相应模板的高度、宽度，形成后的模板缝面整齐，模板拼缝按企口接缝留置。模板竖肋选用90mm×90mm方木与90mm×50mm方钢配套使用，横肋采用双8号槽钢，阴阳角模位置横肋采用8号槽钢焊接制作，对拉螺栓孔中心间距610mm×610mm（横向×纵向）。

（4）根据尺寸配制骨架，先用90mm×50mm方钢焊接制作龙骨，龙骨高度随层高确定，宽度为标准模板宽度2.44m，90mm×90mm木方做大模边框，木方与钢龙骨间使用螺栓固定，再拼装15mm厚清水模板，板与板接缝严密、平整，缝隙处贴双面胶条，每块成型大模板必须方正、平直、尺寸准确，对角线误差不大于2mm。

（5）钻制预留孔时，用圆规在板面上画出孔位置及大小，先用小钻头钻制一个小孔，然后用大钻头进行扩眼，再用手锉将四周圆孔部位进行打磨，管路安装时，将模板预留孔贴双面胶条，避免漏浆。

（6）面板与龙骨于地面组装，使用铁钉在面板侧钉入，钉孔成一条直线，钉帽沉入面板3～5mm，然后使用铁腻子进行刮平，组装成大片模板后对模板进行编号。

### 2.4.2 模板安装

（1）根据模板施工放线和模板编号，将拼装好的大片模板吊装就位，并穿过连接螺栓进行初步固定，待调整完成模板垂直度及拼缝后，紧固模板对拉螺栓。

（2）底模支立时，模板与楼板混凝土面使用双面胶条进行封堵，避免在墙体混凝土浇筑时漏浆造成烂根等现象。

(3) 模板安装完成后开始安装明缝条，先在模板顶口涂抹一层玻璃胶，然后利用小铁钉将明缝条固定在模板顶口，明缝条与模板紧密结合，避免漏浆。

(4) 明缝条调平后，使用5cm宽清水板条将明缝条中间以上部分遮盖，避免在浇筑混凝土过程中将其污染。安装上层模板时，在明缝条的凹槽内及明缝条与已浇筑混凝土间再先涂抹一层玻璃胶，然后开始安装上层模板，经现场多次试验证明，此方法可有效控制漏浆，避免对下层混凝土造成污染。

(5) 阳角位置全部做圆角处理，通过试验墙效果确定，柱阳角使用3cm圆角，门窗预留孔使用2cm圆角，阳角位置竖肋采用2根90mm×90mm方木固定，水平背楞采用2根8号槽钢焊接制作。

(6) 阳角安装圆角角条时，使用小铁钉将角条直段与模板固定，然后与角模模板拼接固定。阴角模板竖肋采用1根90mm×90mm方木固定角位置，水平背肋采用2根8号槽钢焊接制作。

(7) 本工程混凝土结构缝处设置2cm后闭孔泡沫板，为了保证结构缝平直，在闭孔泡沫板上加2cm宽铝合金槽的型式进行安装，铝合金槽紧贴模板板面。

(8) 模板顶口在钢筋内侧安放50mm×100mm方木，与钢筋使用铁线固定，用于后期混凝土凿毛与清除灰浆。

#### 2.4.3 模板拆除

本工程墙柱混凝土施工全部在常温下进行施工，常温下达到2.5MPa即可拆除模板，内墙外露面模板为了保护混凝土表面，避免在施工过程中对混凝土造成破坏，进行隔层拆除。

拆除时，先拆除模板的外支撑，外侧在三脚架上搭设施工平台，拆除顺序与安装顺序相反，先装的后拆、后装的先拆，首先松掉对拉螺栓，在模板及墙体中间用撬棍撬动模板边部，使其模板脱离墙面，取出拆除的模板，然后按照顺序拆除墙体模板，支撑件和连接件逐件拆卸，模板逐块拆除，人工倒运，不准在墙柱上撬、敲、摔模板，拆除时不得损坏混凝土面。

### 2.5 混凝土施工

混凝土施工是清水混凝土质量控制的重点，清水混凝土在结构成型后，墙面就能达到最终的装饰效果，因此在混凝土配合比设计和原材料在质量控制等方面都要严格控制。

#### 2.5.1 混凝土配合比选择

清水混凝土要求颜色一致，对混凝土所使用的原材料必须一致，选用同厂家同一批次的水泥。砂、石的色泽和颗粒级配均匀，根据设计图纸混凝土标号，通过浇筑试验墙效果来确定最优配合比。

#### 2.5.2 混凝土浇筑

(1) 饰面清水混凝土均自拌，使用混凝土搅拌车运输至各工作面。混凝土入仓方式采用混凝土泵车软管入仓。混凝土拌和站共2台拌和楼，正常情况下使用1号拌和楼进行混凝土拌和作业，为应对突发事件，避免混凝土供应不及时造成冷缝现象，2号拌和楼为备用拌和楼，在1号拌和楼检修及损坏时利用2号拌和楼拌料。

（2）在浇筑第一层混凝土前，先铺设一层 2～3cm 的水泥砂浆，严格控制下料高度及浇筑厚度，贴近混凝土表面下料，每层浇筑 30cm。

（3）墙体振捣时，使用中频 $\phi70$ 振捣棒大面积振捣，贴近钢筋及钢筋密集、模板处使用 $\phi30$ 振捣棒进行边角振捣。

（4）浇筑与振捣紧密配合，第一层下料速度要慢，底部充分振实后再下第二层料。振捣时以表面出现泛浆，不再有显著下沉、不再有大量气泡上浮为准（注：本工程由浇筑试验墙来确定振捣时间，振捣时间在 50～60s 区间内最佳），同时采用二次振捣工艺，减少混凝土表面气泡。

（5）浇筑过程中，加强对钢筋、止水、模板及支撑体系监测工作，若发生变形、移位等现象立即进行调整，混凝土浇筑保持连续性，避免造成冷缝而影响混凝土外观。

### 2.5.3 养护及成品保护

清水混凝土如养护不当，混凝土表面极易因失水而产生裂缝，影响外观质量，本工程模板采用隔层拆除，模板拆除后先在混凝土表面洒水，然后使用塑料薄膜进行覆盖，使混凝土表面保持湿润状态。同时利用清水板条对门、窗、孔洞及柱阳角部位进行保护，避免在上部施工中对底部混凝土阳角造成损伤。

## 3 质量注意事项

（1）严格控制墙体、柱、梁的轴线位移和垂直度、平整度，保证混凝土结构尺寸。

（2）严格控制钢筋间距及保护层厚度，所用混凝土垫块颜色要与清水混凝土颜色一致。

（3）模板施工完成后，避免电焊、气焊等明火对模板的影响。

（4）在剪力墙施工中，模板施工周期较长，安装及存放过程中注意防雨措施，模板拼缝处贴双面胶条，避免因漏浆造成混凝土缺陷。

（5）混凝土浇筑完成后不得急于拆模，如拆模过早会造成混凝土表面颜色变浅，导致上下层混凝土颜色不一致，也容易造成阳角缺失，不利于成品保护。

（6）模板拆除后，及时对拆模部位混凝土进行覆盖养护及成品保护，以免碰伤和污染。

## 4 结语

清水混凝土施工必须从钢筋绑扎、模板制作安装、混凝土原材、混凝土浇筑等各方面严格控制，需掌握其施工技术的要点，从而更好地保证施工质量。丰满重建工程清水混凝土施工期间，对清水混凝土的施工进行了一定的分析，并经过现场多次试验，总结出对于水电站发电厂房清水混凝土施工的亮点，希望能够促进我国水电工程的长远发展。

## 参考文献

[1] 申培云．浅论如何搞好工程的质量控制［J］．山西建筑．2005，31（8）：155-156.

[2] 杨晨．民用建筑中清水混凝土的质量控制［J］．山西建筑．2005，31（22）：124-125.

**【作者简介】**

黄聪（1988— ）男，工程师，河南南乐人，主要从事水电建设施工管理工作。

范骐震（1989— ）男，助理工程师，吉林省吉林市人，主要从事水电建设施工管理工作。

# DFIG2.75MW-120 型风力发电机组吊装施工技术

赵军峰

（中国水利水电第一工程局有限公司，吉林长春，130062）

【摘　要】 随着新能源发电技术的快速发展，我国风力发电的装机量迅速提高，单机功率不断增大、设备制造水平更趋精细、新型发电机组投产节奏加快，对风力发电机组的施工技术提升不断带来更高的要求。本文通过对华能铁岭头道风力发电场风机吊装施工技术的分析，总结 GE 公司 DFIG2.75MW-120 型风力发电机组的吊装施工技术，为今后同类工程提供借鉴。

【关键词】 风力发电　机组　吊装　技术

## 1　工程概况

华能铁岭头道风力发电场位于辽宁省昌图县境内，60 台风机，总装机 110MW，单机功率分为 1.5MW、2.0MW、2.75MW 三种型号，风机高度 80～90m。其中单机 2.75MW 风机型号为 DFIG2.75MW-120 型，国内在云南大理龙泉风电场首次装配该型号风机的同时在本工程开展同型风机的安装，其安装技术尚处于与设备特点融合探索的阶段。

DFIG2.75MW-120 型风机由通用电气公司（General Electric Company，GE）制造，其机型完整说明为“双馈 2.75MW-120m 叶轮直径 _ 85m 轮毂高”，该机型在地面塔基环以上的部分主要包括 4 节塔筒、预装配电源模块（PPM）、机舱、轮毂与整流罩、叶片（3 片），各部位尺寸及重量见表 1。

表 1　DFIG2.75MW-120 型风机主要吊装组件重量及尺寸表

| 组件名称 | 重量/kg | 尺寸/m | 尺寸标注备注 |
|---|---|---|---|
| 塔筒顶段 | 36000 | 24.4-3.1/4.3 | 高度-顶部直径/底部直径 |
| 塔筒中段 A | 46000 | 23.9-4.3/4.3 | |
| 塔筒中段 B | 52500 | 20.6-4.3/4.3 | |
| 塔门段 | 46000 | 12.0-4.3/4.3 | |
| 轮毂与整流罩组件 | 27100 | 3.5×3.8×3.3 | 长×宽×高 |
| 叶片 | 13628×3 | 58.7/2.4 | 单片长度/叶片根部外径 |
| 机舱 | 83500(max) | 9.5×4.0×3.8 | 长×宽×高 |
| 总吊装重量 | 331984 | | |

## 2 吊装设备选用

根据设备吊装的部位和自重，选用功能性能相符的起重、运输和力矩设备，并经计算校核，主要设备见表2。

表2　　DFIG2.75MW－120型风机主要吊装及相关作业设备表

<table>
<tr><th>序号</th><th>机械设备名称</th><th>型号规格</th><th>数量</th><th>备　注</th></tr>
<tr><td>1</td><td>履带式起重机</td><td>三一重工800t</td><td>1台</td><td>主吊设备</td></tr>
<tr><td>2</td><td>履带式起重机</td><td>中联重科70t</td><td>1台</td><td>辅助吊装</td></tr>
<tr><td>3</td><td>汽车起重机</td><td>三一重工350t</td><td>1台</td><td>配合吊装、设备装卸</td></tr>
<tr><td>4</td><td rowspan="2">汽车起重机</td><td>中联重科70t</td><td>1台</td><td rowspan="2">配合吊装、设备装卸</td></tr>
<tr><td>5</td><td>中联重科25t</td><td>2台</td></tr>
<tr><td>6</td><td rowspan="3">半挂车</td><td>100t</td><td>1台</td><td rowspan="3">机舱、塔筒及其他部件的运输</td></tr>
<tr><td>7</td><td>60t</td><td>2台</td></tr>
<tr><td>8</td><td>30t</td><td>1台</td></tr>
<tr><td>9</td><td>专用叶片升举车</td><td>/</td><td>3台</td><td>叶片运输</td></tr>
<tr><td>10</td><td>液压扳手</td><td>/</td><td>4套</td><td>力矩作业</td></tr>
<tr><td>11</td><td>柴油发电机</td><td>10kW</td><td>2台</td><td>力矩作业</td></tr>
<tr><td>12</td><td>电动扳手</td><td>/</td><td>3套</td><td>螺栓紧固</td></tr>
</table>

## 3 吊装施工

### 3.1 主要工序

DFIG2.75MW－120型风机吊装的主要工序如下：

基础处理、吊装场地处理→风机各部段运输至现场、检查验收→吊装设备就位→电源模块（PPM）→各节塔筒安装→机舱安装→轮毂叶片组装安装→其他附件安装→吊装完成、进行电缆电气作业

### 3.2 风机基础面处理及吊装场地处理

验证风机基础混凝土强度报告、灌浆层试验检测报告、塔基环预埋螺栓张拉报告、基础环水平度检测报告，确保符合设计及风机设备的安装要求，DFIG2.75MW－120型风机基础环水平度必须满足0.1°，且在安装前完成接地电阻安装并达到设计接地电阻值。同时，去除塔基环表面毛刺、蚀点和污点，并对基础混凝土表面进行除尘除冰清理，准备10mm厚的钢板垫块，用以PPM设备安装时找平基础面。

风机周边的吊装设备站位、风机设备摆放应提前做好布置，进行必要的基础整平、加固和排水，必须满足吊装设备的工况要求和风机设备临时存放标准。

### 3.3 风机设备的运输及进场验收

1台350t和1台70t汽车起重机配合完成机舱、塔筒和电气设备的卸货，通常情况下设备供应方采用配备专用支架的运输设备将机舱和塔筒运输至现场，施工作业应尽量避免

二次倒运，但受施工进度、临时征地、道路条件等诸多因素的影响，会发生一定数量的二次倒运，此时可采用100t半挂车运输机舱，2台60t半挂车运输塔筒。叶片采用专用的叶片升举车运输，配2台25t汽车起重机装卸。设备装卸均采用配有柔性保护的专用吊带吊装。

进场后的风机部件在安装前需进行必要的清理，防腐层受损部位应用白色聚氨漆修补，检查是否有运输及存放造成的损伤，如有应联系制造商进行专业修补。

风机部件可露天存放，配备专用托架，底部采用沙袋或方木垫高，并防止地基下沉。塔筒两个互相垂直方向的直径应符合 $D_{max}/D_{min} \leqslant 1.005$；机舱及电气设备需检查外包装有无破损，并作防尘、防潮保护。

### 3.4 电源模块（PPM）安装

DFIG2.75MW-120型风机的预装配电源模块（PPM）是该机型的一个突出特点，PPM的三个节段：第1节段（变压器平台）、第2节段（控制器平台）、第3节段（变频器平台）均内置于第一节塔筒内部，对吊装的操作和安装细节要求很高。

PPM安装前必须首先考虑首节塔筒门的定位，以确定PPM安装方向，塔筒门应在基础环焊缝90°范围外，现场工程师予以确定。

PPM组件的吊装由主吊进行，主要过程如下：

（1）将变压器平台放置在基座上，安装梯架组件，钢板垫块及调平螺栓调平并控制水平位置。

（2）将控制器平台放置到变压器平台上，组装完成，扭锁固定，为保证PPM组件的安装稳定，可在第1、2节段上使用导链加固至塔基环上。

（3）将变频器连同其支撑架放置到控制器上部，组装固定。

（4）安装临时滑轨对齐系统，供首节塔筒安装使用。

### 3.5 塔筒安装

首节塔筒安装必须充分结合PPM系统和确定塔筒门的位置进行，对应塔基环的螺栓孔进行对位编号并标识。

将第1节塔筒与塔基环连接所用的螺栓、螺母、垫片放进基础环内，基础环上法兰面外缘与孔边间涂施12mm宽Sikaflex胶，塔筒对应PPM安装临时滑轨对齐系统，两端法兰部位按四点吊装法安装专用吊环，底部法兰部位十字交叉点连接四处导绳。主吊车与70t履带式起重机双抬起吊，起吊垂直后，人工牵引导绳配合主吊车将塔筒就位于PPM临时滑轨系统，缓慢下落至距塔基环10cm左右的距离，对应编号准确后，下方穿入螺栓并手动拧紧螺母后继续下落就位，并立即进入力矩作业。

力矩作业未完成前，主吊车不摘起重钩，其余各节塔筒的安装方法与首节相同。

### 3.6 机舱安装

拆除机舱包装，检验无问题后，密封运输罩所有边缘，安装风速风向仪、安气象平台并理顺线缆，完成机舱内部清理。

将机舱梯子、底部吊装孔盖板、底部运输孔盖板、主机与叶轮系统的连接螺栓以及安装工具放到机舱内安全位置并固定好，随主机一起吊装；安装机舱与塔筒的工具和螺栓全部准备好放置于第 3 节塔筒顶部平台待用。

完成第四节塔筒顶部法兰面清理，严禁涂抹密封胶。在机座 4 个吊座上安装机舱专用吊运梁，机舱前后各安装一根导绳，800t 履带式起重机起吊。起吊至机舱 1～2m 左右，清理机舱底部法兰。徐徐提升机舱至塔筒正上方，通过人工牵引导绳配合主吊车将机舱法兰与顶部塔筒法兰孔对位，在法兰中插入 4 个相对螺栓，作为对齐辅助工具，缓慢将机舱下降至距塔筒法兰面 1cm 左右时，吊机停止，调整机舱纵轴线与主风向保持 90°。机舱完全落下，螺栓连接，进行力矩作业，完成吊装。

### 3.7 轮毂叶片组装安装

DFIG2.75MW－120 型风机的轮毂与叶片在轮毂组装专用支座（图 1）上进行，故需在施工前完成专用支座的安装。轮毂就位于专用支座上并固定，主吊车及两台 70t 吊车共同完成叶片吊组，一台吊车吊点在叶片根部 1m 以内，第二台吊车吊点距离叶片根部 4m 处，第三台吊车拆除支架。两台吊车抬吊叶片平稳移向轮毂对位，将叶片 0°位对好后，缓慢将叶片插入变桨轴承内圈上，套上垫圈，旋入螺母。使用电动扳手快速上紧所有螺母，按要求力矩值的 50%预紧螺栓，依次完成其余两片叶片的组装。

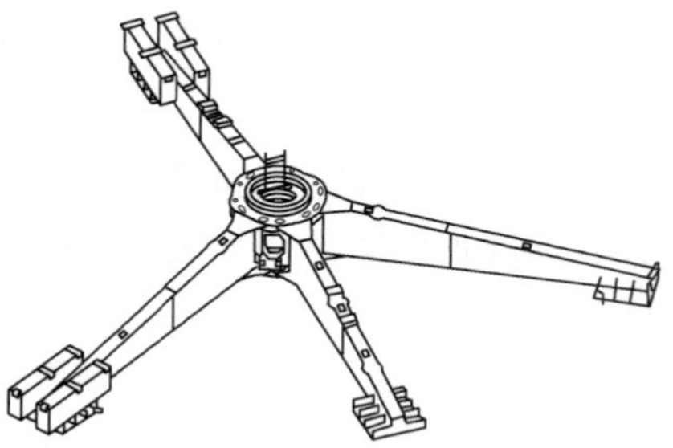

图 1　轮毂组装专用支座

叶片组装完成后，完成整流罩、主吊环安装。从尾管叶片开始，叶片旋转－90°，后缘面朝上，连接主吊车至吊环，70t 履带式起重机辅吊尾叶片，并连接导绳。双机起吊，至主吊车独立起吊轮毂叶片竖直，缓慢提升至机舱面完成对吊安装，并进行力矩作业。

### 3.8 力矩作业

力矩作业是风机吊装的重要作业环节，自塔筒安装开始贯穿在各部件组装的各个环节，风机螺栓连接力矩见表 3。

**表 3　DFIG2.75MW－120 型风机螺栓连接力矩表**

| 连　接　位　置 | 型号 | 力矩值 | 备　注 |
|---|---|---|---|
| 基础环和第 1 节塔筒、第 1 节和第 2 节塔筒 | M48×310 | 6500Nm | 法兰间涂 Sikaflex 胶 |
| 第 2 节和第 3 节塔筒、第 3 节和第 4 节塔筒 | M36×235 | 2800Nm | 法兰间涂 Sikaflex 胶 |
| 第 4 节塔筒与机舱 | M36×310 | 1500Nm＋60° | 螺纹上严禁喷涂 $MoS_2$ |
| 机舱和转子 | M36×330 | 2400Nm＋120° | 严禁喷涂 $MoS_2$ |
| 叶片和轮毂 | M36×620 | 500Nm＋120° | 螺纹上需喷涂 $MoS_2$ |
| 发电机地脚螺栓 | | 20～40Nm | |
| 齿轮箱和底座 | M36 | 1500Nm＋270° | |

各环节力矩作业应按照作业指导书，校准液压表读数，确保达到设计力矩值。

## 4 安全技术控制

（1）制定安全技术措施和专项方案，制定各项应急预案，作必要的审查确认后执行；并充分做好安全技术交底工作。

（2）现场作业人员必须佩戴全身式安全带，安全带必须有双钩式和防坠落装置。

（3）起重作业和登塔作业人员需经过专业培训并取得作业证书。

（4）现场安全距离为荷载高度的1.5倍以外，作业人员经批准在吊车主臂1倍以内范围作业，施工车辆在吊车主臂2倍以外范围作业，参观人员在吊车主臂3倍以外范围停留。

（5）施工现场临时用电必须保证稳定的变压和频率输出，电压保证在（380±5）V范围内。

（6）施工作业必须进行吊装最大和最小风载计算，叶轮吊装时风速限制在8m/s以下，其他部件安装风速控制在10m/s以下，风速在15m/s时禁止出舱作业，在12m/s以下叶轮需锁住。

（7）严禁在塔筒内进行气割作业，禁止在转动部件周围进行焊接作业，严禁动用明火进行电缆热缩作业，如有动火作业必须配备足够的灭火器材。

（8）塔筒内作业工具袋必须是封口式。

## 5 结语

通过对铁岭头道风电场DFIG2.75MW－120型风机吊装技术的总结，其风机制造和配件水平及精度较国内同类风机确有先进性，对吊装作业的流程控制、指标控制及工具配备均提出了很高的要求。实践证明，现场的设备选用及吊装技术的实施，符合厂家安装技术要求，成机效果良好，为今后同类风机的吊装积累了一定的经验。

**【作者简介】**

赵军峰（1983.1—　），男，工程师，中国水电一局有限公司技术管理工作。

# 白莲河抽水蓄能电站工程隧洞贯通误差的分析

王瑞瑛

（中国水利水电第一工程局有限公司，吉林长春，130062）

【摘　要】 结合白莲河抽水蓄能电站的工程特点，为解决隧洞的贯通测量及测量放样问题，通过对隧洞贯通误差的分析，采用导线测量的方法作为贯通测量，1 号、2 号高压管道开挖贯通后的横向贯通误差分别为 13mm、11mm，小于规范要求的 50mm，即：采用导线测量的方法进行贯通测量是可行的，能够确保工程质量。

【关键词】 白莲河　抽水蓄能电站工程　贯通误差　分析

## 1　工程概况

白莲河抽水蓄能电站位于湖北省黄冈市罗田县白莲河乡境内，白莲河水库右坝头上游侧。本工程为一等大（1）型工程，枢纽工程的永久性建筑物主要包括上库主坝、①副坝、②副坝、③副坝、输水系统和地下厂房系统等建筑物，下库为 20 世纪 60 年代初建成的白莲河水库。电站总装机 1200MW，装有 4 台单机容量为 300MW 的可逆式电动发电机组。

## 2　隧洞贯通误差的分析

### 2.1　贯通误差

当一条隧洞由两端相向开挖时，由于地面及地下控制测量、竖井联系测量和施工放样中所产生误差的影响，使贯通面处的点位与方位不能严密地重合，总是有错开的现象发生，这种错开的量称为贯通误差，见图 1。

$A$、$B$ 为隧洞两端的洞口控制点，$cc'$ 为贯通面，由 $A$ 点开挖至贯通面隧洞中心线的 $M_1$ 点，与由 $B$ 点开挖至贯通面隧洞中心线的 $M_2$ 点（$M_1$ 与 $M_2$ 应是同一中心线、同一桩号上的点），这时 $M_1M_2'$ 的距离（即 $M_1$、$M_2$ 两点垂直于线路中心线方向的投影长度）称为横向贯通误差；而 $M_2M_2'$（即 $M_1$、$M_2$ 两点沿中心线方向的投影长度），称为纵向贯通误差；$M_1$ 与 $M_2$ 点的高程差称为竖向贯通误差。一般说来，纵向贯通误差只影响到隧洞桩号上的差异，它的长度在一定范围内稍作调整，对工程质量不会产生影响；而竖向贯通误差影响着隧洞的坡度，但由于相向开挖隧洞的高程控制大都是用水准仪直接测定，根据大量实测资料统计，一般竖向贯通误差均很小，很容易满足精度要求；至于横向贯通误差，

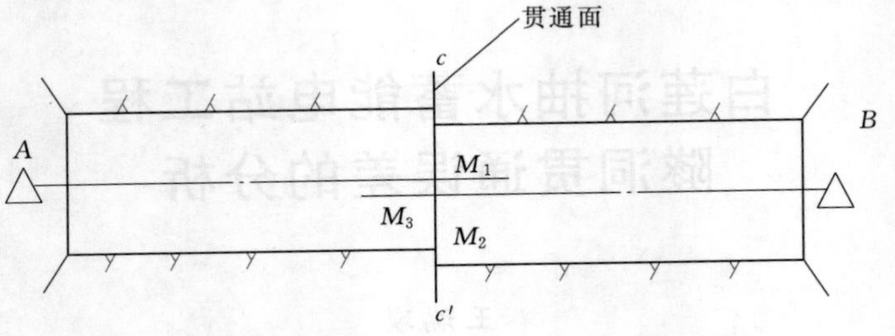


图 1　贯通误差示意图

它会使隧洞在对向开挖中产生错开，对于边开挖、边衬砌的隧洞施工来说，会直接影响工程质量，如果这种错位达到一定程度后再进行处理，则会造成一定的经济损失，因此，必须进行严格控制。

### 2.2　隧洞横向贯通误差的估算

#### 2.2.1　由控制测量误差导致横向贯通误差的基本原理

现以测量一条导线边为例，见图 2。

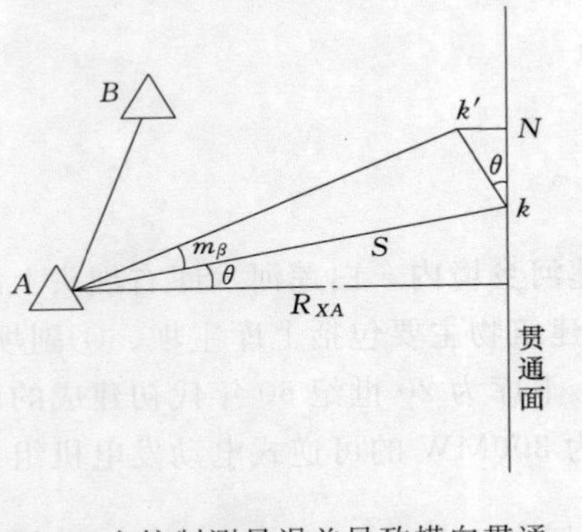


图 2　由控制测量误差导致横向贯通误差的基本原理示意图

(1) 由于在导线点测角而引起的横向贯通误差。

作为隧洞控制的一个导线边 $AB$，在 $A$ 点测角时，所产生的测角中误差 $m_{\beta A}$，使导线在贯通面上的 $K$ 点产生一个位移值 $kk'$，而移至 $k'$ 点，这个位移值在贯通面上的投影 $NK$，就是对于横向贯通误差的影响，可写成

$$m_{\beta A}=NK=kk'\cos\theta$$

而

$$kk'=m''_{\beta A}/\rho''\cdot S$$

故

$$m_{y\beta A}=m''_{\beta A}/\rho''\cdot R_{XA} \tag{1}$$

式中　$m_{y\beta A}$——在 $A$ 站测角所影响的横向贯通误差。

(2) 由于导线量边误差而引起的横向贯通误差，见图 3。

作为隧洞控制的一条导线边 $AB$，在测量其边长时，产生长度误差 $m_l$，从图中可以看出，由 $ml$ 引起的横向贯通误差为：

$$m_{yl}=B'B'_1=ml/l\cdot \mathrm{d}y \tag{2}$$

式中　$l$——导线边长；

$ml/l$——边长测量的相对中误差。

这样，导线边 $AB$ 测角与量边的误差在贯通面综合影响的横向误差为：

$$M_u=\pm\sqrt{m_{y\beta}^2+m_{y1}^2} \tag{3}$$

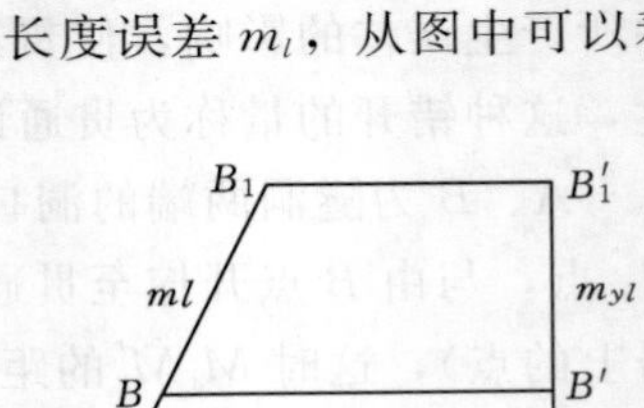

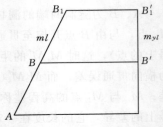

图 3　由导线量边误差而引起的横向贯通误差示意图

这个例子直观地说明了控制测量对横向贯通误差影响的基本原理。

**2.2.2** 地面控制测量对隧洞横向贯通的影响

(1) 当地面布设导线控制时，见图4。

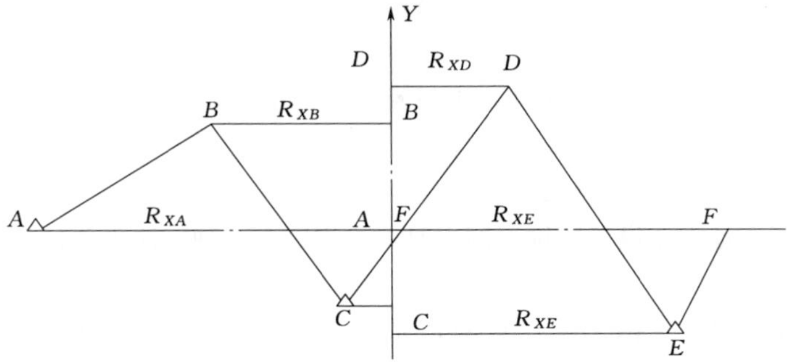


图4　当地面布设导线控制时地面控制测量对隧洞横向贯通的影响示意图

沿着隧洞在地面布设了支导线 A、B、C、D、E、F 等点，以测定两个洞口点 A、F 的相对位置，A、F 点的测量误差对横向贯能的影响可按下式表示：

a. 由于导线测角误差而引起的横向贯通误差为

$$m_{y\beta}=\pm m''_{\beta}/\rho''\sqrt{\sum R_x^2} \tag{4}$$

式中　$\rho''$——206265″。

b. 由于导线测量边长误差而引起的横向贯通误差为

$$m_{y1}=\pm m_1/1\sqrt{\sum d_y^2} \tag{5}$$

式中　$m''_{\beta}$——导线测角中误差，以秒计；

$m_l/l$——导线测边的相对中误差；

$\sum R_x^2$——测角的各导线点至贯通面垂直距离的平方和（在图4中，$\sum R_x^2=R_{xA}^2+R_{xB}^2+R_{xC}^2+R_{xD}^2+R_{xE}^2+R_{xF}^2$）；

$\sum d_y^2$——各导线边在贯通面上投影长度的平方和（在图4中 $\sum d_y^2=\overline{A'B'}^2+\overline{B'C'}^2+\overline{C'D'}^2+\overline{D'E'}^2+\overline{E'F'}^2$）。

将式(4)与式(5)合并，即得导线测量的总误差在贯通面上所引起的横向中误差为

$$m_u=\pm\sqrt{(m''_{\beta}/\rho'')^2\sum R_x^2+(m_1/1)^2\sum d_y^2} \tag{6}$$

式(6)是以支导线的情况考虑的，导线未加设角度闭合条件借以平差计算使精度有所增益，因此对所求的 $m_u$ 值是偏大的，但如果这个 $m_u$ 值已满足了既定的横向误差要求，说明这样的技术设计还是可行的。

关于 $R_x$ 和 $d_y$ 数据的取得，可用下列两种方法：

1) 图解法。根据隧洞及布设导线的长度，绘制1：500～1：200比例尺的控制网图，将导线点及隧洞位置均展示在图上，同时将计划的贯通面标出，然后就可图解出 $R_x$、$d_y$ 值了，一般情况下量取到10米级就可以了。

2) 解析法。采导线点的坐标、方位角和边长计算 $R_x$、$d_y$，为了计算方便，在此假定贯通面位于洞轴线中央，其计算式如下：

$$R_x=|Y_i-KX_i+KX_0+Y_0|/\sqrt{1+k^2} \tag{7}$$

$$D_y = |s \cdot \cos\alpha| \tag{8}$$

$$X_0 = |(X_A + X_B)|/2$$

$$Y_0 = |(Y_A + Y_B)|/2$$

$$K = |(X_A + X_B)|/|(Y_A + Y_B)|$$

式中　$X_A$、$Y_A$、$X_B$、$Y_B$——洞进口、出口点的坐标；

$\alpha$——导线边方位角；

$s$——导线边边长。

（2）当沿隧洞在地面布设三角锁（网）时，可用以下三种方法来预估横向贯通中误差。

1）按单一导线法。

见图5，在隧洞 $A$、$B$ 两个洞口点间，布设了 $C$、$D$、…三角锁点，这时可取三角锁中靠近隧洞中心线的一条路线，作为两洞口点间的一条支导线，按以上所讲的导线控制的方法去预估，如在图5中选以 $A—C—D—E—F—B$ 为一条导线，按三角测量等级相应的测角中误差为 $m''_\beta$，并以三角测量等级所规定的相应的最弱边相对中误差为 $ml/l$，再利用式（6）进行估算，显然这一方法其估算结果与导线一样，由于应用上的省事、方便，加之不需要更多的平差计算知识，所以在过去的实践中广被利用。

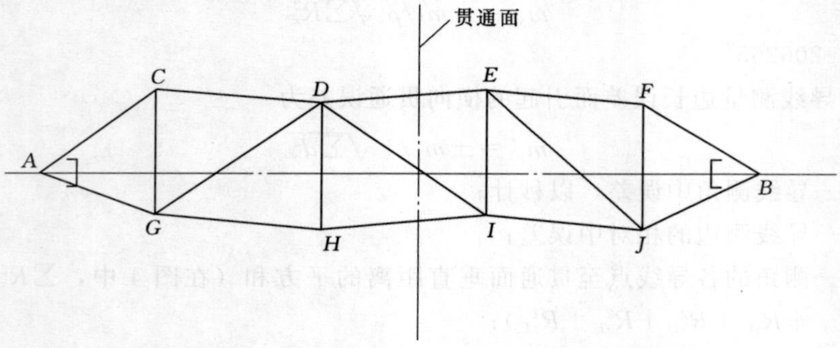


图5　单一导线法示意图

2）利用两洞口点相对误差椭圆估算地面控制测量误差对横向贯通面的影响值。

如图5中的地面控制网，$A$、$B$ 为洞口控制点，通过先求 $A$、$B$ 两点的相对误差椭圆，然后将它投影到贯通面上的投影长度，结合隧洞横向贯通面的方位，求出横向贯通的影响值。

为了计算相对误差椭圆元素，可以按间接平差方法进行，即由误差方程

$$V = AX - L \tag{9}$$

求得协因数阵

$$Q_{XX} = (A^{\mathrm{T}} \cdot P^{\mathrm{A}})^{-1}$$

从 $Q_{XX}$ 阵中可取 $A$、$B$ 点坐标的协因数元素，从而可计算出 $A$、$B$ 点相对误差椭圆的参数。

$$E^2 = \sigma^2/2\{Q_{\Delta X\Delta X} + Q_{\Delta Y\Delta Y} + \sqrt{(Q_{\Delta X\Delta X} - Q_{\Delta Y\Delta Y})^2 + 4Q^2_{\Delta X\Delta Y}}\} \tag{10}$$

$$F^2 = \sigma^2/2\{Q_{\Delta X\Delta X} + Q_{\Delta Y\Delta Y} - \sqrt{(Q_{\Delta X\Delta X} - Q_{\Delta Y\Delta Y})^2 + 4Q^2_{\Delta X\Delta Y}}\} \tag{11}$$

$$TAN2\psi_0 = 2Q_{\Delta X\Delta Y}/(Q_{\Delta X\Delta X} - Q_{\Delta Y\Delta Y}) \tag{12}$$

其中

$$Q_{\Delta X\Delta X} = Q_{XAXA} + Q_{XBXB} - 2Q_{XAXB}$$

$$Q_{\Delta Y\Delta Y} = Q_{YAYA} + Q_{YBYB} - 2Q_{YAYB}$$

$$Q_{\Delta X\Delta Y} = Q_{XAYA} + Q_{XBYB} - Q_{XAYB} - Q_{XBYA}$$

根据 $E$、$F$ 和 $\psi_E$ 即可绘出贯通面处的相对误差椭圆。至于特定方向的相对位差，如隧洞横向贯通误差 $m_u$ 可按下式计算：

$$m_u^2 = E^2\cos(\alpha - \psi_E) + F^2\sin^2(\alpha - \psi_E) \tag{13}$$

式中　$E$——相对误差椭圆的长半轴；

$F$——相对误差椭圆的短半轴；

$\psi_E$——长轴与 $X$ 轴的夹角，即长轴的方位角；

$\alpha$——横向贯通面的方位角。

$m_u$ 也可以通过下式计算

$$m_u = m_o(Q_{\Delta X\Delta X}\cos^2\alpha + Q_{\Delta Y\Delta Y}\sin^2\alpha + Q_{\Delta X\Delta Y}\sin^2\alpha) \tag{14}$$

式中　$m_o$——单位权中误差，可由过去的资料或经验确定。

3）零点相对误差椭圆法。

这是一种将地面、地下控制网作为一个整体进行平差，利用贯通点相对误差椭圆预计贯通误差的方法，见图 6。

地面控制网 1～6 号点，其中 1 号、2 号是洞口点 7～10 号是地下导线点 $J_1$ 是由 1 号测至贯通面的一个点，$J_2$ 是由 2 号测至贯通面的一个点，由于 $J_1$ 与 $J_2$ 应为同一点，其间的距离应为零，故称为零点相对误差椭圆。由于相对误差椭圆的存在，并不取决于两点距离的长短，因而可以通过贯通点相对误差椭圆来求横向贯通误差。

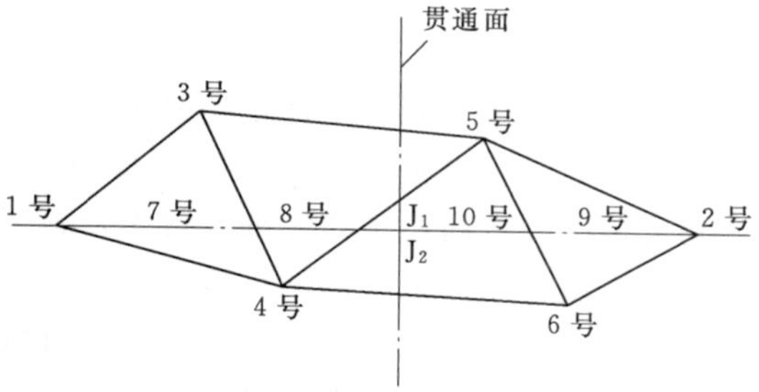


图 6　零点相对误差椭圆法示意图

本法的平差和计算贯通点横向误差的数学模型与方法 2）完全一样，在此不再重述。

在用上述三种方法的任一种进行估算时，在求得预期的横向贯通误差后，将其与规定的允许值进行比较，以决定是否要改变 A 阵元素，即改变网型和观测类型；或改变 P 阵元素，即改变观测精度，以达到合理设计隧洞施工控制网的目的。

**2.2.3**　洞内控制测量对隧洞横向贯通的影响

由于隧洞的开挖，洞内控制只能随开挖进程逐渐延伸，控制工作只能以导线的形式布设，且这种导线在贯通以前属支导线的性质。根据分析，若隧洞贯通以三个独立因素考虑，则地下每条支导线测量所产生的横向贯通中误差的允许值为±0.58M，在相向开挖长度小于 4km 的条件下，$0.58M = 0.58 \times 50^{mm} \approx \pm 30^{mm}$。

在直线或近于直线型的隧洞中，支导线的布设往往是近似等于等边且呈直伸形式，这时横向误差主要是由于导线的测角误差所引起的，因此，在考虑地下导线角度观测的精度时，应使角度观测所产生的横向误差不大于 0.58M 值，根据直伸支导线点位精度的分析，导线端点的横向误差计算公式为：

$$m_u^2 = [s]^2 m_\beta''^2 / \rho''^2 \cdot (n+1.5)/3 \tag{15}$$

式中 $s$——导线边长，m；

$n$——导线边数；

$m_\beta''$——导线测角中误差，(″)；

$\rho''$——206265″。

利用式（15）估算隧洞地下的横向贯通误差是非常方便的，只要知道隧洞相向开挖的长度和拟布设的导线边数，将既定的测角精度 $m_\beta$ 等值代入式（15）中，便可得到横向误差的具体数值，将其与规定的要求相比较，如不能满足需要，则可以适当调整 $m_\beta$ 值，重新计算，直至达到精度要求为止。

测角精度 $m_\beta$ 也可以在横向贯通误差为已知，又在图上设计了计划布置导线边长及边的个数，可用下式反求出需要的测角精度，而后付诸实施。

$$m_\beta = \pm 0.58M \times \rho'' / (s \times n \sqrt{(n+1.5)/3}) \tag{16}$$

根据大量生产实验资料的统计分析，得出用 $DJ_2$ 型经纬仪在野外测角中，一测回的测角中误差为 $m_\beta \pm 6''$，则 $n$ 测回的测角中误差为

$$m_\beta = \pm 6'' / \sqrt{n} \tag{17}$$

根据式（17）很容易调整导线的测角精度，使预估的横向误差值满足隧洞贯通要求。

## 2.3 贯通测量

贯通测量因限于洞身条件，一般采用导线测量，即贯通导线。

贯通导线的布设主要是满足隧洞贯通的需要，与施工导线相比，一般边比较长，测角、测边精度要求高，工作要细致得多，施测前应作好技术设计，其要求可参照 2.2.3 小节的内容去做，以保证隧洞的正确贯通。

由于洞内施工，洞中心线部位有施工机械车与出碴车辆频繁行驶，为避免干扰，贯通导线宜沿洞壁两侧布设，点位可选在距洞壁 1m 左右的底板上，埋设标志时可借风钻打一深 50cm 的孔，用混凝土嵌入图 7 的标志。

导线点也可选在洞壁上，在洞壁一定高度处，打 2 个水平钻孔，以混凝土锚定 2 根螺纹钢筋，钢筋伸出壁外 30cm 左右在其焊接预制的仪器底盘，测量时可直接将仪器或棱镜拧于其上以强制对中减小导线的测角误差，见图 8。

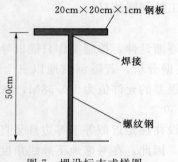

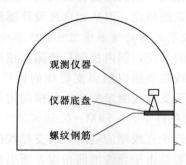

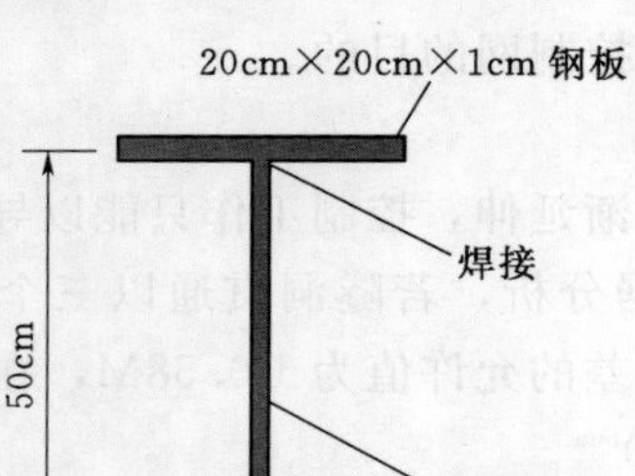

图 7 埋设标志式样图

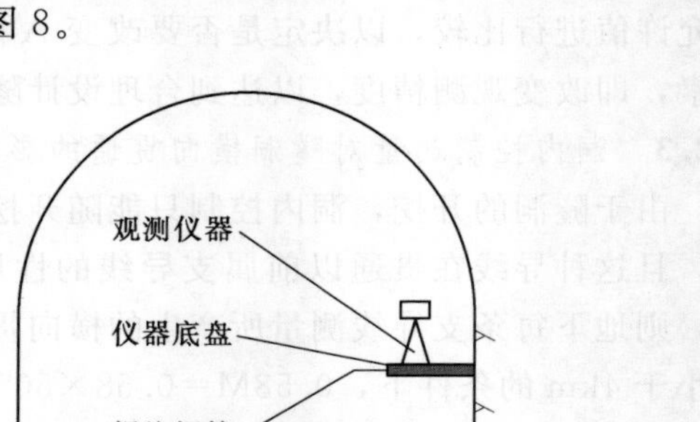

图 8 埋设位置图

贯通导线测量涉及隧洞的正确贯通，事关重大，因此，施测时应做到以下三点：

（1）要及时地布设，以便为施工导线提供方便的校测条件，保证施工导线指导掘进施工的正确性。

（2）施测时一定要为洞内施工现场创造一个良好的环境，如：停止各类车辆的运行；及早做好通风工作，降低洞内空气中烟雾及粉尘含量以及加强洞内的灯光配置，提高照明度等，这些因素对保证电子仪器测量的精度都是特别重要的。

（3）贯通导线本身要十分重视复测工作，在发现导线标石有位移时，应及时调整原数据，做到始终保持导线成果的正确性，这项复测工作在开始阶段，应一周左右复测一次，以后可根据复测资料以及标石稳定情况，放宽复测周期。

我公司承建白莲河抽水蓄能电站1号、2号高压管道开挖贯通后的横向贯通误差分别为13mm、11mm。由于两条高压管道的长度均小于4km，所以规范误差为50mm，即贯通误差小于规范误差，满足要求。

## 3 结语

误差是不可避免的，但我们一定要努力减小系统误差和偶然，避免粗差，按要求及时检验仪器设备，熟练掌握仪器的性能，提高观测水平，选择适宜的观测环境，才能提高观测数据的质量，满足相关规范及合同的要求。

**【作者简介】**

王瑞瑛（1973—　），女，吉林长春人，高级工程师，主要从事水利水电工程施工管理工作。

# 浅析混凝土二次振捣工艺在丰满水电站厂房工程清水混凝土施工过程中的应用

王　须

（中国水利水电第六工程局有限公司，辽宁沈阳，110000）

【摘　要】混凝土二次振捣是在施工过程中应用于提高混凝土性能的一种最为简便、高效的施工方法，本文主要针对混凝土二次振捣工艺施工控制要点及丰满水电站发电厂房工程在施工过程中该工艺的应用推广情况进行简单叙述。

【关键词】混凝土初次振捣　二次振捣　施工控制要点

混凝土二次振捣工艺是在预防混凝土施工过程中出现各类问题和质量缺陷可以采取的便捷、高效的施工方法之一，其对提高混凝土施工质量和混凝土强度、消除表面裂缝和结构内部细缝、改善抗渗性和耐久性、通过节约水泥用量来控制生产成本等具有一定的指导意义。本工程清水混凝土施工质量要求较高，在施工过程中发现，在适当时间进行混凝土二次振捣对于改善结构立面裂缝及气泡质量缺陷具有非常显著的效果，因此为提高清水混凝土施工外观质量，在本工程范围内的清水混凝土施工中全面推广实施了二次振捣工艺。

## 1　混凝土二次振捣的概念及优势

二次振捣是指在浇筑完成的合适时间内，重新对混凝土进行振捣。

进行二次振捣的优势：在浇筑完成后的合适时间内进行二次振捣可以显著增强混凝土强度、增加密实度、提高抗渗性、消除混凝土由于沉陷产生的裂缝和细缝。据实验表明，二次振捣可使钢筋握裹力增加1/3，28d龄期强度增加10%～15%，在保持强度不变的前提下节约水泥用量15%左右。

## 2　混凝土二次振捣的施工控制要点及注意事项

### 2.1　施工控制要点

（1）选择合适的二次振捣时间。

混凝土二次振捣时间的选择是能否取得预期效果的关键，与初次振捣时间间隔过短则效果不明显；间隔时间过长，超出重塑时间范围，则会破坏混凝土结构，反而影响混凝土的施工质量。大量实践及工程经验表明，进行混凝土二次振捣的时间应选择在混凝土初凝前的1～4h前后进行较好，特别是在混凝土初凝前1h进行效果最佳。

（2）对不同结构选择不同的振捣方法。

1）对于I型、T型预制梁，采用插入式振捣器在腹板位置间距20cm振捣，采用平板（附着）式振捣设备对翼板位置进行振捣。

2）对厚度超过20cm的预制平板采用插入式振捣器，厚度不超过20cm时采用平板（附着）式振捣设备。

3）浇筑与柱、墙连成整体的板、梁时，需在柱、墙混凝土浇筑完毕后静停1h，使其初步沉实后再进行浇筑，柱、墙顶部采用插入式振捣设备，在板、梁部位分别用插入式、附着式振捣设备。

现阶段本工程清水混凝土施工主要项目为地面以上柱、墙混凝土施工。

### 2.2 注意事项

（1）气温：环境温度升高时水泥的水化反应加快，初凝时间缩短，相应的二次振捣间隔时间就需缩短，同时，在昼夜温差较大时，也需要对间隔时间进行适当延长。

（2）水泥品种：混合材料的水泥一般较纯熟料水泥凝结时间长。

（3）混凝土强度等级：强度等级越高凝结时间越短。

（4）坍落度：一般，凝结时间随坍落度增加而有一定的延长，但在高温季节，混凝土凝结时间受坍落度影响很小。

（5）水灰比：二次振捣对小水灰比的混凝土增强效果好，对水灰比大的混凝土增强效果略差。

## 3 二次振捣工艺的具体控制措施

本工程施工过程中为保证混凝土二次振捣工艺的应用起到其应有效果的同时，尽量避免其可能造成的过振、破坏混凝土结构的现象，因此，在进行二次振捣时间选择时尽量选择距离初次振捣间隔较短的时间，结合现场实际情况进行逐步试验。现场试验室通过测定混凝土坍落度值来间接判定混凝土初凝时间，综合环境温度、水泥品种、混凝土强度等级、坍落度及水灰比，考虑上层混凝土振捣时对下层混凝土的二次振捣作用等因素影响，确定振捣时间。

丰满水电站发电厂房清水混凝土工程施工项目为地面以上柱、墙混凝土浇筑。施工时间段为9—10月间，混凝土浇筑时环境温度均保持在18～27℃。为使各区域分界线处混凝土结合良好，两侧浇筑区从两侧向中间下料，浇筑完成一层后循环逐层浇筑，分层厚度为40～50cm，分层线由20cm间距水平筋控制，并在分层处的钢筋上做好标记。

初次采用$\phi$70软轴插入式振捣器，柱混凝土梅花形布点振捣、墙体矩形布点振捣，局部门、窗孔位置采用$\phi$50软轴插入式振捣器振捣。初次振捣时间为30s左右，操作振捣器时需快插慢拔，并结合现场情况以粗骨料不再显著下沉，并泛浆为准。

待上一坯层混凝土下料后进行下层混凝土的二次振捣及上一坯层混凝土的初次振捣，振捣器插入深度为80～100cm，振捣时间为45～55s之间，这样做的目的是充分消除层间结合缝隙，在丰满水电站发电厂房工程施工的大量实践经验来看，该做法非常有效地消减了层间“假冷缝”的现象。顶口收面时根据仓号情况采用$\phi$30或$\phi$50软轴振捣器进行二次振捣，间隔时间为20min，振捣器布置距离模板为20cm；进行窗孔下部混凝土浇筑时，

采用 $\phi30$ 或 $\phi50$ 振捣棒在设置好的振捣口进行作业，浇筑到振捣口高程时进行封堵。期间采用平板（附着）式振捣器在外侧辅助振捣。

## 4 结语

经过几个月的工艺推广实践，混凝土二次振捣工艺为提高本工程清水混凝土外观质量做出了较大的贡献，清水混凝土表面外观质量有了很大幅度的提高，当然，混凝土二次振捣工艺的推广只是其中一个有利因素，在混凝土二次振捣工艺的应用仍有很大的进步空间，由于其牵涉施工因素较多，涉及环境温度、水泥品种、混凝土强度等级、坍落度、水灰比等，实际施工应用时需要参照现场实际情况，进行振捣时间的细微调整，需要慎重、严谨使用，防止因振捣时间选择过长，造成对混凝土结构的破坏。

【作者简介】

王须（1990— ），男，助理工程师，河北石家庄人，现从事水利水电工程管理工作。

# 三角闸门设计制造安装关键问题研究

刘　浩[1]　李昱蓉[2]　胡艳玲[1]　师小小[1]　张春丰[1]

（1. 中水东北勘测设计研究有限责任公司，吉林长春，130021；
2. 南京农业大学工学院，江苏南京，210031）

【摘　要】 三角闸门作为船闸枢纽防洪挡潮和通航运行的重要设施，对于工程的安全运行起着关键性的作用。本文从实际工程出发，从设计、制造、安装三方面进行了详细剖析，分析、总结和梳理了三角闸门的整体结构及部件设计要点、结构焊接和螺栓连接质量控制、安装误差控制等方面关键问题。对近年来的三角闸门设计提出了改进建议，对制造安装过程中的问题提出了防治措施，可为三角闸门设计、制作、安装的质量控制起到指导和借鉴作用。

【关键词】 船闸　三角闸门　设计　制造　安装

## 1　概述

三角闸门作为船闸枢纽防洪挡潮和通航运行的重要设施，对于工程的安全运行起着关键性的作用。三角闸门的特点是能承受双向水头，并可利用门缝输水形式提前开启闸门，提高过闸能力，也可在有水压情况下（动水）启闭，并可利用平潮时段开通闸门，尤其适用于受潮汐影响的船闸工程，可有效提高通航能力，具有重要的应用价值。

三角闸门由门体结构、支承系统、止水系统、防撞系统等几大部分组成。门体结构由面板、纵横次梁、门叶网架、支臂网架、端柱、底枢装置、上下支铰装置、浮箱和工作桥等组成。支承系统采用上、下两支承静定结构，水平力通过顶底枢拉杆传递到闸墙上，竖向力由底枢蘑菇头承受。

本文主要从设计、制造、安装三个方面介绍三角闸门中存在的一些关键问题，并提出合理化建议，以利于指导三角闸门的设计建造等工作。

## 2　设计

### 2.1　总体布置

三角闸门总体布置是三角门设计的基础和首要考虑的环节，其布置的合理性直接关系到门体的工程量和造价，也关系到门库的尺寸和闸首造价，并且影响输水过程的水力学条件和船舶停靠的安全性。

（1）闸门中心角的选择。三角门中心角的大小决定了边缝与中缝的分流比，增加中心角可以减小中缝进水流量，从而改善闸室内船舶的停泊条件。中心角的增大会导致门体结构与闸首工程量的增加，闸门的支座反力和启闭力也会相应增大，且边缝出流量过大，在门库中产生的回流会引起闸门振动，对门体受力也不利。相关研究表明，利用全水头进行灌泄水的闸门，在设计水头差 2.5m 以内且运量不大的中小型船闸闸门，其中心角可选择 75°～80°；对采用短廊道与门缝输水配合的，仅在低水头时利用门缝输水缩短过闸时间，此类船闸闸门中心角选择范围宜在 70°～75°。因此，闸门中心角选择 70°较为合理。

（2）立面结构体系的选择。三角闸门一般为立柱式支臂结构，根据支座数量的不同，分为静定结构和超静定结构。支座数量越多，门体支座安装的难度越大，且运转时因受力不均以及安装偏差容易产生响声，支座的运转件磨损也较大。近年来，随着材料性能和加工工艺水平的提高，由于结构简单、受力明确，便于安装调试等优点，三角门的设计也大多倾向于选择两支点的静定结构形式。

## 2.2 结构设计

（1）门体结构形式。

船闸三角闸门门体结构形式主要有两种：型钢节点板的形式和钢管球节点的型式。其中，钢管球节点网架结构具有强度大、阻力小、可增加浮力、结构美观等优点。近年来得到越来越广泛的应用，《船闸闸阀门设计规范》中将其作为三角门门体推荐结构形式。但是学者从闸门维修养护的角度出发，提出了不同观点，空心钢球及圆钢管杆件大修时须进行检漏处理，由于球体及钢管数量较多，只对一些大的管件进行检漏。由于工艺与焊接质量问题产生的空心钢球及钢管漏水锈蚀问题将成为球节点三角闸门的长期隐患。采用钢管球节点设计，管材材料选用存在限制，只能选用 20 号钢，其综合性能低于 Q345。因此，选用型钢节点板的形式和钢管球节点的型式有待进一步探讨。

闸门面板梁系宜按等荷载原则设计，通过计算合理确定主、次梁截面和布置间距。端柱应具有较大的刚度，并满足轴枢布置要求，一般采用组合“工”字梁结构。为防止船舶直接碰撞闸门，闸门靠航道一侧应设置防撞设施。防撞设施的底部防护范围应低于船舶的干舷位置，同时防撞板外侧竖向布置了数道道柔性护舷，更好地起到缓冲消能和防撞的作用。同时在面板附近最低通航水位以下的水平刚架间设置浮箱，以减小三角门运行时的门头下垂量。为了改善设置防撞设施带来的闸门受扭现象，宜设置非对称布置的偏置浮箱。

（2）止水与羊角。

三角闸门止水系统主要由底止水、边缝止水及中缝止水组成，应根据闸门不同位置的特点进行针对性的设计。其中，闸门底止水布置于门体梁格底部，由于三角闸门重心偏向面板侧，门头下垂不可避免，因此就要求底止水对门头的垂直变位具有良好的适应性，另外，在闸门的频繁启闭过程中，如何减小底止水的磨损也是底止水设计时需考虑的问题。底止水采用改进双 L 形结构，可以较好地解决门头下垂适应性的问题，并且在底止水橡皮球头接触表面覆聚四氟乙烯，以提高其耐磨特性，底止水在设计时需要预留了纵、横向坡度，在保证关门止水效果的同时，也进一步降低了闸门启闭过程中对底止水的磨损。

边缝止水一般为 V1 形止水橡皮，该种型式的橡皮由于其支臂翘起一定的角度，在水压力作用下可以更方便的贴靠。中缝止水一侧采用钢质材料灌环氧树脂，与早期采用的平板尼龙相比，该种型式线膨胀系数低，不受温度变化和干湿交替环境的影响，方便安装调试，且止水效果稳定；另一侧采用双 P 形结构，P 形球头均朝向外侧，这样布置就进一步加大了正、反向水头条件下与边缝止水形成的力矩差，具有较好的压紧效果。

边羊角起到止水和调整边缝进水的宽度的作用，以达到扩大边缝进的流量的目的。中羊角起到止水和平衡边羊角上的水压力对闸门旋转轴产生的偏心力矩的作用。闸门的羊角宜对称布置。对于一般船闸，闸门边羊角长度应大于中羊角，可以减少闸门启门力，但也应注意防止闸门因为这个原因而自动开启，使边止水达不到止水的效果，此时需要启闭机推拉杆预压。对于沿海地区船闸，根据观察，台风期间，受风浪作用，闸门关闭后会小幅往复转动（即“漂移”现象），可能引起液压机短暂过载。经分析认为，对沿海地区船闸，闸门的边羊角可与中羊角基本等长，这样布置可增加中缝止水支承条间的摩擦力，加强两扇闸门的关联，有助于减少闸门的漂移现象。

（3）支撑系统。

三角闸门支承系统包括顶枢和底枢。顶枢支承一般采用花兰螺母的结构型式，该种结构便于安装调整，同时为防止拉杆松动，设计中在拉杆两端的锁紧螺母外侧设有夹卡，以保证拉杆螺母的可靠锁紧，拉杆及螺母采用梯型螺纹，以增强传力能力。而闸门底枢支承受力较大，且在水下不易调整，因此，采用整体式结构配楔块微调，可减短拉杆的长细比和提高抗压能力，并利用楔块的自锁特性保证位置的稳定。

### 2.3 耐久设计

沿海船闸工作环境比较恶劣，故应重视闸门的耐久性设计。门体材料宜优先选择船用钢材，并充分考虑防腐措施。闸门顶、底枢轴套、底枢蘑菇头衬套均属易磨损运转件，更换较困难，建议采用强度高、摩阻低、耐腐蚀、抗磨性能好的自润滑材料。

### 2.4 安全设计

对于沿海船闸常遭受风暴潮的侵袭，闸门易产生漂移现象，对工程安全不利。可在闸门上设锁定器，供恶劣工况时船闸停航、闸门关闭挡潮时临时锁定闸门，限制门体在一定范围内活动、减少闸门漂移，取得良好效果。锁定器分别在闸墙和闸门上设锁定架，通过销轴插、拔实现闸门锁定、解脱。销轴直径不宜过大，可采用尼龙材料，具有一定的强度和韧性。锁定器销轴采用液压机驱动，其运行控制纳入船闸自动化系统，操作方便、效果可靠。

闸门自振频率受门前水体宽度和高度的影响：闸门面前水体高度越高，其自振频率越低；闸门面前水体宽度越宽，自振频率也越低。闸门动力分析时，需比较闸门自身自振频率与水流脉动频率，使闸门设计频率远离水流脉动频率，确保闸门运行安全。

### 2.5 启闭设计

三角闸门采用卧式液压启闭机启闭，每扇闸门配置 1 台启闭机。为了缓冲闸门开、关到位时的惯性冲击和闸门关闭挡潮时门体的振动对启闭机的冲击，在启闭机推拉杆前部装有机械缓冲器，同时在液压系统中采用电比例泵。通过设置变速关闭运行曲线，编制控制程序控制电比例泵的流量，实现闸门启闭过程中无级变速运行（开、关门运行开始后和到达终点前 1min 慢速运行，中间过程快速运行），从而有效减轻闸门运动惯性对油缸及系统的冲击。另外，考虑到船闸通航时可能发生船舶撞击闸门事故，为了保护液压系统及活塞杆，需要在系统里设置可承受等同于启闭机额定出力的撞击力的保护回路。

对开通闸过程中，安全保证十分突出。当上下游水位差过大时，闸门启闭机所承受的推力或者拉力也会逐渐增大，甚至会破坏启闭机的正常运行，导致闸门不能正常开关，进而导致事故的发生。提高通闸运行的安全度，需要对启闭机的受力规律进行理论和试验研究，确定最佳开通闸临界条件。

## 3 制造

### 3.1 门体结构控制

在三角闸门的制造过程中，应该进行认真进行设计、施工、质监、技术交底，严格按制定的施工组织设计和技术方案进行施工，严格执行工序“三检”制度和质量控制措施。制作胎架平台，并用膨胀螺栓与地坪基础固定，胎架水平度误差不得大于1.5mm。认真执行施工放样、下料工艺，制造质量检查管控制度。各道工序必须按设计、施工规范要求进行，质量应符合标准规定。放样、下料时必须明确构建弧度和拱度值，在料长尺寸中放出预留量，采用正确方法加工，保证达到设计和规范的规定值。在翻转、运输、安装过程中采取预防变形与损伤的保护措施。通过以上方法来控制门体结构尺寸偏差，表面损失，结构变形等问题。

### 3.2 门体焊接质量控制

门体的焊接时，应当保证正确坡口、边缘直度及拼装质量，提高焊接技术，焊缝过高需进行修磨处理，过低要进行工艺补焊，错边量超过规范要求则要进行重焊。焊条要妥善保管，烘干使用，按规定进行试焊，进行焊接工艺评定，确定适宜焊接电流，调整稳定焊接，尽量使用氩弧焊，缩短电弧长度，控制运条速度和施焊角度，对一般结构焊接咬边超过0.5mm进行打磨补焊，重要结构不允许咬边。尽量采用平焊和自动焊，控制焊接电流和运条速度，减少焊瘤，对普通碳钢结构的焊瘤铲除重焊，对低合金钢或敏感结构钢的焊瘤按其焊接工艺重焊处理。对不同焊接坡口按标准加工，提高组对工艺，控制拼接工艺，任何结构发生焊穿必须按焊接工艺补焊，重要结构同一位置补焊不得超过2次。提高焊工技术，合理控制运条、收熄弧、起弧速度，重要结构采用引入、引出弧板，避免弧坑。对弧坑处进行表面处理后补焊。对低合金钢结构补焊前应预热，焊后采用缓冷或保温措施。采取保护措施，保持良好焊接环境，有效控制潮湿度。焊缝必须清理干净，使得焊条、焊剂、焊丝符合标准。对焊处、多层焊处，在焊前必须清理干净，按标准要求加工坡口的尺寸与角度，确保组对质量，规范焊接，保证合理施焊熔化速度和吹力，避免焊缝夹渣，对焊渣进行铲除后补焊或重焊。通过上述方法控制焊缝过高、过低、飞溅、咬出、焊瘤、弧坑、气孔、夹渣等问题。

### 3.3 门体螺栓连接质量控制

装配前对连接件产生变形超差进行平直矫正，按正确程序由中间向外对称拧紧螺栓，使用工具与螺栓规格应一致。构件连接螺栓长度应符合设计要求，伸出螺母外长度就养应一致。当连接件孔位或同心度发生偏差时，应扩孔调整或焊补重新钻孔处理，严禁电焊或气焊扩孔。以此保证普通螺栓连接拧紧度一致，螺栓露出长度一致。对于高强度螺栓连接应当注意，构件连接面必须按设计要求加工处理。对构件连接面采取相应保护措施，不得涂染或污损。安装前必须检查构建接触面。高强螺栓施工与检测必须使用专用扳手，保证不欠拧或超拧。

## 4 安装

三角闸门安装主要出现的问题有顶枢拉杆座、底枢承轴台预埋螺栓、预留孔位不准，尺寸偏差超标；轴承台安装水平偏差超标；蘑菇头安装标高、中心距、相对高程超偏差；顶枢拉杆水平倾斜度、相对高程超偏差；立柱、羊角垂直度超偏差，中心线偏移。闸门吊装、安装工艺不当，导致门体结构变形。止水安装位置超偏差，止水压缩量、直线度、平面度、间隙不符合设计要求，有漏水现象。

闸门安装单位对各预留安装孔位坐标位置、尺寸进行复查确认定无误后，方可办理工序验收交接。严格按预埋安装技术方案准确放样，预埋件安装通过自检、复检确认定位的轴承台中心距、工作面水平度、高程、相对高程、支座中心线及垂直度在允许偏差范围内，预埋件连接牢固后，方可进行二期混凝土浇筑。对浇筑后的预埋螺栓加以保护，顶底枢构件安装时要缓慢入位，防止损伤螺栓、螺纹。闸门结构组建吊装前，对其长度、水平度、垂直度和连接部位的位置尺寸进行复核，测量准确，当存在变形时，按质量标准和矫正工艺参数进行矫正后，方准许吊装。吊装前通过计算或试吊法正确选择组装构件的重心受力节点，必要时按结构特性予以加固，预防吊装过程构件失稳，产生弯矩，发生变形。吊装就位后，进行安装连接，检查、复测安装位置及尺寸，当发现有不符合设计要求的尺寸偏差或安装缺陷时，查明原因，进行调整处理，若仍达不到质量标准，则放回地面进行处理完成后重新吊装，不允许不经处理合格而强行组对或任意改变连接位置。

在闸门安装调整好后，橡皮止水孔径应比螺栓直径小 0.5～1mm，检查、复测其水平度、垂直度、压缩量、闭合间隙是否符合设计要求，止水均匀，平顺贴靠。中缝止水结构间隙，边缘止水预埋件连接缝间隙采用性能好的止水材料进行密封处理，确保不渗漏。控制支承连接部位，止水橡皮胶合处不准有错位、疏松、凹凸不平等现象。

## 5 结语

本文从实际工程出发，对三角闸门设计的要点问题、制造注意事项、安装质量问题进行了分析、总结和梳理。对近年来三角闸门设计过程中的改进之处进行了阐述，对制造安装过程中出现的问题提出了防治措施，可以为工程设计人员进行三角闸门设计、制作、安装等质量控制起到一定的指导和借鉴作用。

**【作者简介】**

刘浩（1985— ），男，吉林长春人，工程师，主要从事水利水电工程金属结构设计工作。

# 关于施工项目亏损的原因、解决的途径及对策的探讨

袁 振 霍福山

（中国水利水电第一工程局有限公司，吉林长春，130062）

【摘 要】 施工项目经营难免出现亏损，亏损的原因各有不同，项目前期策划不到位、工期严重滞后、成本控制措施不到位、国家大的经济环境和政策因素的影响等不一而足。本文从分析亏损的原因入手，有针对性地提出解决的途径，对如何避免项目亏损的对策进行了探讨。

【关键词】 项目亏损 原因 解决途径 对策

## 1 项目经营亏损的原因

### 1.1 项目前期策划不到位

由于策划的不到位，工序衔接出现问题，项目施工生产断断续续，导致生产效率低下，施工成本飙升，项目出现亏损。

### 1.2 工期严重滞后

几乎所有亏损的项目都存在一个共同现状，就是项目工期的严重滞后。工期滞后给项目带来施工生产资源的严重浪费从而增加项目成本，同时因工期滞后势必会出现施工周期延长、项目人工工资及管理费支出增加等问题。

### 1.3 项目成本控制措施不到位

（1）工程施工材料管理混乱，或是材料采购价格偏高、材料浪费严重、消耗数量不合理等原因。几乎所有亏损项目都出现了材料费用支出超过正常状态的情况。

（2）分包单价偏高，增加了项目的成本支出。

（3）工程量计量控制出现问题。一方面施工过程中超挖、超填等没有控制好，导致无效施工工程量过大；另一方面对分包结算工程量失控，导致对分包结算的工程量大于与业主结算的工程量，因工程量计量失控而增加施工成本，这种情况在亏损项目中多有出现。

（4）施工资源配置不合理，导致资源浪费，增加成本支出。

（5）大量租赁施工设备按月支付租赁费，一方面设备利用率较低。租赁设备根本不能创造出与租赁费相当的产值。

(6) 人为划断工序对外分包。对投入大、收效低的工序基本上由项目部自己承担，而投入少、见效快的工序分包给分包商，项目部不得不舍本配合分包队施工，导致项目部亏损。

(7) 项目自营部分成本与收入严重不匹配，亏损严重，公司亏损项目都存在这方面的问题。由于项目自营部分多为投入大、成本高的部分工序或项目，从而致使投入与产出严重不对等，投入成本往往数倍于产出。当然，也或多或少存在着分包队钻管理不善的空子，将应该承担的成本转嫁给项目部的情况。

(8) 项目部机构庞大、管理人员人数偏多，现场管理费用支出过高。

(9) 项目在施工过程中，对分包商发生额外支付大量计时人工费和机械费问题。

(10) 给予分包商结算大额度补偿费用。大部分亏损项目都存在结算给分包单位的补偿费用是窝工费或是退场补偿费用，少则几百万元，多则上千万元，而项目部未能从项目业主单位索赔回来此项费用，因此，给予结算分包商大额度补偿费是构成项目亏损的主要因素之一。

上述10个成本控制措施不到位的问题，归根结底是人的因素造成。

(1) 项目经理疏于管理，应该承担主要管理责任。亏损项目普遍存在项目经理不亲自抓经营管理，很少甚至是从来没有组织项目部门理顺管理，只是重点抓前线施工生产。

(2) 项目部管理人员不作为。部门人员往往是多一事不如少一事，得过且过，当然也存在着项目部部门领导和业务人员素质根本不适合岗位工作的问题。

(3) 上级主管部门失于管控。亏损项目全都存在不按照公司规章制度办事的现象，应该上报审批的很少或根本没有上报审批，致使本来能在审批过程中能够避免的损失因未报批而既成事实，上级主管部门对于项目长期以来从未报批分包合同和结算应该知晓，但也是听之任之，放任自流。

(4) 有个别领导的私心作怪，置单位利益和项目利益于不顾，甚至借助于分包队伍中饱私囊。

### 1.4 国家大的经济环境和政策因素的影响

近年来，国家大的经济环境是通货膨胀，人工费和材料费大幅上涨，另外国家政策性调整燃油价格，节能减排政策限制水泥等生产量导致燃油、水泥价格大幅度上涨，这是一个即使是成熟的承包商也根本无法预测的。人工费和材料费大幅度上涨直接影响到项目施工的成本支出，如果业主不给予材料费和人工费补差，超过预算部分的价差无疑是构成项目亏损的重要部分。

## 2 针对亏损原因采取的措施

针对以上亏损原因，建议采取以下应对措施：

(1) 针对“先天不足”型项目，公司要真正做好投标评审和合同评审工作，对于风险较大的项目要谨慎参与，充分做好标前风险评估工作，禁止盲目低价投标行为。

(2) 要搞好项目前期策划工作。要组织专业人员组成项目策划团队，结合项目工程的具体内容及特点，进行工期策划、优化主要施工方案、规划和布置临建设施，据此确定人力资源、施工机械设备、物资材料等生产要素的配置方案。

(3) 选择优秀的项目经理和项目管理团队。项目经理在项目管理中的作用至关重要，从某种程度来说，项目经理的职业道德、敬业奉献精神、领导沟通能力等决定项目的成败。从公司亏损项目来看，项目经理几经更换，项目人员流动性大，十分不利于项目管理的连续性。

(4) 针对项目成本控制措施不到位问题的10个方面，拟提出以下对策及解决途径。

1) 施工材料管理方面。大宗材料实行集中招标采购，材料出库实行定额领料制度。对于项目分包，小型消耗性材料应包含在其分包单价或总价之中，尽量避免项目部大包大揽，对分包队使用项目部的周转性材料，先按照实物价值扣留其工程款，待返还材料后再支付其扣留款项。

2) 分包单价确定的问题。公司应出台土方开挖、石方开挖、混凝土工程等常规施工项目的施工分包指导价格，避免项目部分包单价偏高问题，同时要严肃分包合同审批制度，杜绝违规分包，杜绝先进场后签订合同甚至先施工后签订合同的现象，避免分包商漫天要价行为。

3) 工程量计量控制出现的问题。项目部责成工程测量部门每月提交一份项目部月进度工程量分配方案和对业主结算工程量的对比分析报告，由项目部核算领导小组审核，上报上级业务主管部门批准后再进行内部分包结算，避免给分包超结算工程量问题。

4) 施工资源配置不合理的问题。项目进场之前要做好项目策划工作，对进场人力资源、物资材料、机械设备等做好统筹规划和科学配置。进场后提前做好施工作业计划工作，对现场可能出现的导致工程施工工序连接问题提前做好规划，尽量引进综合施工能力强的分包协作队伍，避免由于分包队单一作业而导致工序之间存在窝工的现象，同时避免人为划块施工而导致进场人员设备的闲置窝工。

5) 租赁设备利用率较低的问题。一是合同谈判时尽量按量计价进行单价分包；二是对预计租赁费用总额超过设备价值50%以上的常规土石方工程设备和混凝土施工设备禁止租赁，首先考虑公司内部平衡，平衡不了的考虑采用分期付款租买的方式。

6) 人为划断工序对外分包的问题。亏损项目往往将投入少、见效快、易施工、利润高的工序分包给分包队，而将投入大、难施工、亏损的工序由自营承担，要想避免这一现象就应该将连续工序打包进行分包，比如石方开挖分包时将施工用风、水、电一起打包分包，如果分包队没有设备，可考虑将项目部设备出租给分包队使用，这样一来既可避免相互配合干扰问题，也能解决浪费问题。

7) 项目自营部分成本与收入严重不相匹配、亏损严重的问题。此类问题的解决途径是应实行内部核算，将工人工资与效益挂钩，一方面可以提高生产积极性，另一方面内部核算充分发挥了项目内部厂、队的监督作用，有利于控制成本，内部成本核算可让项目部成本清晰化，也可避免浪费。

8) 项目现场管理费用支出过高的问题。现场管理费偏高的重要原因是项目部机构庞大、人员众多。如何处理好提高管理人员工资水平和控制项目成本、提高效益的关系才是解决问题的关键。

9) 关于额外支付分包商计时人工费和机械费的问题。解决此项问题的关键是做到按量计价，对难以按量计价的零星施工内容，项目部要安排工程部门、经营部门和现场生产调度做好现场联合签证，制定好相互制约和相互监督的措施，严格控制计时数量。

10）关于分包商补偿的问题。分包补偿一是窝工补偿，二是对分包队提前中止合同退场补偿。要避免此类问题：第一，是在与分包商进行合同谈判过程中要明确对施工期间出现的施工工序之间的正常间歇时间以及有可能出现暂时停工等不予补偿，约定因分包队施工能力、施工质量、进度达不到项目要求时，项目部可以单方面终止合同而不予补偿；第二，一旦真正出现工程施工停工，项目部应该及时做出判断预测可能停工的时间，对于时间超过一周的，尽可能调剂窝工，对于停工可能超过一个月且又不能安置调剂窝工的，项目部应及时协商中止合同，避免双方损失的进一步扩大；第三，因分包队施工能力、施工质量、进度达不到项目要求，项目部按照合同清退分包队；第四，对于分包提出索赔补偿要求的，项目部要坚持按照合同约定处理索赔补偿事件的原则；第五，公司制定出台关于对项目分包商索赔补偿的处理指导性文件或制度，避免项目无章可循。

## 3 结语

项目经营亏损，归纳总结起来均存在两个共性问题：一是不受制度约束，二是监督不利。项目部不按照公司制定的各项管理制度执行，我行我素，所以解决人的思想问题才是根本。人的思想一方面要依靠个人高度的自觉性、自律性；另一方面，监督也是有效的措施，特别是对于缺乏自觉性的，监督更显重要。公司应该采取实时的、强有力的监督措施，不要等到项目亏损成为事实才亡羊补牢。业务主管部门要对不执行公司制度的项目部采取强有力的措施，决不能放任自流，姑息养奸，助长项目部的违规行为。

**【作者简介】**

袁振（1966—　），男，吉林长春人，高级经济师，从事经营管理工作。

霍福山（1969—　），男，吉林长春人，高级经济师，从事水利水电工程施工管理工作。

# 浅析如何做好项目经营策划和提高经济效益

霍福山

（中国水利水电第一工程局有限公司，吉林长春，130062）

【摘　要】工程项目管理除了做好施工方案设计以外，更应做好经营策划，未雨绸缪，使我们始终处于“理性经营”状态下履约，实现工程建设进度与商务管理进度两轮驱动协同并进。

【关键词】项目经营　开源　节流　经济效益

项目的经营管理从本质上说，就是对投入项目的资源有效配置与运营管理。充分运用、优化配置各种资源，使各种资源系统的、因时因地的、高效的发挥作用，是转变经营方式、提高经济效益的重要方式和手段。这一切都应事前谋划，事中控制，事后总结，要适时而变，不断探索创新，让收入减支出等于利润的等式充满变数，激活资源，增加收入，控制消耗，提高盈利，即“开源节流”。

## 1　开源

“开源”就是工程项目在各种资源保持正常投入的前提下，如何获取最大的收入，主要包括两部分：一是正常的工程结算收入，二是各类补偿、索赔、变更。

### 1.1　正常的工程结算

正常情况下，工程结算按照合同约定的时间、方式、程序，定期加以结算，除非业主资金不到位或其他原因以外，一般都会按时办理结算手续，这里需注意的就是及时做好工程量的统计工作，不漏项，不少量，认真分析图纸、测量资料，重点关注有价无量和有量无价的项目，为补偿、变更做准备。

### 1.2　各类补偿、索赔、变更

补偿、索赔、变更一直是项目经营管理的短板。表现在项目商务管理普遍滞后于生产进度，支付了项目商务管理滞后的巨额时间成本。不少项目部往往是在工程结束后才来关注合同和商务管理，使自己处于任人宰割的十分被动的地位，这是生产型企业、计划经济型企业的显著表现，与市场经济要求严重相悖。加强商务管理，首先要以市场经济观念及施工合同诠释业主、设计、监理、承包商共同的进度概念，做到项目的工程进度与商务结算、理赔、补偿、变更调差同步共进，避免经营商务严重滞后于工程进度，造成时间成本剧增导致的效益损失，做到履约管理和商务管理“两手硬”。坚持工程建设进度与商务管理进度两轮驱动协同并进。

### 1.3 工程商务理赔

随着工程的进展，由于合同文件错误、设计变更、地质变化、业主提供的条件变化及其他自然条件或不可抗力的因素，都会导致施工成本的增加，同时也为我们索赔提供了有利条件。项目管理实践中，商务索赔工作的成功与否，已成为决定项目最终经营成果的重要因素，作为项目经理及项目管理人员，要有强烈的索赔意识，及时抓住各种索赔机会，加强项目的二次开发，做好调差、理赔、变更补偿及防索赔、反索赔工作，做到有理、有利、有节，主要做好以下几方面：

（1）增强防范经营风险意识，加强施工合同管理和施工索赔管理，正确运用施工合同相关条款和有关法规，及时进行索赔，以避免造成不必要的损失。

（2）做好成本分析，找出影响成本的关键点，做好经营策划，制定理赔方案。

（3）注重收集、积累资料，做好施工记录。包括事件发生时及过程中的现场实际状况、导致现场人员、设备的闲置数量；对工期的延误；对工程的损害程度；导致费用增加的项目及所用的人员、机械、材料数量、有效票据等。

（4）做出详细情况报告。在索赔事件进行的过程中，项目经理部要定期向监理工程师提交索赔事件的阶段性详细情况报告，说明索赔事件目前的损失款额影响程度及费用索赔的依据。同时将详细情况报告抄送、抄报相关单位。

（5）当索赔事件所造成的影响结束后，项目经理部应在合同规定的时间内向监理工程师提交最终索赔的详细报告，并同时抄送、抄报相关单位。

工程商务管理是一项系统工作，所有项目管理人员都要转变观念，围绕项目成本中心开展工作，这不仅是经营人员的责任，也是全体项目管理人员的责任，都要提高工作水平，尽快完成角色转换，生产型干部要向经营复合型干部转换，经营管理人员与生产技术管理人员要双向复合，提高能力，不断提高经营与生产技术管理团队的资产运营能力、工程统筹管理能力、商务管理能力和对市场的应变能力。

## 2 节流

“节流”就是强化管理，控制成本

### 2.1 强化管理

首先必须选准选好项目经理、建好项目班子，这是项目经营管理的关键；其次，由项目经理班子完善项目管理体制，建立健全各项规章制度，向管理要效益。实现项目资源的优化配置，做好施工组织设计，科学规划，提高技术进步对效益的贡献率。

### 2.2 强化成本控制

作为项目部，必须建立健全项目目标成本集约化管理体系：一是明确成本费用发生的项目部门、工程队、班组和岗位应负的成本效益责任，使成本与经济活动紧密挂钩；二是分时段对施工成本进行预测、预算等方面的策划，制定成本费用管控标准；三是综合运用强制或弹性纠偏手段，围绕增效及时发现和解决偏离管控标准的问题；四是认真加工和处理成本会计信息，以期改善管理、降本增效；五是按期进行成本偏差和效益责任的分析评价，严格业绩考核与奖罚兑现；要堵住“四个漏洞”，即堵住工程分包、物料采供、设备购管和非生产性开支等效益流失管道；要实行“三项制度”，即物料采供质价对比招标制、购置设备开支计划审批制、管理费开支核定制。

### 2.3 创新机制

要创新项目施工管理和作业流程，达到层次最少、效率最高、速度最快、流程最短，实现效益最好。要按效率优先、兼顾公平的原则，构建不同层次、不同考核方法、不同评价指标的业绩及薪酬决定机制，创造强有力的对员工的激励机制，充分激活人力资源对经营效益的贡献率。坚决贯彻经营管理者以业绩决定薪酬，管理层以岗位履责、绩效高低决定薪酬，作业层以有效工作、劳动量决定薪酬的分配原则，从而达到成本控制的目的。

## 3 结语

“预则立，不预则废。”现代项目管理必须预谋经营，事前谋划，并把这一理念贯穿于项目管理的全过程，提高经营管理水平，强化成本控制，真正做到“开源节流”，以期实现最佳经济效益。

【作者简介】

霍福山（1969— ），男，吉林长春人，高级经济师，从事水利水电工程施工管理工作。